家电维修一学就会

王学屯　等编著

化学工业出版社

·北京·

内容简介

本书通过全彩图解+视频教学的方式，系统介绍了常用家用电器的维修知识及技能，主要内容包括仪表及工具的使用、维修基础知识、基本维修方法，电冰箱、空调器、液晶电视、洗衣机、电热水器、电饭锅、电水壶、电磁炉、微波炉、电风扇和暖风扇、豆浆机、电压力锅、音响功放、饮水机等家电的结构、工作原理及常见故障的检修。

本书内容丰富实用，涉及家电种类众多；彩色图片上百幅，直观清晰，通俗易懂；视频讲解近80段，扫码边学边看，大大提高学习效率。

本书非常适合家电维修技术人员等自学使用，也可用作职业院校、培训结构相关专业的教材及参考书。

图书在版编目（CIP）数据

家电维修一学就会/王学屯等编著. —北京：化学工业出版社，2021.6（2025.2重印）
ISBN 978-7-122-38841-4

Ⅰ.①家… Ⅱ.①王… Ⅲ.①日用电气器具-维修 Ⅳ.①TM925.07

中国版本图书馆CIP数据核字（2021）第057726号

责任编辑：要利娜　　文字编辑：吴开亮
责任校对：田睿涵　　装帧设计：王晓宇

出版发行：化学工业出版社（北京市东城区青年湖南街13号　邮政编码100011）
印　　装：北京缤索印刷有限公司
787mm×1092mm　1/16　印张18¾　字数494千字　2025年2月北京第1版第10次印刷

购书咨询：010-64518888　　售后服务：010-64518899
网　　址：http://www.cip.com.cn
凡购买本书，如有缺损质量问题，本社销售中心负责调换。

定　　价：79.00元

前 言

家用电器主要指在家庭及类似场所中使用的各种电气和电子器具，又称民用电器、日用电器。家用电器使人们从繁重、琐碎、费时的家务劳动中解放出来，为人类创造了更为舒适优美、更有利于身心健康的生活和工作环境，提供了丰富多彩的文化娱乐条件，已成为现代家庭生活的必需品。随着科技的发展，家用电器的种类在不断增多，功能也在不断增强，一旦出现故障，其维修的难度也相应增加，因此家电维修人员需要掌握各种家电的维修技巧。

本书面向初学者，针对日常生活中常用的家用电器，详细介绍了相应的维修知识，共分 17 章，主要内容简介如下。

第 1 章主要介绍万用表的使用和测量方法、元器件的焊接工艺和拆焊工艺、维修常用工具、空调及冰箱专用维修工具和专业维修工艺等。

第 2 章主要介绍各种电路图的基本识读要求和识读技巧、常用元件（电阻、电容、电感、晶体管）的检测、电热元件和电动器件的识别，了解常用自动控制元件、三端稳压器、集成电路的工作原理等。

第 3 章主要介绍家用电器维修的通用方法和常用的其他方法等。

第 4 章主要介绍电冰箱的分类及基本组成、制冷系统、电气控制系统，重点讲述了常见故障分析与维修工艺、电气控制系统常见故障的检查与维修以及内漏刨开重新盘管的操作方法、工艺和步骤等。

第 5 章主要介绍空调器的分类及基本组成、制冷系统、空气循环通风系统和电气控制系统，重点讲述了制冷系统维修的基本工艺和空调器常见故障的维修等。

第 6 章主要介绍液晶电视的整体构成及电路特点，重点讲述了待机开关电源电路、PFC 开关电源电路、主电源电路、电源变换电路、背光灯电路、驱动电路、高压逆变电路、主板电路、屏与逻辑电路的结构、形式、工作原理和故障检修等。

第 7 章主要介绍洗衣机分类、型号，普通波轮洗衣机和全自动波轮洗衣机的整体结构、工作原理及常见故障的维修等。

第 8 章主要介绍电水壶的工作原理、结构及常见故障的维修等。

第 9 章主要介绍电热水器的分类、结构、安装方法，重点讲述了温控器控制和电子控制电热水器的工作原理及维修等。

第 10 章主要介绍机械式和电子式电饭锅的整体结构、工作原理和常见故障检修等。

第 11 章主要介绍电磁炉的结构、工作原理、维修特有工具、维修方法及常见故障的维修等。

第 12 章主要介绍微波炉的分类、结构与工作原理，详细讲解了普及型和电脑式微波炉的维修等。

第 13 章主要介绍普通电风扇和暖风扇的结构、原理及故障维修等。

第 14 章主要介绍豆浆机的结构组成、工作原理和维修等。

第 15 章主要介绍电压力锅的结构、工作原理、故障检查与维修等。

第 16 章主要介绍音响功放的分类及电路组成、分离元件功放后级及拓扑电路、功放前置级电路、电源电路和保护电路、集成电路放大器和分立电路功放的原理及维修等。

第 17 章主要介绍温热型饮水机和电脑控制型饮水机的工作原理与维修等。

本书由王学屯、高选梅、刘军朝、王罂敏编写。

由于编者水平有限，且时间仓促，书中难免存在疏漏之处，恳请各位读者批评指正。

编著者

目录

基础篇

第 1 章 家电维修仪表及工具

第 2 章 家电维修基础技能

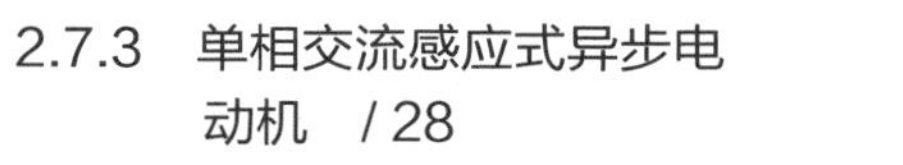

第 3 章 熟练掌握家电维修基本方法及技巧

维修篇

第 4 章 电冰箱维修

第 7 章 洗衣机维修

第 8 章 电水壶维修

第 9 章 电热水器维修

第 10 章 电饭锅维修

第 11 章 电磁炉维修

第 12 章 微波炉维修

第 13 章 电风扇、暖风扇维修

第 14 章 豆浆机维修

第 15 章 电压力锅维修

第 16 章 音响功放维修

第 17 章 饮水机维修

参考文献

基础篇

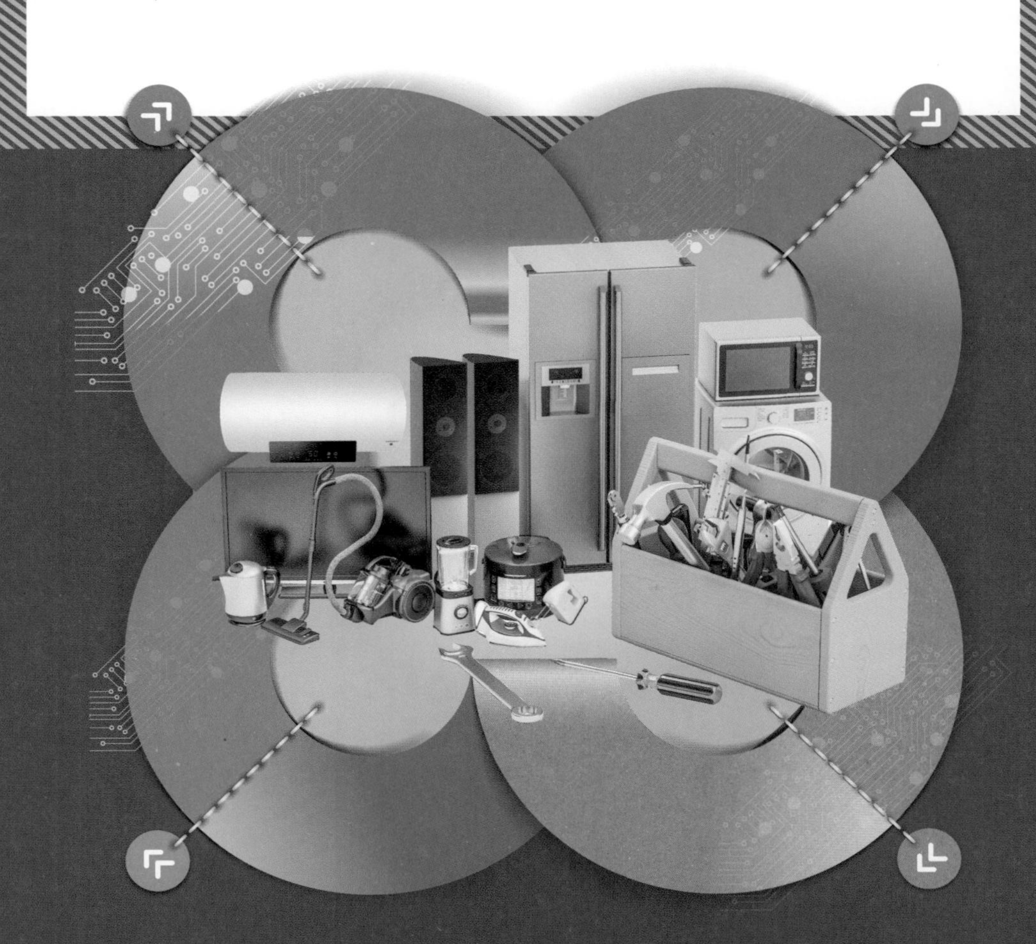

第 1 章 家电维修仪表及工具

1.1 指针式万用表

1.1.1 指针式万用表的外形结构

指针式万用表是家电维修中广泛应用的仪表之一，下面以 MT-2017 型指针式万用表为例来介绍其结构组成。

MT-2017 型万用表外形结构如图 1-1 所示，可供测量直流电流、交直流电压、直流电阻等，具有 26 个基本量程。

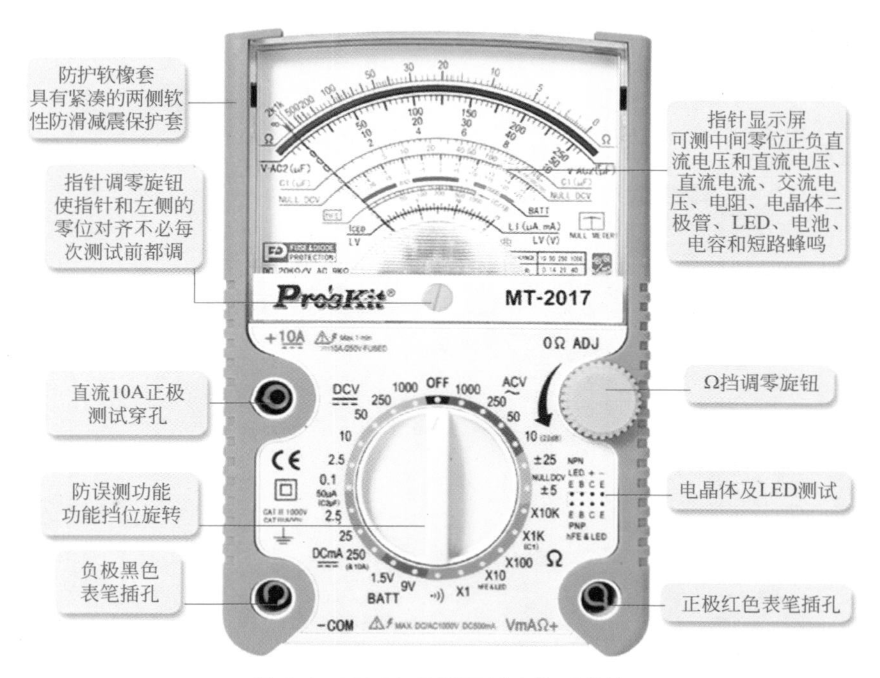

图 1-1　MT-2017 型万用表外形结构

MT-2017 型指针式万用表刻度盘共有 7 条刻度，如图 1-2 所示。

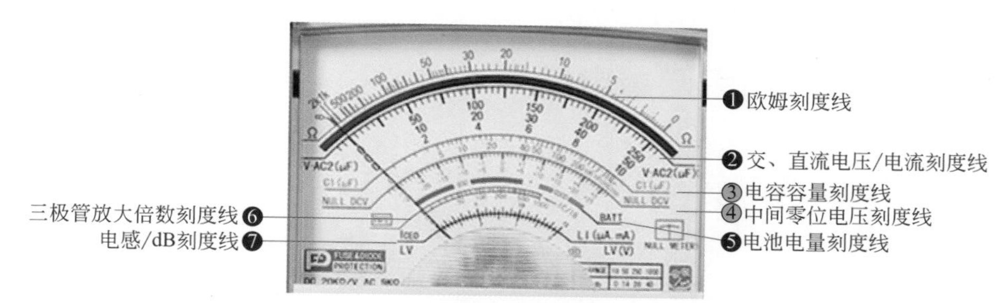

图 1-2 MT-2017 型指针式万用表刻度盘

1.1.2 指针式万用表测量电阻

指针式万用表测量电阻时，一般分为三个步骤。

❶ 选择量程（挡位）

万用表的欧姆挡通常设置多量程，如图 1-3（a）所示。欧姆刻度线是不均匀的（非线性），为了减小误差，提高精确度，应合理选择量程，使指针指在刻度线的 1/3 ～ 2/3 之间，如图 1-3（b）所示。图 1-3（c）选择的是 ×1k 量程。

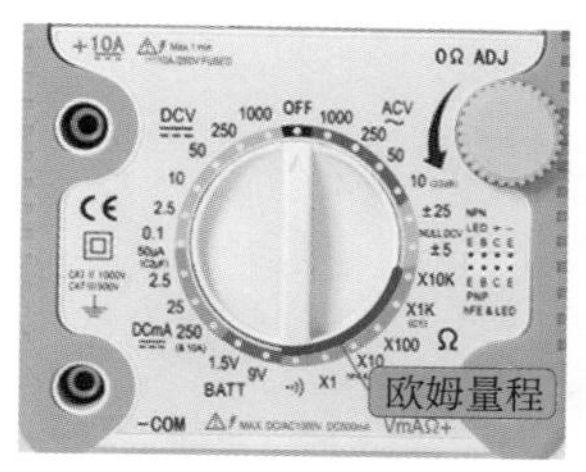

(a) 欧姆量程

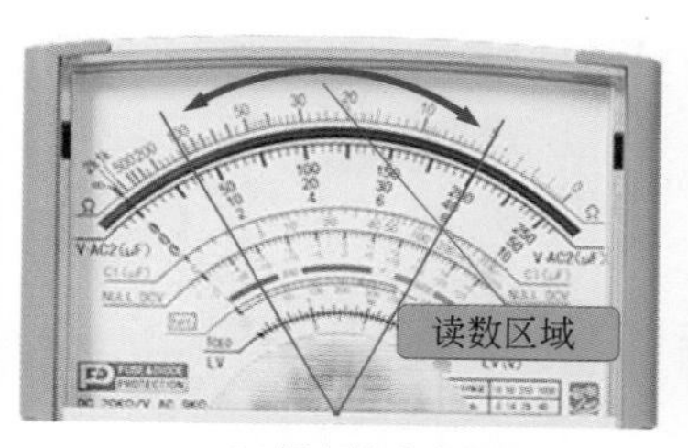

(b) 提高精确度

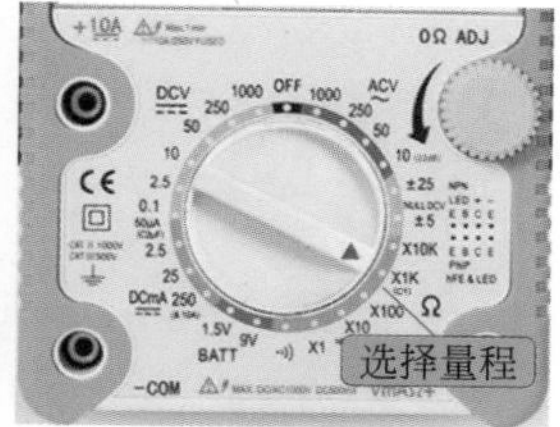

(c) 选择量程

图 1-3 选择量程

❷ 欧姆调零

选择量程后，应将两表笔短接，同时调节“欧姆调零旋钮”，使指针正好指在欧姆刻度线右边的零位置，如图 1-4 所示。

每选择一次量程，都要重新进行欧姆调零。

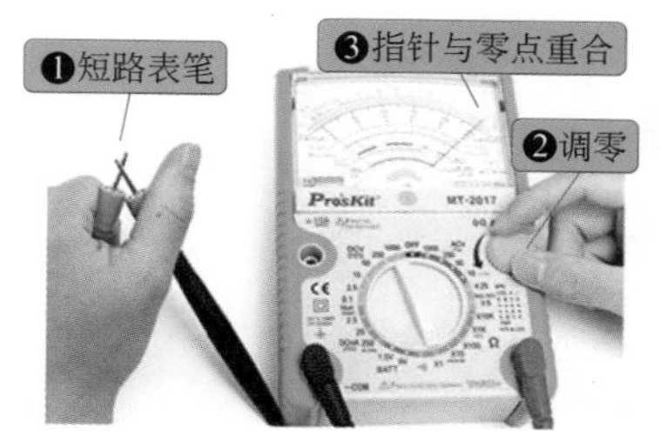

图 1-4 欧姆调零

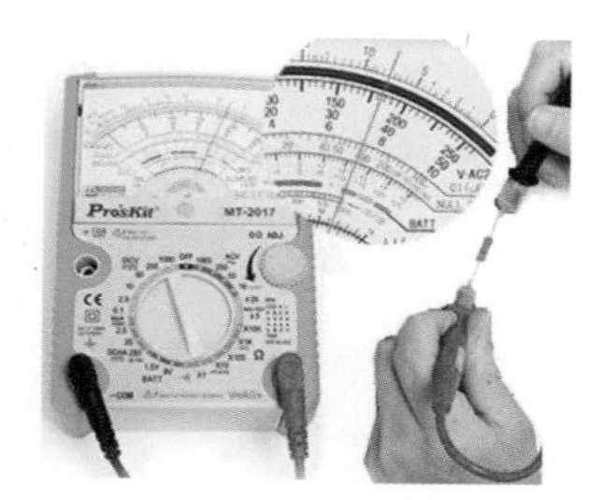

图 1-5 测量电阻并读数

❸ 测量电阻并读数

测量时，待表针停稳后读取示数，用示数乘以倍率，就是所测之电阻值，如图 1-5 所示。图中电阻的实际值是：7.5×1=7.5Ω。

1.1.3 指针式万用表测量电压

测量前需要准备的工作：机械调零。除了电阻挡位不用这个“机械调零”以外，其余各功能测量都需要提前微调好这个“机械调零”，如图 1-6 所示。

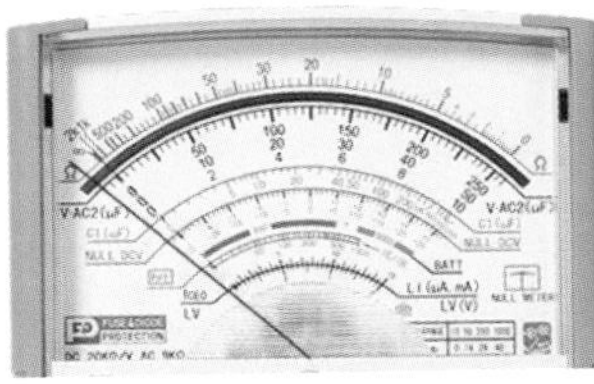
(a) 指针超前0点

(b) 指针调零

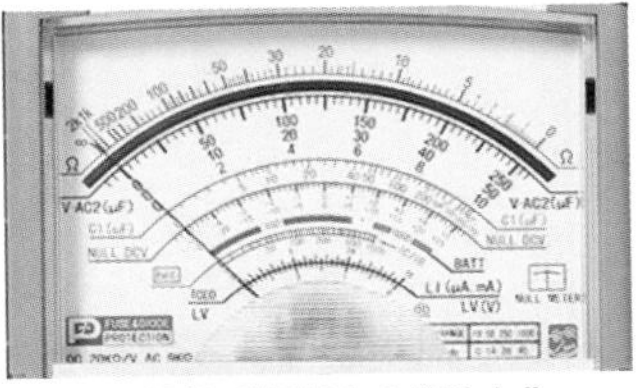
(c) 调整后指针与0“重合”

图 1-6 机械调零

❶ 指针式万用表测量直流电压

指针式万用表测量直流电压的方法如下。

a. 选择量程。万用表直流电压挡标有“V”，如图 1-7（a）所示。测量时应根据电路中的电压大小选择量程，如图 1-7（b）所示选择的量程是 10。如果不知道电压大小，选择量程时应先用最高电压挡量程，然后逐渐减小到合适的电压挡。

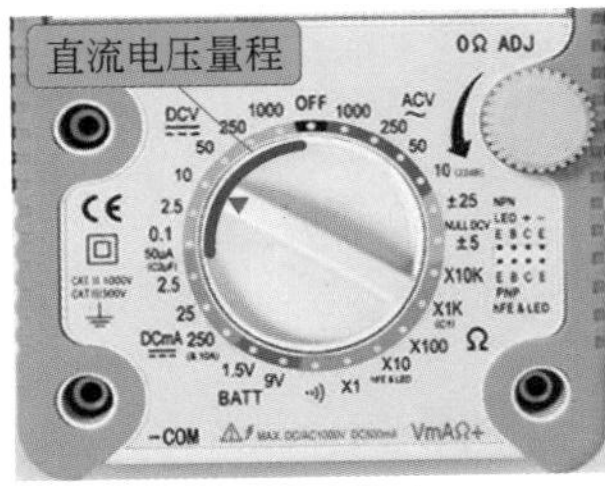

(a) 量程范围

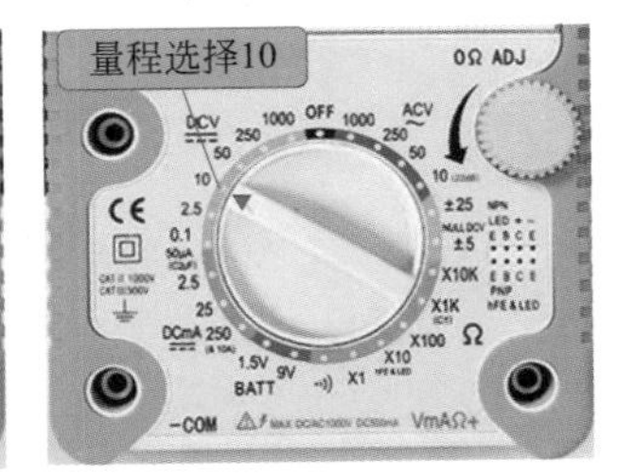

(b) 选择量程

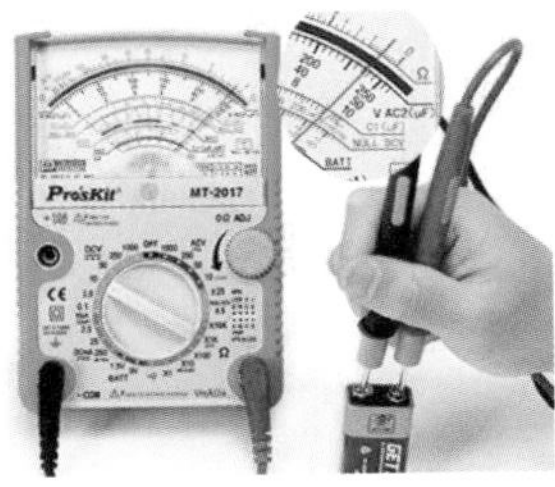
(c) 测量与读数

图 1-7 指针式万用表测量直流电压

b. 测量方法与正确读数。将万用表与被测电路（图中是电池）并联，且红表笔接被测电路的正极（高电位），黑表笔接被测电路的负极（低电位）；待表针稳定后，仔细观察标度盘，找到相对应的刻度线，正视刻度线读出被测电压值（图中电压实际值是 9.5V）。

❷ 指针式万用表测量交流电压

交流电压的测量与上述直流电压的测量相似，如图 1-8 所示，不同之处为：交流电压挡标有“～”，如图 1-8（a）所示。测量时，不区分红黑表笔，只要将红黑表笔并联在被测电路两端即可，如图 1-8（c）所示。

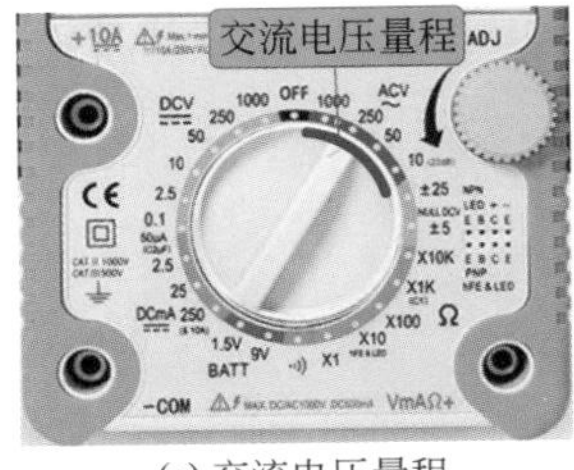

(a) 交流电压量程

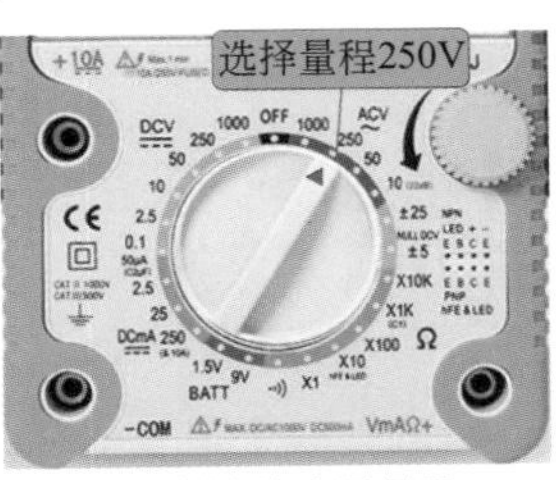

(b) 选择交流电压量程

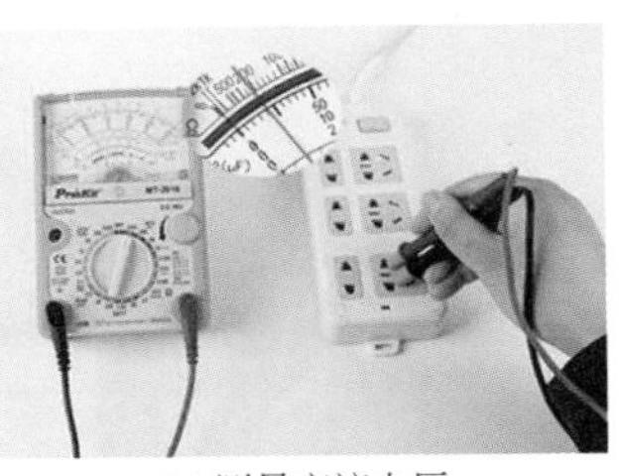
(c) 测量交流电压

图 1-8 指针式万用表测量交流电压

1.1.4 指针式万用表测量直流电流

❶ 选择量程

指针式万用表直流电流挡标有“mA”或“μA”，通常有50μA、2.5mA、25mA等不同量程，如图1-9（a）所示。

注意 选择量程时应根据电路中的电流大小而定。若不知电流大小，应先用最高电流挡量程，然后逐渐减小到合适的电流挡。

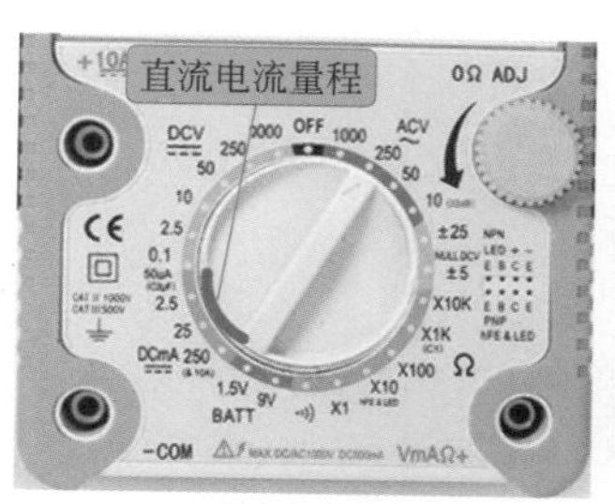

(a) 直流电流量程

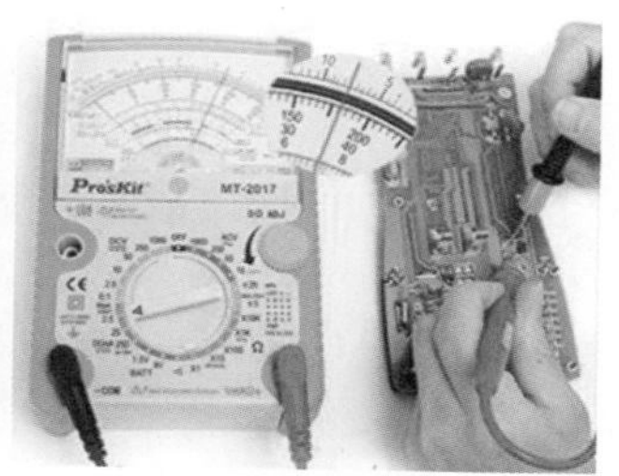

(b) 测量电路直流电流

图1-9 指针式万用表测量直流电流

❷ 测量方法

将电路相应部分断开后，将万用表表笔串联接在断点的两端。红表笔连接与电源正极相连的断点，黑表笔连接与电源负极相连的断点，如图1-9（b）所示。

❸ 正确读数

待表针稳定后，仔细观察标度盘，找到相对应的刻度线，正视刻度线读出被测电流值。

1.2 数字式万用表

扫一扫 看视频

1.2.1 数字式万用表的外形结构

数字式万用表目前型号较多，其功能也比较多，但使用方法大同小异，下面以DT9205A数字式万用表为例来介绍其使用方法。DT9205A数字式万用表外形结构如图1-10所示。

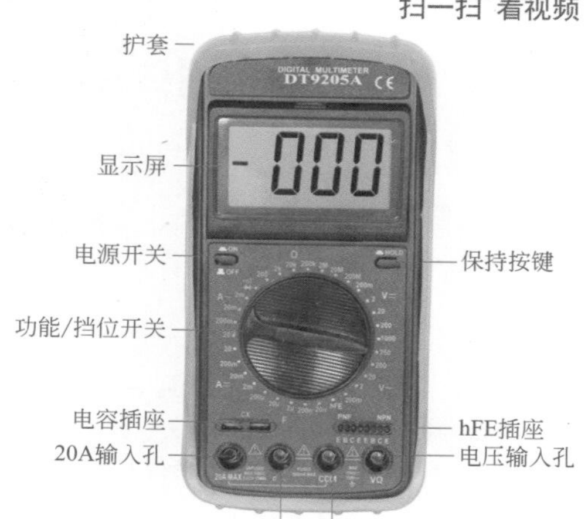

图1-10 DT9205A数字式万用表外形结构

1.2.2 用数字式万用表测量电阻

❶ 打开电源开关

在测量电阻前要打开电源开关，如图1-11（a）所示（如果数字式万用表以前已经打开了开关，这一步骤可以省略）。

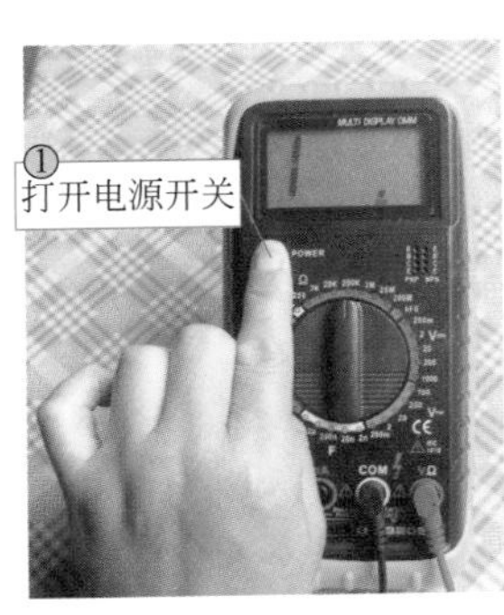

(a) 打开电源开关

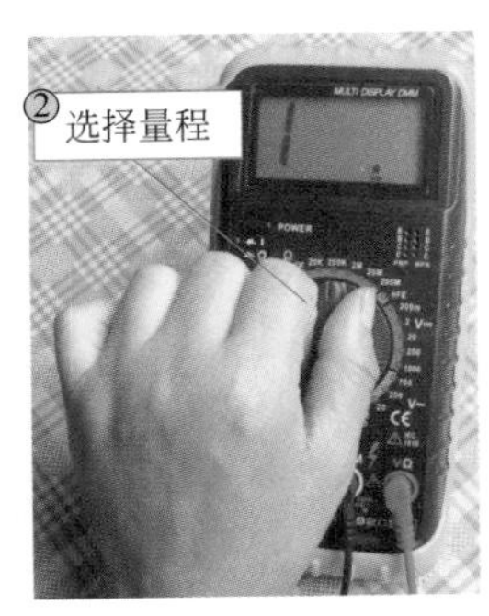

(b) 选择量程

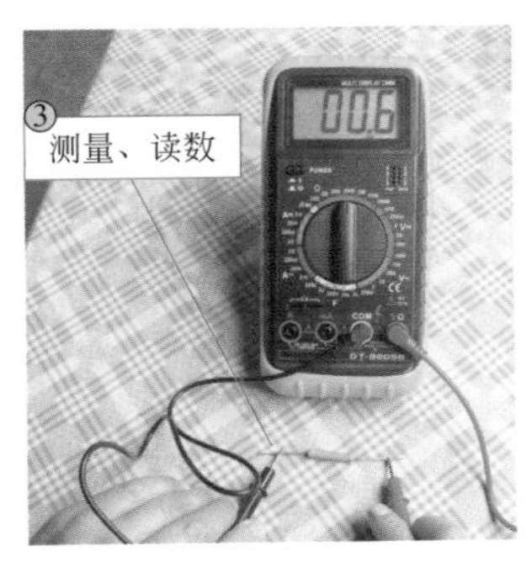

(c) 测量、读数

图 1-11　数字式万用表测量电阻

❷ 选择量程（挡位）

选择电阻挡位某个量程，如图 1-11（b）所示选择的是 200k 量程。

❸ 测量、读数

两只表笔与电阻体并联进行测量，然后将读数加上电阻单位即为其电阻值，例如如图 1-11（c）所示显示的是 0.6，则实际数值为 0.6kΩ。

注意　数字式万用表测电阻一般无须调零，可直接测量。如果电阻值超过所选挡位值，则万用表显示屏的左端会显示“1”，这时应将开关转至较高挡位上。

1.2.3　用数字式万用表测量电压

❶ 数字式万用表测量直流电压

将电源开关（POWER）按下，如图 1-12（a）所示；然后将量程选择开关拨到“DCV”区域内合适的量程挡，如图 1-12（b）所示；这时即可用并联方式进行直流电压的测量，并可以读出显示值，红表笔所接的极性将同时显示于液晶显示屏上，如图 1-12（c）、（d）所示。

(a) 将电源开关按下

(b) 选择量程DCV

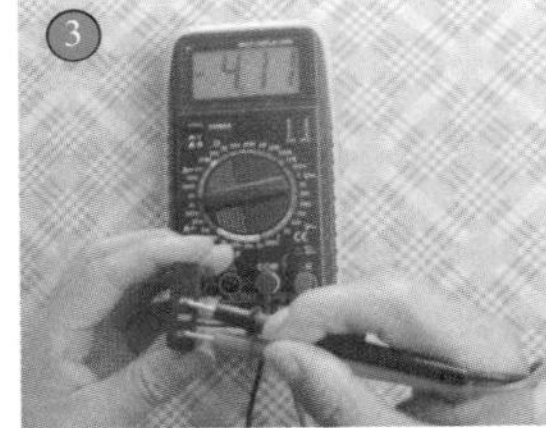

(c) 负电压显示

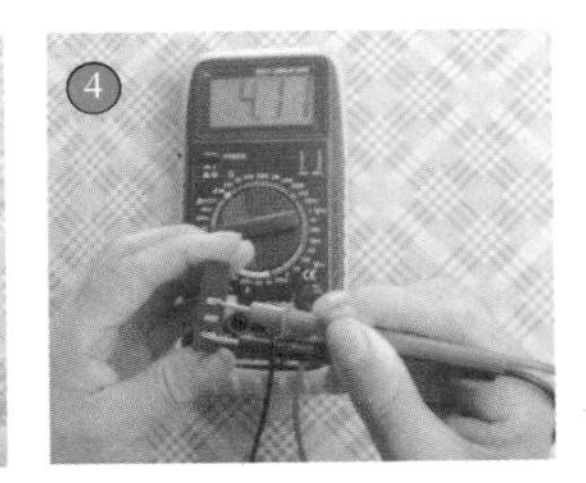

(d) 正电压显示

图 1-12　数字式万用表测量直流电压示意图

❷ 数字式万用表测量交流电压

将电源开关（POWER）按下，如图 1-13（a）所示；然后将量程选择开关拨到“ACV”区域内合适的量程挡，如图 1-13（b）所示；表笔接法和测量方法同直流电压，然后测量并读数，如图 1-13（c）所示，液晶显示屏上无极性显示。

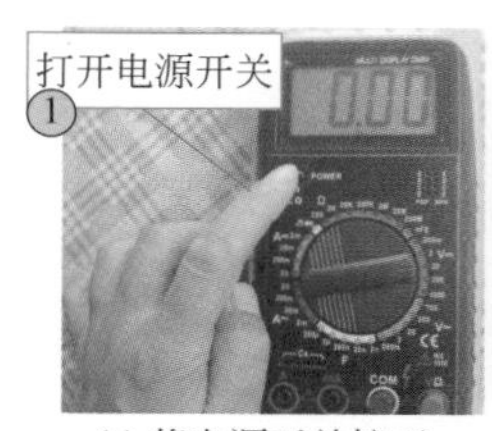

(a) 将电源开关按下

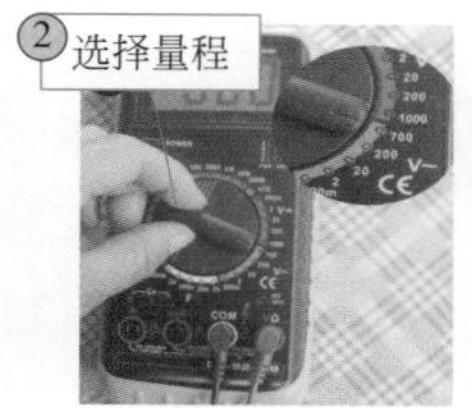

(b) 选择量程ACV

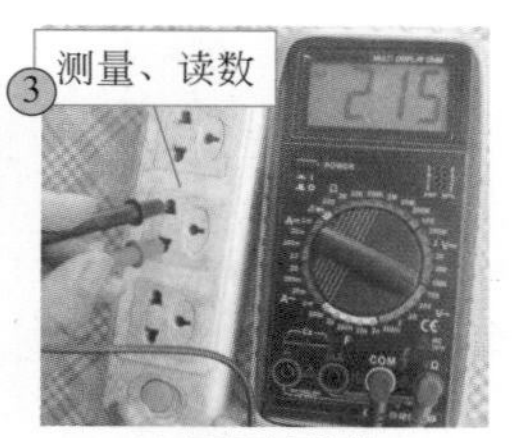

(c) 测量并读数

图 1-13　数字式万用表测量交流电压

1.2.4　用数字式万用表测量直流电流

将电源开关（POWER）按下，然后将量程选择开关拨到“DCA”区域内合适的量程挡，红表笔挡插“mA”插孔（被测电流≤ 200mA）或接“20A”插孔（被测电流 >200mA），黑表笔插入“COM”插孔，将数字式万用表串联于电路中即可进行测量，红表笔所接的极性将同时显示于液晶显示屏上。

1.3 焊接工具

扫一扫　看视频

1.3.1　电烙铁及焊接工艺

❶ 电烙铁

电烙铁的种类很多，根据其加热方式常有内热式、外热式和温控式，电烙铁外形结构如图 1-14 所示。

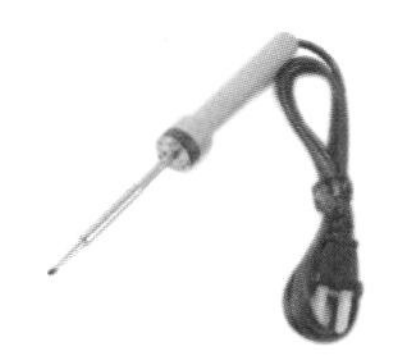

(a) 内热式

(b) 外热式

(c) 温控式

图 1-14　几种常用的电烙铁

❷ 焊锡、助焊剂、烙铁架

焊锡的种类较多，手工烙铁焊接经常使用管状焊锡丝（又称线状焊锡），如图 1-15（a）所示。

(a) 焊锡

(b) 助焊剂

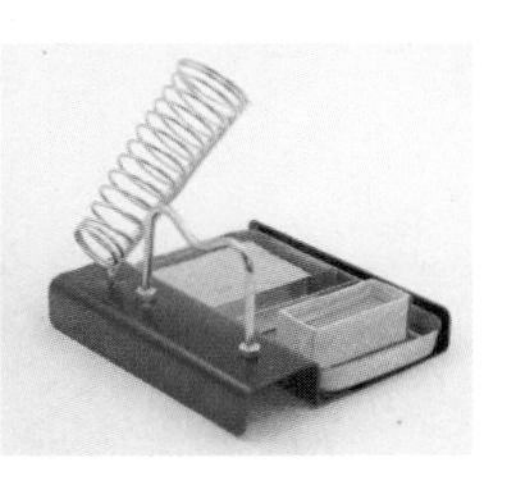

(c) 烙铁架

图 1-15　焊锡、助焊剂、烙铁架

助焊剂一般选用特级松香为基质材料，并添加一定的活化剂。助焊剂有助于清洁被焊接面，防止氧化，增加焊料的流动性，使焊点易于成形，提高焊接质量。在维修中一般还需要备用松香，助焊剂如图 1-15（b）所示。

烙铁架也是必备的，如图 1-15（c）所示。

❸ 电烙铁的焊接工艺

手工焊接方法常有送锡法和带锡法两种。

a. 送锡焊接法。送锡焊接法就是右手握持电烙铁，左手持一段焊锡丝而进行焊接的方法。送锡焊接法的焊接过程通常分成五个步骤，简称“五步法”，具体操作步骤如图 1-16 所示。

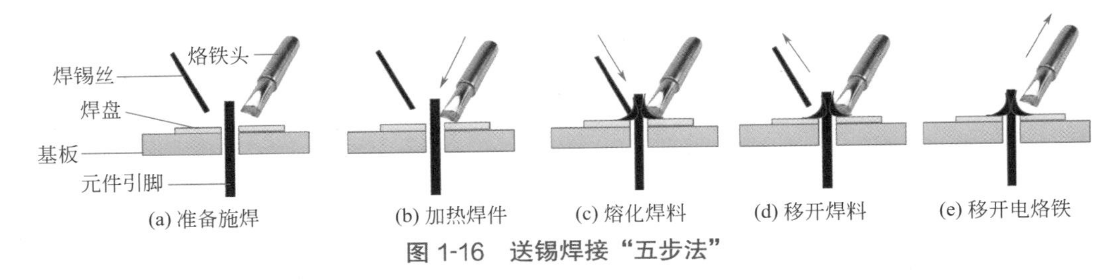

图 1-16 送锡焊接“五步法”

第一步准备施焊：准备阶段应观察烙铁头吃锡是否良好，焊接温度是否达到，插装元器件是否到位，同时要准备好焊锡丝，如图 1-16（a）所示。

第二步加热焊件：右手握持电烙铁，烙铁头先蘸取少量的松香，将烙铁头对准焊点（焊件）进行加热。加热焊件就是将烙铁头给元器件引脚和焊盘“同时”加热，并要尽可能加大与被焊件的接触面，以提高加热效率、缩短加热时间，保护铜箔不被烫坏，如图 1-16（b）所示。

第三步熔化焊料：当焊件的温度升高到接近烙铁头温度时，左手持焊锡丝快速送到烙铁头的端面或被焊件与铜箔的交界面上，送锡量的多少，根据焊点的大小灵活掌握。如图 1-16（c）所示。

第四步移开焊料：适量送锡后，左手迅速撤离，这时烙铁头还未脱离焊点，随后熔化后的焊锡从烙铁头上流下，浸润整个焊点。当焊点上的焊锡已将焊点浸湿时，要及时撤离焊锡丝，不要让焊盘出现“堆锡”现象，如图 1-16（d）所示。

第五步移开电烙铁：送锡后，右手的烙铁就要做好撤离的准备。撤离前若锡量少，再次送锡补焊；若锡量多，撤离时烙铁需要带走少许焊锡。烙铁头移开的方向以 45° 为最佳，如图 1-16（e）所示。

b. 带锡焊接方法。带锡焊接法是单手操作，就是右手握持电烙铁，烙铁头在焊接前要自带锡珠而焊接的方法，如图 1-17 所示。具体操作步骤如下：

图 1-17 带锡焊接法

- 烙铁头上先蘸适量的锡珠，将烙铁头对准焊点（焊件）进行加热。
- 当烙铁头上熔化后的焊锡流下，浸润到整个焊点时，烙铁迅速撤离。
- 带锡珠的大小，要根据焊点的大小灵活掌握。焊后若焊点小，再次补焊；若焊点大，用烙铁带走少许焊锡。

1.3.2　拆焊工具及拆焊工艺

常见的拆焊工具吸锡器有：空心针头、金属编织网、手动吸锡器、电热吸锡器、电动吸锡枪、双用吸锡电烙铁等。

❶ 空心针头

使用时，要根据元器件引脚的粗细选用合适的空心针头，常备有 9 ～ 24 号针头各一只，如图 1-18（a）所示。操作时，右手用烙铁加热元器件的引脚，使元件引脚上的锡全部熔化，这时左手将空心针头左右旋转刺入引脚孔内，使元件引脚与铜箔分离，此时针头继续转动，去掉电烙铁，等焊锡固化后，停止针头的转动并拿出针头，就完成了脱焊任务，如图 1-18（b）所示。

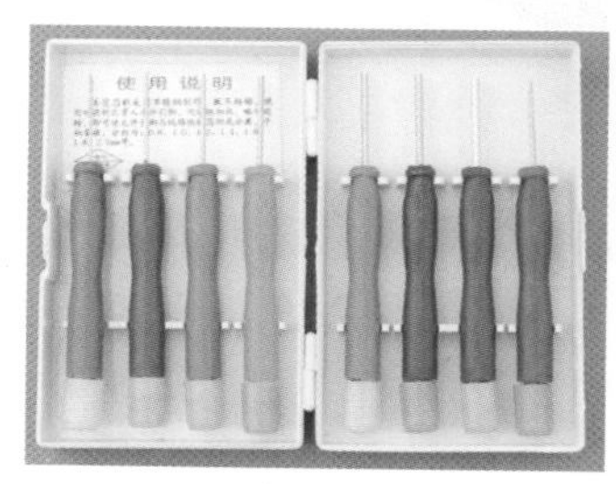

(a) 空心针头

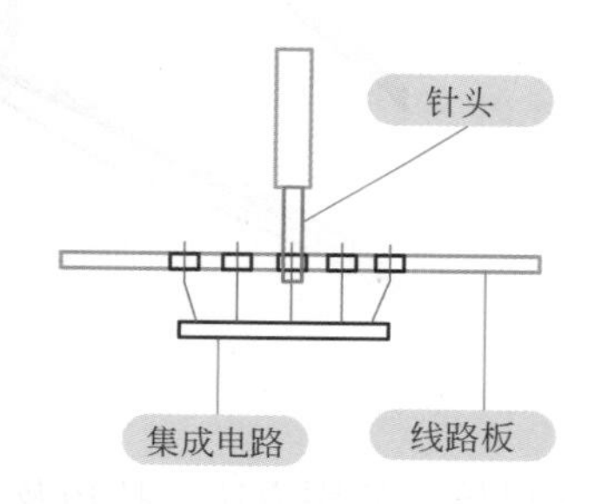

(b) 空心针头拆焊工艺

图 1-18　空心针头及拆焊工艺

❷ 手动吸锡器

手动吸锡器的外形如图 1-19（a）所示。使用时，先把吸锡器末端的推杆压入，直至听到“咔”声，则表明吸锡器已被锁定。再用烙铁对焊点加热，使焊点上的焊锡熔化，同时将吸锡器靠近焊点，按下吸锡器上面的按钮即可将焊锡吸上，如图 1-19（b）所示。若一次未吸干净，可重复上述步骤。在使用一段时间后必须清理，否则内部活动的部分或头部会被焊锡卡住。

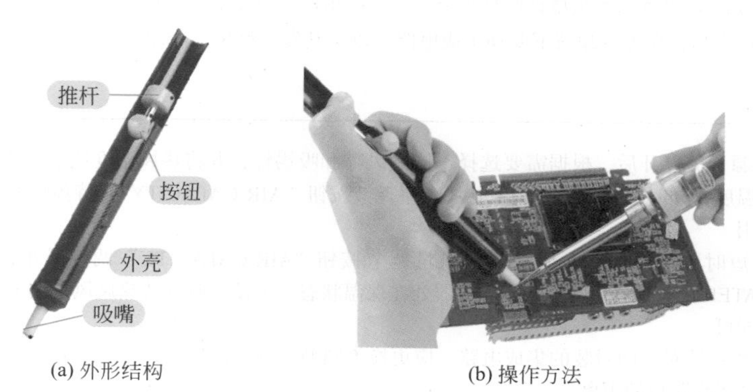

(a) 外形结构　　(b) 操作方法

图 1-19　手动吸锡器及拆焊工艺

1.3.3 热风枪

热风枪是新型锡焊工具，主要由气泵、印制电路板、气流稳定器、外壳和手柄等部件组成。它用喷出的高热空气将锡熔化，优点是焊具与焊点之间没有硬接触，所以不会损伤焊点与焊件，最适合高密度引脚及微小贴片元件的焊接。热风枪的外形结构如图 1-20 所示。

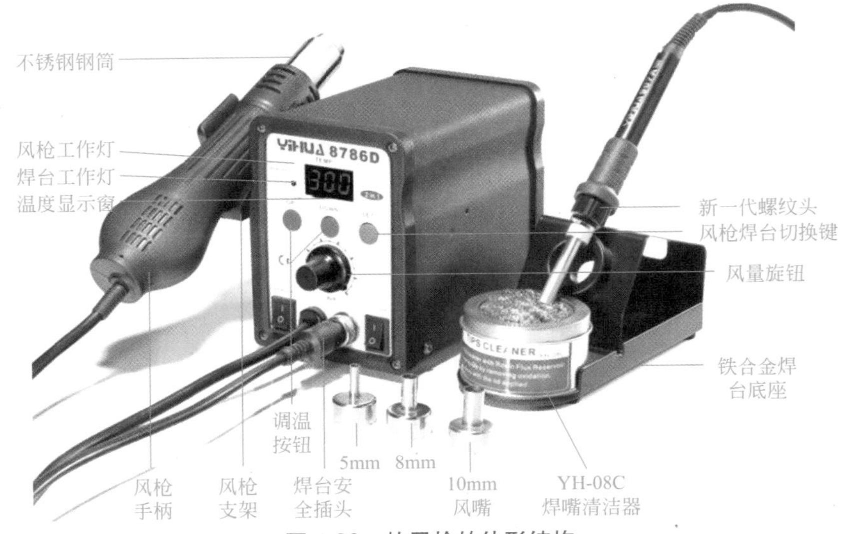

图 1-20 热风枪的外形结构

热风枪的使用方法、技巧及注意事项如表 1-1 所示。

表 1-1 热风枪的使用方法、技巧及注意事项

热风枪特点、使用及注意事项	
焊接技巧	①在焊接时，根据具体情况可选用电烙铁或热风枪。通常情况下，元件引脚少、印制板布线疏、引脚粗等选用电烙铁；反之，选用热风枪。 ②在使用热风枪时，一般情况下将风力旋钮（AIR CAPACITY）调节到比较小的位置（2～3 挡），将温度调节旋钮（HEATER）调节到刻度盘上 5～6 挡的位置。 ③以热风枪焊接集成电路（集成块）为例，把集成电路和电路上焊接位置对好，若原焊点不平整（有残留锡点），可选用平头烙铁修理平整。先焊四角，以固定集成电路，再用热风焊枪吹焊四周。焊好后应注意冷却，在无冷却前不要动集成电路，以免其发生移位。冷却后，若有虚焊，应用尖头烙铁进行补焊
热风头使用	电源开关打开后，根据需要选择不同的风嘴和吸锡针，并将热风温度调节按钮“HEATER”调至适当的温度，同时根据需要再调节热风风量调节按钮“AIR CAPACITY”，待预热温度达到所调温度时即可使用。 若短时不用热风头，应将热风风量调节按钮“AIR CAPACITY”调至最小，热风温度调节按钮“HEATER”调至中间位置，使加热器处在保温状态，再使用时调节热风风量调节按钮和热风温度调节按钮即可。 注意：针对不同封装的集成电路，应更换不同型号的专用风嘴；针对不同焊点大小，选择不同温度风量及风嘴距板的距离

续表

热风枪特点、使用及注意事项	
拆卸技巧	在拆卸时根据具体情况可选用吸锡器或热风枪。 以热风枪拆卸集成电路为例，步骤如下： ①根据不同的集成电路选好热风枪的喷嘴，然后往集成电路的引脚周围加注松香水。 ②调好热风温度和风速。通常经验值为温度 300℃，气流强度 3 ～ 4m/s。 ③当热风枪的温度达到一定程度时，把热风枪头放在需焊下的元件上方 2cm 左右的位置，并且沿所焊接的元件周围移动。待集成电路的引脚焊锡全部熔化后，用镊子或热风枪配备的专用工具将所集成电路轻轻用力提起
注意事项	使用前，应将机箱下面最中央的红色螺钉拆下来，否则会引起严重的问题。 使用前，必须接好地线，以备泄放静电。 禁止在焊铁前端网孔放入金属导体，否则会导致发热体损坏及人体触电。 在热风焊枪内部装有过热自动保护开关，枪嘴过热保护开关自动开启，机器停止工作。必须把热风风量按钮“AIR CAPACITY”调至最大，延迟 2min 左右，加热器才能工作，机器恢复正常。 使用后，要注意冷却机身。关电后，发热管会自动短暂喷出冷风，在此冷却阶段，不要拔去电源插头。 不使用时，请把手柄放在支架上，以防意外

使用热风枪拆焊元器件比使用电烙铁方便得多，热风枪不但操作简单而且能够拆焊的元件种类也更多。

热风枪的热风筒可以装配各种专用的热风嘴，用于拆卸不同尺寸、不同封装方式的芯片。常见热风嘴的外形结构如图 1-21 所示。

图 1-22 是用热风枪拆卸集成电路的示意图，热风嘴沿着芯片周边迅速移动，同时加热全部引脚焊点，当全部引脚焊点熔化后，快速用镊子夹取下集成电路即可。

图 1-21 常见热风嘴的外形结构

图 1-22 热风枪拆卸集成电路

注意

① 热风喷嘴应距要焊接或拆除的焊点 1 ~ 2mm，不能直接接触元器件的引脚，也不要过远，并保持稳定。

② 焊接或拆卸元器件时，一定不要连续吹热风超过 20s，同一位置使用热风不要超过 3 次。

1.4 维修常用工具

1.4.1 螺钉旋具（螺丝刀）

螺钉旋具俗称螺丝刀，主要用于旋松或旋紧有槽螺钉。家电维修中常用的螺丝刀有一字形、十字形、微型等，螺丝刀外形结构如图 1-23 所示。

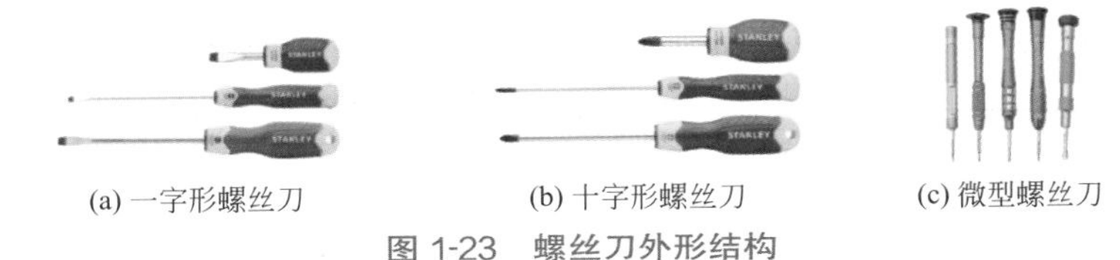

(a) 一字形螺丝刀　(b) 十字形螺丝刀　(c) 微型螺丝刀

图 1-23　螺丝刀外形结构

1.4.2 剪切工具

在家电维修中，常用的剪切工具主要有钢丝钳、尖嘴钳、斜口钳及剥线钳等，如图 1-24 所示。

钢丝钳是用于剪切或夹持导线、金属丝、工件等的钳类工具。钢丝钳外形如图 1-24（a）所示。

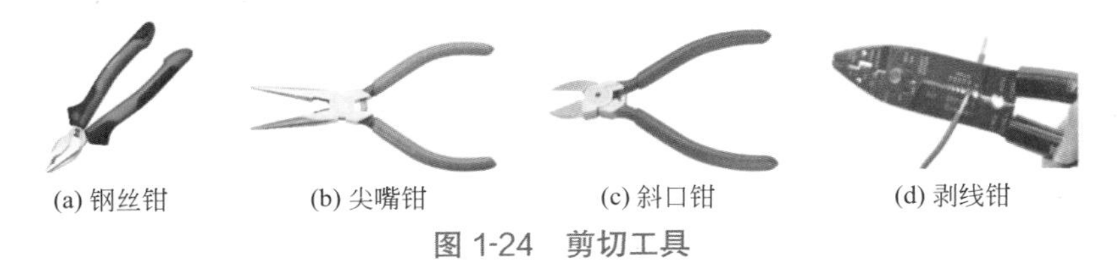

(a) 钢丝钳　(b) 尖嘴钳　(c) 斜口钳　(d) 剥线钳

图 1-24　剪切工具

1.5 空调、电冰箱专用维修工具

扫一扫 看视频

1.5.1 真空泵

常用的抽空设备有小型真空泵和压缩机改制型两种。

真空泵外形结构如图 1-25 所示。真空泵一般都配有一条真空连接管、一只真空表和多种型号的接头附件。

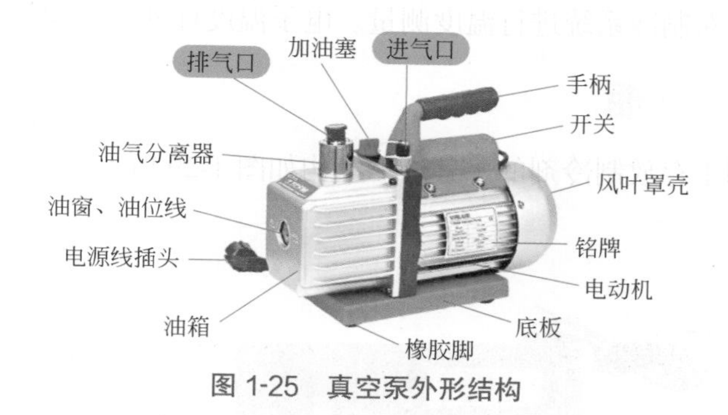

图 1-25　真空泵外形结构

1.5.2　压力表与修理阀

❶ 压力表

制冷剂泄漏是空调器的常见故障，为对系统中制冷剂量是否充足进行检测，常用到真空压力表，真空压力表外形结构如图 1-26 所示。

图 1-26　真空压力表外形结构

在维修中，压力的单位在国际单位制中采用帕（Pa），在工程单位中采用千克力 / 厘米 ^{2}（kgf/cm^{2}），另外还有大气压（B）、汞柱（mmHg）等。

❷ 修理阀

在空调器抽真空、充注制冷剂及测量系统压力时，都要用到修理阀。三通修理阀的开闭情况如图 1-27 所示。

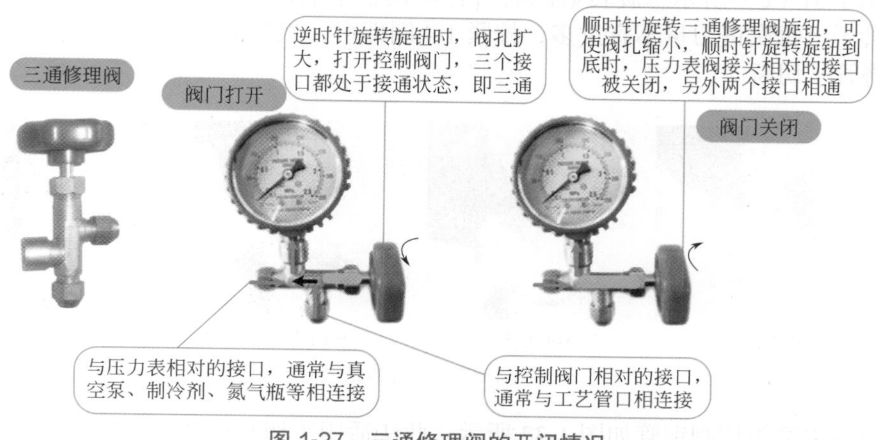

图 1-27　三通修理阀的开闭情况

1.5.3 温度计

温度计主要用于对制冷系统进行温度测量。电子温度计外形结构如图 1-28 所示。

1.5.4 制冷剂钢瓶

制冷剂钢瓶是用来存放制冷剂的，其外形结构如图 1-29 所示。

图 1-28 电子温度计外形结构

图 1-29 制冷剂钢瓶

1.6 空调、电冰箱专业维修工艺

扫一扫 看视频

1.6.1 割管工艺

割管器又叫管割刀、切管器，其外形结构如图 1-30 所示，它是一种专门用来切割紫铜、黄铜、铝等金属管子的工具，一般可以切割直径 3 ～ 25mm 的金属管。

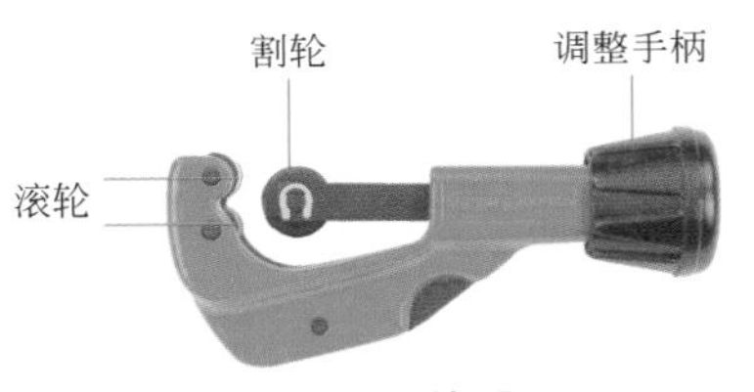

图 1-30 割管器

割管方法如图 1-31 所示。在切割时，将金属管放在割轮和滚轮之间，割轮与铜管垂直，如图 1-31（a）所示。然后一手捏紧管子（若手捏不住，可用扩口工具加紧），另一手转动调整手柄夹紧管子，如图 1-31（b）所示，使割轮的切刃切入管子管壁，随即均匀的将割管器环绕铜管旋转进刀，如图 1-31（c）所示。旋转数圈后再拧动调整手柄，如图 1-31（d）所示，使割轮进一步切入管子，每次进刀量不宜过多，拧紧 1/4 圈即可，然后继续转动割管器。此后边拧边转，直至将管子切断。

(a) 放管

(b) 夹管

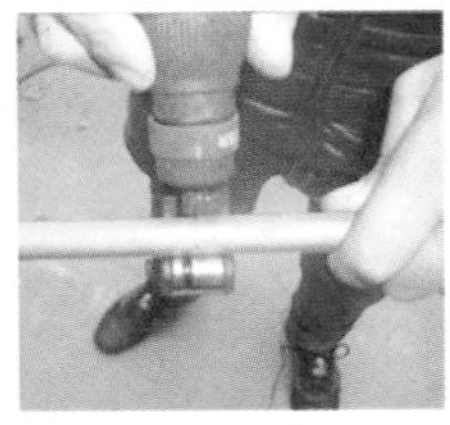

(c) 夹紧管

(d) 进刀

图 1-31 割管方法

用剪刀或尖嘴钳切割铜管如图 1-32 所示。此法适用于切割较细的铜管——毛细管。

用剪刀或尖嘴钳夹住毛细管来回转动，当毛细管上出现一定深度的刀痕后，再用手轻轻折断。剪刀或尖嘴钳夹住毛细管来回转动时，不能用力过大，不然会出现内凹的收口而造成毛细管不通。

1.6.2 扩口、胀管工艺

扩口器又称胀管器，主要用来制作铜管的喇叭口。扩喇叭口现在常用 45° 偏心扩口器，其结构外形如图 1-33 所示。

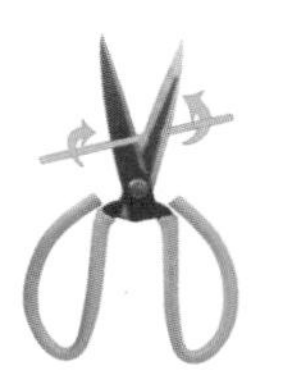
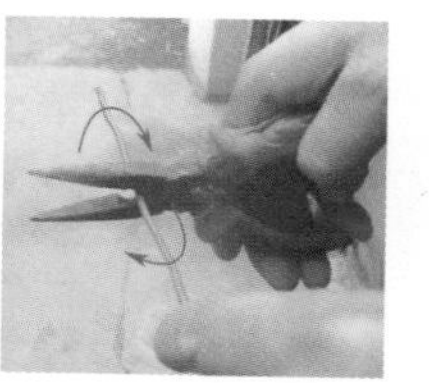

图 1-32 用剪刀或尖嘴钳切割铜管（毛细管）

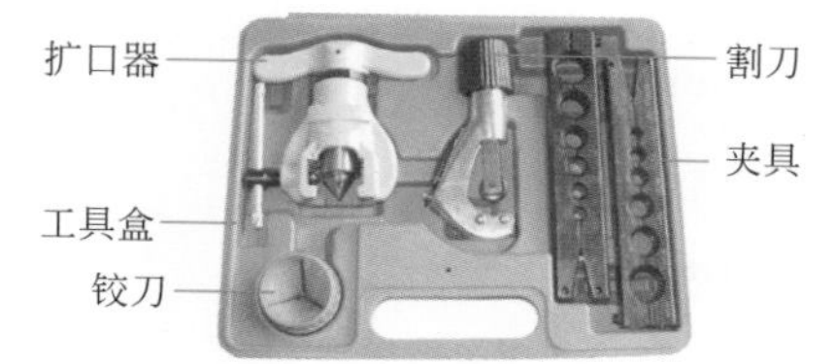

图 1-33 45° 偏心扩口器

电冰箱管路切断后，如果还要将它连接起来，就要在管端做喇叭口。喇叭口形状的管口用于螺纹接头或不适用于对插接口时的连接，目的是保证对接口部位的密封性和强度。

❶ 扩口工艺及方法

扩口工艺及方法如图 1-34 所示。

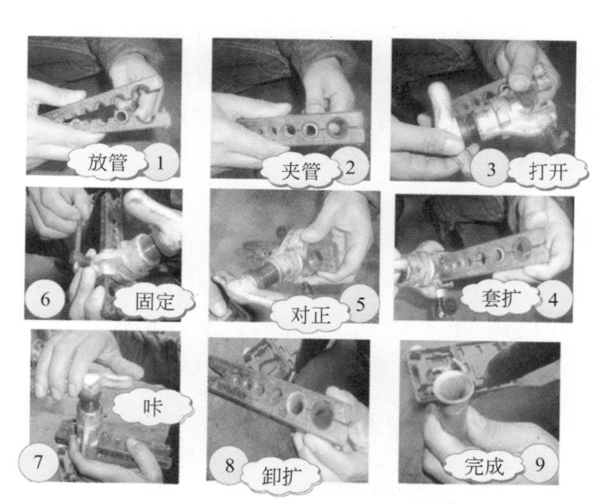

图 1-34 扩口工艺及方法

在夹具中选择合适的孔径放管，并用夹具夹住铜管，打开顶压口径，从夹具的开口端套入顶压装置，圆锥头对正铜管时，旋紧定位螺钉，顺时针缓缓旋转弓形架。扩管工作完成时，偏心式圆锥头会自动弹起同时会听到“咔”的一声，这时让圆锥头再回旋，松开定位螺钉，取下圆锥头，至此就扩好了喇叭口。

❷ 胀管工艺

两根铜管对接时，需要将一根铜管插入另一根铜管中，这时往往需要将被插入铜管的端部的内径胀大，以便另一根铜管能够吻合地插入，只有这样才能使两根铜管焊接牢固，并且不容易发生泄漏。胀管器的作用就是根据需要对不同规格的铜管进行胀管。

胀管工艺与上面的扩喇叭口工艺基本相同，只是需要更换与铜管直径一致的杯状胀管头。

在实际操作过程中，熟练的师傅一般将扩口后的铜管用尖嘴钳进行胀管，或直接用尖嘴钳进行胀管，如图 1-35 所示。

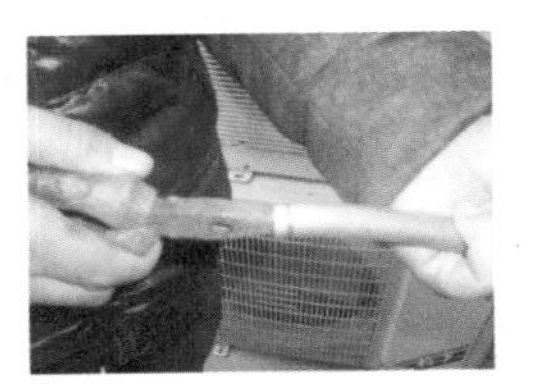

图 1-35　用尖嘴钳进行胀管

1.6.3　弯管工艺

弯管器外形结构如图 1-36（a）所示，它主要用来改变管子的弯曲程度，将管子加工成所需要的形状。

(a) 滚轮式弯管器

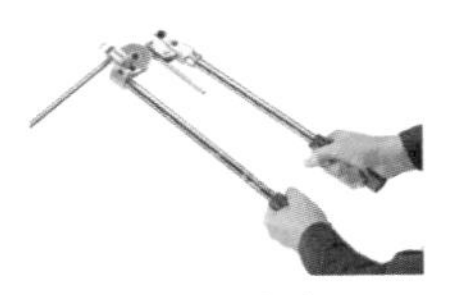

(b) 使用方法

图 1-36　弯管器及使用方法

把管子插入滚轮和导轮之间的槽内，并用紧固螺钉将管子固定；随后将活动杠杆按顺时针方向转动，直到所弯曲角度为止，最后将金属管子退出弯管器。

滚轮式弯管器在弯管时应注意：铜管的弯曲半径应不小于铜管外径的 5 倍，否则铜管的弯曲部位容易变形；可根据实际情况，更换不同半径的导轮来弯曲不同半径的管子。

1.6.4　封口工艺

封口钳的外形结构如图 1-37 所示。封口钳应根据铜管管壁的厚度，调节钳口调节螺钉。将待封口的铜管夹入钳口内的中间位置，用手紧握封口钳的两个手柄，钳口即把铜管夹扁并封住铜管。铜管封口后，拨动钳口的开启手柄，在钳口开启弹簧的作用下钳口自动打开。

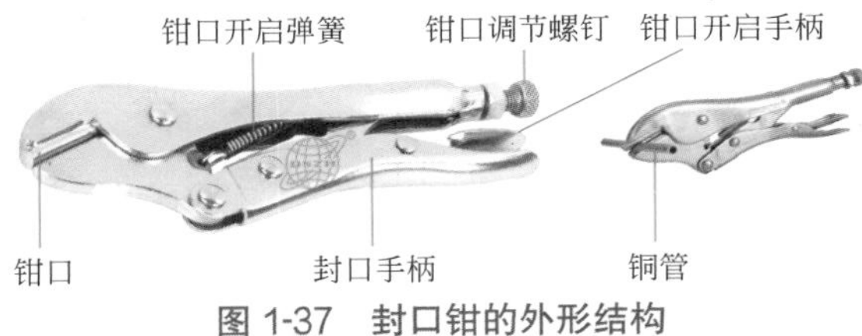

图 1-37　封口钳的外形结构

第 2 章 家电维修基础技能

2.1 电路图的识读

2.1.1 电路图识读的基本要求

❶ 要掌握和利用电工电路基础知识来识读

为了正确而快速地识读电路图，具备良好的电工基础知识是十分重要的。

电压、电流、电阻等是电子电路中最基础、最重要的参数，通过这些参数可以了解电子电路的内在特性和工作状态。我们要学习和掌握电路图的知识，首先应该对这些概念有一个基本的了解或掌握，更要掌握串联、并联、混联的特点等。

❷ 根据元器件的结构和工作原理来识图

任何一个原理图都是由各种元器件、设备、装置组成的，例如，电子电路中的电阻、电容、电感、变压器、二极管、三极管、晶闸管等，只有掌握了它们的用途、主要构造、工作原理及与其他元器件的相互关系（如连接、功能及位置关系），才能看懂电路图。例如要识读一个电子放大电路，需要知道三极管的结构、极性、放大原理、放大类型，需要了解该电路的耦合形式是阻容耦合、变压器耦合、光电耦合还是直接耦合等。

❸ 结合单元电路或典型电路来识图

一张复杂的电路图，总是由单元电路或典型电路组合而成的，在识图时，应紧紧抓住单元电路或典型电路的特点，分清主次环节及其与其他部分的相互联系，这对于识图是很重要的。

单元电路就是基本电路，例如射极跟随器、分压式偏置放大电路、电子稳压器等都是典型电路。

熟悉单元电路或典型电路是快速识图的捷径。如图 2-1 所示是一个串联型稳压电源电路原理图，图中标注了各单元电路的元件组成，图中的元器件可以对号入座到图上面的方框图中，这些方框图实际就是单元电路。

2.1.2 电路图识读技巧

❶ 要熟悉每个元器件的电路符号

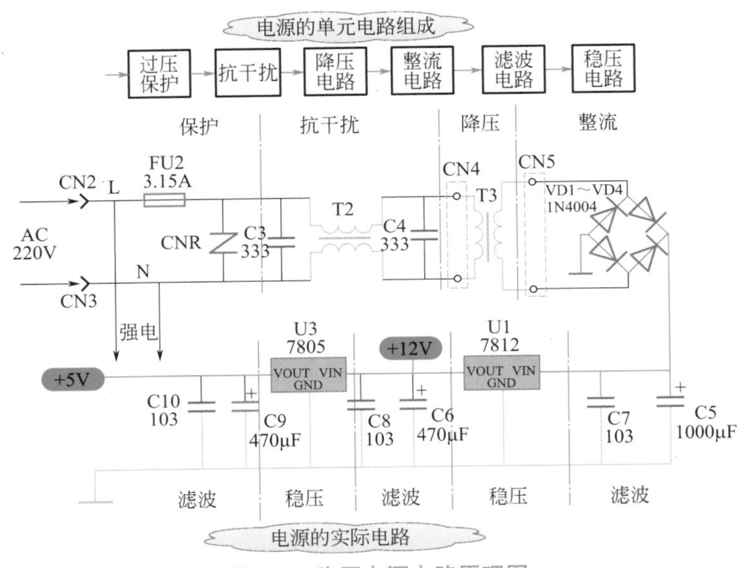

图 2-1　稳压电源电路原理图

电子元器件是组成各种电子线路及设备的基本单元，熟悉电子元器件的电路符号是识读电路图的基本要求。电路符号主要包括图形符号、文字符号和电路符号三种。电路符号的意义示意图如图 2-2 所示。

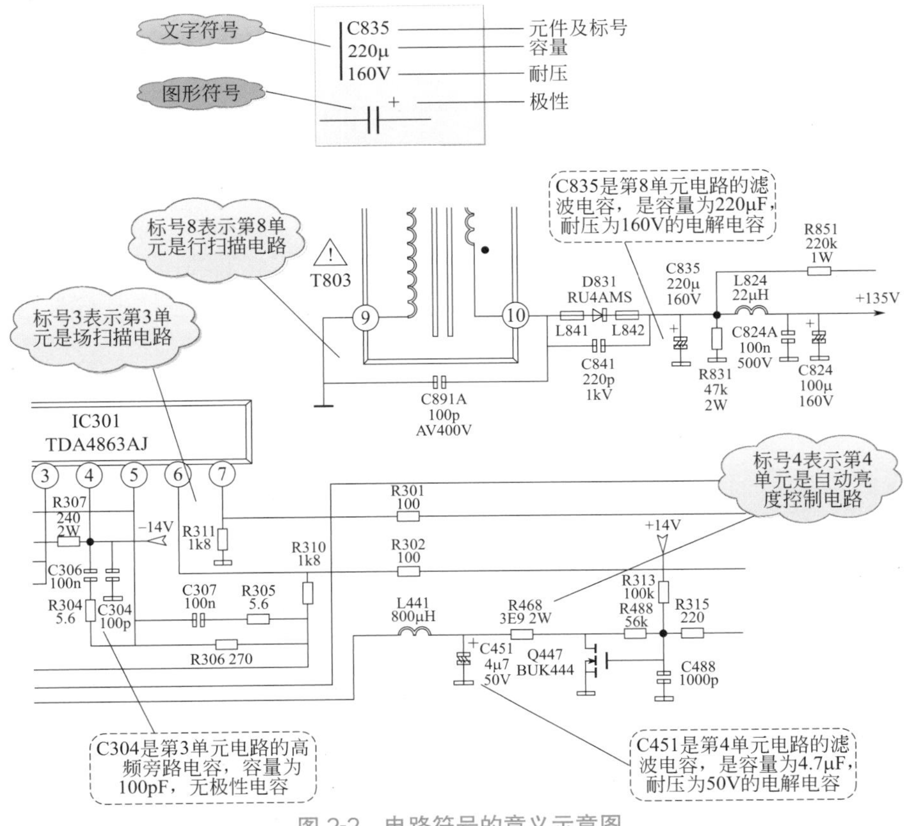

图 2-2　电路符号的意义示意图

❷ 根据图纸能快速查找元器件在电子设备中的具体位置

这是一个由理论到实践的过程。电路图为电子设备的组成和工作提供了理论依据，根据电路图迅速、准确地判断出有关电路在整机结构中的部位，乃至查找到元器件的实际位置是识读电路图的主要目的之一。

对于电子产品的装配、检测和维修人员来说，准确识读电路图极为重要。在维修时，通常首先要根据故障现象，参考电路原理图分析出可能产生故障的部位；然后准确迅速地查找到相关部位，对有关元器件进行必要的测试；最后确认产生故障的真正原因并设法予以排除。

❸ 能够看懂方框图

方框图勾画出了电子设备的组成和工作原理的大致轮廓。能够看懂方框图，是掌握整个电子设备工作原理和工作特点的基础。

对于具体电子设备及其电路的识读方法，一般是由整体到局部逐步摸索规律，因此，要了解和掌握具体设备的电路原理必须先读懂方框图。

❹ 具有一定的识别能力

一个电子设备通常是由许许多多元器件组成的单元电路所构成的。在读图过程中，还要求具有对单元电路、元器件的识别能力。即确认各单元电路的性质、功能及组成元器件。识别能力还体现在对元器件的实物识别等方面。

❺ 识图的基本方法

任何一个家用电器，无论其电路复杂程度如何，其电路都是由单元电路组成的。在对单元电路进行分析时，要认准“两头”，即输入端和输出端，进而分析两端口信号的演变、阻抗特性，从而达到弄清电路的用途的目的。

各种功能的单元电路都有它的基本组成形式，而各单元电路的不同组合，构成了不同类型的整机电路。在了解各单元电路信号变换过程的基础上，再来分析整机电路的信号流程，就能对整机电路的工作过程有个全面的了解。识图能力不是一天就能达成的。在熟练掌握基本识图知识的基础上，必须勤于学习、勇于实践，探索出行之有效的识图方法。

2.1.3 印制板图及识读技巧

如图 2-3 所示是一个双声道功放印制板图，下面我们来进行整体识读。

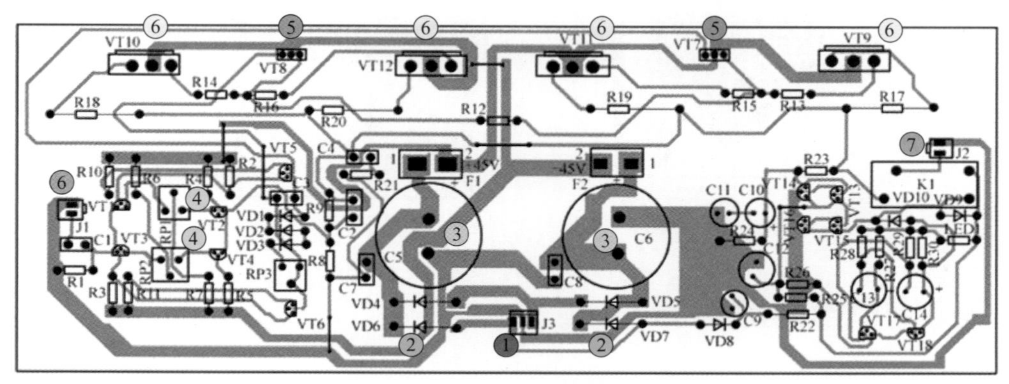

图 2-3 双声道功放印制板图

我们先从电源入手，图中的① J3 为交流电源输入端，是双输入的；然后经过二极管整流②→电容滤波③，得到两组正反电源。

再看输入端，图中的④ RP1、RP2 为信号输入端。

再分析信号流程，前置级为 VT1 ～ VT6（图中左）→激励级⑤→功率放大级⑥。

后看输出端，图中的⑦为输出端。

最后看保护电路，VT13 ～ VT18（图中右）为保护电路。

2.2 电阻的检测

扫一扫 看视频

2.2.1 普通电阻的检测

通孔固定电阻的检测方法和步骤可参看第 1 章有关内容，这里不再赘述。这里只给出一个总结。

若万用表测得的阻值与电阻标称阻值相等或在电阻的误差范围之内，则电阻正常；若两者之间出现较大偏差，即万用表显示的实际阻值超出电阻的误差范围，则该电阻不良；当万用表测得电阻值为无穷大（断路）、阻值为零（短路）或不稳定，则表明该电阻已损坏，不能再继续使用。

2.2.2 压敏电阻的检测

将指针式万用表选择 R×10kΩ 挡位（或数字式万用表的 200MΩ 挡位），两表笔分别与压敏电阻的两引脚相接测量其阻值，交换表笔后再测量一次。若两次测得的阻值均为无穷大，则说明被测压敏电阻合格，否则表明被测压敏电阻严重漏电且不可使用。压敏电阻检测示意图如图 2-4 所示。

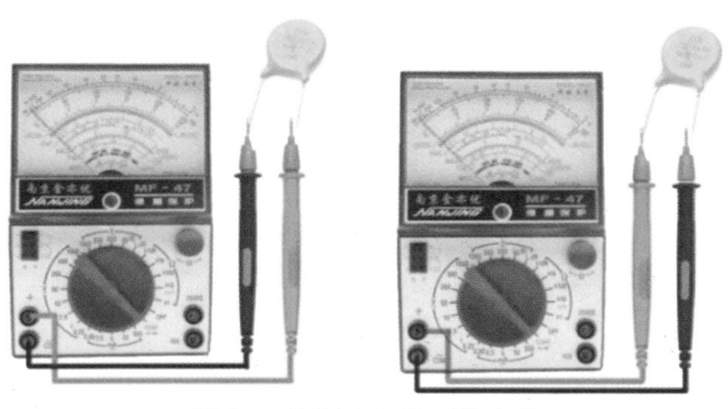

图 2-4 压敏电阻检测示意图

2.2.3 热敏电阻的检测

热敏电阻有正温度系数（PTC）热敏电阻、负温度系数（NTC）热敏电阻和 CTR 热敏电阻三类。

热敏电阻的检测一般分为两个步骤：一是检测常温下电阻值，二是检测特性电阻值。热敏电阻的特性电阻值是加热时的电阻值。

第一步：测量常温电阻值。将万用表置于合适的欧姆挡（根据标称电阻值确定挡位），用两表笔分别接触热敏电阻的两引脚测出实际阻值，并与标称阻值相比较，如果二者相差过大，则说明所测热敏电阻性能不良或已损坏，常温下测量示意图如图 2-5（a）所示。

第二步：测量温变时（升温或降温）的电阻值。在常温测试正常的基础上，即可进行升温或降温检测。升温检测热敏电阻示意图如图 2-5（b）所示。用加热的烙铁头压住热敏电阻测电阻值，观察万用表示数，此时会看到显示的数据随温度的升高而变化（NTC 是减小，PTC 是增大），表明电阻值在逐渐变化。当阻值改变到一定数值时，显示数据会逐渐稳定。

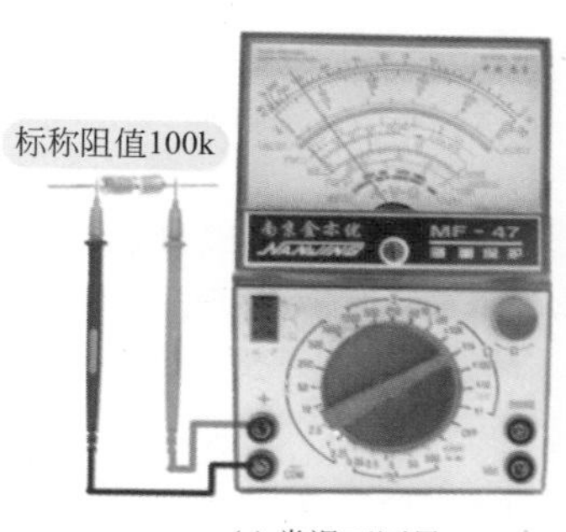

(a) 常温下测量

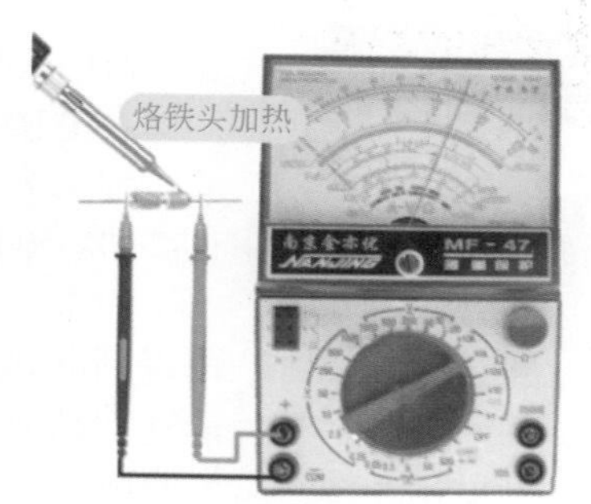

(b) 测量温变时的电阻值

图 2-5　热敏电阻的检测

2.3 电容的检测

扫一扫 看视频

2.3.1　数字式万用表电容挡检测电容

使用数字万用表测量电容容量的具体方法如图 2-6 所示。

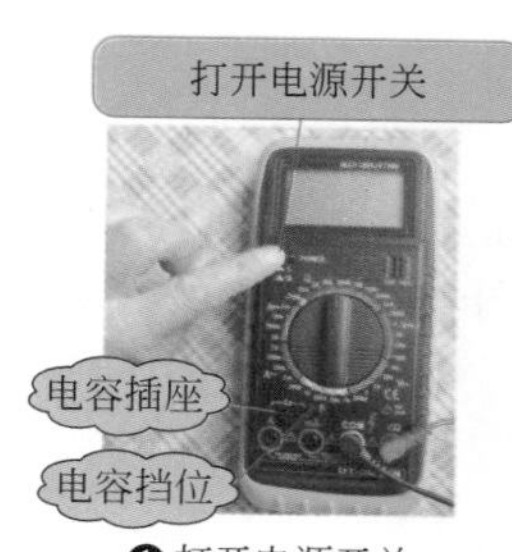

❶ 打开电源开关

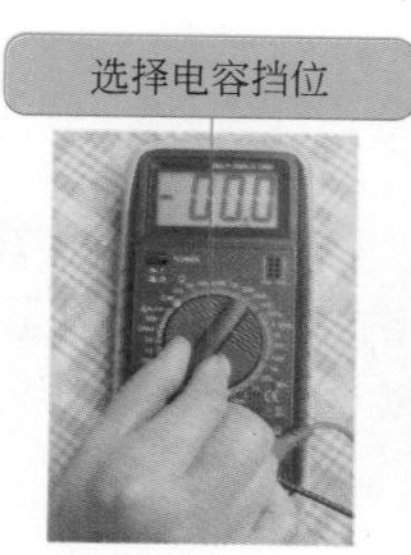

❷ 选择挡位

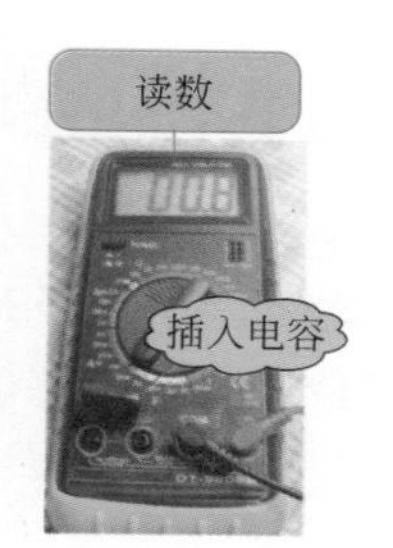

❸ 测量、读数

图 2-6　使用数字式万用表测量电容容量的具体方法

将数字式万用表置于电容挡，根据电容量的大小选择合适挡位，待测电容充分放电后，将待测电容直接插到测试孔内或用两表笔分别直接接触电容的两个引脚进行测量。数字式万用表的显示屏上将直接显示出待测电容的容量。

使用数字式万用表测量时，如果显示的数值等于或十分接近标称电容量，说明该电容正常；如果待测电容显示的数值与标称电容量相差过大，则说明待测电容已变值，不能再使用；如果待测电容显示的数值远小于标称容量，说明待测电容已损坏。

2.3.2 指针式万用表检测电容

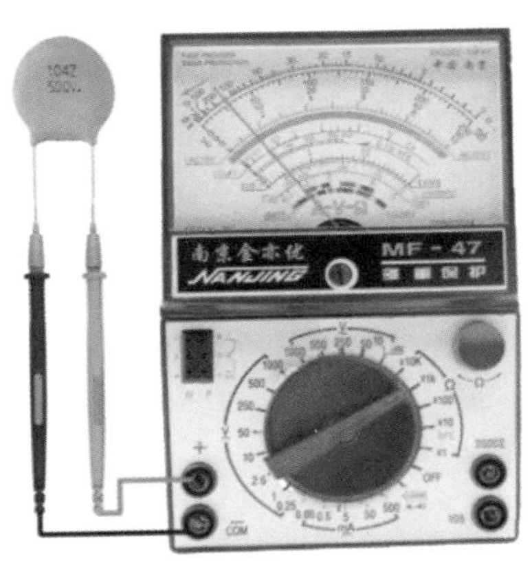

图 2-7 指针式万用表测电容

首先要明确一点：指针式万用表只能检测电容的好坏（小容量电容的断路性故障及容量的大小不宜判断）以及估测电容的大小，不能准确测量电容容量的大小。

将指针式万用表调至 R×10k 欧姆挡，并进行欧姆调零，然后用万用表的红、黑表笔分别接触电容的两个引脚，观察万用表指示电阻值的变化，如图 2-7 所示。

表笔接通瞬间，万用表的指针应向右微小摆动，然后又回到无穷大处，调换表笔后，再次测量，指针也应该向右摆动后返回无穷大处，则可以判断该电容正常。

如果表笔接通瞬间，万用表的指针摆动至“0”附近，可以判断该电容被击穿或严重漏电；如果表笔接通瞬间，指针摆动后不再回至无穷大处，可判断该电容器漏电；如果两次万用表指针均不摆动，可以判断该电容已开路。

2.4 电感的检测

扫一扫 看视频

2.4.1 数字式万用表检测电感

采用具有电感挡的数字万用表检测电感时，将数式字万用表量程开关置于合适电感挡，然后将电感引脚与万用表两表笔相接即可从显示屏显示出电感的电感量。若显示的电感量与标称电感量相近，则说明该电感正常；若显示的电感量与标称电感量相差很多，说明电感不正常，如图 2-8 所示。

2.4.2 指针式万用表检测电感

电感的直流电阻值一般很小，若用万用表欧姆挡位测量线圈的直流电阻，阻值无穷大说明线圈（或与引出线间）已经开路损坏；阻值比正常值小很多，则说明有局部短路；阻值为零，说明线圈完全短路。电感检测示意图如图 2-9 所示。

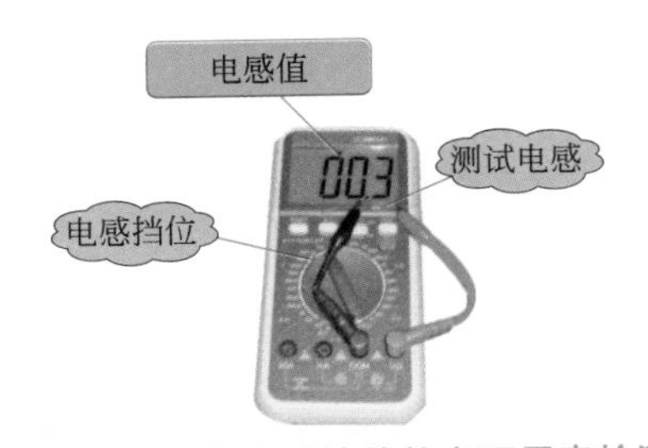

图 2-8 采用具有电感挡的数字万用表检测电感

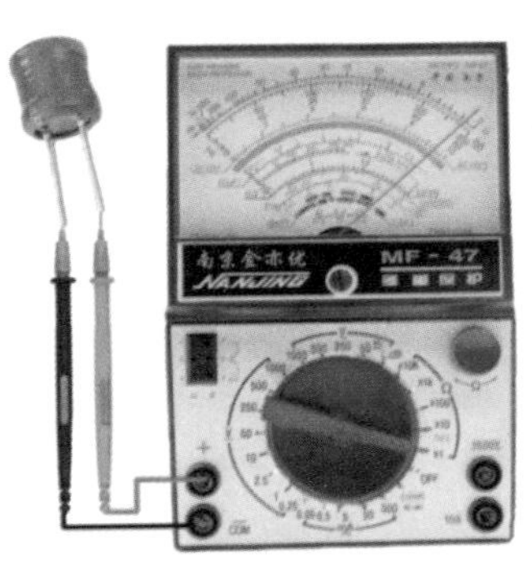

图 2-9 电感检测示意图

2.5 晶体管的检测

2.5.1 普通二极管的检测

❶ 指针式万用表检测普通二极管

普通二极管（整流二极管）正反向电阻检测如图 2-10 所示，测量判断的依据：二极管的正向电阻小，反向电阻大。

指针式万用表检测二极管前应选择 ×1k 挡位，并欧姆调零。将两表笔分别接在二极管的两个引线上，测出电阻值，如图 2-10（a）所示，对换两表笔，再测出一个阻值，如图 2-10（b）所示，然后根据这两次测得的结果，判断出二极管的质量好坏与极性。

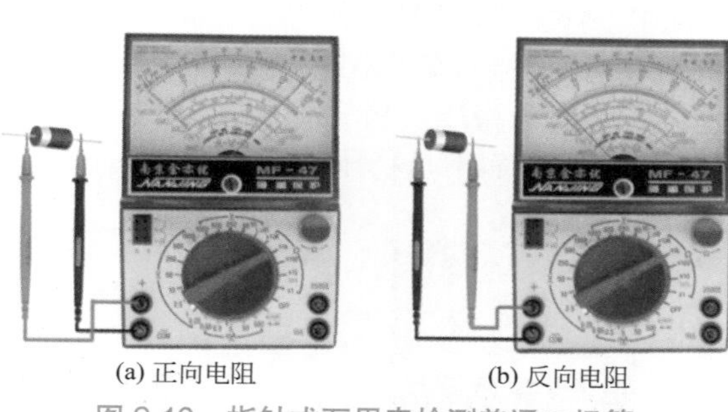

(a) 正向电阻　(b) 反向电阻

图 2-10 指针式万用表检测普通二极管

二极管测量结果的分析与判断如表 2-1 所示。

表 2-1 二极管测量结果的分析与判断

测量数据	结论
一次阻值大，一次阻值小	阻值小时黑表笔接的是二极管的正极，红表笔接的是二极管的负极。二极管正常
两次阻值都很大	二极管断路
两次阻值都很小	二极管短路

另外，开关二极管、阻尼二极管、隔离二极管、钳位二极管、快恢复二极管等，可参考整流二极管的识别与判断。

❷ 数字式万用表检测普通二极管

红表笔插入“V / Ω”插孔，黑表笔插入“COM”插孔，将数字万用表置于二极管挡，如图 2-11（a）所示。

将两支表笔分别接触二极管的两个电极，如果显示溢出符号“1”，说明二极管处于反向截止状态，此时黑笔接的是二极管正极，红笔接的是二极管负极，如图 2-11（b）所示。反之，如果显示值在 100mV 以下，则二极管处于正向导通状态，此时红笔接的是二极管正极，黑笔接的是二极管负极，如图 2-11（c）所示。数字式万用表实际上测的是二极管两端的压降。

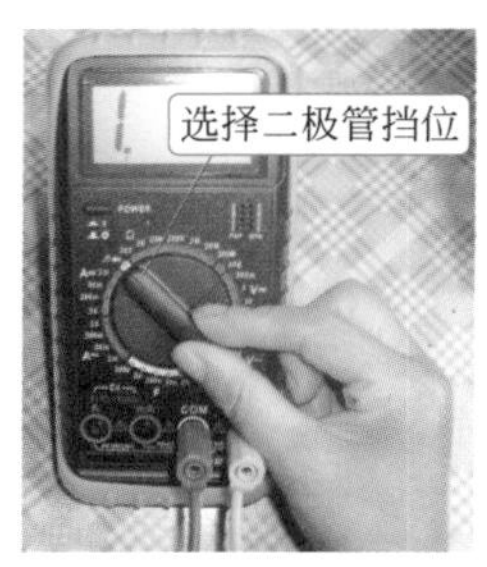

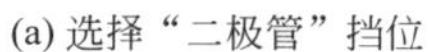

(a) 选择“二极管”挡位

(b) 反向电阻

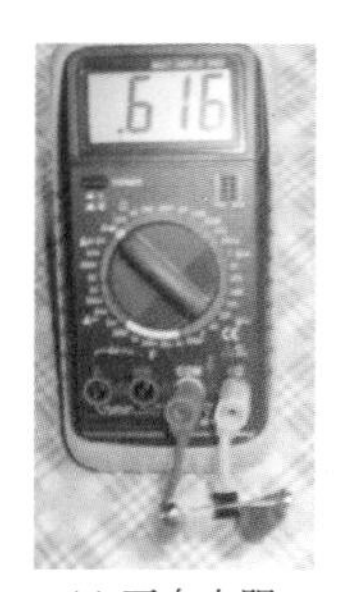

(c) 正向电阻

图 2-11 数字式万用表检测普通二极管

2.5.2 稳压二极管的检测

稳压二极管其极性和性能好坏的测量与普通二极管的测量方法相似，不同之处在于：当使用指针式万用表的 R×1k 挡测量二极管时，测得其反向电阻是很大的，如图 2-12（a）所示；此时，将万用表转换到 R×10k 挡，如果出现万用表指针向右偏转较大角度，即反向电阻值减小很多的情况，则该二极管为稳压二极管，如图 2-12（b）所示；如果反向电阻基本不变，说明该二极管是普通二极管，而不是稳压二极管。

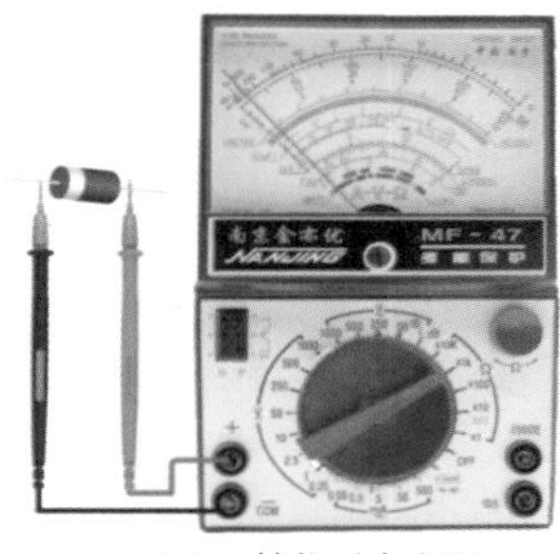

(a) 1k挡位反向电阻

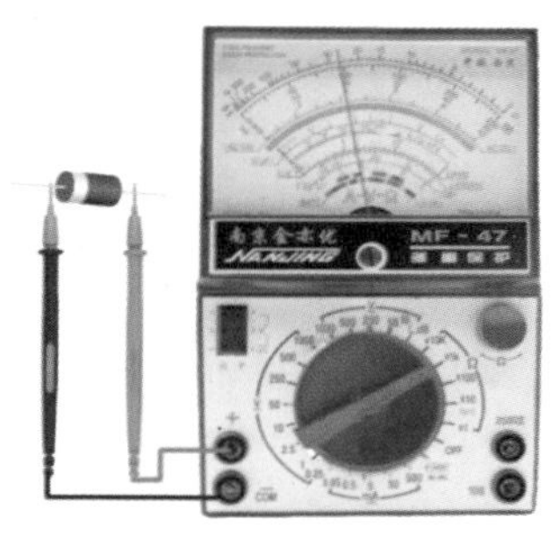

(b) 10k挡位反向电阻

图 2-12 稳压二极管的检测

若测得稳压二极管的正、反向电阻均很小或均为无穷大，则说明该二极管已击穿或开路损坏。

2.5.3 发光二极管的检测

❶ 指针式万用表检测发光二极管（LED）

指针式万用表检测 LED 采用的是 R×10k 挡，其测量方法及对其性能的好坏判断与普通二极管相同，测量示意图如图 2-13 所示。发光二极管的正向、反向电阻均比普通二极管大得多。正常情况下，其正向阻值约为 15 ～ 40kΩ，反向阻值大于 500kΩ。测量正向电阻时，有些管子可以看到发光管的发光情况。

❷ 数字式万用表检测发光二极管

用数字万用表的 R×20M 挡测量发光二极管的正、反向电阻值，测量示意图如图 2-14 所示。正常情况下，其正向电阻小于反向电阻。较高灵敏度的发光二极管，用数字万用表小量程电阻挡测它的正向电阻时，管内会发微光，所选的电阻量程越小，管内发出的光越强。

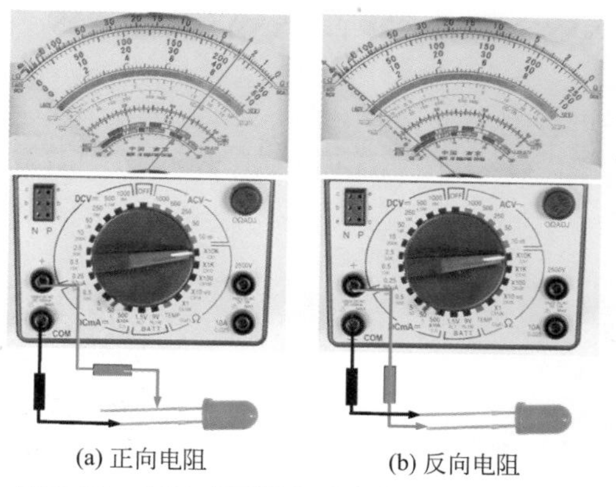

(a) 正向电阻　　(b) 反向电阻

图 2-13　指针式万用表对发光二极管的检测

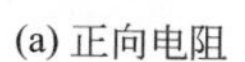

(a) 正向电阻　　(b) 反向电阻

图 2-14　数字式万用表对发光二极管的检测

2.5.4　三极管的检测

❶ 找基极，定极型

分别测量三极管三个电极中每两个电极之间的正、反向电阻值。当用一个表笔固定接于某一个电极，而另一个表笔先后接触另外两个电极均测得低阻值时，则固定表笔所接的那个电极即为基极。这时，要注意万用表表笔的极性，如果红表笔接的是基极，黑表笔分别接在其他两电极时，测得的阻值都较小，则可判定被测三极管为 PNP 型管；如果黑表笔接的是基极，红表笔分别接触其他两电极时，测得的阻值较小，则被测三极管为 NPN 型管。找基极，定极型如图 2-15 所示，图中的三极管为 NPN 型管。

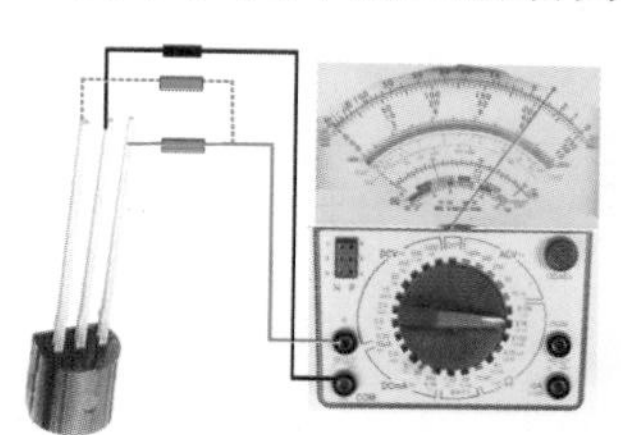

(a) 黑表笔固定，两次阻值都是小

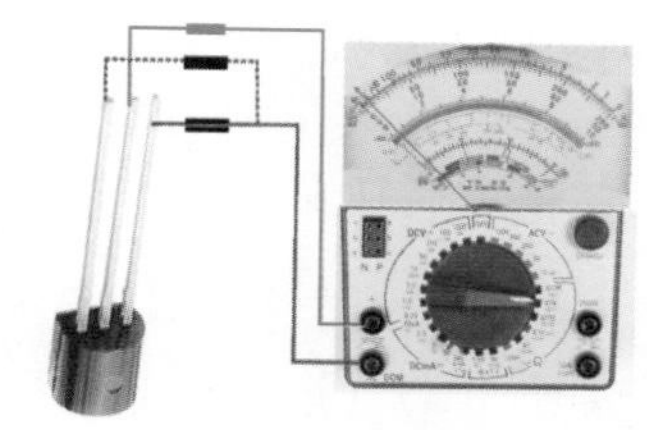

(b) 红表笔固定，两次阻值都是大

图 2-15　找基极，定极型

❷ 判断发射极和集电极

若为 NPN 型，黑笔接假设的集电极，红笔接假设的发射极，加合适电阻（湿手指）在黑笔与基极之间，记住此时的阻值，然后对调两表笔，电阻仍跨接在黑笔与基极之间（电阻随着黑笔走），万用表又指出一个阻值，比较两次所测数值的大小，哪次阻值小（偏转大），则假设成立。如图 2-16 所示。

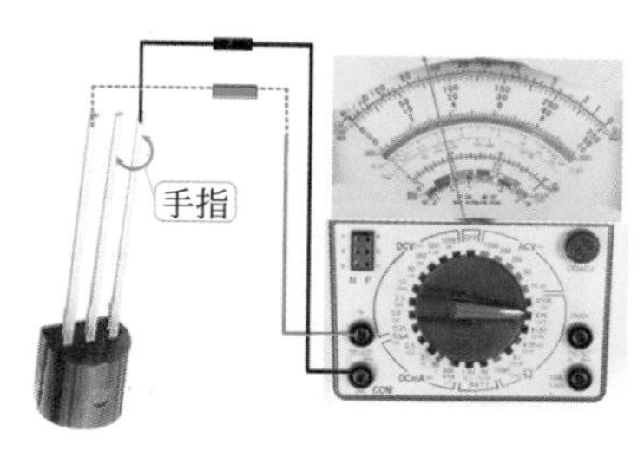

(a) 偏转大假设正确

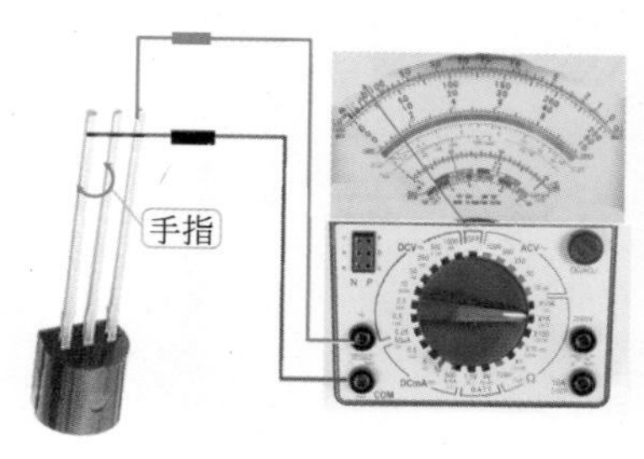

(b) 偏转小假设不正确

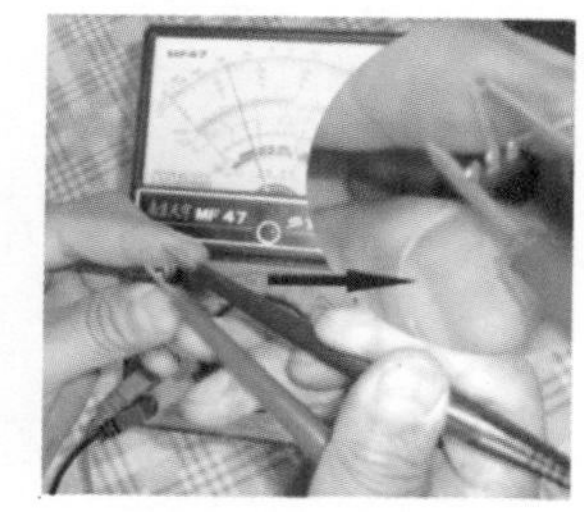

(c) 手指并于假设的集电极与基极间

图 2-16　判断发射极和集电极

PNP 型与 NPN 型正好相反，移动红笔接假设的基极，电阻（手指）随着红笔走。

使用的电阻挡位不同，测量出来的电阻值也不相同，这一点读者应特别注意。

2.6 电热元件的识别

扫一扫 看视频

2.6.1 电阻式电热元件

将电能转换成热能的元器件称为电热元器件。小家电中常见的电热元器件有：电阻式电热元件、红外线电热元件、感应式电热元件、微波式电热元件和 PTC 电热元件等几种。电加热器件按功率分为大功率、中功率和小功率加热器三种。

图 2-17 开启式螺旋形电热元件

❶ 开启式螺旋形电热元件

开启式螺旋形电热元件是将电热丝绕制成螺旋状，然后嵌装在有绝缘耐火材料所制成的底盘上或支架上，直接裸露在空气中，其外形结构如图 2-17 所示。

❷ 云母片式电热元件

将电热丝缠绕在云母片上，在外面覆盖一层云母作绝缘，结构如图 2-18 所示。这种电热元件为安全起见，一般是置于某种保护罩下的，如电熨斗中的电热元件。

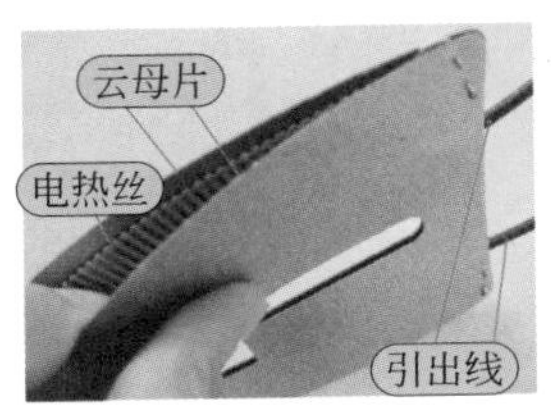

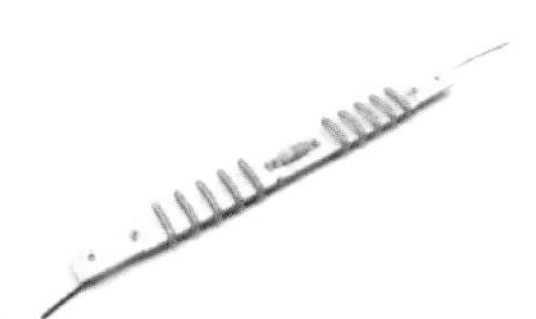

图 2-18 云母片式电热元件

❸ 封闭式电热元件

将电热丝装在用绝缘导热材料隔开的金属管或金属板内，主要由电热丝、金属护套管、绝缘填充料、封口材料和引出线等组成。如用在热得快、电饭锅等中的电热元件，其结构如图 2-19 所示。

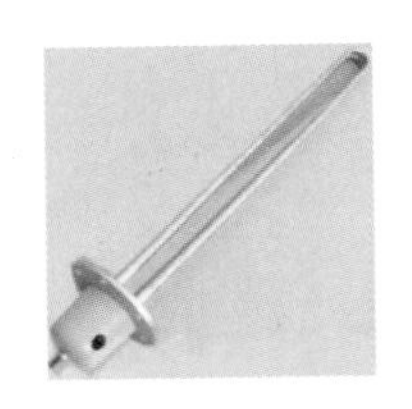
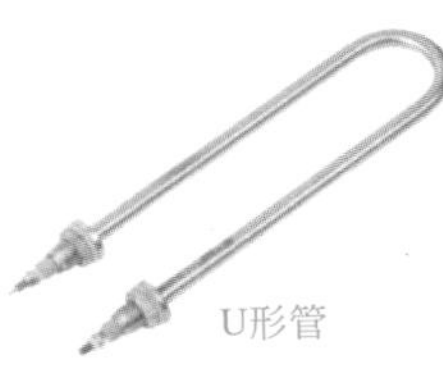

图 2-19 封闭式电热元件

❹ 薄膜形电热元件

这是一种以康铜或康铜丝作为电热材料，聚酰亚胺薄膜作为绝缘材料的薄膜型新型电热元件，它可以制成片状或带状，其结构如图 2-20 所示。

图 2-20　薄膜形电热元件结构

❺ 线状电热元件

在一根用玻璃纤维或石棉线制作的芯线上，缠绕电热丝，再套一层耐热尼龙编织层，在编织层上涂覆耐热聚乙烯树脂。如用在电热褥中的电热元件，其结构如图 2-21 所示。

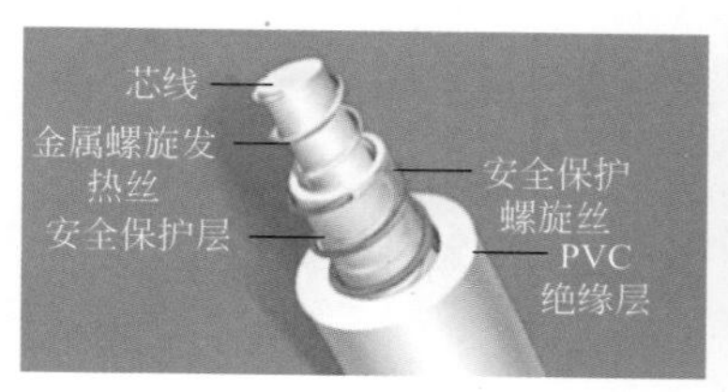

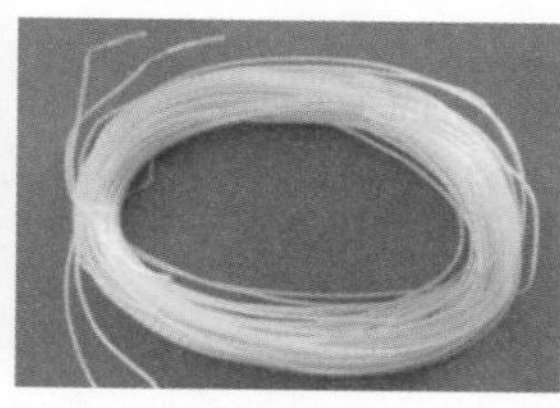
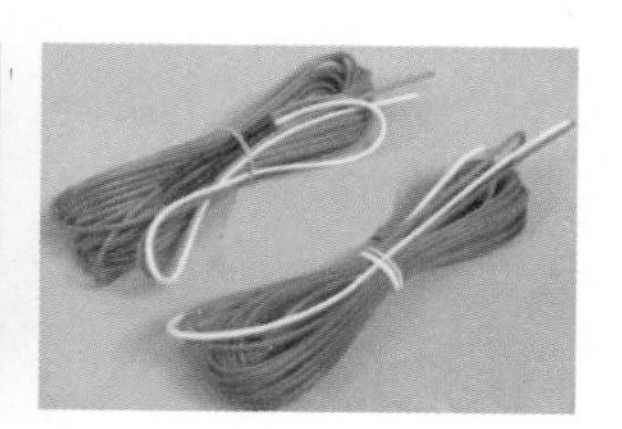

图 2-21　线状电热元件结构

2.6.2　远红外线电热元件

红外线电热元件广泛应用于电烤箱、取暖器及电吹风等。管状远红外辐射元件有乳白石英管、金属管及陶瓷管等几种。当电热丝发热时，元件表面可发出强烈的红外线辐射，对物体进行加热。其结构如图 2-22 所示。此外还有板状、烧结式、黏结式等红外辐射元件。

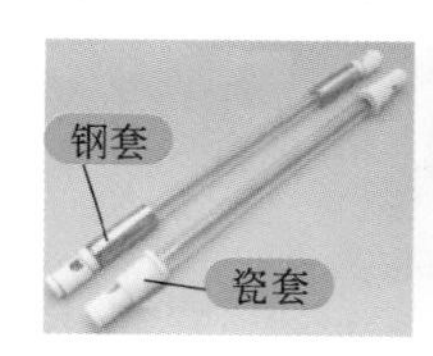

图 2-22　管状远红外辐射元件结构

2.6.3　PTC 电热元件

PTC 电热元件是具有正电阻温度系数的新型发热元件。其外形结构如图 2-23 所示。

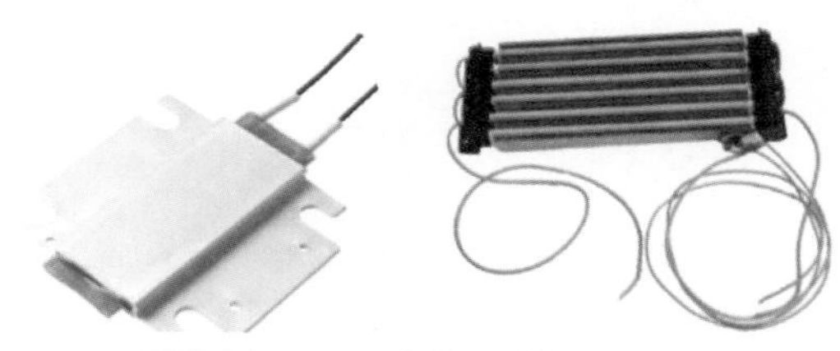

图 2-23　PTC 电热元件外形结构

PTC电热元件阻值随温度的变化而变化。利用PTC器件的这一性质可以将其制成恒温加热源。通电后，在低于居里点时，相当于普通的电阻性电热元件；当温度达到居里点后，由于它的电阻值急剧增大许多，使电流减小很多，温度不再上升，并保持在一定范围内不变。

2.7 电动器件的识别

扫一扫 看视频

2.7.1 永磁式直流电动机

永磁式直流电动机外形结构如图2-24所示。永磁式直流电动机的最大特点是：只要改变转子电流的方向就能改变旋转方向，即只要将连接电源的两引线互换便可实现反转。

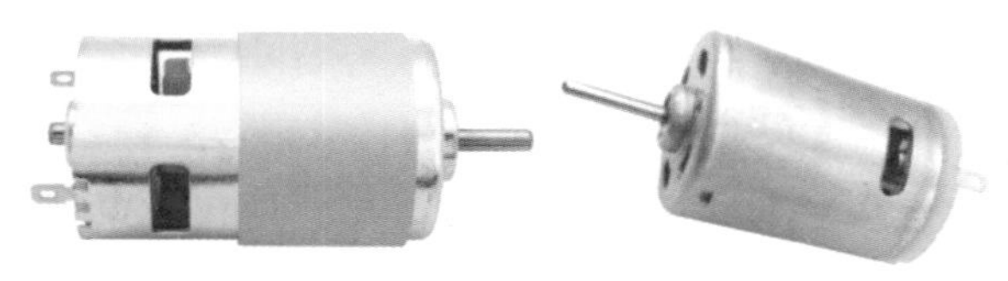
图2-24 永磁式直流电动机外形结构

2.7.2 交直流通用电动机

交直流通用电动机又称为单相串励电动机。交直流通用电动机主要由定子、转子（电枢）、换向器及电刷等组成，如图2-25所示。

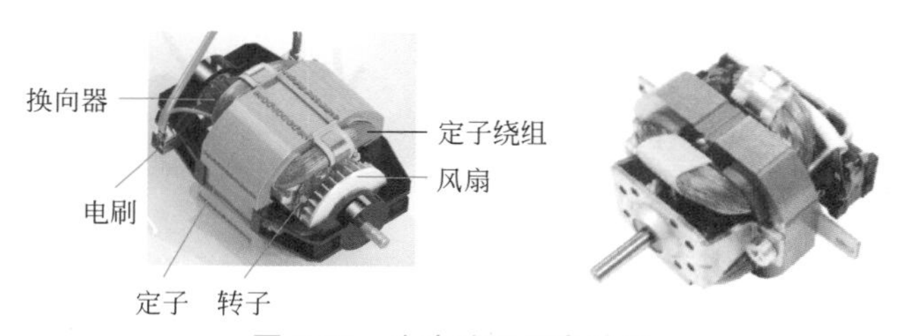

图2-25 交直流通用电动机

交直流通用电动机当电流方向改变时，励磁绕组和电枢绕组的电流方向同时改变，因此，电枢绕组受到的转矩方向不变，所以，无论是接入交流电还是直流电，转子的旋转方向始终不变。

交直流通用电动机的最大特点是：交直流两用；转速高，调速方便；结构较复杂；运转噪声大；会产生无线电干扰等。

2.7.3 单相交流感应式异步电动机

单相交流感应式异步电动机简称单相异步电动机，它只需单相220V交流电源，故使用方便，是家电中使用最多的电动机，如洗衣机、电风扇、吸尘器、抽油烟机等，其外形结构如图2-26所示。

单相交流感应式异步电动机主要由定子和转子两大部分组成。定子绕组一般都有两组：一组称为主绕组，也称工作绕组或运行绕组；另一组称为副绕组，也称为启动绕组。定子绕组的引出线一般有三根：一根称为公共端，常用 C 表示；一根是主绕组的引出端，常用 M 表示；一根是副绕组的引出端，常用 S 表示，如图 2-26（b）所示。

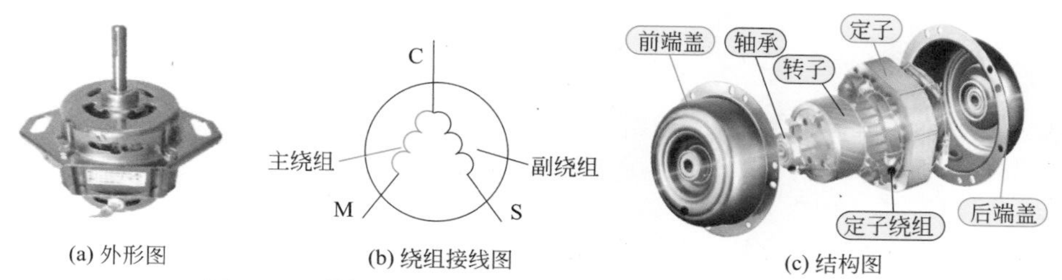

图 2-26　单相交流感应式异步电动机外形结构及接线图

单相交流感应式异步电动机工作原理如下。

单相交流感应式异步电动机定子的主、副绕组，空间互成 90° 相位角，在这两个绕组中必须通入相位不同的电流，才能产生旋转磁场，即必须用分相元件让同一个交流电源产生两个相位不同的电流，如图 2-27 所示。由于分相的需要，单相异步电动机必须要设置启动元件。启动元件串联在启动绕组线路中，它的作用是在电动机启动完毕后，切断启动绕组的电流。目前常见的分相式电动机的启动装置有：离心开关式、启动继电器式、PTC 启动式和电容式等。

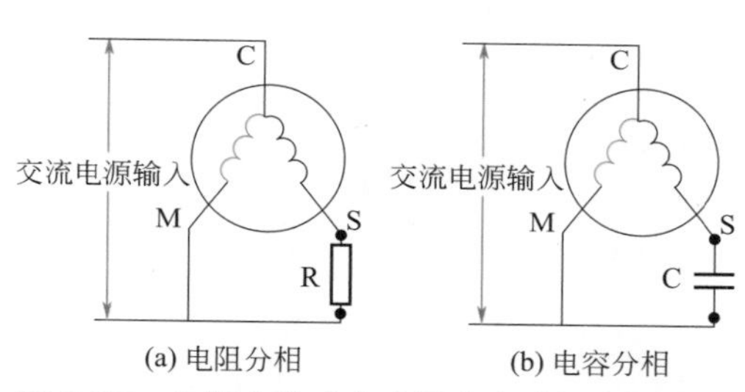

图 2-27　单相交流感应式异步电动机分相原理

2.7.4　罩极电动机

罩极电动机外形结构如图 2-28 所示。当主绕组通电后，磁极中便产生交变磁场，形成一变化磁通，其中一部分通过罩极，使短路环中产生感应电流，因此，形成一个旋转磁场，在旋钮磁场的作用下，转子启动并正常运转。

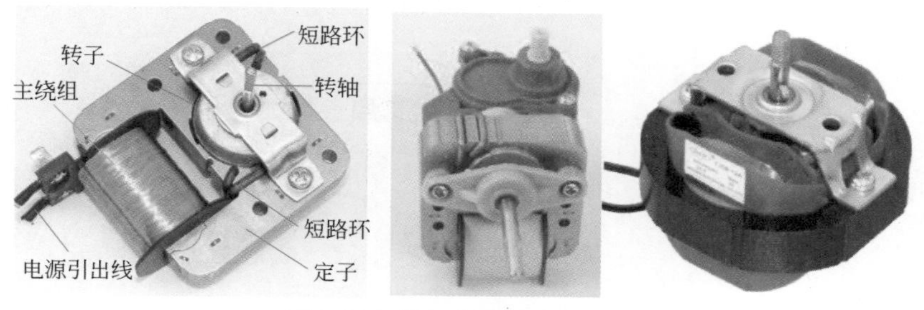

图 2-28　罩极电动机外形结构

2.8 自动控制元件

扫一扫 看视频

2.8.1 温控器

根据采用的感温元件的不同，常用的温控器有双金属温控器、磁性温控器、热电偶温控器及电子温控器等。

❶ 双金属温控器

将两种热胀系数相差很大的金属材料按特殊工艺碾压在一起便制成双金属片，双金属温控器外形结构如图 2-29 所示。

图 2-29 双金属温控器外形结构

应用双金属片能实现温度控制，即将温度控制在某一范围内。为使温度可随使用要求而调整，就需另设调温机构。有调温功能的双金属温控器一般由双金属片、触点及调温螺旋杆等部分组成，如图 2-30 所示。触点的形式有动合触点（常开触点）和动断触点（常闭触点）两种。

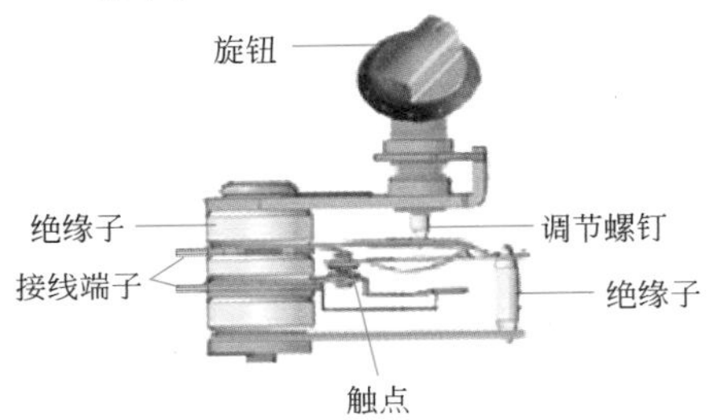

图 2-30 双金属温控器的结构

❷ 磁性温控器

磁性温控器主要由永久磁钢和感温材料（软磁）组成，如图 2-31 所示。

磁性温控器是利用磁性材料的磁性随温度变化的特性制成的。不同铁磁性物质的居里温度点是不相同的，目前的技术可制造出居里温度点在 30 ～ 150℃的感温磁性材料。利用这些感温磁性材料，可以制成多种规格、动作的磁性温控器。

磁性温控器置于电热板的中部，在位置固定的感温软磁下有一个永久磁钢（硬磁），硬磁和软磁之间有一弹簧。在常温下，弹簧的弹力小于磁力与硬磁重力之和。

常温时，当按下操作按键，软磁吸住硬磁，使得它们所带动的两个触点闭合，电热元件通电而发热。当电热板的温度升高到接近居里温度点时，软磁的磁性突然消失，此时，弹簧的弹力大于硬磁的重力，迫使硬磁下落，与其相连的杠杆连动使触点断开，切断电源。

(a) 外形图

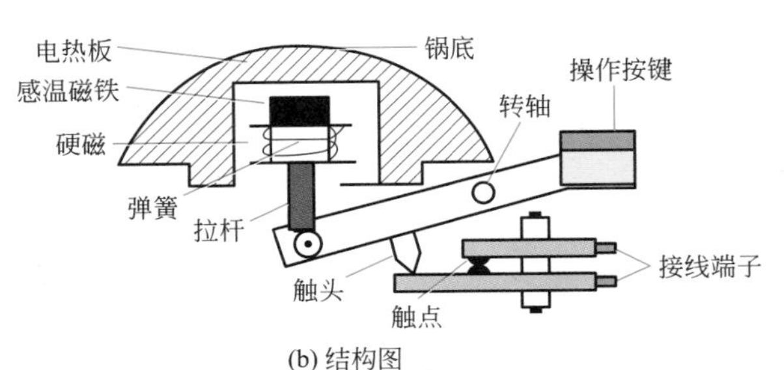

(b) 结构图

图 2-31 磁性温控器外形及结构

2.8.2 继电器及检测

继电器在家电的自动控制电路中起控制与隔离或保护主电路的作用，它实际上是一种可以用低电压、小电流来控制高电压、大电流的自动开关。

电磁继电器按其所采用的电源，可分为交流电磁继电器和直流电磁继电器。常见电磁继电器的外形如图 2-32 所示。

图 2-32 常见电磁继电器的外形

❶ 检测触点电阻

如图 2-33（a）、（b）所示是电磁继电器触点电阻的检测方法，用万用表的电阻挡，测量常闭触点与动点电阻，其阻值应为 0；而常开触点与动点的阻值应为无穷大。由此可以区别出哪个是常闭触点，哪个是常开触点。用万用表的 R×1 挡测量常闭触点的电阻值，正常为 0；将衔铁按下，此时常闭触点的阻值应为无穷大。若在没有按下衔铁时测出常闭某一组触点有一定的阻值或无穷大，则说明该组触点已烧坏或氧化。

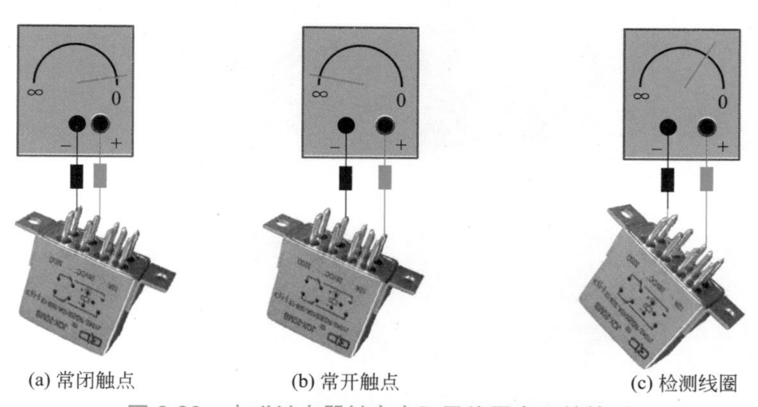

图 2-33 电磁继电器触点电阻及线圈电阻的检测

❷ 检测线圈电阻

电磁继电器触点线圈的检测方法如图 2-33（c）所示。电磁式继电器线圈的阻值一般为 25Ω ～ 2kΩ。额定电压低的电磁继电器线圈的阻值较低，额定电压高的电磁继电器线圈的阻值较高。可用万能表 R×10 挡测量继电器线圈的阻值，从而判断该线圈是否存在开路现象。若测得其阻值为无穷大，则线圈已断路损坏；若测得其阻值低于正常值很多，则是线圈内部有短路故障。如果线圈有局部短路，用此方法不易发现。

2.8.3 定时器

时间控制器件简称定时器，是一种控制小家电工作时间长短的自动开关装置。定时器按其结构特点，可分为机械式、电动式和电子式三种。其中机械式和电子式在实际应用中较广泛。

机械式定时器的内部实际上是一个机械钟表机构，它主要由能源系统、传动轮系统、擒纵调速系统和凸轮控制系统等四大系统组成。机械式定时器外形结构及工作原理示意图如图 2-34 所示。

机械式定时器的内部实际上是一个机械钟表机构，它主要由能源系统、传动轮系统、擒纵调速系统和凸轮控制系统等四大系统组成

能源系统主要由条盒轮组件和止退爪组成。发条是定时器的动力源，S形地装在条盒轮内，当定时旋动调节钮时，盒内发条就被卷紧，机械能就转换成弹力势能

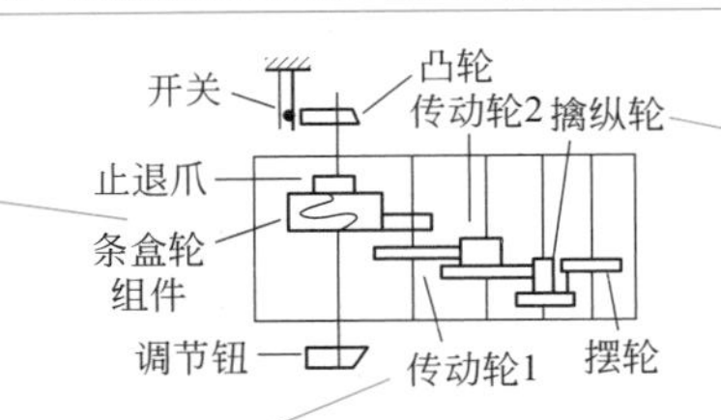

擒纵调速系统主要由擒纵轮和摆轮等组成。其主要作用是精确确定振荡系统的振荡周期，即准确计时

传动轮系统由传动轮1、传动轮2组成。定时后，发条的弹力势能进行转换，由条盒轮带动传动轮系统转动。设置传动轮的目地是因为发条的圈数不是太多，以此来延长定时器一次上紧发条的持续工作时间

凸轮控制系统主要由凸轮和开关触点组成。当定时时，凸轮推动簧片使触点闭合，电路接通；定进后，凸轮也随发条的驱动而转动，当凸轮上的凹口转到对准簧片头时，在弹簧片弹力作用下，带动触点断开，自动切断电源

(a) 工作原理示意图

(b) 外形图

图 2-34　机械式定时器外形结构及工作原理示意图

2.9 三端稳压器

扫一扫 看视频

2.9.1　78XX、79XX 系列三端稳压器

三端稳压器根据输出电压的极性主要有两类：78XX 系列是正电压输出，79XX 系列是负电压输出。

该系列的集成稳压器其电压共分为 5 ～ 24V 八个挡，XX 表示其阻值，分别是：5V、6V、8V、9V、12V、15V、18V 和 24V。78X、79X 系列三端稳压器引脚功能及符号如图 2-35 所示。

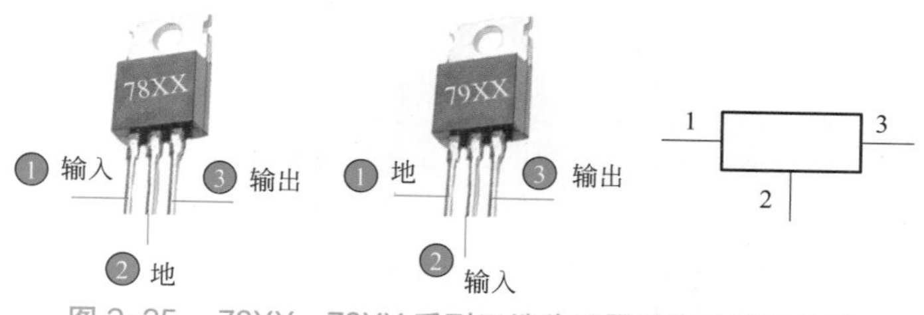

图 2-35　78XX、79XX 系列三端稳压器引脚功能及符号

78XX、79XX 系列三端稳压器封装形式如图 2-36 所示。

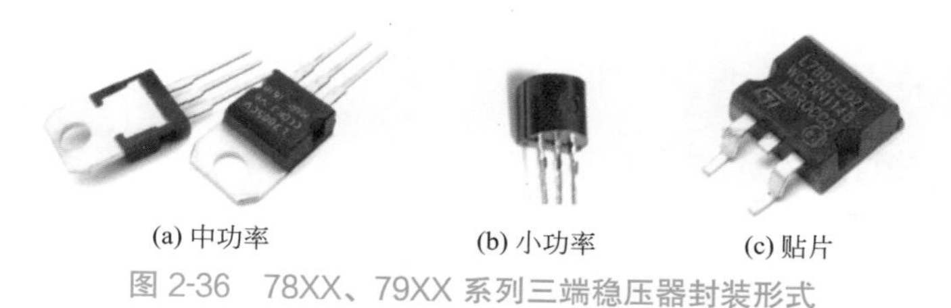

图 2-36　78XX、79XX 系列三端稳压器封装形式

2.9.2　三端稳压器的代换

国产 78XX /79XX 系列三端稳压器用字母 CW 或 W 表示。如 CW7812L、W7812L 等。C 是英文 CHINA（中国）的缩写，W 是稳压器中稳字汉语拼音的第一个字母。进口 78XX /79XX 三端稳压器用字母 AN、LM、TA、MC、RC、KA、NJM、μPC 等表示，如 TA7812、AN7805 等。不同厂家的 78XX /79XX 系列三端稳压器，只要其输出电压和输出电流参数相同，就可以直接代换。

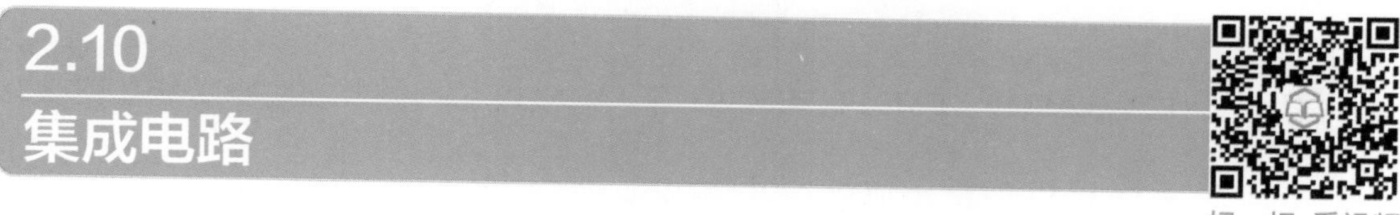

2.10 集成电路

扫一扫 看视频

2.10.1　单片机的主要功能

单片机就是把中央处理器 CPU、随机存储器 RAM、只读存储器 ROM、定时器 / 计数器以及输入 / 输出（I/O）接口电路等主要计算机部件，集成在一块集成电路芯片上的微型计算机，因此称为单片微控制器，简称单片机（MCU），其外形结构如图 2-37 所示。

图 2-37　单片机外形结构

单片机是整个电器电路的控制中心，可以实现人机对话、监测工作电流或电网电压及操作、报警、显示当前状态等功能。

2.10.2 单片机的工作条件

单片机工作的三个基本条件如下。

a. 必须有合适的工作电压。即 VDD 电源正极和 VSS 电源负极（地）两个引脚。

b. 复位（清零）。单片机内部由于电路较多，在开始工作时必须处在一个预备状态，这个进入状态的过程叫复位（清零），外电路应给单片机提供一个复位信号，使微处理器中的程序计数器等电路清零复位，从而保证微处理器从初始程序开始工作。

c. 时钟振荡电路（信号）。单片机内由于有大规模的数字集成电路，这么多的数字电路组合对某一信号进行系统的处理，就必须保持一定的处理顺序以及步调的一致性，此步调一致的工作由“时钟脉冲”控制。单片机的外部通常外接晶体振荡器（晶振），晶振和内部电路组成时钟振荡电路，产生的振荡信号作为微处理器工作的脉冲。

2.10.3 常用运放集成电路

集成运放有两个输入端：一个称为同相输入端，在符号图中标以“+”号；另一个称为反相输入端，在符号图中标以“-”号。有一个输出端，在符号图中标以“+”号。运放集成电路的图形符号如图 2-38 所示。若将反相输入端接地，将输入信号加到同相输入端，则输出信号与输入信号极性相同；若将同相输入端接地，而将输入信号加到反相输入端，则输出信号与输入信号极性相反。

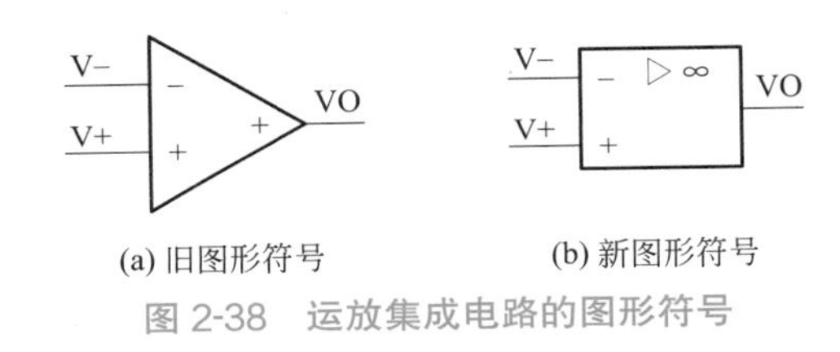

(a) 旧图形符号　(b) 新图形符号

图 2-38　运放集成电路的图形符号

常用的运放有 LM339、LM324、LM393 等。LM339 结构外形和引脚功能如图 2-39 所示。

(a) 直插式

(b) 贴片式

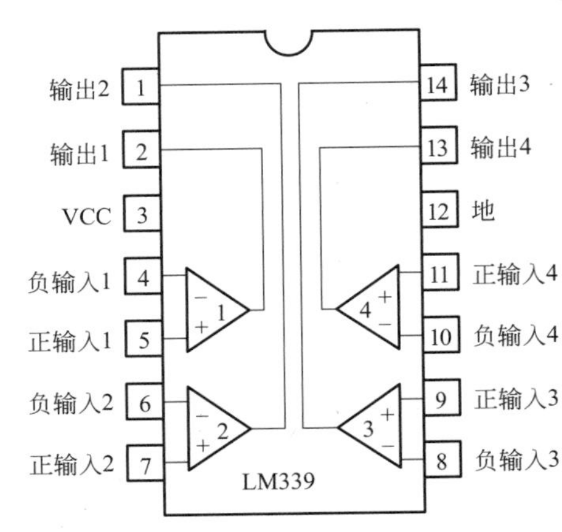

(c) 引脚功能

图 2-39　LM339 结构外形和引脚功能

LM324 结构外形和引脚功能如图 2-40 所示。

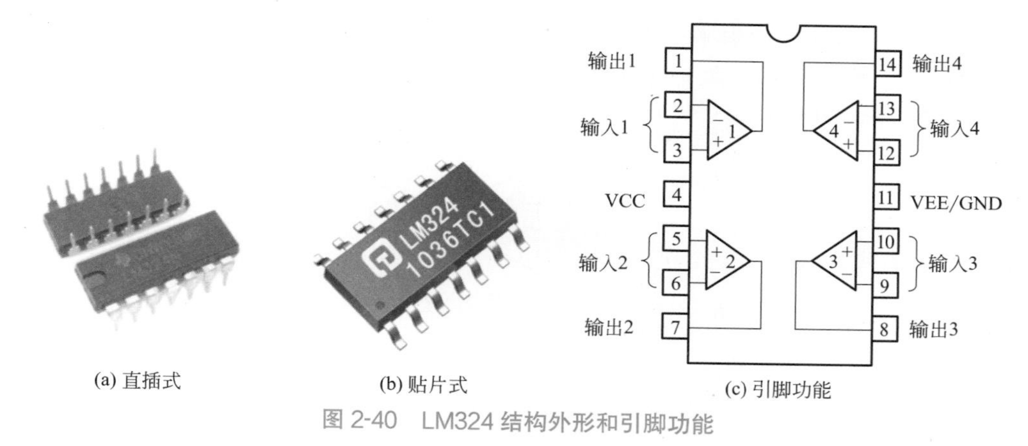

图 2-40　LM324 结构外形和引脚功能

LM393 结构外形和引脚功能如图 2-41 所示。

图 2-41　LM393 结构外形和引脚功能

2.10.4　运放集成电路的工作原理

❶ 运放工作在线性区

当运放工作在线性区（引入负反馈）时，根据输入信号情况可工作于反向放大状态与同向放大状态，即输出与输入的信号相位相反为反向放大器；输出与输入的信号相位相同为同向放大器。运放工作在线性区的工作原理如图 2-42 所示。

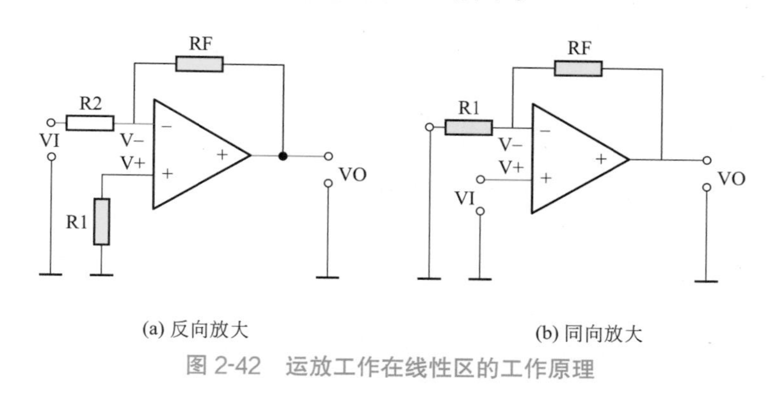

图 2-42　运放工作在线性区的工作原理

❷ 运放工作在非线性区

当运放工作在非线性区（开环状态或正反馈）时，就是一个很好的电压比较器（比较两个电压的大小）。此时，运放的输出有如下可能：当 $u_+ - u_- > 0$，即 $u_+ > u_-$ 时，比较器 u_o 输出为正向饱和值，称之为高电平；当 $u_+-u_-<0$，即 $u_+<u_-$ 时，比较器 u_o 输出为负向饱和值，称之为低电平；当 $u_+-u_-=0$，即 $u_+=u_-$ 时，比较器 u_o 输出在此瞬间翻转。运放工作在非线性区的工作原理如图 2-43 所示。

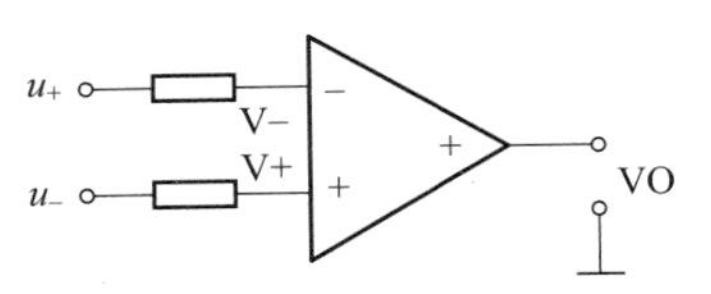

图 2-43 运放工作在非线性区的工作原理

第3章 熟练掌握家电维修基本方法及技巧

3.1 家用电器维修的通用方法

3.1.1 询问法、观察法

❶ 询问法

在接到待修家用电器时，必须向用户了解情况，询问故障发生的现象、经过、使用环境、出现的故障次数及检修情况等，这就是询问法。

详细询问用户故障发生前后的具体表现情况，做到心中有数，这有助于我们判断故障部位，锁定目标元器件，为我们迅速解决问题创造有利条件。

❷ 观察法

观察法就是在询问的基础上，进行实际观察。观察法又称直观检查法，主要包括看、听、闻、查、摸、振等形式。

看：观察时应遵循先外而后内，先不通电而后通电的原则，即先外观看各种按钮、指示灯、输出输入插头等，而后再打开后壳看内部，查看保险管是否烧毁，元器件是否有烧焦、炸裂，插排、插头是否接触良好，等等。

听：开机后细听机内是否有交流哼声、打火声、噪声及其他异常响声等。

闻：用鼻子闻机内有无烧焦气味、变压器清漆味等。如闻到机内散发出一种焦臭味，则可能为大功率电阻及大功率晶体管等烧毁；如闻到一种鱼腥味，则可能为高压部件绝缘击穿等。

查：细查保险、电源线是否断，印制板是否断裂或损坏，元器件引脚是否相碰、断线或脱焊，印制板上原来维修过什么部位等。

摸：通电一段时间关机后，摸大电流或高电压元器件是否常温、有温升或烫手，如电源开关管、大功率电阻。若常温表明可能没有工作；若有温升，表明已经工作；若特别烫手，表明工作电流大，可能有故障。

振：在通电的情况下，轻轻用螺丝刀的木柄敲击被怀疑的单元电路或部件，看故障是否出现。

通过询问与观察，可以把故障发生的范围缩小到某个系统，甚至某个单元电路或某个部件，接下来就需要借助各种仪表、工具来动手检查这部分电路。

3.1.2 电阻法

为了详细讲述采用电阻法检测判断故障的基本技巧，我们先来分析一个“调温型电热褥”电路，本章节以这个电路原理图为模型来展开讲述其实际操作方法和技巧。

以下的测试点都是“理想化”的，这样可以较好地演示检测的技巧，在实际维修中要具体根据电路的特点而灵活选择。

二极管半波整流调温型电热褥的电路图如图 3-1 所示。调温开关一般采用三挡结构，有关、高温挡和低温挡。

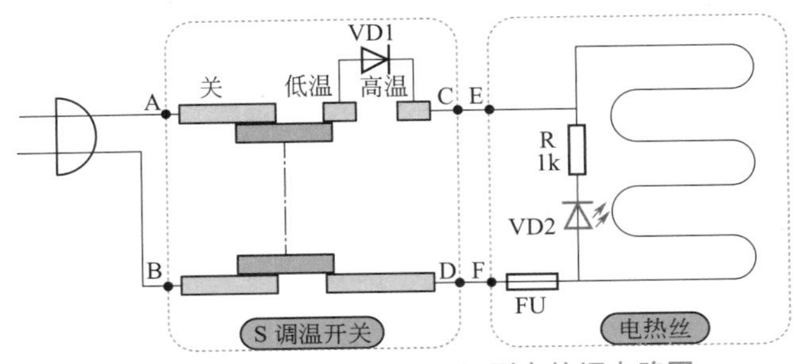

图 3-1　二极管半波整流调温型电热褥电路图

当开关 S 置于“关”位置时，电热丝 RL 断电；当开关 S 置于“高温挡”位置时，电热丝 RL 得到 220V 全电压，这时电热褥所消耗的功率为额定功率；当开关 S 置于“低温挡”位置时，将整流二极管与电热丝 RL 串联后接入电路，此时二极管将正弦交流电进行半波整流，这时电热褥所消耗的功率为额定功率的一半，也就是高低温两挡功率之比为 2 ∶ 1。

电阻检查法是利用万用表各电阻挡测量集成电路、晶体管各脚和各单元电路的对地电阻值，以及各元件的自身电阻值来判断家用电器的故障。它对检修断路故障和确定故障元件最有实效。

❶ 电阻法判断测量元器件

电路中元器件的质量好坏及是否损坏，绝大多数都是用测量其电阻阻值大小的方法来进行判别的。当怀疑印制线路板上某个元器件有问题时，应把该元器件从印制板上拆焊下来，用万用表测其电阻值，进行质量判断。若是新元器件，在上机焊接前一定要先检测后焊接。

a. 电路总电阻测量。正常情况下电路的总电阻测量如图 3-2 所示。

b. 部分电路电阻的测量。电热丝电路的正常电阻情况如图 3-3 所示。

电热丝电路的不正常（电热丝断路）电阻情况如图 3-4 所示。

❷ 正反电阻法

正反电阻法适用于电路短路性故障及集成电路好坏的粗略判断。

本书在没有特殊说明的情况下，正反向电阻测量是指黑表笔接测量点，红表笔接地，测量的电阻值叫做正向电阻；红表笔接测量点，黑表笔接地，测量的电阻值叫做反向电阻。

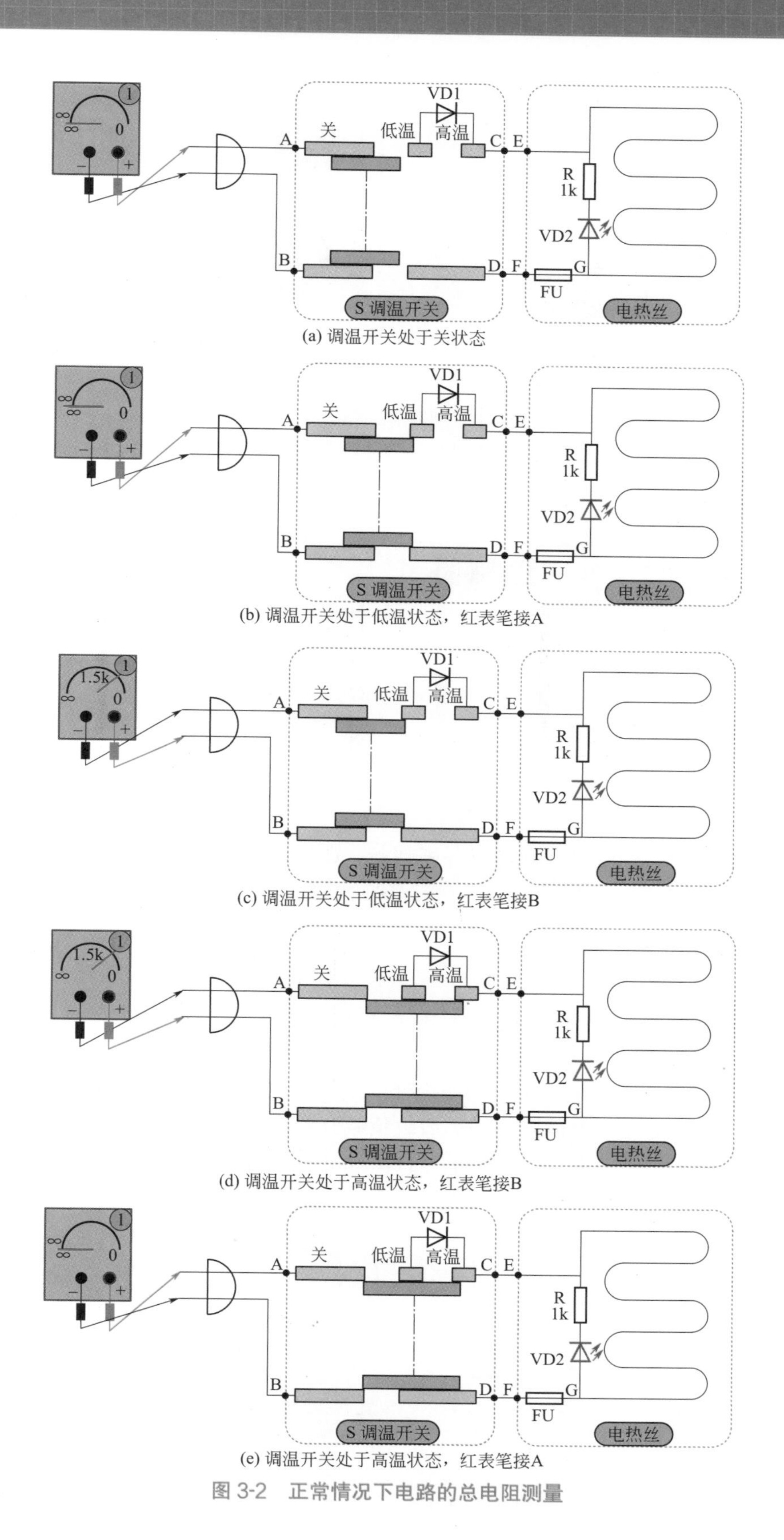

(a) 调温开关处于关状态

(b) 调温开关处于低温状态，红表笔接A

(c) 调温开关处于低温状态，红表笔接B

(d) 调温开关处于高温状态，红表笔接B

(e) 调温开关处于高温状态，红表笔接A

图 3-2 正常情况下电路的总电阻测量

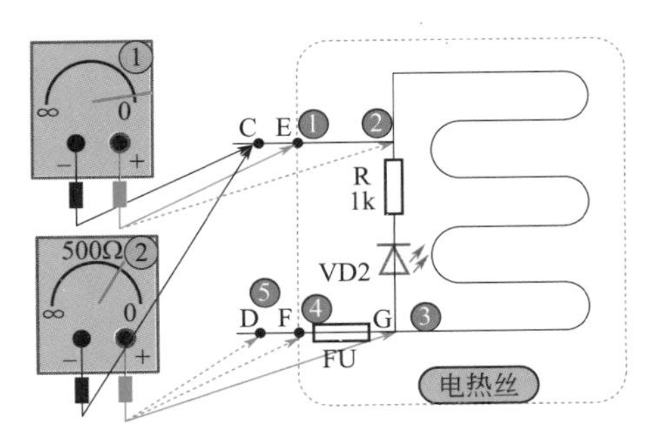

图 3-3　电热丝电路的正常电阻

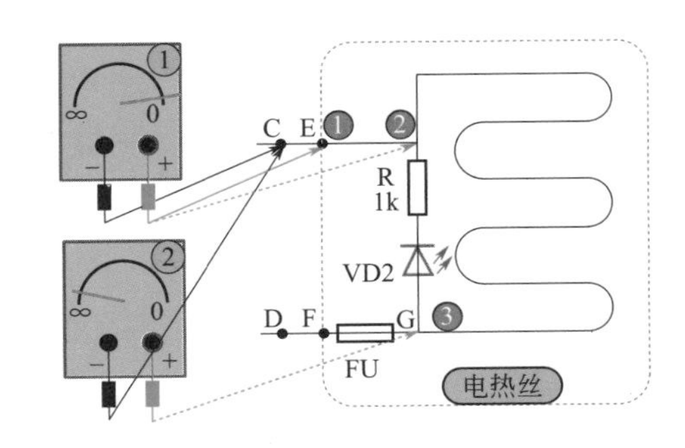

图 3-4　电热丝电路的不正常电阻情况

用正反电阻法判断集成电路的好坏如图 3-5 所示，测正向电阻时，红表笔固定接在地线的端子上不动，用黑表笔按着顺序（或测几个关键脚）逐个测量其他各脚，且一边做好记录数据。测反向电阻时，只需交换一下表笔即可。

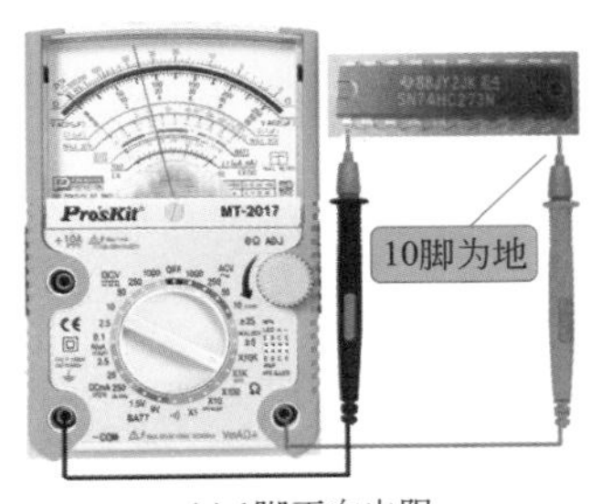

(a) 1脚正向电阻

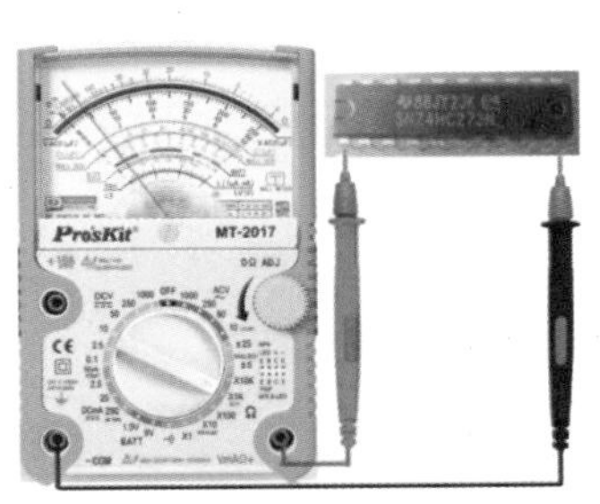

(b) 1脚反向电阻

图 3-5　正反电阻法判断集成电路好坏

测量完毕后，就可对测量数据进行分析判断。如果是裸式测量，各端子（引脚）电阻约为 0Ω 或明显小于正常值，可以肯定这个集成电路击穿或严重漏电，如果是在机（在路）测量，各端子电阻约为 0Ω 或明显小于正常值，说明这个集成块可能短路或严重漏电，要断开此引脚再测空脚电阻后，再做结论。另外也可能是相关外围电路元件击穿或漏电。

❸ 在路电阻法

在路电阻法在粗略判断某个元件或某个单元电路是否有短路现象发生最为有效。图 3-6 就是在路电阻法的应用。

如图 3-6（a）所示，故障现象是烧保险管，说明电源电路有短路现象存在。这里我们就要判断区分是电源电路本身有故障，还是后级负载有短路情况发生，具体操作方法是，测该输出端对地的正反电阻（即电容 C2 两端），若正反电阻都很小，且没有充放电的现象，则为有短路故障；若正反电阻相差较大且都很小，也有充放电的现象，则为没有短路故障；脱开

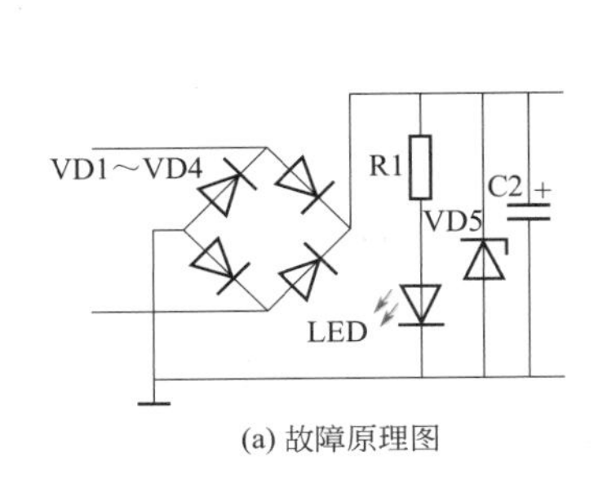

(a) 故障原理图

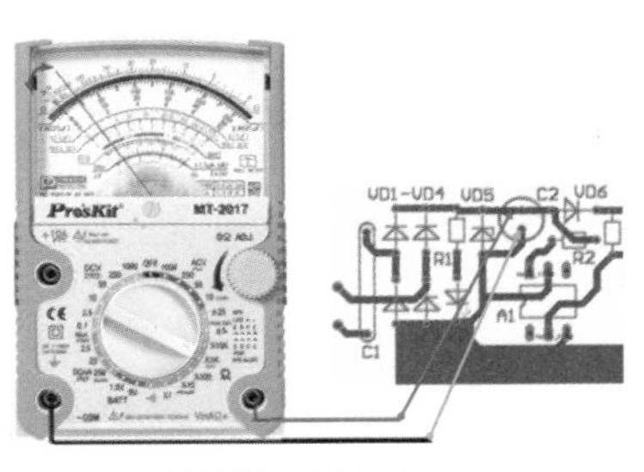

(b) 在路电阻法检测图

图 3-6　在路电阻法检测电源电路故障

负载（脱开电阻 R2 和 VD6），再测该输出端对地的正反电阻，记下数据并同第一次测量结果作比较。若第二次测量结果数值增大，说明后级负载有短路。

3.1.3 电压法

电压检查法是通过测量电路的供电电压或晶体管的各极、集成电路各脚电压来判断故障的，这些电压是判断电路或晶体管、集成电路工作状态是否正常的重要依据。将所测得的电压数据与正常工作电压进行比较，根据误差电压的大小，就可以判断出故障电路或故障元件。一般来说，误差电压较大的地方，就是故障所在的部位。

按所测电压的性质不同，电压法常有直流电压法和交流电压法。直流电压法又分静态直流和动态直流电压两种，判断故障时，应结合静态和动态两种电压进行综合分析。

❶ 交流电压法

交流电压法在测量中，前一测试点有电压且正常，而后一测试点没有电压，或电压不正常，则表明故障源就在这两测试点的区间，再做逐一缩小范围排查。

a. 判断故障的大致部位。电压法检测判断故障的大致部位如图 3-7 所示。

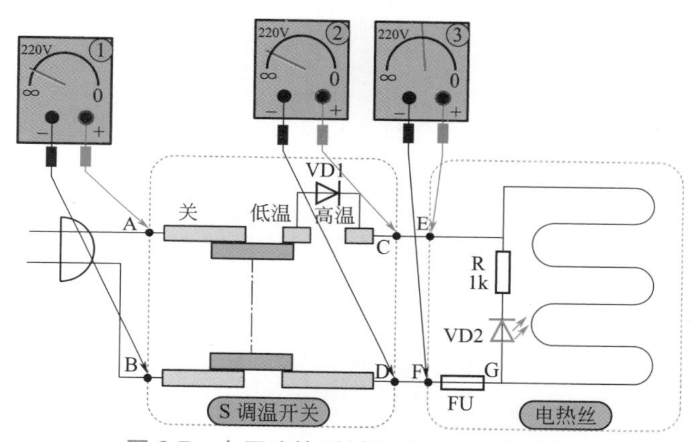

图 3-7 电压法检测判断故障的大致部位

测试点有交流电压且正常，说明之前的电路是正常的；若无交流电压，则说明之前电路有问题。用这种方法就可以判断出是电源线、调温开关、电热丝哪一部分出现了故障。

b. 判断故障的具体部位。当故障的大致部位确定后，就要继续判断故障的具体部位，例如，我们确定是电热褥有故障，用电压法进行检测如图 3-8 所示。

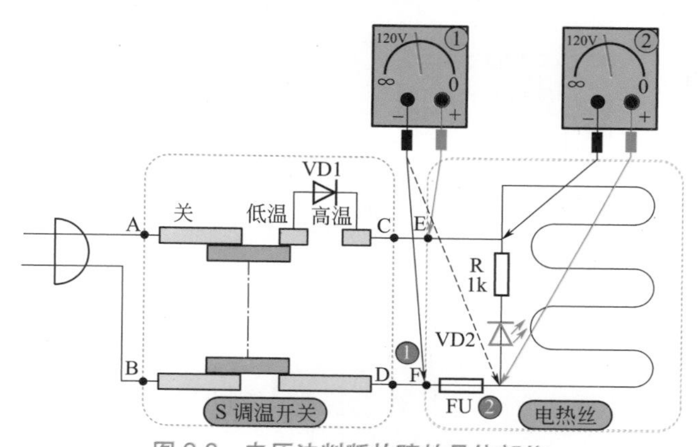

图 3-8 电压法判断故障的具体部位

经过检测，可以知道电热丝两端有 120V 的交变电压，那么就是电热丝有“断路”故障。

如图 3-9 所示是保险管有“断路故障”。

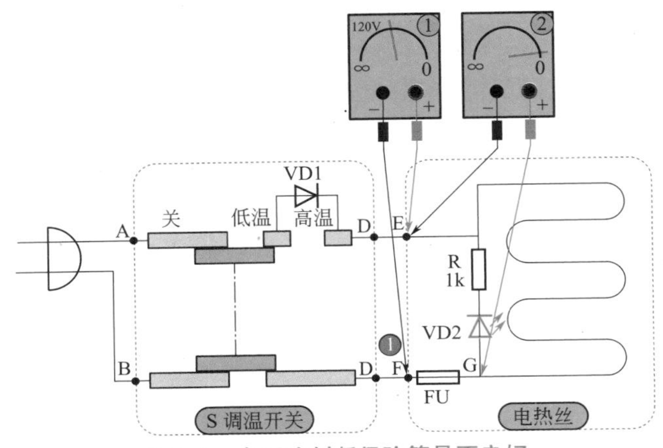

图 3-9 电压法判断保险管是否良好

❷ 静态直流电压

静态是指家用电器在不接收信号的条件下的电路工作状态，其工作电压即静态电压。测量静态直流电压一般采用检查电源电路的整流和稳压输出电压、各级电路的供电电压、晶体管各极电压及集成电路各脚电压等来判断故障，这些电压是判断电路工作状态是否正常的重要依据。将所测得的电压与正常工作电压进行比较，根据误差电压的大小，就可判断出故障电路或故障元件。

对于电路中未标明各极电压值的晶体管放大器，则可根据：V_c=（1/2 ～ 2/3）E_c、V_e=（1/6 ～ 1/4）E_c、V_{be}（硅）=（0.5 ～ 0.7）V、V_{be}（锗）=（0.1 ～ 0.3）V，来判断电路工作状态是否正常。正常时的直流电压如图 3-10（a）所示，三极管 bc 结断路时直流电压如图 3-10（b）所示。

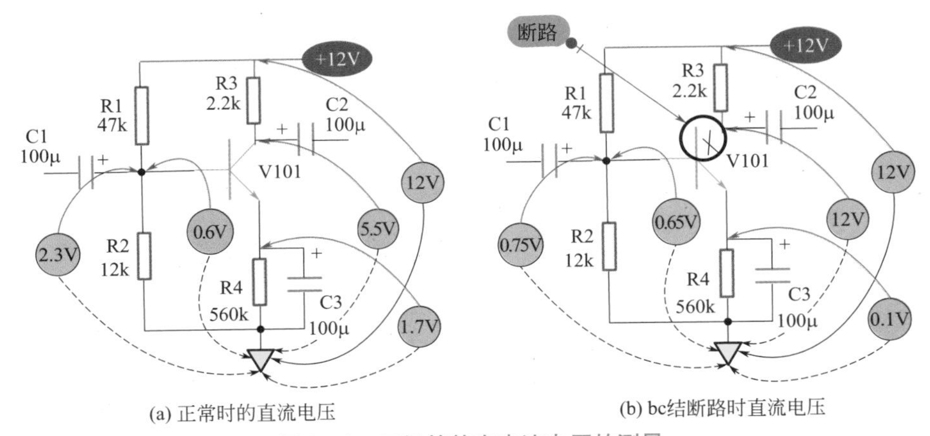

(a) 正常时的直流电压

(b) bc结断路时直流电压

图 3-10 三极管静态直流电压的测量

三极管工作在开关状态时，开时：$V_c \approx V_e$，即 $V_{ce} \approx 0$；关时：$V_c = V_{cc}$（E_c）。

在进行三极管放大电路分析时，主要注意三极管的偏压（V_{be}），而集电极电压通常接近相应的电源电压。通过这两个电压的测试，就基本上可以判断三极管是否能比较正常地工作。

对于 NPN 型三极管是黑表笔接地不动，红表笔进行各点测量；对于 PNP 型三极管是红表笔接地不动，黑表笔进行各点测量。

❸ 关键测试点电压

一般而言，通过测试集成块的引脚电压、三极管各极电压及其他元器件电压，可以知道各个单元电路或器件是否有问题，进而判断故障原因、找出故障发生的部位及故障元器件等。

关键测试点电压是指对判断电路工作是否正常具有决定性作用的那些点的电压。通过对这些点电压的测量，便可很快地判断出故障的部位，这是缩小故障范围的主要手段。

3.1.4 电流法

电流法是通过测量整机电流或晶体管、集成电路的工作电流，局部单元电路的总电流和电源的负载电流来判断小家电故障的。

一般来说，电流值正常，晶体管及集成电路的工作就基本正常；电源的负载电流正常则负载中就没有短路性故障。若电流较大说明相应的电路有故障。

电热褥正常情况下的总电流如图 3-11（a）所示。若烧熔断器时，就要判断是否是负载（电热丝）有短路现象，这时拆卸下保险管，把万用表串联于保险管的插座上，电热褥上电，其开关置于高温挡，若示数大于 230mA 就说明有短路现象存在，如图 3-11（b）所示。

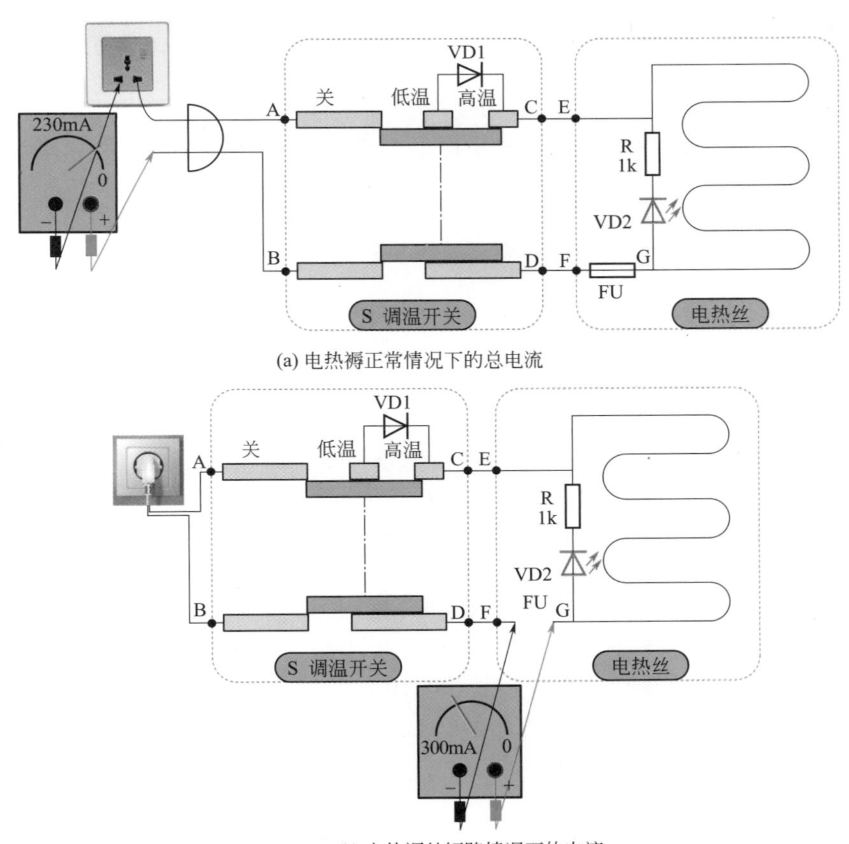

(a) 电热褥正常情况下的总电流

(b) 电热褥丝短路情况下的电流

图 3-11　电流法检测电路

3.2 家用电器维修的其他方法

3.2.1 代换法

代换法主要有等效代换法、元件代换法和单元电路整体代换法。

❶ 等效代换法

等效代换法是在大致判断了故障部位后还不能确定故障的原因时，对某些不易判断的元器件（如电感局部短路、集成电路性能变差等），用同型号或能互换的其他型号的元器件或部件进行代换。在缺少测量仪器仪表时，往往用等效代换法能迅速排除故障。

❷ 元件代换法

元件代换法是用规格相近、性能良好的元件，代替故障机上被怀疑而又不便测量的元件、器件来检查故障的一种方法。如果将某一元件替代后，故障消除了，就证明原来的元件确实有毛病；如果代替无效，则说明判断有误，或同时还有造成同一故障的元件存在。这时可重复使用此法检查。

❸ 单元电路整体代换法

当某一单元电路的印制板严重损坏（如铜箔断裂较严重或印制板烧焦），或某一元器件暂时短缺，而现行身边有具备其他代换条件，可采用单元电路整体代换法。如用电源模块代换开关电源等。

①代换的元器件应确认是良好的，否则将会造成误判而走弯路；②对于因过载而产生的故障，不宜用该方法，只有在确信不会再次损坏新元器件或已采取保护措施的前提下才能代换。

3.2.2 干扰法

干扰法又称触击法、碰触法、人体感应法等。

干扰维修法主要用于检查有关电路的动态故障，即交流通路的工作正常与否，具体做法是：用手握螺丝刀或镊子的金属部位去触击关键点焊盘，即晶体管的某电极或集成电路的某输出输入引脚、某关键元器件的引脚，触击的同时，通过观察荧光屏图像（或杂波）和喇叭中的声音（或噪声）的反应，来判断故障。此法最适合检查高、中频通道及伴音通道等，检查的顺序一般是从后级逐步向前级检查，检查到无杂波反应和噪声的地方，那么在这点到前一检查点之间就是大致的故障部位。

如果用螺丝刀触击时反应不明显，可改用指针式万用表表笔触击，即将万用表置于R×1或R×10挡，红表笔接地，用黑表笔触击电路的焊盘。也可采用外接天线的信号线作为探极，来触击焊盘，这样做会使输入的信号更强些，反应会更加明显。

3.2.3 加热法与冷却法

有些故障，只有在开机一定时间后才能表现出来，这种情况一般是由于某个元器件的热稳定性差、软击穿或漏电所引起。经过分析，推断出被怀疑元器件，通过给被怀疑的元器件加热或冷却，来诱发故障现象尽快出现，以提高检修效率，节约维修时间和缩小故障范围。

加热法具体操作方法：当开机没有出现故障时，用发热烙铁或热吹风机对被怀疑的元器件进行提前加热，如元件受热后，故障现象很快暴露出来了，则该元器件为故障器件。

冷却法具体操作方法：当开机故障出现后，用镊子夹着带水的棉球或喷冷却剂，给被怀疑的元器件进行降温处理，如元件降温后，故障排除了，则该元器件或与之有关的电路为故障源。

3.2.4 敲击法

敲击法又称摇晃法，该方法是检查虚焊、接触不良等故障行之有效的手段。

手握螺丝刀的金属部位，用其绝缘柄有目的地轻轻敲打所怀疑的部位，使故障再次出现。当敲击某部分时，故障现象最明显，则故障在这个部位的可能性就最大。当发现该部位造成故障的可能性较大后，可用手指轻轻摇晃、按压怀疑的元器件，以找到接触不良的部位；也可采用放大镜仔细观察印制电路板上的焊盘是否脱焊、铜箔是否断裂、插排是否接触不良等。必要时，也可用两手轻轻曲折电路板，以观察故障的变化情况。

3.2.5 波形法

有些故障，万用表检测不出时，则必须使用仪器。有条件的情况下，可采用示波器观察波形图。用示波器测量波形，比较直观地检查电路的动态工作状态，这是其他方法无法做到的。

示波器可用来观察各种脉冲波形、幅度、周期和脉冲宽度等。通过对波形、幅度及宽度等的具体观察，便可确定某一部位的工作状态。因此利用同步示波器检修家用电器故障是非常直观和准确的，示波器的外形图如图 3-12 所示。

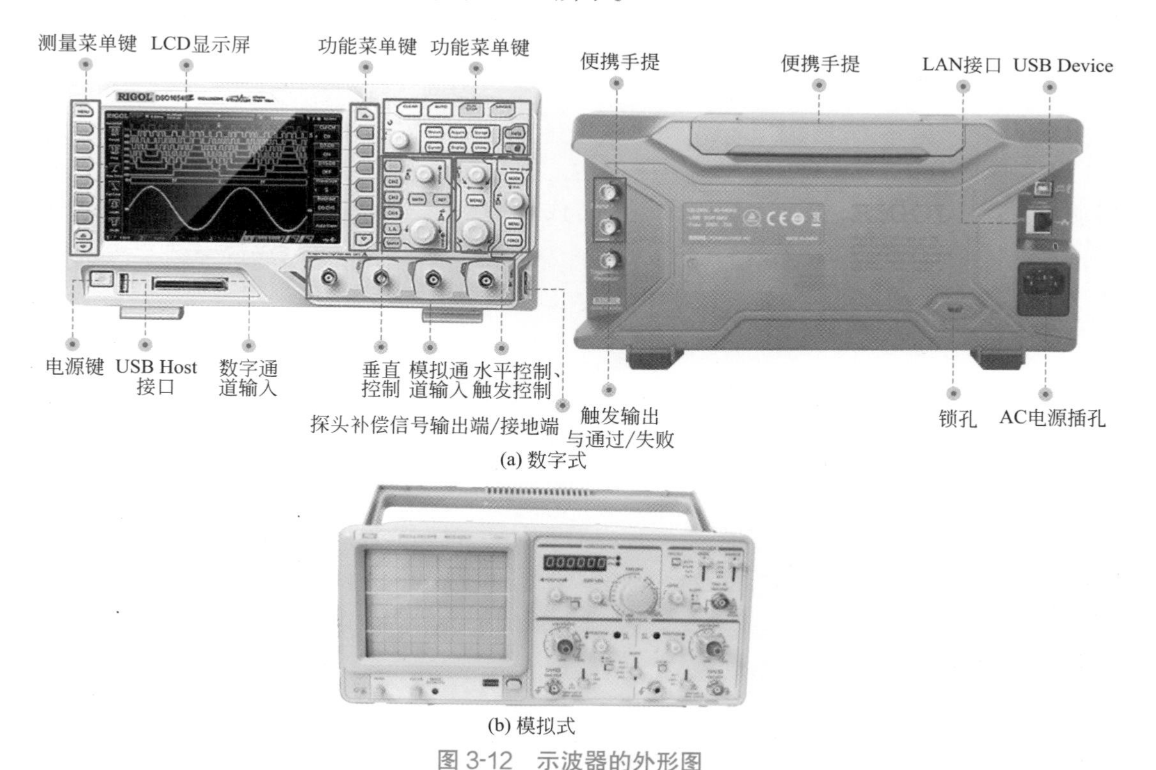

(a) 数字式

(b) 模拟式

图 3-12 示波器的外形图

3.2.6 假负载法

在家电中有严重元器件烧毁、短路、屡烧功率管的情况下，常常利用假负载来辅助检修工作，这样便于缩小故障范围及避免未知的短路元件造成故障扩大化或者开机瞬间烧损功率管。在家电维修中假负载常采用白炽灯泡（根据具体情况选择功率）或大功率电阻。

通常假负载灯泡法有两种接入方式：一是在市电 AC 220V 进线端串入灯泡，起限流保护作用，这样即使家电内部有击穿短路元件，因为有灯泡的限流作用，也不会引起故障扩大化；二是取掉负载，将灯泡接在前端，此时可以用万用表来测量前级电路的电压，以判断电路是否正常，如果前级电路工作正常，就可以接入负载试机了。

3.2.7 断路法、短路法

断路法又称开路检查法，是将某一个元件或某一部分电路断开，根据故障现象的变化来判断故障的方法。为了更好地确定故障发生的部位，可通过拔去某些部分的插件和电路板来缩小故障范围，分隔出故障部分。如电源负载短路可分区切断负载，检查出短路的负载部分。开路法用于检查短路性故障较为方便。

断路（隔离分割）后如故障现象消失，则故障部位就在被断开的电路上。也可单独测试被分割电路的功能，以期发现问题所在部位，便于进一步检查产生故障的原因。特别是在当今家用电器产品越来越复杂，在多插件、积木式结构的情况下，隔离分割法应用越来越广。

短路检查法是利用短路线（直流短路）或接有电容的线（交流短路）将电路的某一部分或某一个元件短路，从家电的响声或电压等的变化来判断故障。此法适合检查开路性故障，以及判断振荡电路是否起振和印制线路板铜箔断裂的故障，对于噪声、纹波、自励及干扰等故障的判断比较方便。

3.2.8 代码法

某些家电中的指示灯除了指示工作状态外，另一重要作用就是能显示故障代码，这给维修人员带来了极大方便。家用电器开机上电后，虽不能正常工作，但若能显示故障代码，维修时可优先采用代码法，但前提是必须要了解代码的含义，因此，在日常维修工作中，要注意多收集、整理家电的故障代码资料。

维修篇

第 4 章 电冰箱维修

4.1 电冰箱的分类及基本组成

4.1.1 电冰箱的分类

电冰箱按用途可分为冷藏箱、冷藏冷冻箱和冷冻箱；按冷却方式可分为直冷式、间冷式和间直冷混合式；按构造形式可分为单门冷藏冰箱、双门冷藏冷冻冰箱；按温度控制方式可分为双温单控、双温双控和电控型；按制冷原理可分为压缩式、吸收式、半导体式；按容积大小可分为携带式、台式和落地式；按压缩机转速可分为定频型和变频型等。

4.1.2 电冰箱的基本组成

电冰箱主要由箱体、制冷系统、电气控制系统和附件四部分组成。电冰箱爆炸图如图 4-1 所示。

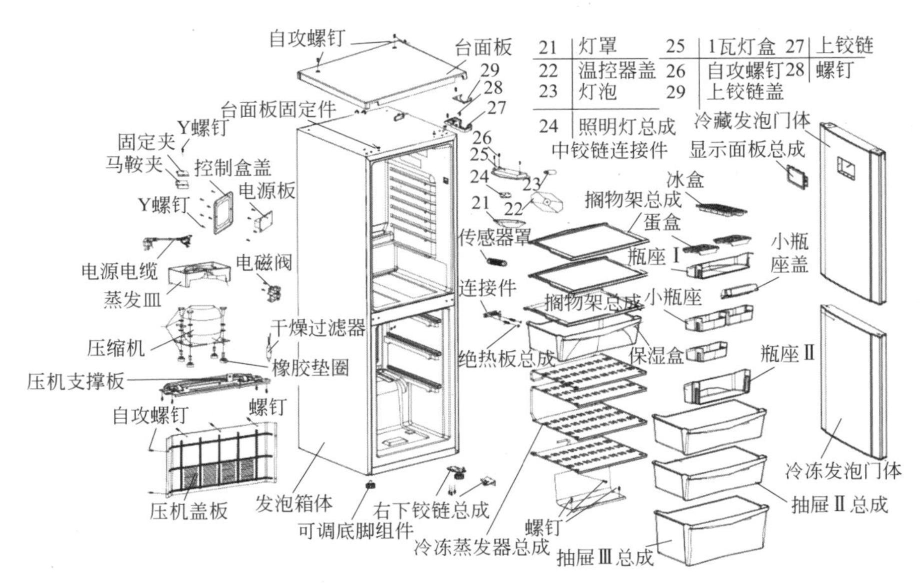

图 4-1 电冰箱爆炸图

4.2 制冷系统

4.2.1 电冰箱制冷系统工作原理

制冷系统由压缩机、冷凝器、干燥过滤器、毛细管、蒸发器及连接管道等部件组成。制冷系统结构简图如图 4-2 所示。

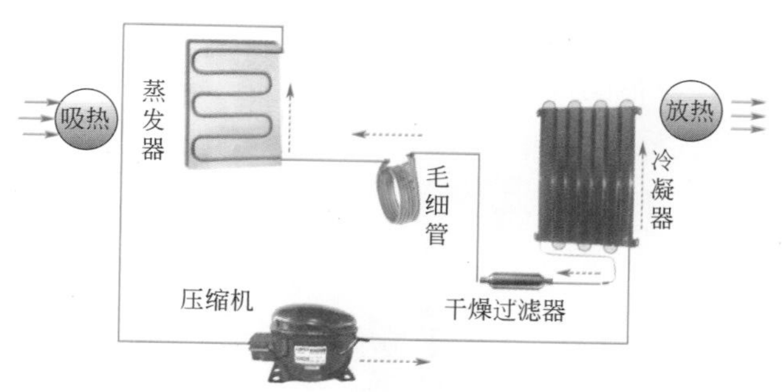

图 4-2 制冷系统结构简图

制冷系统利用制冷剂的循环进行热交换，将冰箱或冰柜内的热量转移到冰箱外的空气中去，达到使冰箱内降温的目的。

压缩机用来驱动制冷剂在系统中流动，进行制冷循环。压缩机排气口流出的高温、高压制冷剂，在冷凝器中冷却放热降温，转化成高压中温的液态制冷剂。

蒸发器过来的制冷剂，通过回气管，重新进入压缩机，开始新一轮的制冷循环。

从毛细管出来的低压低温制冷剂，在蒸发器中汽化吸热，通过与周围环境（冷藏室、冷冻室）的热交换，使室内温度降低，达到制冷的目的。

毛细管通过节流降压控制制冷剂的流量，从而达到控制蒸发温度、蒸发压力等。

干燥过滤器的作用是去除制冷剂中的杂质和水分，便于制冷剂顺利通过毛细管。

4.2.2 电冰箱常用制冷剂

制冷剂又称冷媒，制冷剂的种类较多。有氟电冰箱制冷剂使用氟利昂（R12），无氟电冰箱制冷剂目前多使用 R134a、R600a（异丁烷）等多种。

❶ 氟利昂 R12

氟利昂 R12（或 F12）又称二氟二氯甲烷。R12 的主要特征是化学性质稳定、无毒、无味、无色、不燃烧、没有爆炸危险、对金属不腐蚀，但它不易溶于水，而且要求制冷系统保持干燥，以避免产生冰堵和防止含水的氟利昂对金属产生腐蚀作用；R12 易溶解天然橡胶和树脂，比空气重。标准大气压下：其沸点（−29.8℃）、凝固点（−155℃），安全可靠。

❷ 制冷剂 HFC-134a

制冷剂 HFC-134a，俗称 R134a，是一种环保型制冷剂。

它与氟利昂 R12 有较相似的热物理性质，而且消耗臭氧潜能 ODP 和全球变暖潜能 GWP 均很低，并且基本上无毒性。与 R12 相比，同温度下 R134a 的饱和压力较高，这就要求在维修过程中必须确保加氟工具密封性良好，以防空气和水分进入系统，且其对压缩机的结构材料要求较高。其对水的溶解性高达 0.15g/100g，因此要求制冷循环系统要保持绝对干燥。

❸ 制冷剂 HC-600a

制冷剂 HC-600a，俗称 R600a，属于碳氢化合物，就是日常使用的打火机气体的主要成分。R600a 无色，微溶于水，易燃易爆，比空气重。爆炸极限为 1.9% ～ 9.4%（按在空气中的体积比）。

R600a 的特性决定了压缩机必须专用，且应标有 R600a 或黄色易燃易爆标志。压缩机不仅气缸容量要大，且防泄漏要求更高；另外，干燥过滤器采用 XH-9，系统过载保护器必须是内藏式（封闭式），启动器采用 PTC 式且铭牌上应有黄色火苗警告标志。

该制冷剂属于无氟制冷剂，且无温室效应，环保性能良好，属于目前 R12 的替代方案。

4.2.3 压缩机

常见压缩机的外形结构如图 4-3 所示。

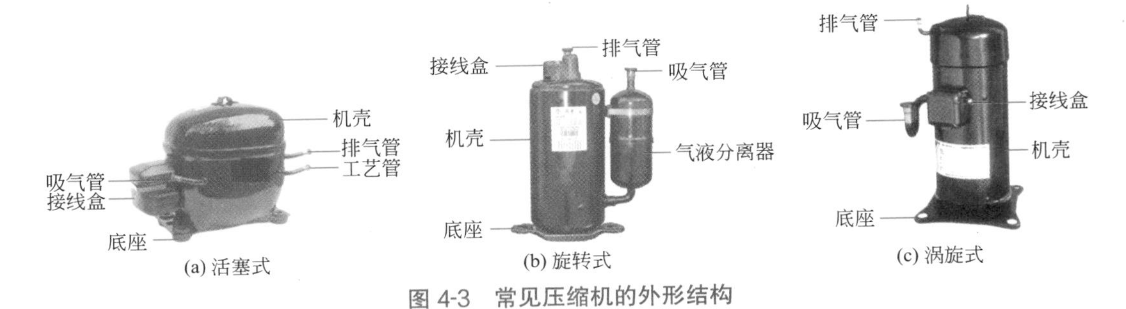

图 4-3 常见压缩机的外形结构

4.2.4 冷凝器与蒸发器

❶ 冷凝器

冷凝器又称为散热器，家用电冰箱多采用自然对流冷却方式，它置于电冰箱后背或两侧；有的电冰柜采用强制对流冷却方式，其冷凝器多采用翅片，设置在箱体底部。

冷凝器有外露式和内藏式两种，但均由直径为 6 ～ 8mm 的铜管、镀铜钢管或复合钢管（又称邦迪管）弯制而成。几种冷凝器的外形结构如图 4-4 所示。

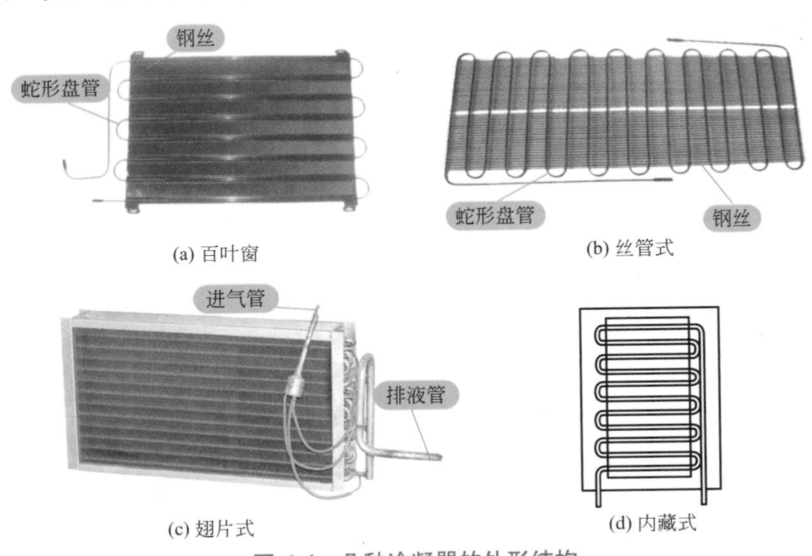

图 4-4 几种冷凝器的外形结构

❷ 蒸发器

目前电冰箱、电冰柜蒸发器多由直径为 8mm 的铜管或不锈钢管弯制而成。安装在冷冻室、冷藏室。几种蒸发器的外形结构如图 4-5 所示。

(a) 复合板式

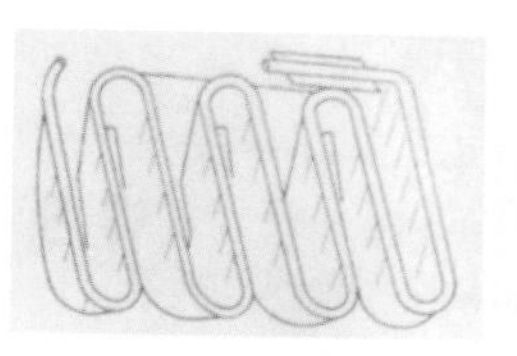
(b) 单脊翅片管式

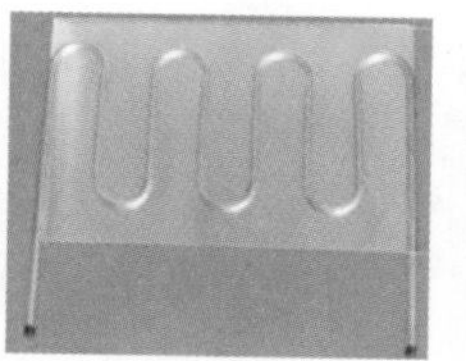
(c) 翅片盘管式

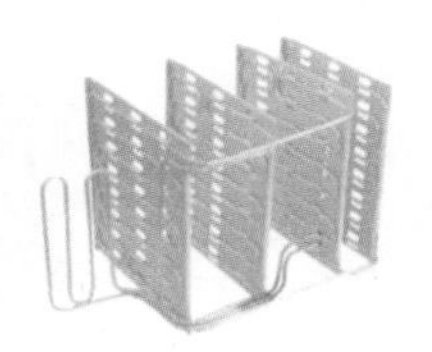
(d) 层架盘管式

图 4-5 几种蒸发器的外形结构

直冷双门电冰箱设有冷冻、冷藏两个蒸发器，多内藏于箱体内。冷冻室蒸发器多采用“Π”或“回”字形，置于冷冻室；冷藏室蒸发器多采用板管式，置于冷藏室后背。间冷式电冰箱只在冷冻室设置一个翅片式蒸发器，冷藏室不设置蒸发器，而冷冻室的制冷量通过风道传递给冷藏室。

4.2.5 毛细管

电冰箱型号规格不一样，则制冷剂流量大小也不相同，为此要采用不同的毛细管来检测制冷剂的不同流量。

毛细管的内径和长度视电冰箱、电冰柜的制冷量大小而定，根据维修经验，180 ～ 220L 的电冰箱毛细管一般选取长度为 2.2 ～ 2.5m 即可。

在制冷系统中，使节流前的高温冷凝液与来自蒸发器的低温蒸气交换热量，则既可使冷凝液有较大的过冷度，又可使从蒸发器流出的蒸气中混有的少量制冷剂液珠因吸热汽化，并使蒸气进入压缩机前呈稍过热状态，从而保证压缩机做干压缩，这种循环称为回热循环，如图 4-6 所示。

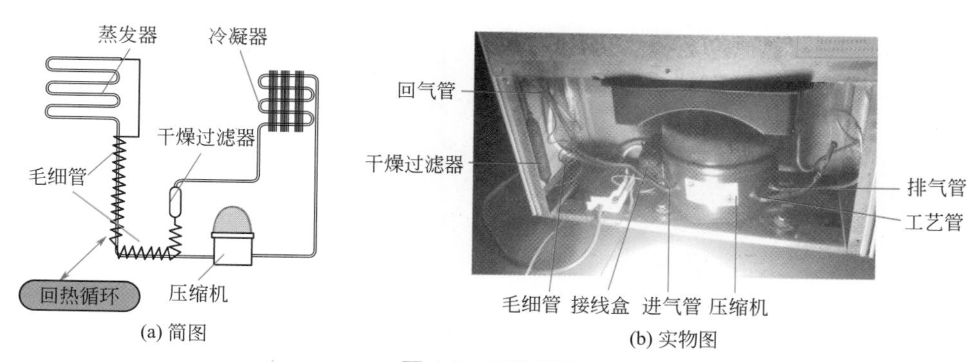

(a) 简图　(b) 实物图

图 4-6 回热循环

4.2.6 辅助设备

为使电冰箱制冷系统能够稳定、可靠地运行，并提高运行的经济性，还需配置一些辅助设备，如干燥过滤器、气液分离器、单向阀、双向电磁换向阀及铜管等。

❶ 干燥过滤器

制冷系统在安装、运行中，不可避免地会含有极少量的水分和污物杂质。当蒸发温度较低时，水分会在低温部分的制冷剂管道中（特别是毛细管出口处）冻结造成“冰堵”；而污物杂质则容易在毛细管等细小制冷剂管道中造成“脏堵”故障。所以，制冷系统必须安装干燥过滤器。

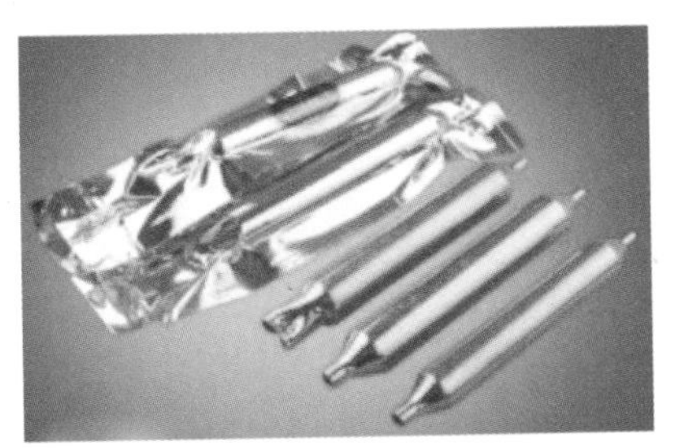
图 4-7　干燥过滤器外形结构

由于系统最容易堵塞的部位是毛细管，因此干燥过滤器通常安装在冷凝器与毛细管之间。干燥过滤器外形结构如图 4-7 所示。

❷ 单向阀

单向阀又称止逆阀、止回阀，其主要作用是只允许制冷剂沿单一方向流动。

只有采用旋转式压缩机的制冷系统，才设置有单向阀。其目的是使压缩机停机时制冷系统内部高、低压能迅速达到平衡，以便于机器在短时间内可以再次快速启动，并防止停机后压缩机内的高温制冷剂倒流到蒸发器，引起蒸发器温度上升过快。单向阀外形结构如图 4-8 所示。

❸ 双向电磁换向阀

双向电磁换向阀是一个二位三通电磁阀，简称电磁阀。只有双温双控、多温多控的双系统电冰箱设置有该电磁阀。双向电磁换向阀外形结构如图 4-9 所示。

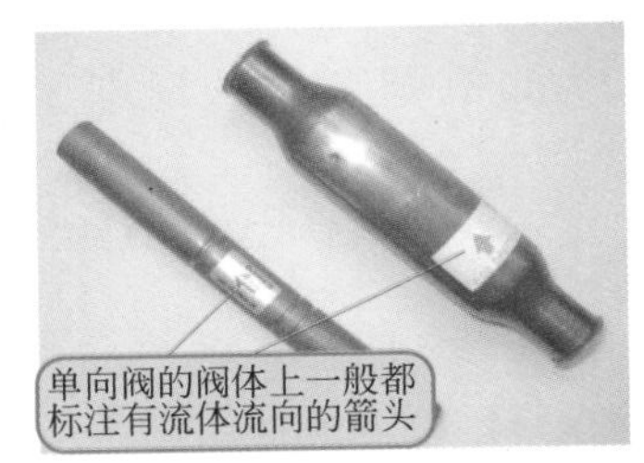

图 4-8　单向阀外形结构

图 4-9　双向电磁换向阀外形结构

❹ 除露管

电冰箱内部温度较低，而其本身所处的环境温度通常较高，在一定的环境湿度条件下，电冰箱的外壳特别是门框周围会凝结露水。若在箱体门框四周增设除露管，让部分高压高温的过热制冷剂蒸气流经除露管再流入冷凝器，就可利用部分冷凝热使门框四周的温度接近环境温度，从而防止凝露。实际上除露管还是冷凝器的一部分，只不过它设置在门框四周罢了。

❺ 融霜水蒸发皿

一般将副冷凝器（冷凝器的一小部分）水平设置在电冰箱的底部，并在其上放置一蒸发皿，让电冰箱化霜产生的融水通过导管从接水盘流入蒸发皿，则可利用温度较低的融霜水来冷却副冷凝器，同时可借助副冷凝器的散热量让融霜水蒸发掉，避免人工定期倒水的麻烦。蒸发皿外形结构如图 4-10 所示。

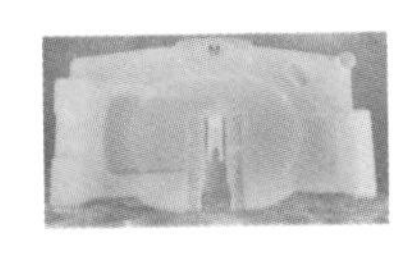
(a) 实物图

(b) 安装部位

图 4-10　蒸发皿外形结构

4.2.7 直冷式电冰箱制冷系统工作流程

直冷式电冰箱制冷系统工作流程如图4-11所示，它的特点是有两组蒸发器，冷凝器采用一组盘管绕制。

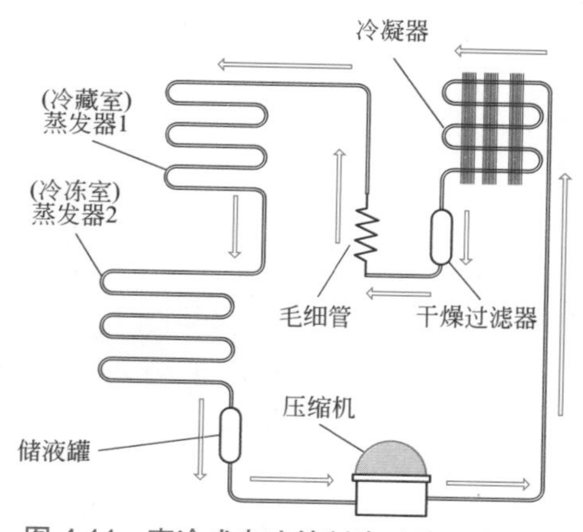

图4-11 直冷式电冰箱制冷系统工作流程

4.2.8 双门直冷式双温单控制电冰箱制冷系统工作流程

双门直冷式双温单控制电冰箱制冷系统工作流程如图4-12所示。这种电冰箱由2个互不相通的空间和2个独立的蒸发器组成，往往设有副冷凝器和除露管。副冷凝器安放在电冰箱的底部蒸发器的上面。由于蒸发器盘中的水是从箱内接水杯里通过管道流来的，水温低，因此副冷凝器的冷却效果好。除露管安放在箱门的内表面处，以防止箱门出现露珠。

4.2.9 直冷双系统电冰箱制冷系统工作流程

直冷双系统电冰箱制冷系统工作流程如图4-13所示。

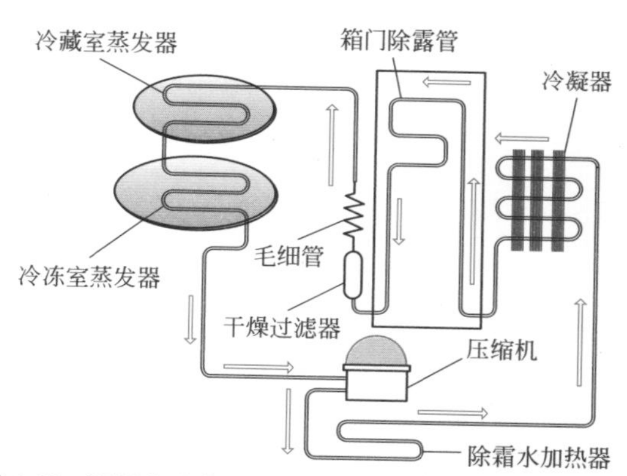

图4-12 双门直冷式双温单控制电冰箱制冷系统工作流程

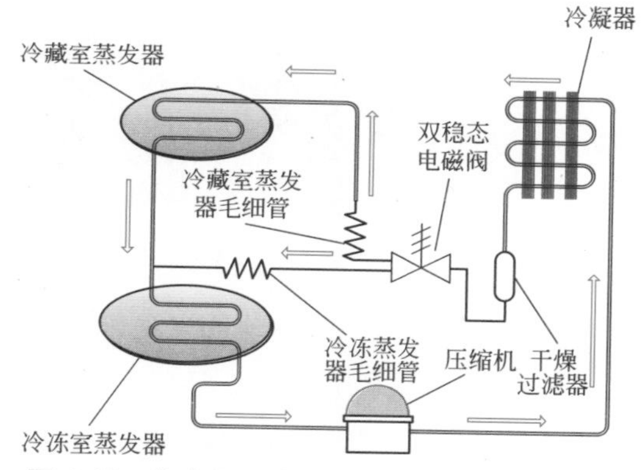

图4-13 直冷双系统电冰箱制冷系统工作流程

该直冷双系统电冰箱制冷系统其特点是冷冻室、冷藏室各一个蒸发器，冷凝器采用一组盘管绕制，具有一个电磁阀，两个毛细管。此系统中电磁阀（两位三通）出口接冷藏毛细管和冷冻毛细管，工作状态为：优先级高的为冷藏毛细管一路，冷冻毛细管一路优先级较低（两路不能同时工作）。

4.3 电气控制系统

扫一扫 看视频

4.3.1 压缩机启动和保护装置

❶ 启动器

目前，普通电冰箱的启动器一般有三种形式，即重锤启动继电器式、PTC 启动式和电容分相启动式。

a. 重锤启动继电器。重锤启动继电器的外形结构如图 4-14（a）所示，工作原理图如图 4-14（b）所示。

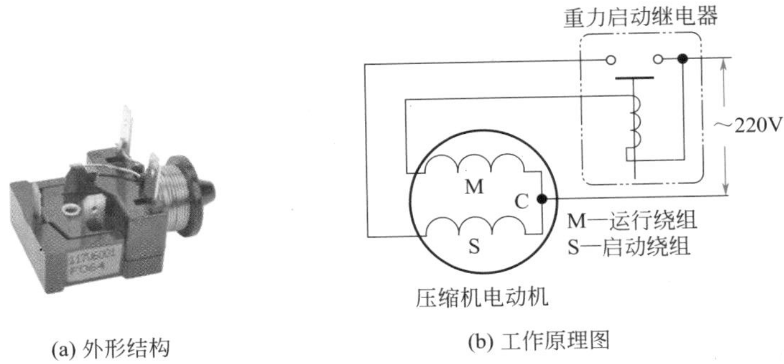

(a) 外形结构　　(b) 工作原理图

图 4-14　重锤启动继电器

b. PTC 启动器。PTC 启动器外形结构如图 4-15（a）所示，工作原理图如图 4-15（b）所示。

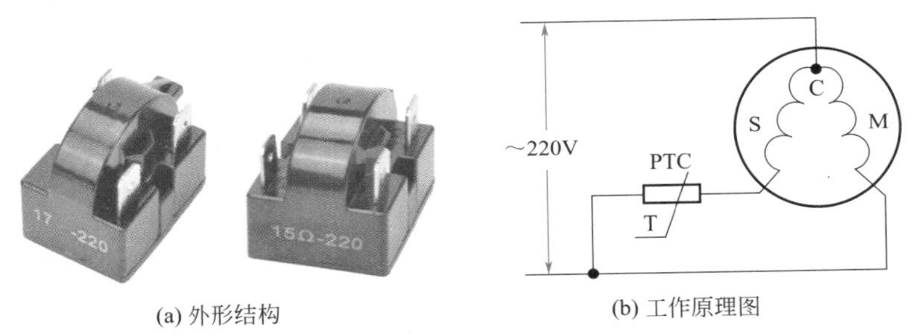

(a) 外形结构　　(b) 工作原理图

图 4-15　PTC 启动器

当电动机开始启动时，PTC 元件温度较低，因而电阻值较小，使启动绕组有电流通过。但在启动过程中，因启动电流大于正常工作电流 4 ～ 6 倍，PTC 元件的温度急剧上升。当温度高于某一值（居里点）时，PTC 进入高阻状态，使启动绕组回路近乎断路状态，此时，电机已进入正常转速工作状态。

c. 电容分相启动器。电容分相启动器原理图如图 4-16 所示，这种电机的特点是副绕组启动后不脱离电源，电容器既参与启动又参与运行，在运行时长期处于工作状态。

❷ 过载热保护器

过载热保护器是用来防止压缩机过载和过热导致烧毁电动机而设置的。电冰箱压缩机的过载热保护器一般是蝶形过载热保护器。过载热保护器外形结构、符号及工作原理如图 4-17 所示。

过载热保护器由于串联在压缩机的主线路中，当电路因电流过大时，与之相连的电阻丝会发热，使相邻双金属片受热变形，向上弯曲断开电路，从而保护压缩机不被烧毁；同时因保护器紧压在压缩机外壳上，所以双金属片又能检测机壳温度，若压缩机出现工作不正常，导致机壳温度过高，双金属片也会受热弯曲断开电路，因此该保护器具有双重保护作用。

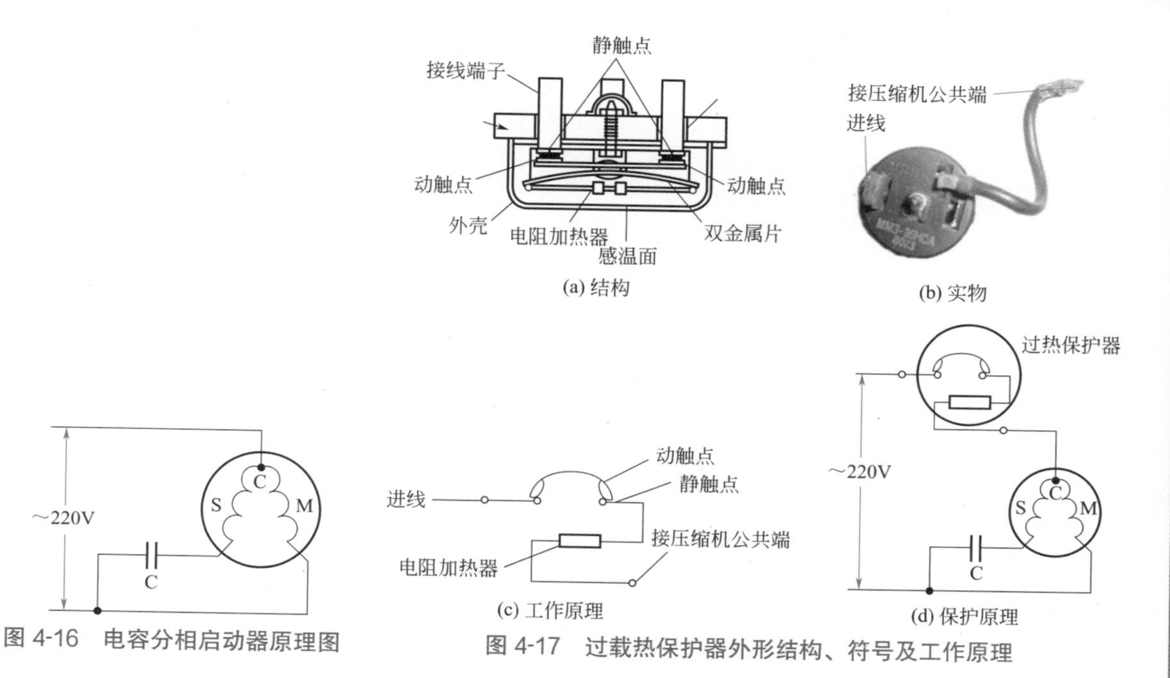

(a) 结构

(b) 实物

图 4-16 电容分相启动器原理图

(c) 工作原理

(d) 保护原理

图 4-17 过载热保护器外形结构、符号及工作原理

4.3.2 温控器

温控器主要作用：在制冷时，当被冷却环境的温度下降到使用者设定的下限值时，自动切断压缩机电源，使压缩机停止运行，从而停止制冷；压缩机停止工作后，随着时间的延长，外界热量不断通过各种途径传入，而使被冷却环境温度又逐渐升高，达到使用者设定的上限值时，温控器内的触点闭合，压缩机重新启动运行，继续制冷，箱体内温度又从上限值逐渐下降，由此不断循环，实现对箱体内温度的控制。由此可见，电冰箱内温度高低的控制是通过旋转温控器调节钮控制压缩机的启停来实现的。

电冰箱使用的温控器按采用感温元件的不同，可分为蒸气压力式和电子式两种；按控制方式可分为单温控器和双温控器两种。蒸气压力式温控器外形结构如图 4-18 所示。

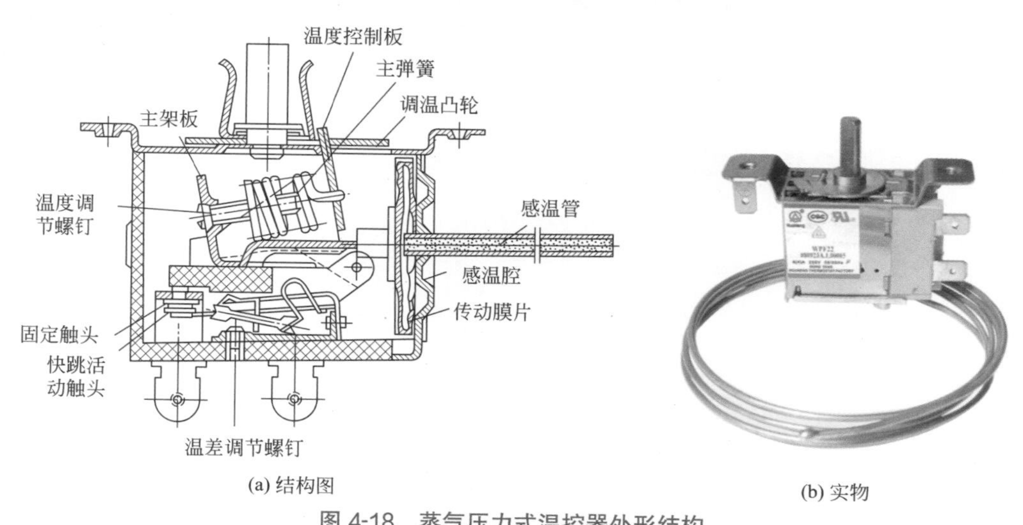

(a) 结构图

(b) 实物

图 4-18 蒸气压力式温控器外形结构

4.3.3 化霜控制器

部分电冰箱或间冷式电冰箱上还设置有化霜控制器。全自动化霜装置主要由化霜定时器、化霜加热器、双金属片化霜温控器、加热保护熔断器等组成。双金属片化霜温控器、化霜加热器、化霜定时器外形结构如图 4-19 所示。

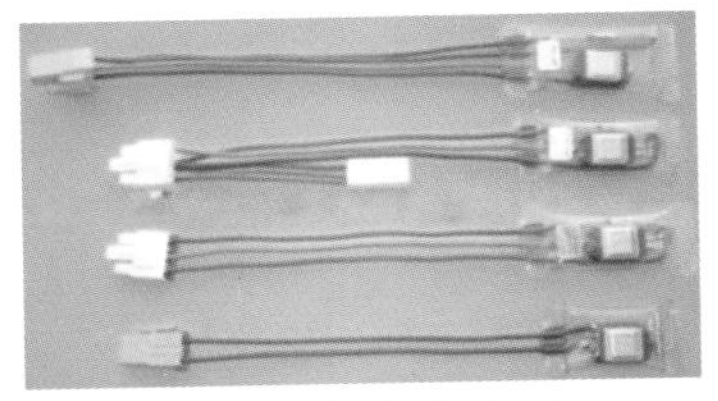
(a) 双金属片化霜温控器

(b) 化霜加热器

(c) 化霜定时器

图 4-19 双金属片化霜温控器、化霜加热器、化霜定时器外形结构

4.3.4 照明控制装置

照明控制装置主要是完成箱门打开时箱内照明灯点亮，箱门关闭时照明灯熄灭的控制，因此灯开关设置在冷藏室箱门的门框上。照明控制装置外形结构如图 4-20 所示。

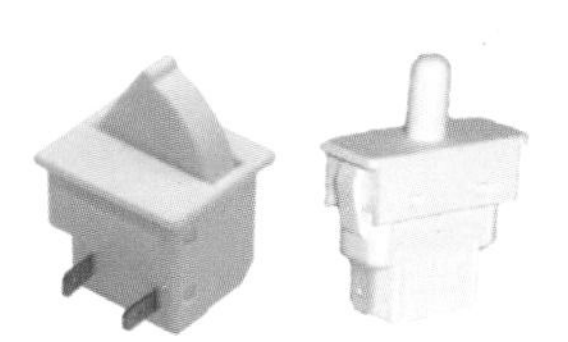
(a) 门灯开关

(b) 照明灯座

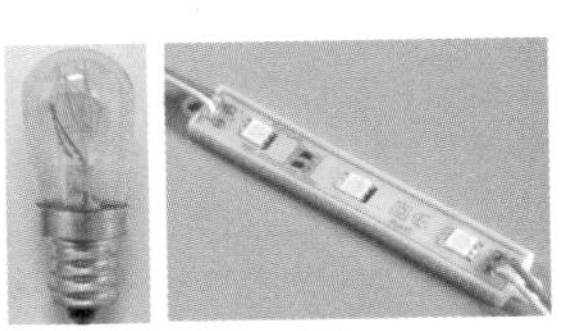
(c) 照明灯

图 4-20 照明控制装置外形结构

4.4 电冰箱电路详解

扫一扫 看视频

4.4.1 单温控直冷式电冰箱电路原理

单温控直冷式重锤启动电冰箱电路原理如图 4-21 所示。

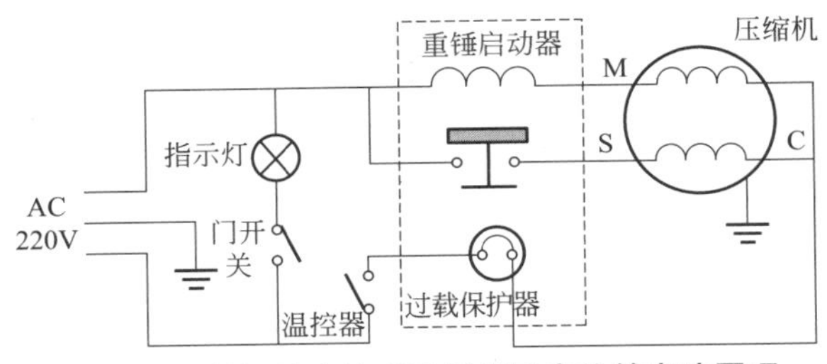

图 4-21 单温控直冷式重锤启动电冰箱电路原理

温控器触点接通时，压缩机电路有供电回路形成且启动电流较大，重锤启动器的线圈产生较强的磁场，将重锤触点吸合，触点接通，启动绕组（SC）得电使压缩机电机启动而制冷。当电机运行平稳后，回路电流就下降，此时，重锤启动器的线圈产生的磁场较弱，重锤触点断开，启动绕组失电而不参与电机工作。

当电冰箱内较高的温度被温控器的感温头检测后，温控器的触点接通，220V 市电加至压缩机，压缩机开始制冷。当感温头检测的温度达到设置要求时，温控器的触点断开，压缩机供电回路断电，压缩机停止工作。

将图 4-21 中的重锤启动器改为 PTC 启动器，就是普通直冷式 PTC 启动电冰箱，如图 4-22 所示。

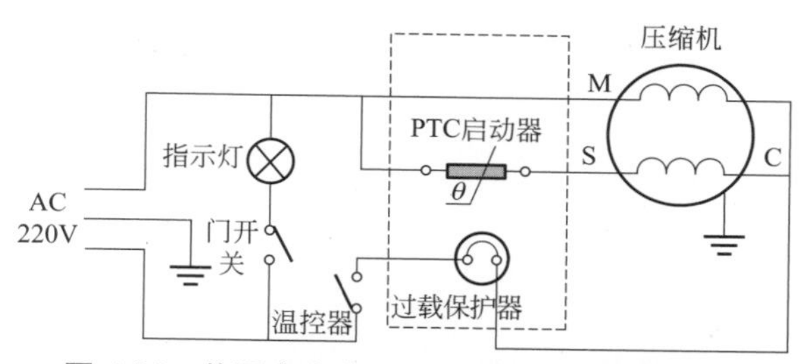

图 4-22　普通直冷式 PTC 启动电冰箱电路原理

4.4.2　双温双控直冷式电冰箱的电路原理

双温双控直冷式电冰箱的电路原理如图 4-23 所示。双温双控直冷式电冰箱控制系统比普通电冰箱系统多了冷冻室温控器和电磁阀。

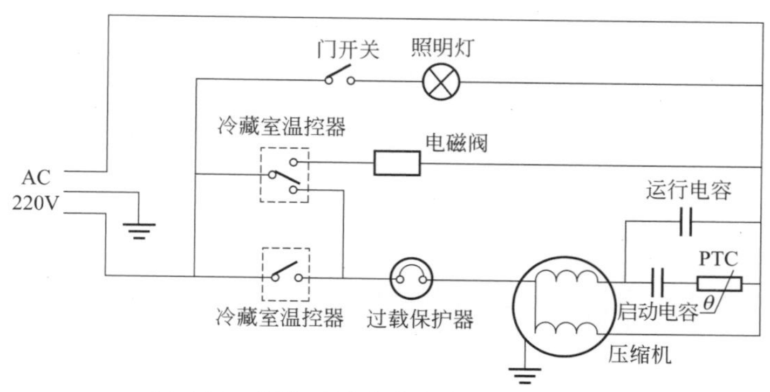

图 4-23　双温双控直冷式电冰箱电路原理

冷藏室温控器除了控制冷藏室温度外，同时还控制着电磁阀的工作状态。其控制原则是：当冷藏室温度没有达到设置值时，冷藏室温控器接通压缩机电路，同时切断电磁阀电路，电磁阀失电后接通冷藏毛细管，使冷藏室、冷冻同时制冷；当冷藏室温度达到设置值时，冷藏室温控器切断压缩机的供电回路，接通电磁阀电路，电磁阀得电吸合，断开冷藏室毛细管，通过冷冻室毛细管，使冷冻室单独工作制冷。

4.4.3　间冷式电冰箱电气控制原理

间冷式电冰箱电气控制原理如图 4-24 所示。

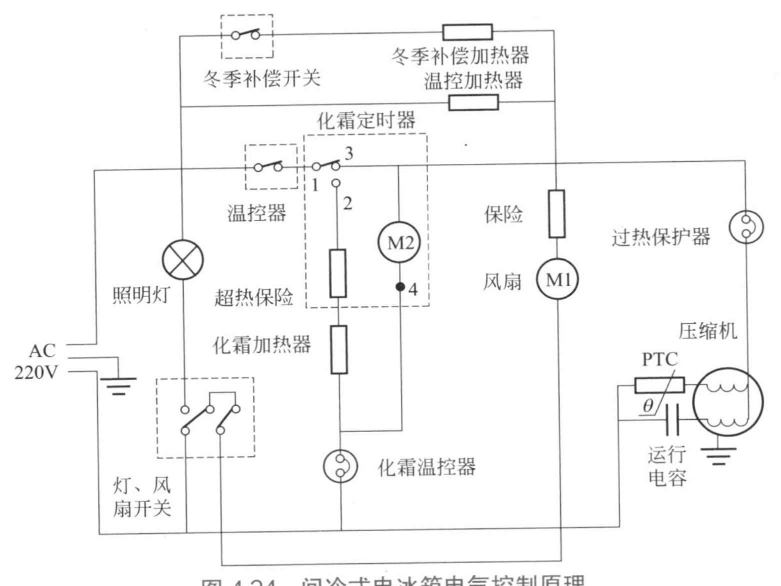

图 4-24　间冷式电冰箱电气控制原理

制冷工作原理：在刚接通电源时，由于箱内温度较高，温控器处于长通状态，化霜温控器处于断开状态，化霜定时器的触点 1、3 接通，这样压缩机和风扇电机同时得电运转，但化霜定时器因化霜温控器断开而不工作。

随着压缩机的运转，制冷系统开始工作制冷，当冷冻室温度下降至 −8 ～ −5℃时，化霜温控器自动接通，化霜定时器电机 M2 得电工作，开始计时，当累计时间约达到 8h 时，化霜定时器触点 1、3 断开，触点 1、2 接通，这时压缩机、风扇电机及化霜定时器回路均被切断而停止工作，但化霜电路被接通，化霜开始。

化霜电路开始工作后，化霜加热器加热，使冰霜化为液体，由出水嘴导入接水盘。冰箱内温度逐渐上升，当温度上升至（13±3）℃时，化霜温控器断开，化霜电路停止工作。

4.4.4　华凌 BCD-320W/280W 电冰箱单片机电气控制原理

华凌 BCD-320W/280W 电冰箱是四门间冷式，它采用的是单片机控制技术，四温区设置，具有冷藏存放、冰箱微冻、冷冻储藏、果蔬保鲜等功能。整机接线图与原理图如图 4-25 所示。

❶ 电源电路

220V 市电经变压器 T1 降压，经过整流桥 D01 ～ D04 整流、C01 滤波得到 +9V 左右的直流低压。该电压分成两路，一路直接送至三个继电器 K1、K2、K3 及其驱动三极管 BG2 ～ BG4 等；另一路经三端稳压器 7805 稳压、C03 滤波，输出 +5V 直流低压，供给单片机及 LM324 等电路。

❷ 单片机工作条件

供电电压：电冰箱上电后，+5V 电压直接加到单片机 IC1 的 4 脚 VDD 供电端子。

时钟振荡电路：由单片机 5 脚和 6 脚外接的晶振、C16、C17、R08 等组成。

复位电路：由单片机 2 脚外接的 R09、C18 和其内部电路组成。开机时该引脚为低电平，复位清零；当该引脚为高电平时，复位就结束，开始工作。

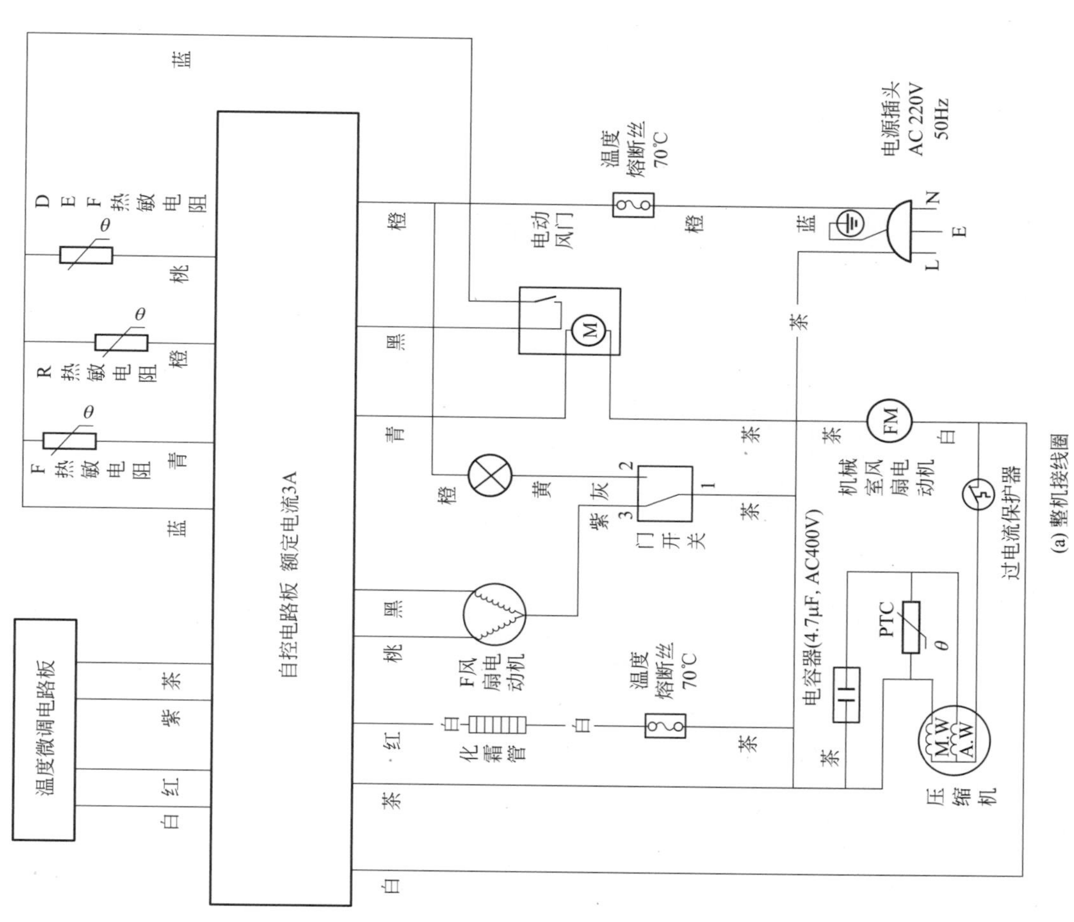
温度微调电路板
白
红
紫
茶
自控电路板 额定电流3A
蓝
F热敏电阻
青
R热敏电阻
橙
桃
DEF热敏电阻
蓝
橙
黑
青
茶
白
红
桃
黑
橙
黄
灰
紫
1
2
3
门开关
F风扇电动机
白
化霜管
白
温度熔断丝70°C
茶
茶
电动风门
M
温度熔断丝70°C
橙
电源插头AC 220V 50Hz
蓝
L
E
N
茶
茶
FM
白
机械室风扇电动机
过电流保护器
电容器(4.7μF, AC400V)
PTC
θ
茶
M.W
A.W
压缩机

(a) 整机接线图

图 4-25

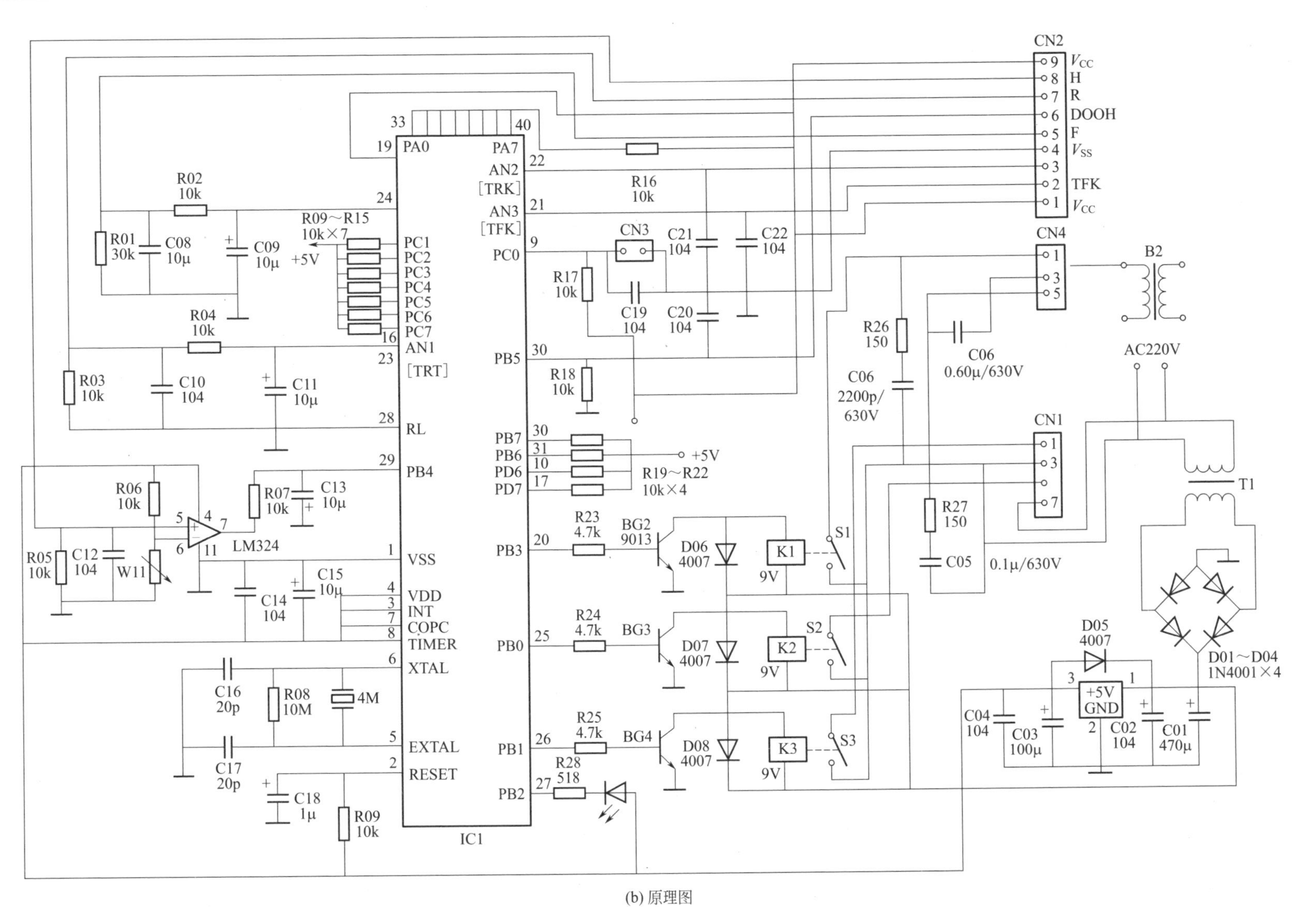

(b) 原理图

图 4-25 整机接线图与原理图

❸ 温度检测电路

温度检测元件主要有冷藏室感温头、冷冻室感温头和化霜感温头，它们分别由控制电路板插座 CN2 中的 5、7、8 脚接入电路。感温头将电冰箱的温度变化转换为电压信号，分别送至单片机的输入端 24 脚、23 脚、29 脚，信号经单片机处理后，发出控制指令。

电位器 W21 用于冷藏室温度调节，有"弱"、"中"、"强"三个挡位，不同的挡位时，得到的取样电压不同，该电压经 C21 滤波后加至单片机的 22 脚，于是单片机对风门的运行时间进行控制，使冷藏室的温度相应为 7 ～ 9℃、5 ～ 7℃、3 ～ 5℃。

电位器 W22 用于冷冻室温度调节，也有"弱"、"中"、"强"三个挡位，不同的挡位时，得到的取样电压不同，该电压经 C22 滤波后加至单片机的 21 脚，于是单片机对压缩机、风扇的运行时间进行控制，使冷冻室的温度相应为 −20 ～ −18℃、−22 ～ −20℃、−24 ～ −22℃。

❹ 制冷控制

当冷冻室的温度达到要求后，冷冻室传感器的阻值增大，+5V 电压通过热敏电阻与其他电阻分压产生的电压增大，在经 R01、C08、R02、C09 低通滤波后，为单片机的 24 脚提供的电压升高，被单片机识别后，判断冷冻室的制冷效果达到要求，控制 25 脚输出低电平的控制信号，使压缩机停止运转，冷冻室制冷工作结束。

当冷藏室的温度达到设置值时，冷藏室传感器的阻值增大，+5V 电压通过热敏电阻与其他电阻分压产生的电压增大，在经 R03、C10、R04、C11 低通滤波后，为单片机的 23 脚提供的电压升高，被单片机识别后，判断冷藏室的制冷效果达到要求，控制 28 脚输出低电平的控制信号，使风门电机停止工作，冷藏室制冷过程结束。

20 脚输出的高电平信号经 R23 限流，加至放大管 BG2 的基极，BG2 导通，继电器 K1 的线圈有电流流过，继电器的触点 S1 吸合，使交流市电电压加至变压器 B2 的初级绕组，而次级绕组输出降压后的电压为风门电机供电，风门电机开始运转，带动风门运动，打开通往冷藏室的风道，于是蒸发器此时的冷气通过风门进入冷藏室，冷藏室也开始制冷。

25 脚输出的高电平信号经 R24 限流，加至放大管 BG3 的基极， BG3 导通，继电器 K2 的线圈有电流流过，继电器的触点 S2 吸合，接通压缩机和 F 风扇电机的供电回路，启动压缩机开始运转。此时，冷冻室的蒸发器开始制冷，在风扇电机的作用下冷冻室内的空气形成对流，开始对冷冻室进行制冷。

❺ 化霜控制电路

化霜控制电路由化霜传感器、单片机、放大器 LM324、放大管 BG4、继电器 K3、化霜加热管等元器件组成。

4.5 常见故障分析与维修工艺

扫一扫 看视频

4.5.1 制冷剂的排放

制冷剂 R12、R134a 及混合工质可在通风良好的情况下，打开制冷系统任意部位直接排放于空气中。只要打开制冷系统，就必须要用到工艺管口，工艺管要进行低压、抽空、加氟等，因此，制冷剂的排放一般多数选择打开工艺管，工艺管一般采用割刀割开。

4.5.2 打压、检漏与查堵

在电冰箱维修过程中，无论是制冷剂泄漏还是其他故障原因引起更换制冷系统元器件，对系统和焊点都要打压、保压、检漏与查堵。

❶ 打压

目前，打压的几种气体有氮气打压和制冷剂打压。

整个系统或低压管路打压的压力一般为 1.5MPa 左右；高压系统打压的压力一般为 2 ～ 2.5MPa。

氮气打压如图 4-26 所示。割开压缩机工艺管，焊接带有真空压力表的修理阀，然后将阀门关闭。将氮气瓶的高压输气管与修理阀的进气口“虚接”（连接的螺母要松接，方便排空）。打开氮气瓶阀门，调整减压阀手柄，待听到氮气输气管与修理阀进气口虚接处有氮气排出的声音时，迅速拧紧虚接螺母，将氮气输气管内的空气排出。打开修理阀，使氮气充入系统内，然后调整减压阀，当压力达到 0.8MPa 时，关闭氮气瓶和修理阀阀门。

制冷剂打压操作方法同氮气打压。采用制冷剂打压时，充入压力一般不要超过 0.2 ～ 0.4MPa（2 ～ 4kg/ cm^2）。

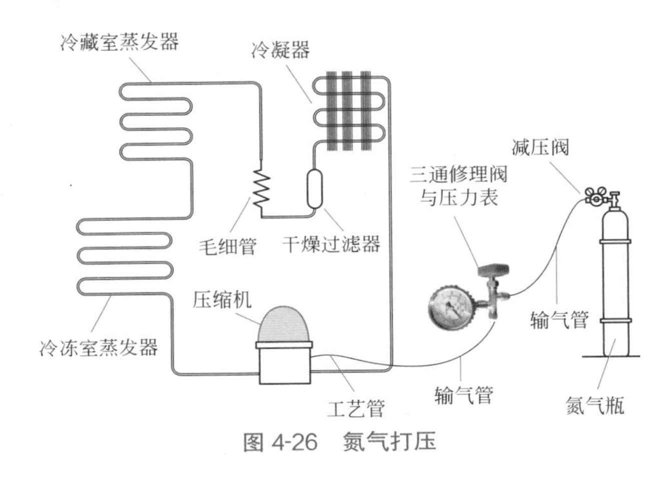

图 4-26 氮气打压

❷ 检漏

家庭厨房用的洗涤灵液用水稍加稀释，就可作为电冰箱管道检漏用的检漏液。

确定漏点后，如果是外部件泄漏应给予维修或更换，如内藏部件泄漏则按实际情况采用剪除、扒修和替换等方法修复。在 24h 内若压力下降，则判定为制冷系统泄漏。

❸ 查堵

制冷系统的堵塞有脏堵、油堵、冰堵和结蜡等 4 种情况，一般出现在毛细管或干燥过滤器中。

❶ 脏堵。压缩机的工艺管上装接一只三通检修阀。启动压缩机，运转一段时间后，若低压一直维持在 0Pa 的位置，说明毛细管可能处于半脏堵状态，若为真空，可能是完全脏堵，应做进一步检查。此时压缩机运转有沉闷声。

脏堵的排除方法一般采用的是打压清洗法。 即将氮气充入被污染的管路和部件后再吹出，达到吹堵、吹脏的目的。

❷ 冰堵。毛细管冰堵现象大多发生在重修或正在维修的系统中，多由制冷系统真空处理不良，系统内含水量过大或是制冷剂本身含水量超标等原因造成。

确定毛细管冰堵后，先将制冷系统内制冷剂放掉，重新进行真空干燥处理。对制冷系统的主要部件蒸发器、冷凝器进行一次清洗处理。

❸ 毛细管结蜡。对使用多年的电冰箱，如在运行时，蒸发器温度偏高，冷凝器温度偏低，而又排除了制冷剂微漏和压缩机效率差的原因，一般就是由于毛细管“结蜡”引起的。

排除结蜡故障需要更换新的毛细管。

4.5.3 抽真空

电冰箱在制冷系统维修后，必定会有一定量的空气进入系统中，制冷循环中残留的含有水分的空气，可能会导致冰堵等故障，所以在加入制冷剂之前，都必须把内外管路中的空气抽走，再按照定量加制冷剂。

低压单侧抽真空是利用压缩机上的工艺管进行的，也可以利用打压检漏时焊接在工艺管上的三通修理阀进行，不必另外再接焊口。抽空的时间视真空泵抽真空能力而定，一般约需30min ～ 4h。当真空压力表的指示值在 -0.1MPa 以下时，表明真空度已到，可以先关闭三通阀，再停止真空泵工作。

4.5.4 充注制冷剂

充注制冷剂的方法一般有低压充注法和高压充注法两种。

低压充注法制冷剂瓶是正置的，为制冷系统加注的是气态制冷剂。其优点是比较容易控制制冷剂的充注量，安全且不易损坏部件，但充注时间较长。因制冷剂呈气态，含水量大，故制冷剂必须经过干燥器处理，由于充注时间慢，可在开机的情况下进行充注。

高压充注法制冷剂瓶是倒置的，为制冷系统加注的是液态制冷剂。其优点是充注时间短，但较难控制制冷剂的充注量，且必须在关机后进行，否则可能引起压缩机损坏。

在充注制冷剂之前，应将加液管与制冷剂瓶的瓶口固定良好，如图 4-27（a）所示。将加液管的另一端与真空压力表连接（关闭阀门状态），但此时不要拧紧（虚接），如图 4-27（b）所示。打开制冷剂瓶阀门，用制冷剂将加液管内的空气排出，直到听到有气流排出声 2 ～ 3S 后再拧紧加液管，之后可打开真空压力表的阀门对制冷系统进行充注制冷剂，如图 4-27（c）所示。在判断充注制冷剂合适时，应先关闭真空压力表阀门，随后再关闭制冷剂瓶上的阀门，最后拆除加液管等连接设备，如图 4-27（d）所示。

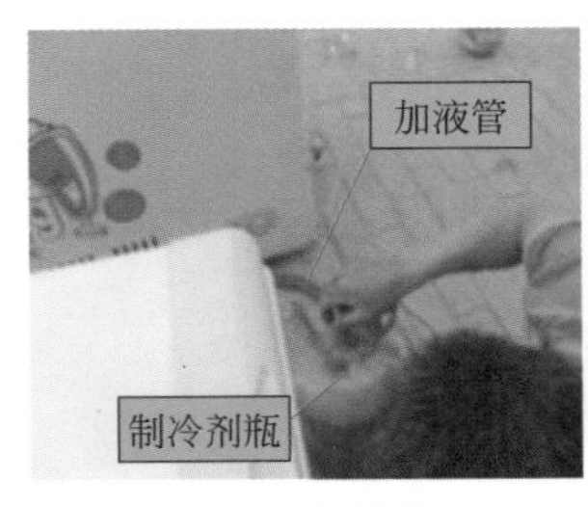

(a) 连接管道

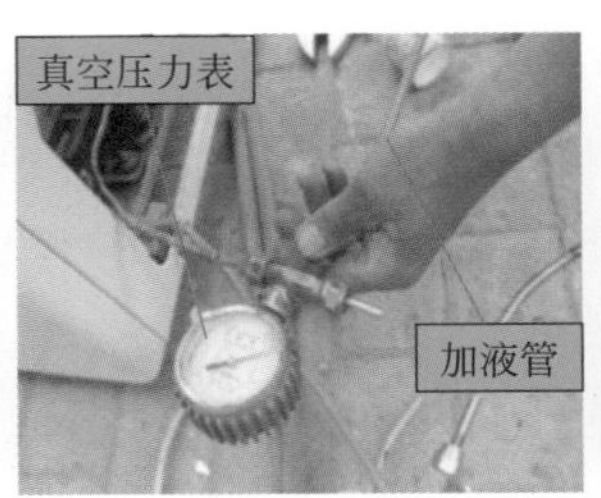

(b) 虚接接头

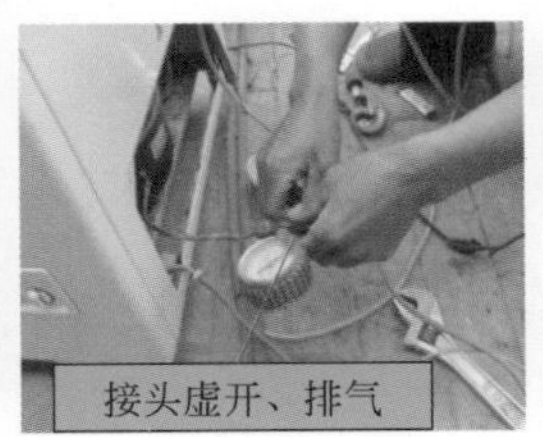

(c) 排空

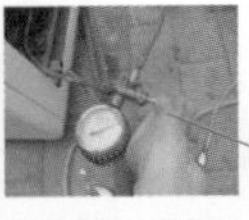

(d) 充注

图 4-27 充注制冷剂基本步骤

对小型电冰箱，可按照铭牌上给定的制冷剂充注量加充制冷剂。

测压力充注法是通过观察充注制冷剂过程中真空压力表的读数，确定所充注制冷剂是否合适。在充注制冷剂的过程中，观察到真空压力表在达到 0.19 ～ 0.22MPa 时，大致表明所充注的制冷剂合适，关闭制冷剂瓶上的阀门，停止首次制冷剂充注。启动压缩机，试机30min 左右，真空压力表值下降，若压力稳定在指定值，表明制冷剂基本合适。

4.6 电气控制系统常见故障的检查与维修

扫一扫 看视频

4.6.1 电气控制系统的检查与检修

在判断电冰箱制冷系统故障之前，必须使制冷压缩机能运转起来，因此，需要先通电检查，判断压缩机电动机部分和电源进线部分是否正常。如果电冰箱压缩机不能启动，应先察看电源是否有电，熔断器是否完好。若电源和熔断器都正常，就要检查温控器、启动继电器、过载保护器等器件是否完好。若温控器、启动继电器、过载保护器等器件也都正常，再检查压缩机电动机是否烧坏，直至找到故障的真正原因。

电气控制系统故障判断与检查逻辑流程图如图 4-28 所示。

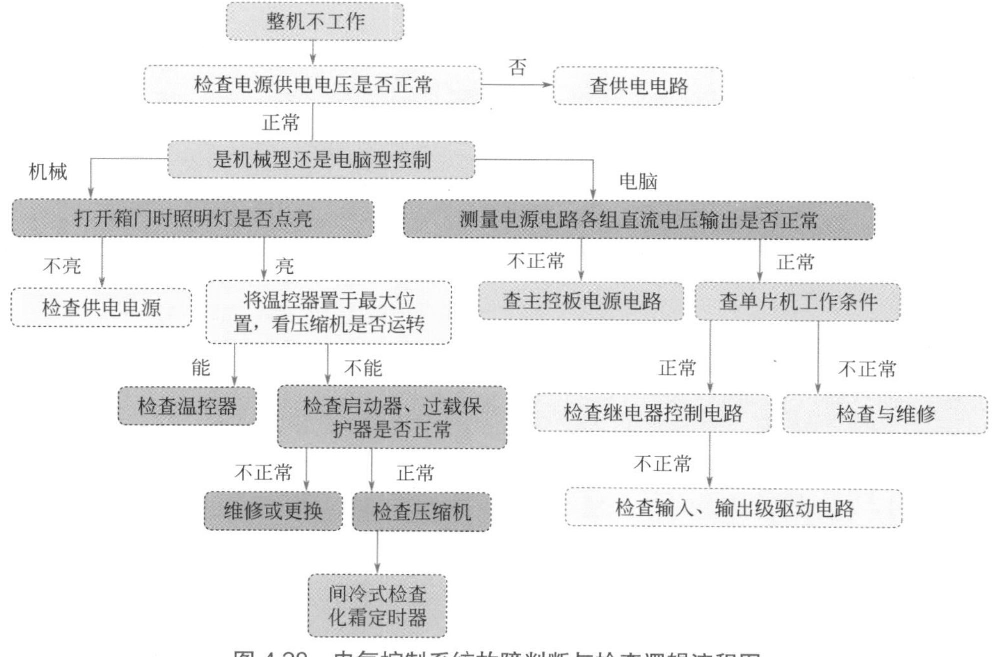

图 4-28 电气控制系统故障判断与检查逻辑流程图

[故障现象 1]：冷藏室照明灯点亮，但压缩机不工作。
[故障机型]：美菱 BCD-220N 型电冰箱。
[故障分析]：故障主要应在控制电路部分。
[故障维修]：① 直接检测启动电容器，发现已失容。
② 更换电容器，试机一切正常，故障排除。

[故障现象 2]：开机后，压缩机无反应
[故障机型]：科龙 / 容声 BCD-255W 电冰箱
[故障分析]：故障主要应在控制电路部分。
[故障维修]：① 检测压缩机输入端无输入电压。测量压缩机的驱动器件双向晶闸管各电

极电压，发现阴极与阳极之间有220V电压，控制极也有控制电压，表明晶闸管异常。

②脱开晶闸管，用万用表判断其质量好坏，结果证明其已损坏。更换晶闸管后，故障排除。

[故障现象3]：开机后没有任何反应

[故障机型]：扎努西ZME2462KCA电冰箱

[故障分析]：故障主要应在控制电路部分。

[故障维修]：①插上电源插头，控制面板无任何显示，打开冷藏室门，照明灯也不点亮，压缩机不工作，插座电压220V正常。怀疑控制电路有问题。

②拆卸下电脑控制板，用直观法进行观测，发现保险管已经炸裂。继续检查发现，压敏电阻正反电阻已很小，说明它已击穿。

③更换压敏电阻和保险管后，继续检查没有发现其他短路现象，试机，故障排除。

[故障现象4]：开机后，显示板显示故障代码“E2”

[故障机型]：容声BCD-255W电冰箱

[故障分析]：显示板显示“E2”故障代码，表示冷冻室蒸发器传感器有问题。

[故障维修]：①在断电的情况下，取下上盖板，拆卸下电路板，用万用表检测电器盒内10芯插排的第3、5脚间的直流电阻值为0.6kΩ，正常值应为1～6.7kΩ，故判断冷冻室蒸发器感温头损坏。

②更换同型号的传感器，试机故障排除。

4.6.2 压缩机常见故障的检查与更换

压缩机常见故障判断如表4-1所示。

表4-1 压缩机常见故障判断

<table>
<tr><td rowspan="4">①电动机绕组故障</td><td colspan="2">电机绕组故障一般用电阻测量法判断，并应在确定电源、启动器或热保护器等正常后进行</td></tr>
<tr><td>绕组开路</td><td>用万用表测量三个接线柱间的电阻值，若任意一次出现无穷大，在检查接线柱无松脱或氧化、锈蚀导致接触不良时，即为绕组开路</td></tr>
<tr><td>绕组短路</td><td>中、外各型号压缩机三个接线柱排列无规律，但是每两个接线柱之间有一定阻值，且满足：$R_{MS}=R_{MC}+R_{SC}$和$R_{MS}>R_{MC}>R_{SC}$。一般R_{MS}、R_{MC}、R_{SC}这三个阻值均不超过100Ω，小的仅有数欧姆，用万用表测量三个接线柱阻值为R_1、R_2、R_3（无须确定是R_{MS}、R_{MC}、R_{SC}中的哪一个），如三个电阻不能满足上述两个关系式，说明绕组发生短路故障（但少数压缩机绕组例外）。值得注意的是：有时候绕组局部短路时，测量出来的三个电阻值也会满足上述两个关系式，这是因为万用表只能测量出绕组局部短路的阻值变化。不过，绕组局部短路时，通电时的电流要比正常值大</td></tr>
<tr><td>绕组对地（机壳）短路或漏电</td><td>用兆欧表测量接线柱与机壳间的绝缘电阻，如阻值趋于零，则为绕组对地短路或漏电</td></tr>
<tr><td>②运转卡滞故障</td><td colspan="2">卡滞故障有多种表现，包括卡壳、卡缸、抱轴、晃轴等。其现象是通电后压缩机不转，机壳发热并伴有“嗡嗡”声，稍后“咔”的一声热继电器（保护器）动作，切断电源。在电源电压、电机绕组、启动器正常时，电机不转动，即为压缩机等运转卡滞故障</td></tr>
<tr><td>③异常噪声故障</td><td colspan="2">压缩机运转时，机壳内发出“当当”的金属撞击噪声，运转噪声故障多发生在气缸、曲轴箱及减震装置</td></tr>
</table>

续表

④排气故障	排气压力偏高	一是冷凝器传热管严重结垢导致传导效率下降；二是系统制冷剂充注过多；三是系统中混有不凝性气体
	排气压力偏低	在排除制冷剂泄漏、毛细管和过滤器堵塞后，就是排气系统有故障，表现为冷凝器不热或微热，压缩机内有轻微的气流声，压缩机长时间运行而制冷效果不好。原因：一是高压排气管路断裂或密封垫击穿，使制冷剂被分流形成机内循环，产生气流，使制冷效果变差；二是由于液击或材质导致阀片破裂或阀片积垢封闭不严；三是由于磨损造成压缩机活塞与气缸间隙过大，使压缩机排气量不足；四是制冷剂不足；五是冷凝器冷凝速度过快
手指法：压缩机质量好坏一般检查方法		给压缩机通电运行，用手指按住高压排气孔或低压吸气口，如手指按不住排气口，再用手指按住吸气口，若感觉有较强的吸力，表示压缩机正常，可以使用。若高压排气很小，甚至没有，说明高压气缸盖垫或气缸体纸垫已击穿，压缩机效率较差。若没有排气，但能听到“嘶嘶”声，停机后则消失，说明高压缓冲管与机壳连接处、出气帽处断裂或出气帽垫片冲破漏气，需开壳修理

目前应用的旋转压缩机的绕组阻值较大，往复式压缩机的绕组阻值较小。往复式压缩机的运行绕组多为 5 ～ 22Ω，启动绕组阻值多为 20 ～ 51Ω。启动器、过载保护器及压缩机接线图如图 4-29 所示。

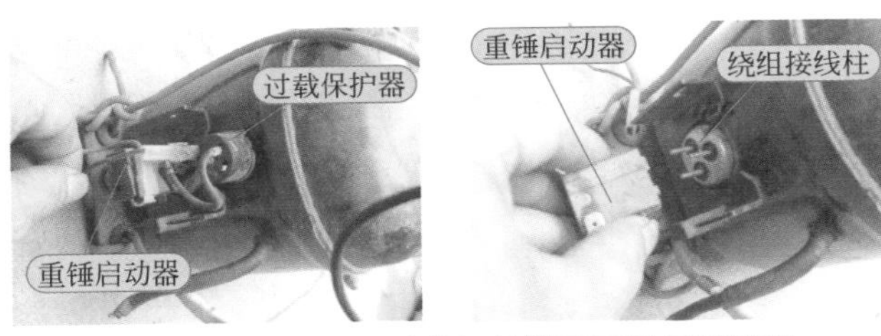

图 4-29　启动器、过载保护器及压缩机接线图

压缩机电机绕组检测方法如图 4-30 所示。当 3 只绕组接线柱没有标志或标志脱落时，可先识别判断其端子接线规律。

测量绕组 SC 及 R（M）C 两点的电阻值。若所测绕组的电阻值小于正常值，就可判断此绕组短路；若所测绕组的电阻值为无穷大（∞），即可判断此绕组断路。

(a) 第一次测量

(b) 第二次测量

(c) 第三次测量

图 4-30　压缩机电机绕组检测方法

电机对地绝缘电阻的检测：把一表笔与公用端（C）紧紧靠牢，另一表笔搭紧压缩机工艺管上露出金属的部分，或将外壳板的漆皮去掉一小块，进行测量。若电阻值很小，就可判断绕组或内部接线碰壳接地，电动机的对地绝缘电阻正常情况下应在 2MΩ 以上。

[故障现象 5]：绕组断路、短路和绕组碰机壳接地

[故障分析]：这类故障都是由压缩机的电机部分引起的，其故障现象断路时为电源正常，压缩机不工作；短路和碰壳时为通电后保护器动作，或烧保险丝；要注意的是如果绕组匝间轻微短路时，压缩机还是能够工作的，但工作电流很大，压缩机的温度很高，过不了多久，热保护器就会动作。绕组短路和绕组碰机壳接地一般用万用表即可检查；绕组短路特别是轻微短路，由于绕组的电阻本身就很小，所以不容易判定，应根据测量电流来判定。

[故障维修]：绕组断路、短路可用万用表检测压缩机的电机绕组阻值进行判断，绕组碰机壳一般采用兆欧表进行检测和判断。

不易修复时，一般采用更换压缩机。

[故障现象 6]：压缩机堵转

[故障分析]：在确认压缩机有堵转的情况下，反向点动 2 ～ 3 次，如果堵转不严重就有可能排除。拆下来的压缩机可空载短暂反向点动试运行以排除故障，排除故障的压缩机可以再次使用。

[故障维修]：若采取上述方法也不能排除故障，可确认压缩机堵转卡死，需更换压缩机。

4.6.3 压缩机启动问题的检查与检修

压缩机不能启动故障检修流程图如图 4-31 所示。

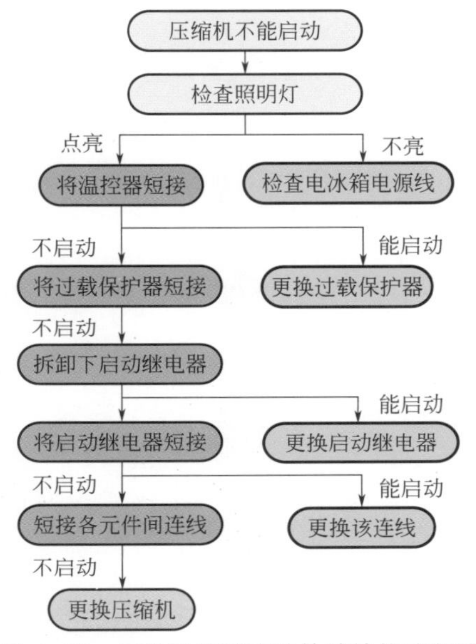

图 4-31 压缩机不能启动故障检修流程图

[故障现象 7]：压缩机不能启动

[故障机型]：美菱 BCD-248W 电冰箱

[故障分析]：故障主要应在控制电路部分。

[故障维修]：① 根据经验，先检查启动器，该机采用的是重力式启动器，检查触点无烧蚀现象，用万用表测量电流线圈阻值为∞，说明启动器已断路损坏。

② 更换启动器，故障排除。

[故障现象 8]：开机后，压缩机不运转

[故障机型]：海尔 BCD-181C 电冰箱

[故障分析]：据用户描述，该机是经过搬家后出现此故障。初步怀疑为供电系统或机械部位有故障。

[故障维修]：① 上电开机，检查发现照明灯点亮正常。

② 用万用表检查压缩机电机绕组，各绕组阻值基本正常。怀疑启动继电器有问题。

③ 拆卸下启动继电器，用万用表测量后发现触点不通。拆开检查，发现其动静触点无烧焦现象，且较光亮圆滑，但动触点活动不灵活，有受阻感。进一步检查发现有一片胶木夹在弹簧中，使重锤活动受阻。

④ 取出胶木片，重新装好启动继电器，试机故障排除。

[故障现象 9]：开机后，压缩机无反应

[故障机型]：容声 BCD-272W 电冰箱

[故障分析]：故障主要应在控制电路部分。

[故障维修]：① 打开电冰箱的冷藏室门，照明灯亮，表明电源基本正常。

② 用万用表检查温控器，没有发现异常。

③ 断电后，取下启动器（PTC）和蝶形双金属保护器。用万用表测量蝶形双金属保护器两引脚间的电阻值，为无穷大。因此，判断为蝶形双金属保护器损坏。

④ 更换蝶形双金属保护器，试机故障排除。

4.7 制冷系统常见故障的维修

扫一扫 看视频

4.7.1 制冷系统故障的检修流程

❶ 外观初步检查

仔细检查制冷系统各个裸露部位的表面是否有漏油现象，因为漏油必然导致制冷剂泄漏。如果故障是在清理或搬运后发生的，则要注意制冷系统的管路和零部件是否有机械损伤，例如，在直冷式电冰箱的冷冻室中为了分离冻结在蒸发器上的物品，使用金属工具硬撬，会导致铝制蒸发器泄漏损坏。

❷ 通电运转判断

通电运转在电气控制系统良好，制冷能够正常启动运转的情况下进行。使电冰箱连续运转 20 ～ 30min，通过对制冷系统各个主要零部件的感官检查来初步判断制冷系统的故障。直冷式电冰箱的蒸发器表面应结实霜，若根本不结霜，则可能为制冷剂泄漏、制冷系统脏堵或制冷压缩机不做功等，必须再检查其他部位后综合判断。如果结霜很少，则微堵或微泄漏的可能性很大。

冷凝器在制冷剂泄漏和制冷压缩机不做功的情况下没有温度升高。

打开电冰箱冷冻室的门，制冷正常时可听见毛细管内制冷剂的流动声，泄漏、微堵和压缩机压缩能力变差时，毛细管内的气体流动声断断续续或很微弱。如果出现堵死的情况，则启动时有过液声，继而无声。

如果制冷系统有冰堵，在制冷压缩机启动运行的最初阶段，由于节流后温度较高并未产生冰堵，制冷剂仍可维持循环，打开冷冻室门能够听见制冷剂节流后的流动声，冷凝器发热，蒸发器结霜，修理用压力表示值为正压。随着温度降低，制冷剂节流后的流动声逐渐变小消失，冷凝器变凉，蒸发器上化霜，制冷压缩机运转声音增大，压力表示值为负压。停机后打开电冰箱门，10min 左右可听见毛细管出口堵塞处融化后而产生的制冷剂流动声，修理阀压力表的示数值明显回升至正压。再启动运行又会重复上述现象。

❸ 放气检查法判定

将干燥过滤器后约 10mm 处的毛细管钳断，钳断处必须密封。判定故障的基本思路是：在制冷压缩机运转一定时间后，如果制冷系统堵塞，则液态制冷剂一定聚积在冷凝器的下部；如果有泄漏则无制冷剂；如果制冷压缩机不做功，则有大量气态制冷剂。

具体操作步骤是：

a. 运转制冷压缩机 20 ～ 30min 后停机。

b. 在两端密封的状态下，钳断毛细管。

c. 打开左侧毛细管，会出现以下现象：

无制冷剂气体，有大量制冷剂液体喷出；有大量制冷剂气体喷出。

d. 看清后立即夹封住，然后检修以下操作：

若无制冷剂气体排出，这时应继续打开干燥过滤工艺管，若仍无制冷剂气体，则判断为泄漏。如有大量制冷剂液体喷出，则判定为干燥过滤器堵塞（但不排除毛细管同时堵塞的情况）。如仍有大量制冷剂气体喷出，则判断为制冷压缩机不做功。若有大量制冷剂液体喷出，则判定为干燥过滤器脏堵。

e. 将低压回气管在气焊加热下从制冷压缩机吸入口上拔出，通入 0.8MPa 的氮气，打开毛细管右侧钳断处，有气体喷出则说明毛细管通畅，否则判断为毛细管脏堵。

f. 若判断为制冷压缩机不做功，则将压缩机高低压管均用气焊加热拔下，启动制冷压缩机，用拇指堵住制冷压缩机排气口，无压力则判断为压缩机内部的配气系统有故障。

修理后，在低压侧装入修理用压力表，对判定故障更加有效。一般电冰箱正常运转时，修理压力表指示示数在 0.02 ～ 0.05MPa。若制冷剂充注量正确，检测修复的制冷压缩机时，运转中表压力过高，则应继续对压缩机能力进行检验；若表压力过低，呈负压状态，则要考虑仍有堵塞现象。

4.7.2 不制冷的故障检修

压缩机运转，但不制冷的故障检修逻辑图如图 4-32 所示。

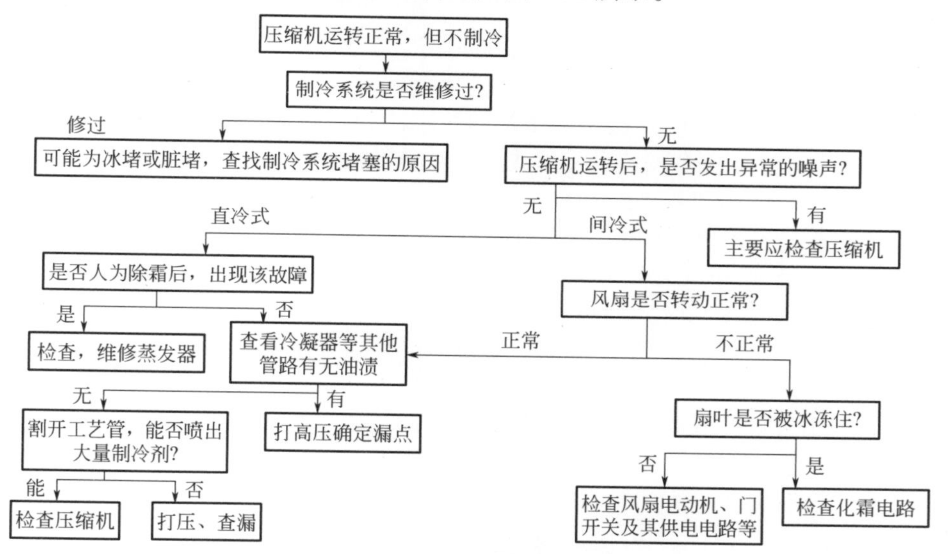

图 4-32 不制冷的故障检修逻辑图

[故障现象 10]：毛细管脏堵

[故障分析]：毛细管的脏堵与否，可通过接在制冷系统工艺管修理阀上的压力值验证。当压缩机运行 10min 后，表压力维持在 0MPa 位置，说明毛细管半脏堵，若处于真空负压状态，则说明全脏堵。全脏堵时压缩机运转声沉闷。停机数十分钟，压力不回升或压力平衡缓慢。可以判断脏堵位置在干燥器与毛细管接头处。将毛细管与干燥器连接处就近剪断，若干燥过滤器侧喷出制冷剂，则说明毛细管堵塞，反之，为干燥过滤器堵塞。

[故障维修]：更换毛细管，清洗管路。

[故障现象 11]：压缩机能正常运行，但不制冷

[故障分析]：压缩机内部的高低压阀片或阀垫被击穿。

[故障维修]：① 打开压缩机的工艺管，有大量的制冷剂喷出，表明制冷剂并没有泄漏。② 在工艺管上连接上修理阀，在停机状态下给制冷系统内充注 0.2MPa 的制冷剂。启动

压缩机，观察表压力几乎不降低，表明压缩机有问题。

③ 放尽制冷剂后，把压缩机吸、排气管焊开，单独启动压缩机，待压缩机运行正常后，用手指堵住排气孔，明显感到排气压力较小，表明压缩机内部有故障。

④ 更换压缩机后，故障排除。

[故障现象 12]：不制冷

[故障分析]：手摸冷凝器不热，蒸发器不冷，排气管也不热，表明制冷系统非堵即漏。

[故障维修]：① 割开工艺管，有大量气体喷出。表明制冷剂没有泄漏。

② 在工艺管上连接修理阀，充注氮气至 0.3MPa，启动压缩机，真空压力表读数为负压，停机后，表压力并不上升，表明有堵塞情况发生。

③ 给制冷系统再充注氮气至 0.3MPa，割开干燥过滤器与毛细管之间的焊缝，干燥过滤器出口端无气体排出，而毛细管入口端有气体排出，表明干燥过滤器完全堵塞。

④ 用氮气将制冷系统吹通，更换上一个新的干燥过滤器。经检漏、抽真空、充注制冷剂后，试机故障排除。

[故障现象 13]：不制冷

[故障机型]：科龙 / 容声 BCD-196AY3 电冰箱

[故障分析]：怀疑主控电路、制冷系统有问题。

[故障维修]：① 经仔细检查发现该冰箱的故障比较特别，三个间室循环不制冷。例如，先是冷藏室不制冷，然后所有间室制冷又正常；再是变温室不制冷，然后所有间室制冷又正常。但是变温室出现不制冷的频率要高一些。

② 怀疑主控板和电磁阀有问题，更换后故障依旧。

③ 该机是分立多循环，是可以单独开或关闭某个间室的。可关闭其他两个间室，只留一个间室，分别观测是否制冷。通过观测，发现冷藏室、冷冻室制冷正常，只有变温室异常。变温室设定 -7℃，但只能达到 -3℃，并且不停机，然后温度便开始上升。故障现象表明可能是变温室系统内漏。

④ 开背查漏，发现变温室蒸发器铜铝接头处有漏点。封堵漏点，故障排除。

[故障现象 14]：冷藏室不制冷，冷冻室正常

[故障机型]：海尔 BCD-220L 电冰箱

[故障分析]：该机型为双温双控型，根据故障现象主要应检查冷藏室温控器、电磁阀、冷藏室蒸发器、冷藏室毛细管等。

[故障维修]：① 检查冷藏室温控器正常。

② 检查制冷系统时，发现电磁阀损坏。更换电磁阀后，抽空、充注制冷剂，上电试机，故障排除。

4.7.3 制冷量不足的故障检修

电冰箱运转，但制冷量不足，即效果不好，该故障原因不一定就是缺氟，造成其制冷效果不好的原因很多，缺氟只是其中之一。

如果是制冷效果差，首先应从系统以外找原因。如电压是否正常、制冷系统有无气流短路、冷凝器是否被堵塞或积灰太厚、温控器调节是否正确、除霜风机是否运转、感温探头是否移位、摆放位置是否合适等。

其次应检查制冷系统管路及接头是否有油泄漏的痕迹，如有则可以用电流表测量压缩机的运行电流，用压力表检查系统内压力。其他故障可能都排除后，则重点检查压缩机。制冷量不足又称制冷差，该故障常伴有不停机或开机时间长、停机时间短等现象。

压缩机运转但制冷量不足故障检修逻辑图如图 4-33 所示。

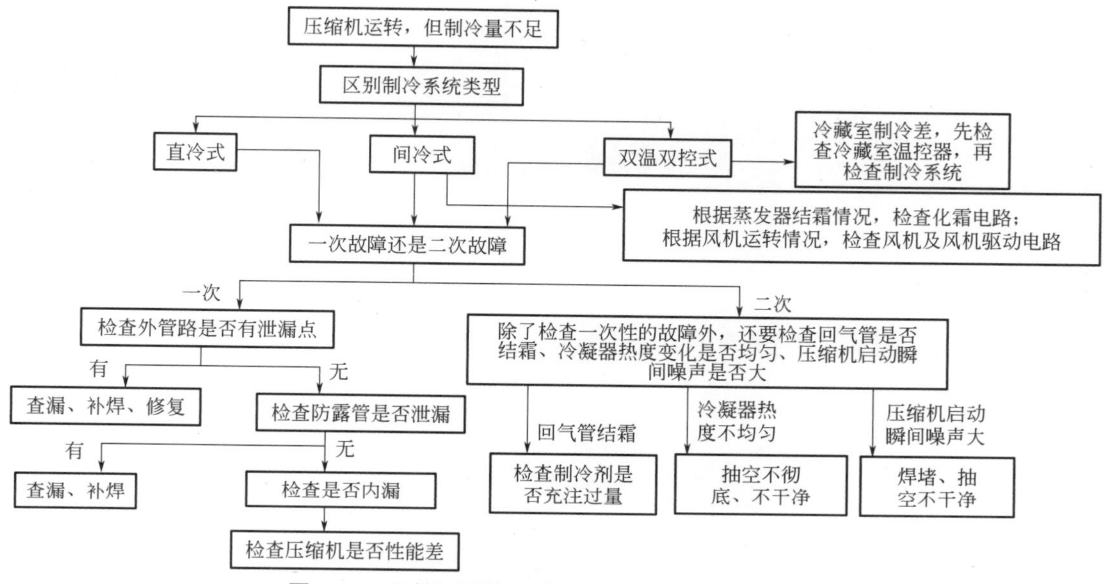

图 4-33　压缩机运转但制冷量不足故障检修逻辑图

[故障现象 15]：制冷效果差

[故障机型]：容声 BYD-165 电冰箱

[故障分析]：上电后初步检查发现，冷凝器上部温热，下部无热感，蒸发器半边结霜，半边不结霜，压缩机外壳温度较高。初步判断为制冷系统有泄漏。

[故障维修]：① 检查制冷系统管路，发现蒸发器右下侧有大片的油迹。

② 割开工艺管，将制冷系统制冷剂放掉。

③ 制冷系统充注氮气，进行检漏，发现压缩机右下侧有一砂眼。

④ 对砂眼处进行补焊后，重新检漏、抽空、充注制冷剂。试机故障排除。

[故障现象 16]：压缩机长时间运转，但制冷效果差

[故障机型]：容声 BCD-170 电冰箱

[故障分析]：怀疑堵塞。

[故障维修]：① 上电开机后，手感冷凝器上热下凉，检查发现干燥过滤器与其相连的毛细管有一段凝露。

② 割开工艺管，有大量气体喷出。表明制冷剂没有泄漏，判断故障为堵塞所致。

③ 接上修理阀，充注制冷剂至 0.3MPa 后，关闭修理阀，启动压缩机，观察真空表压力很小，表明干燥过滤器有堵塞。据用户反应干燥过滤器刚更换不久，怀疑有焊堵发生。

④ 对制冷系统进行吹通，重新更换干燥过滤器。试机故障排除。

[故障现象 17]：压缩机能自动启动，但不能自动停机，冷藏室也不制冷

[故障机型]：海尔 BCD-220 电冰箱

[故障分析]：该机型为双温双控型，压缩机的启动与停止是由冷藏室温控器直接控制，通过电磁阀动作而转换的，以保证当冷藏室温度降至温控器额定的停机温度值时，冷冻室仍可单独制冷，故此，应主要检查电磁阀及温控器。

[故障维修]：① 检查冷藏室温控器（型号 K61），发现其已经损坏。

② 更换同型号的温控器，上电试机，故障排除。

4.8 内漏剖开重新盘管

扫一扫 看视频

4.8.1 图解开背方法

❶ 故障机型、现象及维修方法

故障机型	新飞BCD-181CKZ
故障现象	内漏
故障排除方法	盘管

❷ 拆卸上盖板

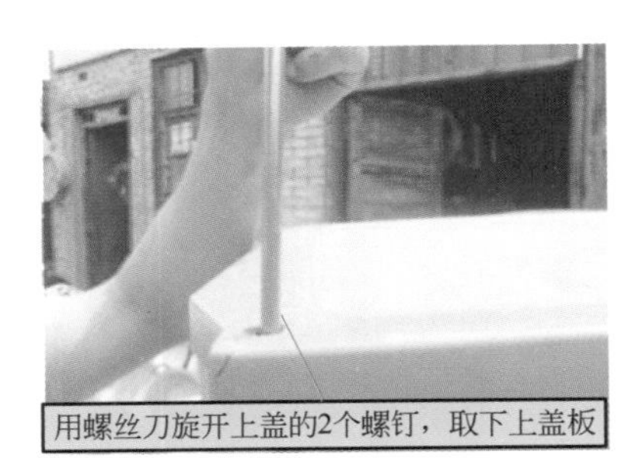

❸ 拆卸后背

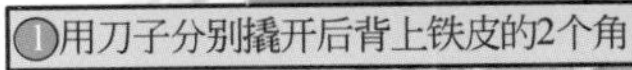

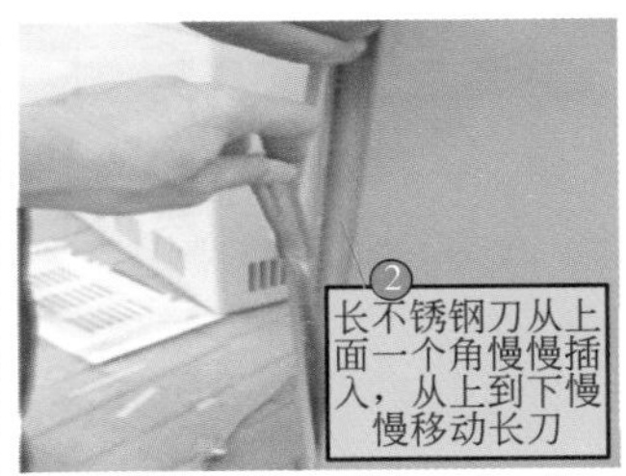

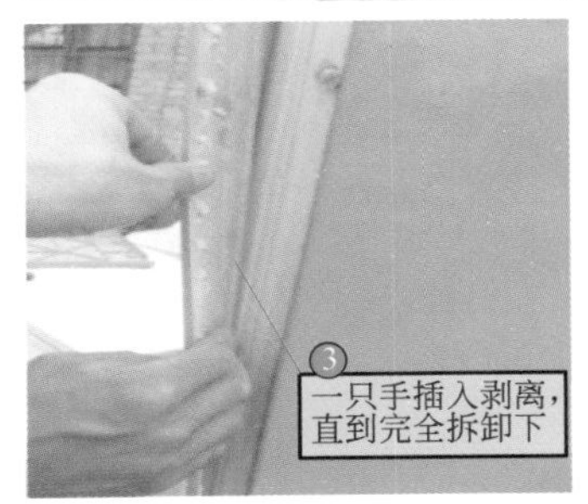

❹ 拆卸后背蒸发器

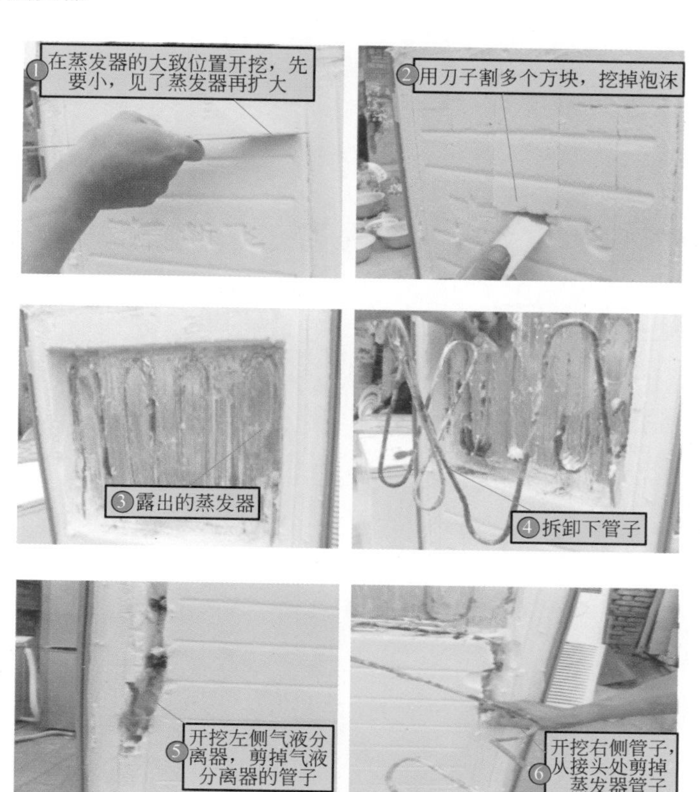

4.8.2 盘管工艺

❶ 割管

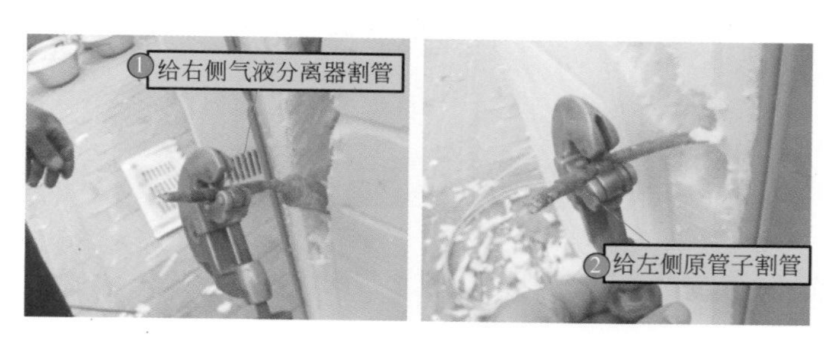

❷ 铜管与气液分离器焊接

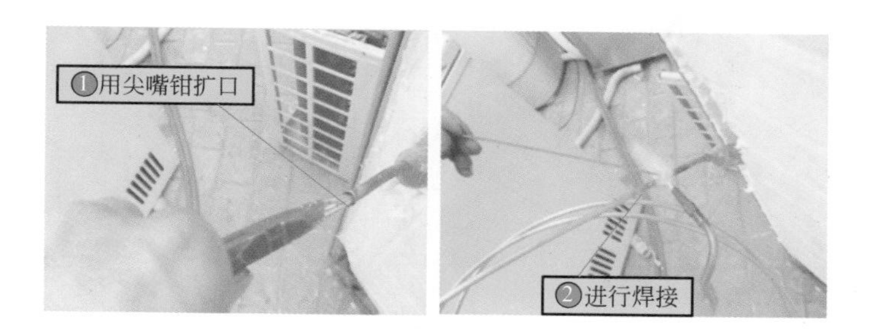

❸ 蒸发器盘管

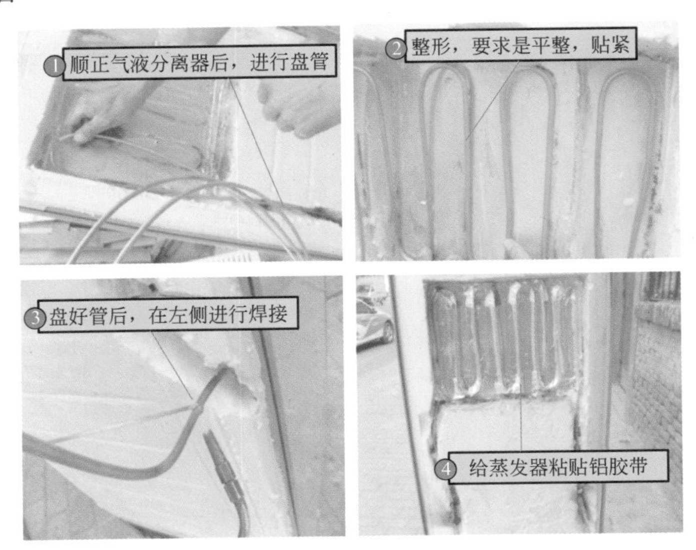

❹ 封蒸发器

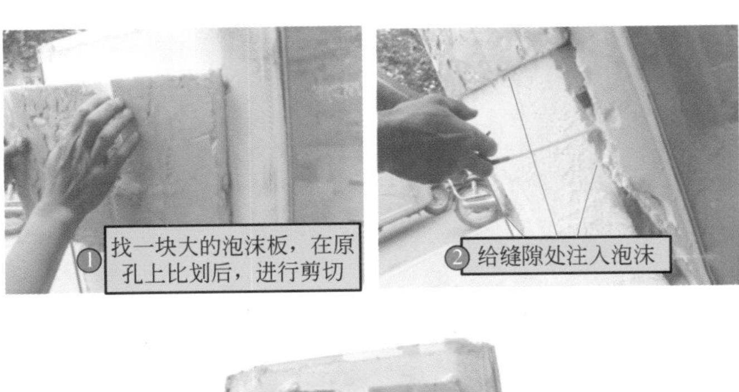

4.8.3　焊接、检漏

❶ 焊接管路

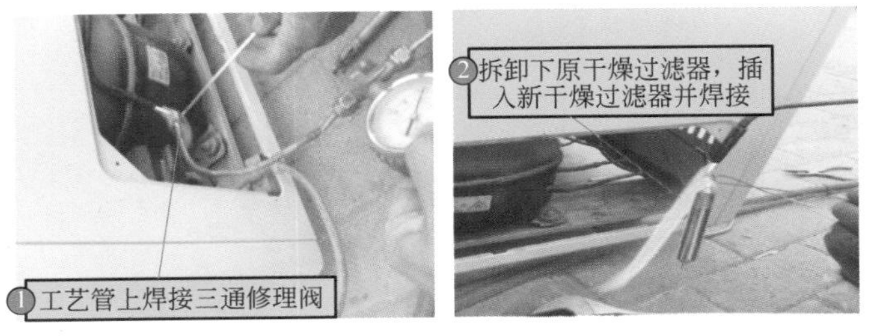

❷ 打压、检漏

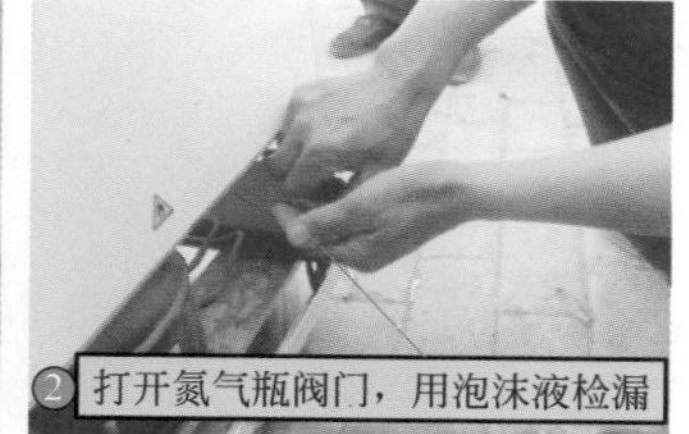

❸ 抽真空

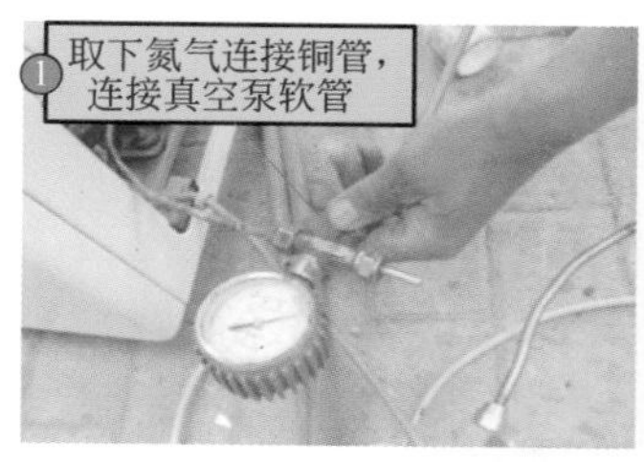

4.8.4 粘接后盖板

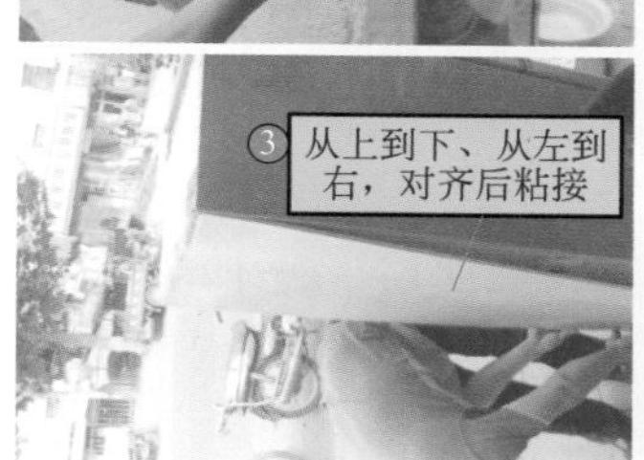

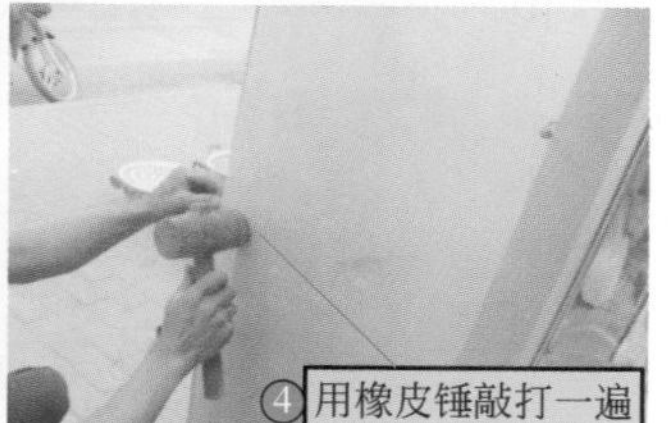

4.8.5 充氟、试机

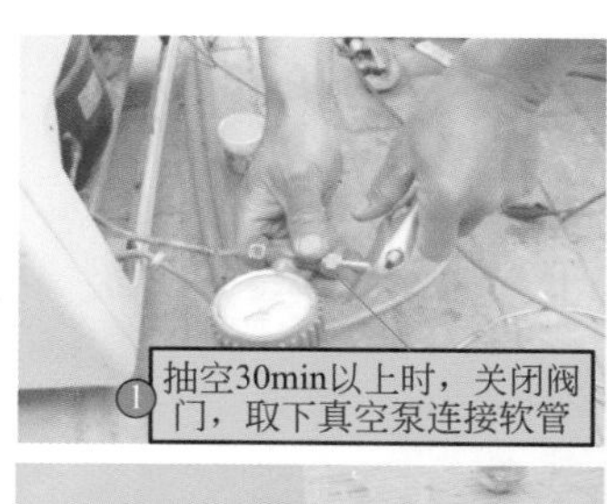

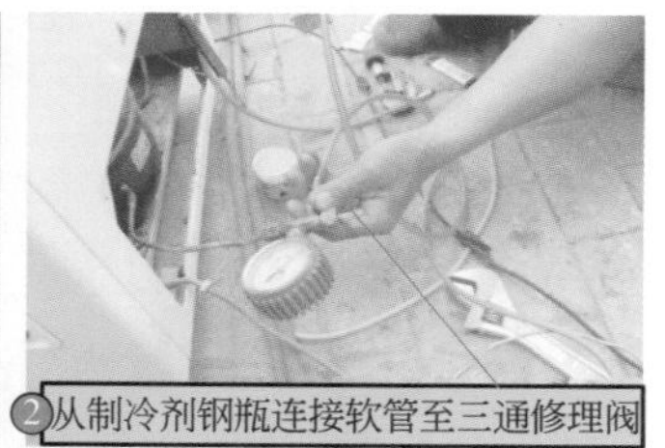

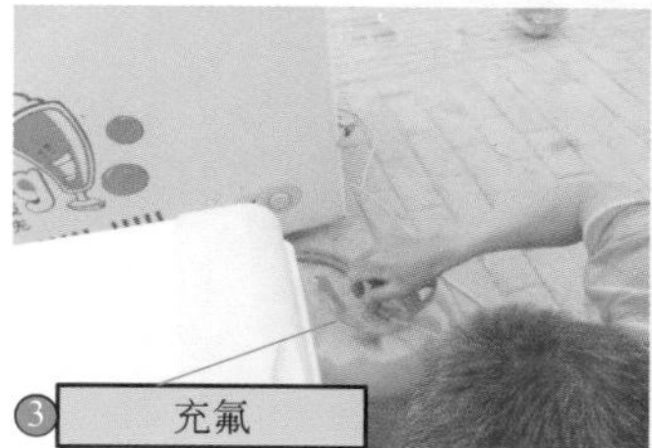

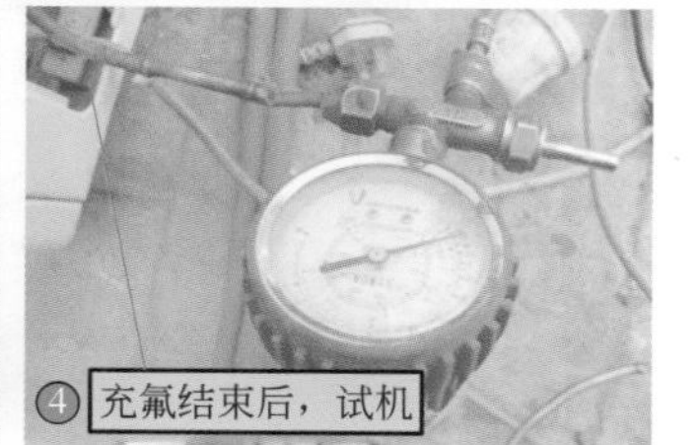

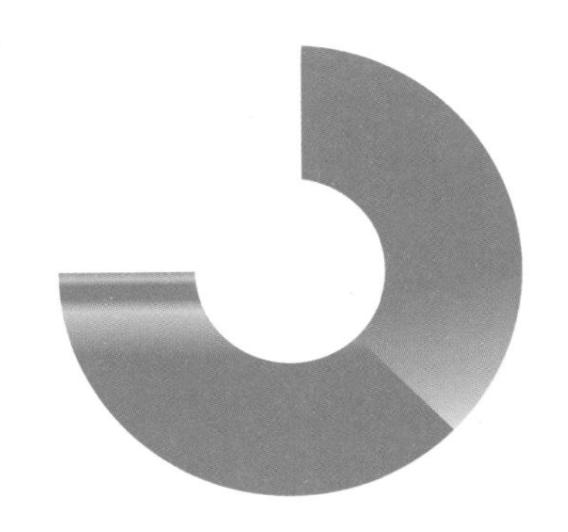

第5章 空调器维修

5.1 空调器的分类及基本组成

5.1.1 空调器的分类

家用空调器的种类很多，按结构形式分整体式和分体式；按主要功能分冷风型、热泵型、电热型、热泵辅助电热型；按压缩机的工作方式可分为定频（定速）式和变频式；按供电方式可分为单相供电和三相供电；按采用的制冷剂可分为有氟空调器和无氟空调器等。

5.1.2 空调器的基本组成

从结构外形上划分，分体壁挂式空调器的整机主要由室内机组、室外机组和连接室内外机组的管路、通信线路等组成。分体壁挂式空调器结构爆炸图如图5-1所示。

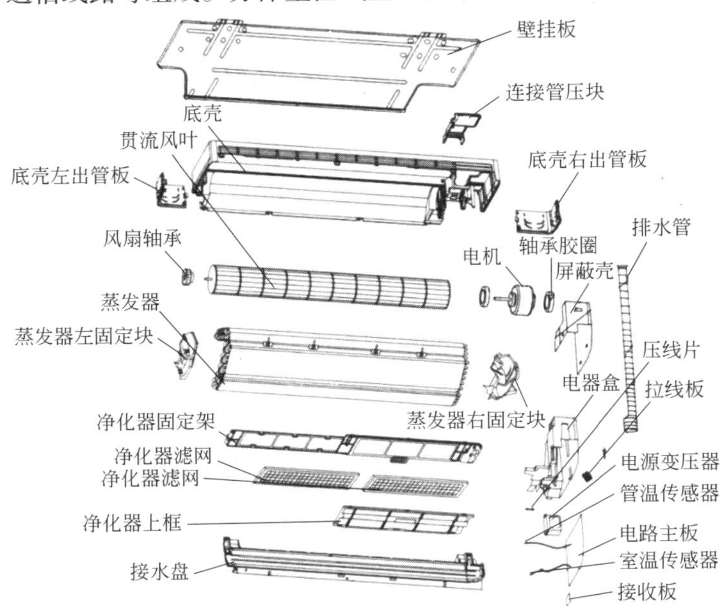

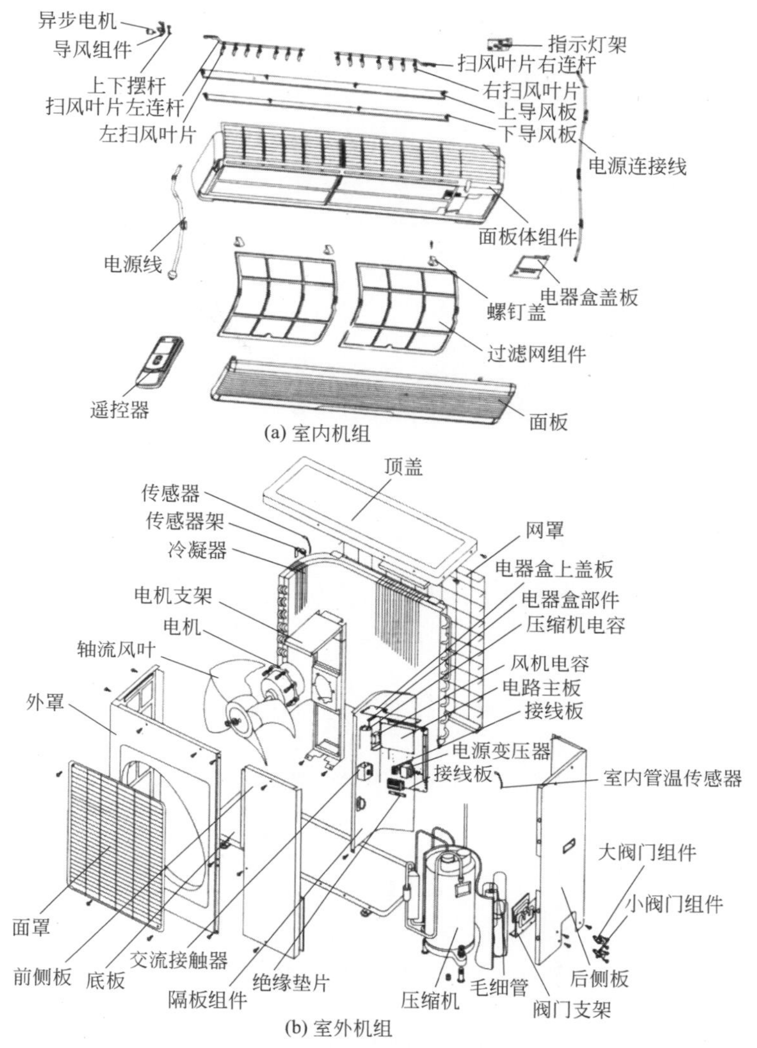

图 5-1 分体壁挂式空调器结构爆炸图

5.2 制冷系统

扫一扫 看视频

5.2.1 制冷循环系统的组成

制冷循环系统由全封闭压缩机、冷凝器、干燥过滤器、毛细管、蒸发器及连接管道（铜管）等部件组成，如图 5-2 所示。

压缩机吸收蒸发器当中的气态低压制冷剂，在内部压缩成高温高压的气态制冷剂，送入冷凝器中；高温高压的气态制冷剂在冷凝器的盘管中向外散热，散出的热量由轴流风扇强制吹到大气环境中去，进行热量交换，在内部冷凝为液态制冷剂；由毛细管节流减压，然后送入蒸发器中；进入蒸发器中的液态制冷剂沸腾汽化，沿盘管吸收大量的热量，贯流风扇把冷气送入室内，使室内温度降低。

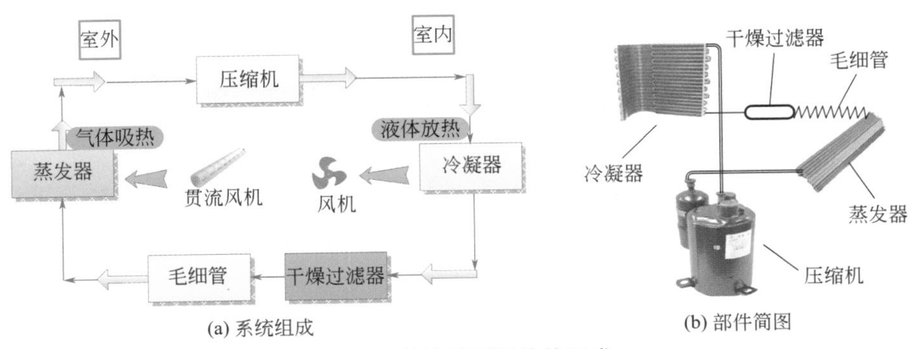

(a) 系统组成　　(b) 部件简图

图 5-2　制冷循环系统的组成

5.2.2　空调器常用制冷剂

有氟空调器制冷剂使用氟利昂（R22）；无氟空调器早期使用混合工质，目前多使用 R134a 等。目前一些厂家已生产出一些新型制冷剂，如 R410A 及 R407C 等。

❶ 氟利昂 R22

氟利昂 R22（或 F22）又称二氟一氯甲烷。其主要特征是化学性质稳定，无毒、无味、无色、不燃烧、没有爆炸危险、对金属不腐蚀；但它不易溶于水，制冷系统需要保持干燥，以避免产生冰堵和防止含水的氟利昂对金属产生腐蚀作用；易溶解天然橡胶和树脂，比空气重。标准大气压下：其沸点（−40.8℃）、凝固点（−160℃）。R22 安全可靠，目前被普遍用作小型空调器的制冷剂。

❷ 多元混合溶液

多元混合溶液又称混合制冷剂，是由两种或两种以上的氟利昂组成的混合物。混合的目的，是为了充分利用现有结构的压缩机，改善耗能指标，扩大它的温度使用范围。

常用较多的有 R500、R501、R502 等。混合工质一般比构成它的纯工质能耗小、制冷量大、排温低、腐蚀性小、正常蒸发低，并能适应不同制冷装置的要求。

❸ 绿色空调器制冷剂 R134a

制冷剂 R134a 又称为四氟乙烷，是一种环保型制冷剂。它与氟利昂 12 相比有较相似的热物理性质，而且消耗臭氧潜能 ODP 和全球变暖潜能 GWP 均很低，并且基本上无毒性。由于 R134a 比 R12 的分子更小，其渗透性更强，从而对密封材料的选用及气密试验提出了更高的要求。

5.2.3　空调器制冷 / 制热原理

空调器制冷 / 制热循环系统由压缩机、热交换器（冷凝器、蒸发器）、干燥过滤器、毛细管及连接管道（铜管）等部件组成，如图 5-3 所示。

制冷运行流程：制冷运行时，在电气系统的控制下，四通阀处于默认状态，即管口 1 和管口 4 相通、管口 2 和管口 3 相通，制冷剂的流向如图中的实线箭头所示。制冷运行时制冷剂循环流程：压缩机排气口→四通阀的管口 1→四通阀的管口 4→室外热交换器→毛细管（或电子膨胀阀）→单向阀→干燥过滤器→二通阀→细管→室内热交换器→粗管→三通阀→四通阀的管口 2→四通阀的管口 3→压缩机吸气口，完成一个单回路的制冷剂循环。

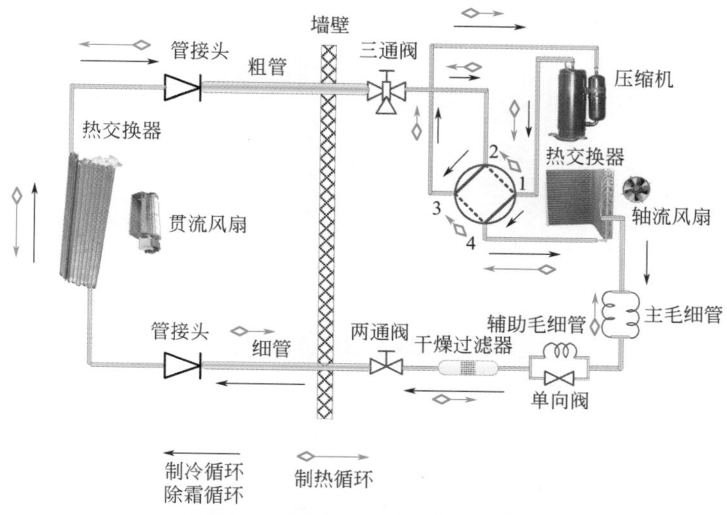

图 5-3 空调器制冷 / 制热循环系统

当压缩机运行频率高时，对制冷剂的压缩能力强，排出的制冷剂温度和压力高，制冷剂在室内外热交换器之间的压力和温差大，与室内外空气的热交换能力强，空调器制冷强，反之相反。

制热运行流程：制热运行时，电气系统对四通阀的线圈提供 220V 的市电，线圈产生磁力，吸动电磁阀阀芯，使管口 1 和管口 2 相通，管口 3 和管口 4 相通，制冷剂的流向如图 5-3 中的虚线箭头所示。制热运行时制冷剂循环流程：压缩机排气口→四通阀的管口 1 →四通阀管口 2 →三通阀→粗管→室内热交换器→细管→二通阀→干燥过滤器→毛细管（或电子膨胀阀）→室外热交换器→四通阀管口 4 →四通阀管口 3 →压缩机吸气口，完成一个单回路逆向制冷剂循环通路。

5.2.4 压缩机、启动和保护装置

❶ 压缩机

目前，维修压缩机一般较少，一旦出现压缩机损坏基本上都是整体代换的。压缩机外形结构如图 5-4 所示。

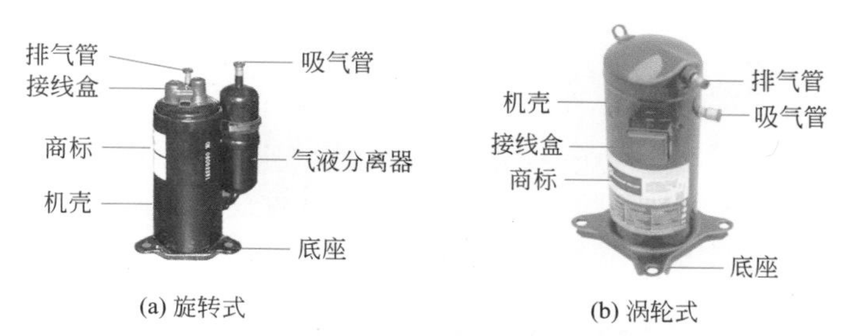

图 5-4 压缩机外形结构

运行绕组 CM（又称主绕组）漆包线线径粗，电阻值较小；启动绕组 CS（又称副绕组）漆包线线径细，电阻值较大。一般旋转式压缩机的绕组阻值比往复式压缩机的绕组阻值大。往复式压缩机运行绕组的阻值多为 5 ～ 23Ω，启动绕组的阻值多为 20 ～ 51Ω。

压缩机的启动电流一般较大，通常在 3 ～ 15A 的范围内，大部分在 8A 左右；运行电流较小，一般在 0.8 ～ 1.4A 的范围，大部分在 1A 左右。

旋转式压缩机的接线方式如图 5-5 所示。

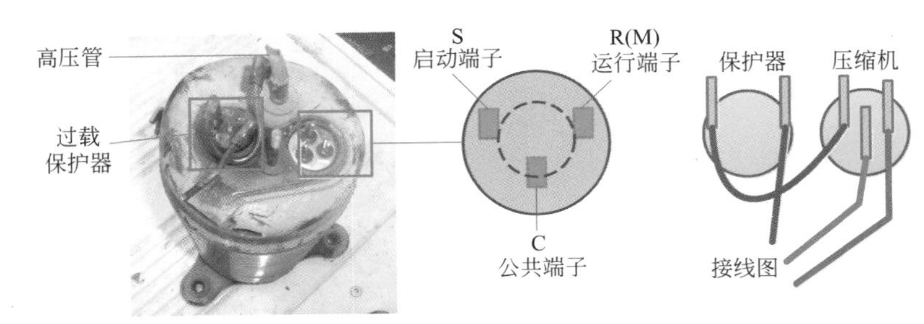

图 5-5　旋转式压缩机的接线方式

❷ 过载保护器

过载保护器的作用是为了防止压缩机过热、过流损坏。它的安装方式有两种：一种安装在压缩机的内部，是冷藏式；另一种安装在压缩机的顶部，是外置式。

外置式过载保护器通常采用的是蝶形过载保护器，外形结构如图 5-6 所示。

❸ 启动器

目前，空调器压缩机的启动方式主要有电容启动、电压（继电器）启动。

启动电容一般安装在室外机组上。继电器启动在后边电路中再介绍。

启动电容一般采用的是电压为 400V 或 450V、容量为 20 ～ 60μF 的无极性电容，外形结构如图 5-7（a）所示。电容分相启动式的电机接线图如图 5-7（b）所示。这种电机的特点是副绕组启动后不脱离电源，电容器既参与启动又参与运行，在运行时长期处于工作状态。

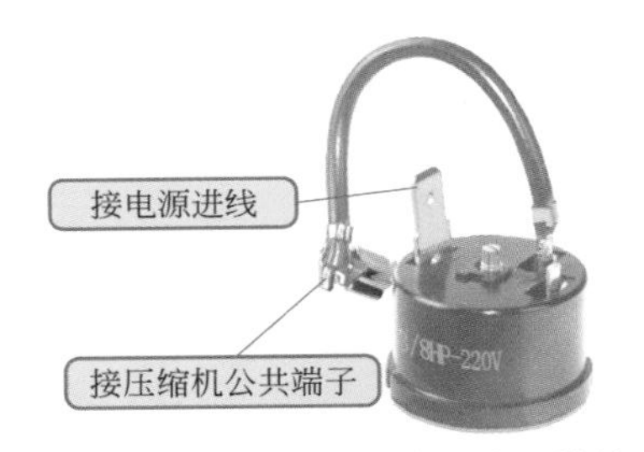

图 5-6　蝶形过载保护器外形结构

(a) 电容外形结构

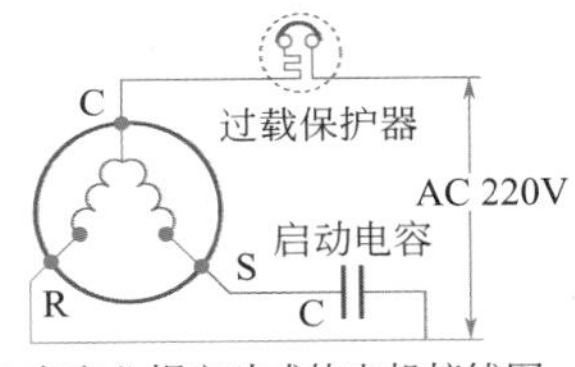

(b) 电容分相启动式的电机接线图

图 5-7　电容分相启动

5.2.5　热交换器

❶ 冷凝器

冷凝器又称为散热器，它的类型和结构形式较多，空调器中多采用风冷式冷凝器（一般为翅片盘管式冷凝器），这种蒸发器结构紧凑且传热系数较高，其外形结构如图 5-8（a）所示，冷凝器在室外机组中的安装位置如图 5-8（b）所示。

(a) 外形结构

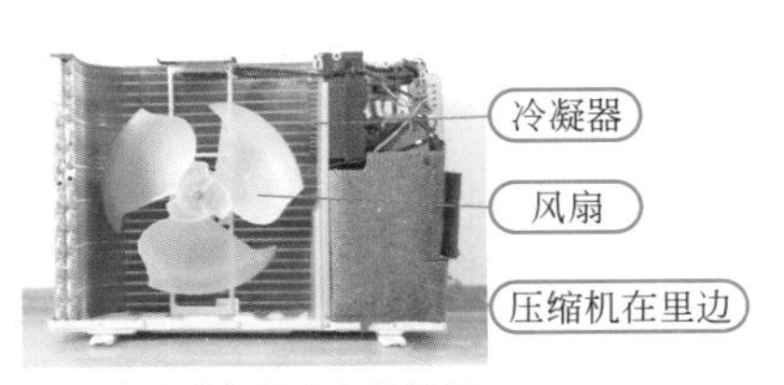

(b) 在室外机组中安装位置

图 5-8　冷凝器

❷蒸发器

翅片盘管式蒸发器材质上分有铜管铝翅片式和铝管铝翅片式两种。翅片盘管式蒸发器外形结构如图 5-9（a）所示；蒸发器在室内机组中的安装位置如图 5-9（b）所示。

(a) 外形结构　(b) 在室内机组中安装位置

图 5-9　翅片盘管式蒸发器

5.2.6　毛细管与膨胀阀

家用空调器中的节流元件有毛细管和膨胀阀两种。膨胀阀又可分为热力膨胀阀和电子膨胀阀两种。商用空调器因制冷量大，所经一般采用膨胀阀来节流。

单冷或小型空调器只采用一根毛细管作为节流元件。有些分体式空调器为了适应大制冷量需要（尤其是冷暖两用热泵型空调器），配有两根或多根毛细管（或增加一只膨胀阀）。毛细管与膨胀阀外形结构如图 5-10 所示。

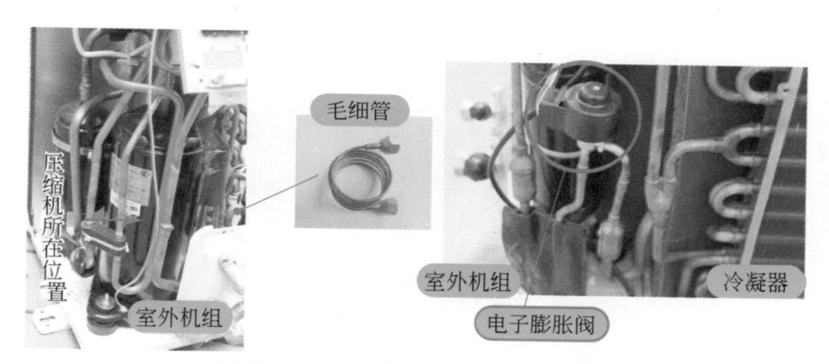

图 5-10　毛细管与膨胀阀外形结构

空调器采用的毛细管内径根据型号一般为：1 ～ 1.3 匹为 1.4mm，1.5 匹为 1.4mm 或 1.5mm，2 匹为 1.6mm，2.5 匹为 1.8mm，3 匹为 1.8mm 或 2.0mm；毛细管长度：制冷运行状态下的毛细管长度一般在 300 ～ 500mm，制热状态时一般为 500 ～ 1000mm。

5.2.7　四通阀

电磁四通阀是热泵型空调器特有的关键器件，主要作用是改变制冷系统中制冷剂的流动方向，从而适时改变系统功能，实现制冷、制热或除霜的设定。两个热交换器，一个置于空调房间的室内侧，另一个置于空调房间的室外侧，通过电磁四通换向阀控制制冷剂的流向。热泵型空调器工作简图如图 5-11 所示。

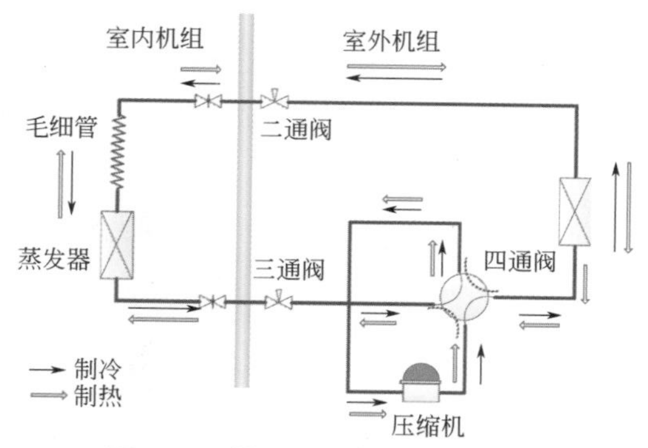

图 5-11　热泵型空调器工作简图

电磁四通阀的外形结构和工作原理图如

图 5-12 所示。电磁四通阀由三大部分组成：电磁阀（先导阀）、四通阀（主阀）和电磁线圈。电磁线圈可以拆卸，而电磁阀与四通阀焊接成一体。

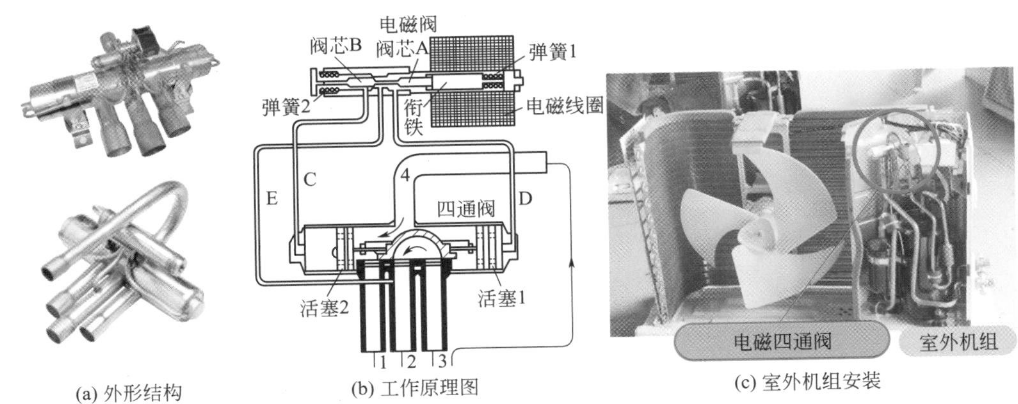

图 5-12 电磁四通阀的外形结构和工作原理图

5.2.8 辅助设备

为使空调器制冷系统能够稳定、可靠地运行，并提高运行的经济性，还需配置一些辅助设备。

❶ 干燥过滤器

干燥过滤器外形结构如图 5-13 所示。

❷ 分液器

为了保证液态制冷剂能够均匀地分配到蒸发器肋片盘管组的各路肋管，以提高换热效果，蒸发器的制冷剂入口处一般装有分液器，并用长毛细管作为液管，将分液管与各路肋管相连接。分液器外形结构如图 5-14 所示。

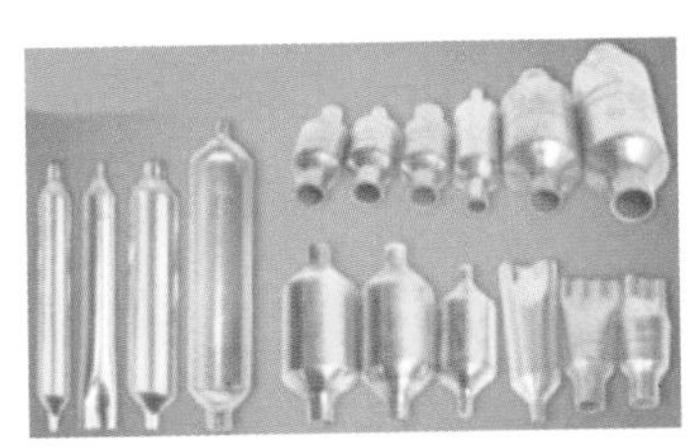
图 5-13 干燥过滤器外形结构

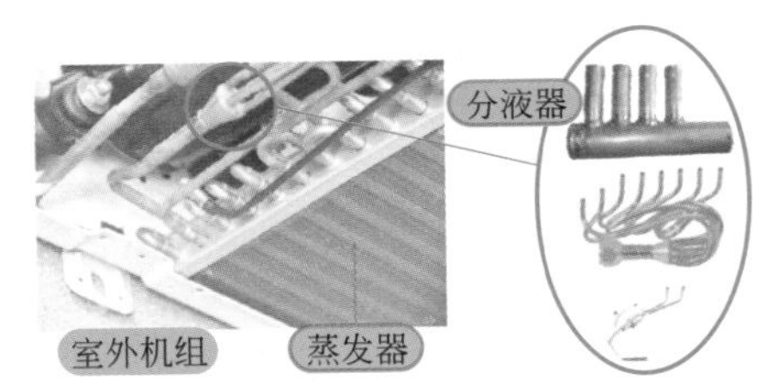

图 5-14 分液器外形结构

❸ 双向电磁阀

双向电磁阀允许制冷剂沿两个不同的方向流动，双向电磁阀的主要作用是控制压缩机负载的轻重，可以为压缩机减载运行或启动、单独除湿等提供制冷剂的旁通路径。双向电磁阀外形结构如图 5-15 所示。

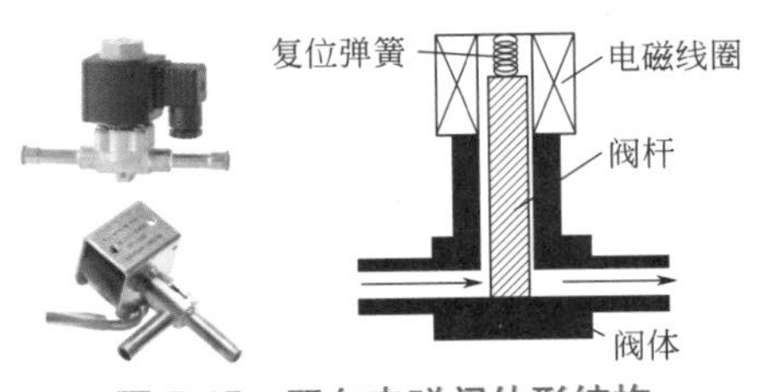

图 5-15 双向电磁阀外形结构

❹ 截止阀

为方便安装与维修，分体空调器一般在其室外机组的气管和液管的连接口上，各安装一只截止阀，作为管路关闭阀。截止阀的结构形式较多，常用的有二通阀和三通阀。通常气阀多采用三通阀，而液阀既可用三通阀，也可用二通阀。

截止阀外形结构如图 5-16 所示。

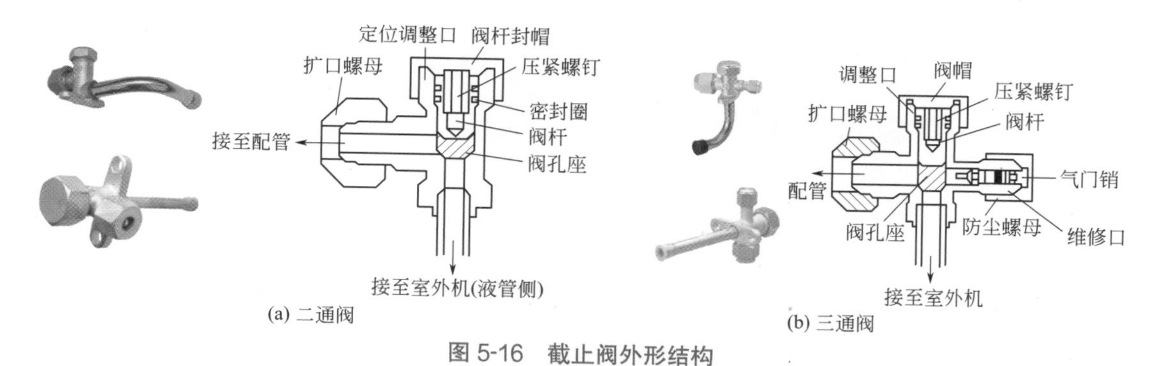

图 5-16 截止阀外形结构

5.3 空气循环通风系统

5.3.1 室内空气循环通风系统

室内空气循环通风系统的主要作用是通过风扇电机的运转，产生风源，再通过风道和风栅控制风向和风速，使空气按一定的风向和速度流动。为了防止空气中的灰尘和微生物反复循环，在风道上还设置有滤尘网等装置。室内空气循环系统主要由进风格栅、进风滤网、贯流风机、出风导向片等组成。室内空气循环通风系统结构简图如图 5-17 所示。

❶ 进风滤网

室内空气首先通过空气进风滤网，可滤除空气中的灰尘，再进入热交换器进行热交换。为便于清扫，进风滤网多为插装式，清洗时只需抽出即可。进风滤网外形结构如图 5-18 所示。

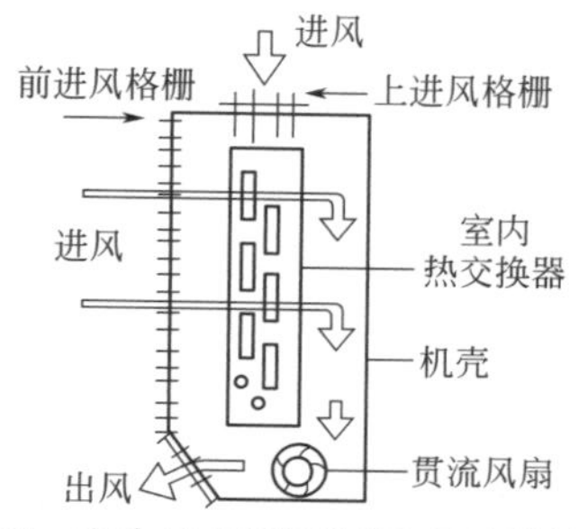

图 5-17 室内空气循环通风系统结构简图

(a) 进风滤网外形结构

(b) 进风滤网安装位置

图 5-18 进风滤网

❷ 贯流风扇

贯流风扇由细长的离心叶片组成，具有径向尺寸小、送风量大、运行噪声低等优点，由ABS 塑料或镀锌薄钢板组成。贯流风扇外形结构如图 5-19 所示。

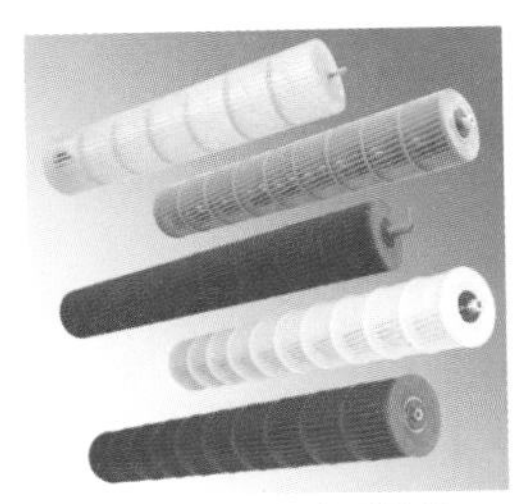
(a) 贯流风扇外形结构

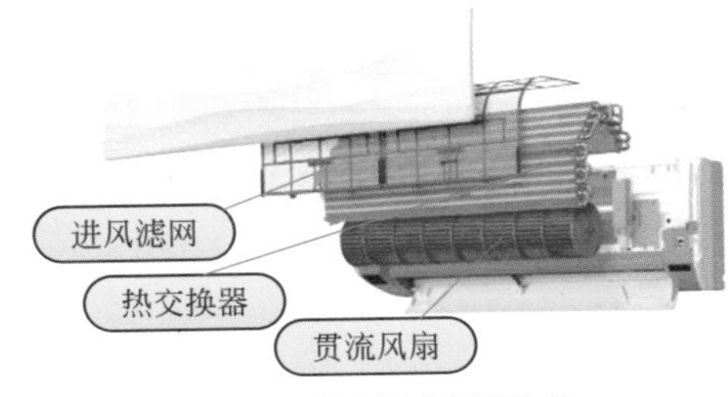

(b) 贯流风扇安装位置

图 5-19　贯流风扇

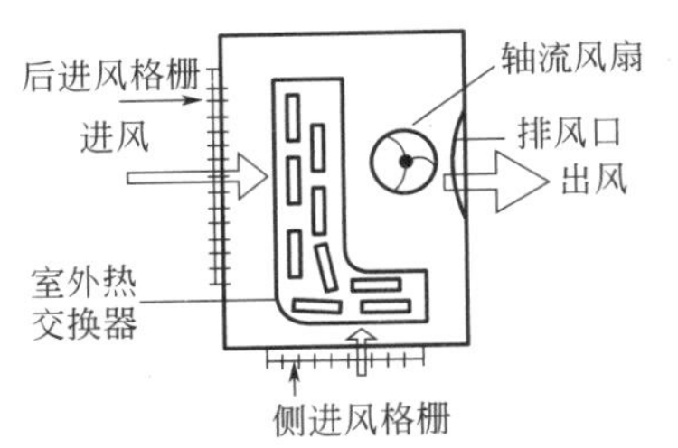

图 5-20　室外空气循环通风系统结构简图

5.3.2　室外空气循环通风系统

室外通风冷却系统主要由轴流风扇叶片及导流罩组成。它的主要作用是把室外空气从机壳后部和侧面的百叶窗格栅吸入，经轴流风扇吹出，空气流过热交换器的翅片，把制冷剂放出的热量（或冷量）排出室外。室外空气循环通风系统结构简图如图 5-20 所示。

5.4 电气控制系统

5.4.1　电气控制系统的组成与作用

分体空调器的电气控制系统一般由电源电路、单片机、温度检测传感电路、信号输入电路、驱动控制电路和显示电路等几部分组成，如图 5-21 所示。

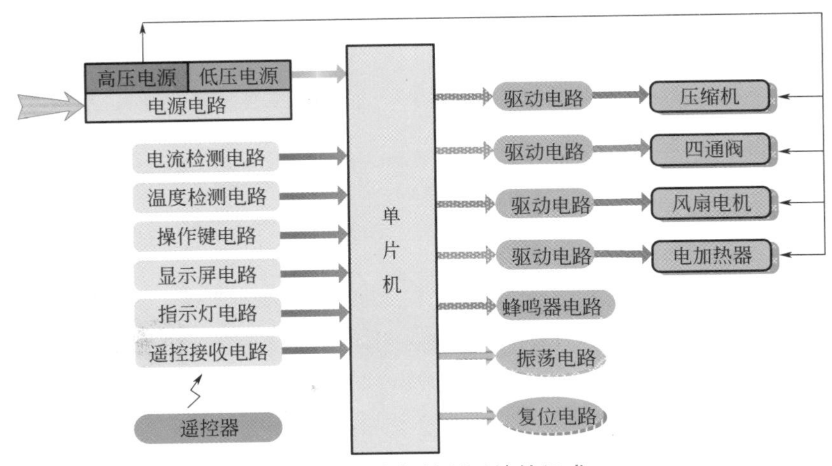

图 5-21　电气控制系统的组成

电源电路是整机的能源供给。工频交流电经整流、滤波、稳压电路转换为直流低压电源 +5V、+12V 等，+5V 电源提供给大部分小信号电路，如单片机、显示电路等；+12V 则提供给驱动电路、导风电机、电磁继电器等电路。

单片机的主要作用有：第一，接收操作按键、遥控发射等的操作信号，输出开关机和压缩机、风扇电机运行 / 停止信号，实现开机和制冷 / 制热等功能；第二，接收温度传感器送来的检测信号，以便控制压缩机、风扇电机的运行及运行时间；第三，接收来自保护电路的保护信号，使压缩机、风扇电机等停止工作，同时还通过显示屏或指示灯显示故障代码，提醒用户空调器进入相应的保护状态。

按键操作电路与遥控器：用户通过操作面板上的按键或使用遥控器对空调器进行温度调整或时间的设定、风量调整及风向调整等操作控制。

显示电路由显示屏、蜂鸣器、指示灯等组成，以实现人机界面的对话，显示空调器的工作状态。

温度检测电路是利用负温度系数传感器作为探头，对室内环境温度、室内热交换器表面的温度、室外环境温度、室外热交换器表面温度等进行检测，再通过取样电路把温度信号转换为电压信号，送至单片机的检测输入端子，经单片机内部处理后，可实现功能：空调器在制冷 / 制热状态时，控制压缩机、风扇电机的运行时间；自动控制风扇电机的转速和风向；除霜时控制加热器的加热时间；空调器异常时为单片机提供保护信号。

过流保护电路的作用是通过检测市电输入回路电流，实现对压缩机运转电流的检测。

5.4.2 线性电源和开关电源电路

科龙 KFR-35（42）GW/F22 空调器整机电路图如图 5-22 所示。

❶ 线性电源电路工作原理

科龙 KFR-35（42）GW/F22 空调器采用的是线性电源电路，信号流程：220V 市电经接线柱→插排 X101-1、X101-2 →保险管 F101 →抗干扰电路（C101 ～ C103、C129）→过压保护（F102）→过流保护（F103）→插排（X104）→变压器降压 T1 →插排（X105）→桥式整流（V101 ～ V104）→滤波（C109、C110）→三端稳压器（N101/7812）→滤波（C111）得到 +12V 电压。

+12V 电压→插排（X114/ X101）→限流电阻 R106 →滤波（C112）→三端稳压器（N102/78L05）→滤波（C113 ～ C117）得到 +5V 电压。

❷ 开关电源电路原理

以长虹 JUK7.820.039 电脑板电路为例，开关电源电路原理图如图 5-23 所示。

220V 交流市电经保险管 F →过压保护电路（RV1）→抗干扰电路（C5、L1、C2）→限流电阻 R60 →整流桥 VC1 →电容 C1 滤波后，转换为 300V 左右的脉动直流电，供给开关变压器。

开关振荡电路主要由开关变压器 T1、开关管 IC3 等组成。整流器输出的 300V 左右的脉动直流电，经开关变压器的绕组 1 ～ 2 加到开关管的集电极，同时经过启动电阻 R6 加到开关管的基极，作为启动电压。在上述供电的情况下开关管导通，使开关变压器 T1 初级上存储能量，当开关管截止时，初级绕组反极性，次级绕组同样也反极性，输出电压整流二极管正向偏置而导通，初级绕组向次级绕组释放能量。开关变压器 3 ～ 4 绕组为正反馈电路，反馈信号经 R6、C3 加至开关管的基极，使开关振荡持续下去。

开关变压器次级经整流二极管、滤波电容滤波后得到低压直流电源。

VD6 整流、C8 滤波得到 +35V 直流电压。VD3 整流、C7 滤波得到 +12V 直流电压；+12V 直流电压经保险管 F2 后，加至三端稳压器 D10（7805），经 C23、C32 滤波得到 +5V 直流电压。

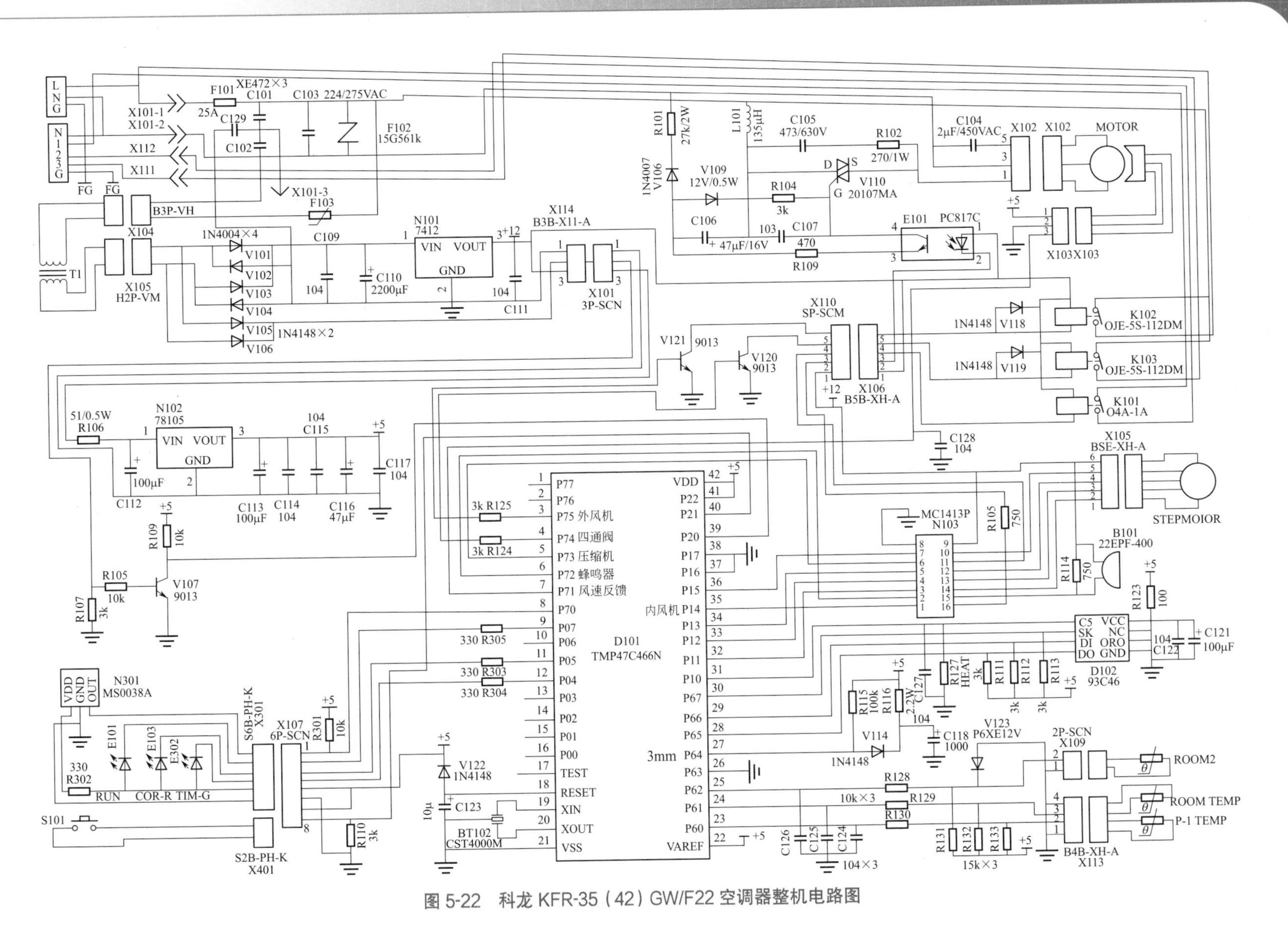

图 5-22 科龙 KFR-35（42）GW/F22 空调器整机电路图

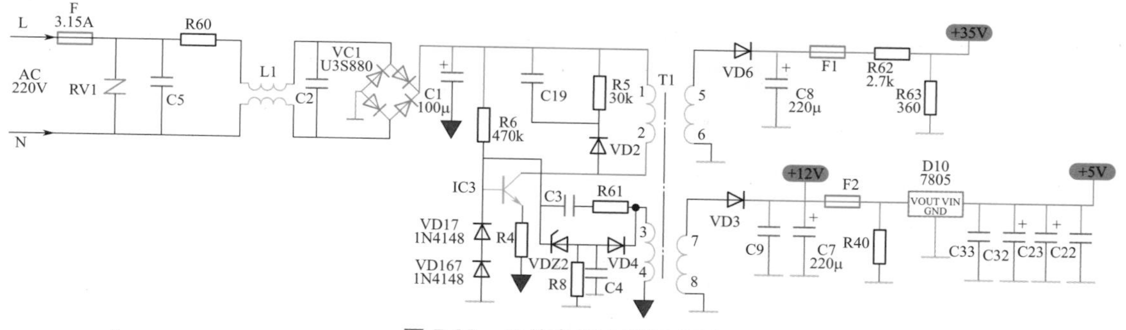

图 5-23　开关电源电路原理图

R5、VD2、C19 组成尖峰脉冲吸收回路，吸收开关管在截止瞬间的高反压，从而避免了开关管过压损坏。

5.4.3　电气控制系统各单元电路工作原理

❶ 单片机及工作条件电路

科龙空调器单片机 TMP87C446N 引脚功能及数据如表 5-1 所示。

表 5-1　单片机 TMP87C446N 引脚功能及数据

引脚	符号	功能及数据
1	P77	电加热控制输出（L：停；H：加热），本机空
2	P76	换新风 / 风向电机控制输出（H：转），本机空
3	P75	外风扇控制输出（0V：停；＞ 4V：运行）
4	P74	四通阀控制输出（0V：制冷；＞ 4V：制热）
5	P73	压缩机控制输出（0V：停；＞ 4V：运行）
6	P72	蜂鸣器控制输出，按键时电压跳变
7	P71	内风速检测 / 弱风控制输出（本机前者）
8	P70	遥控信号输入，平时＞ 4V
9	P07	运行灯控制输出 / 日型 a 笔画控制输出（本机前者）
10	P03	电加热灯控制输出 / 日型 f 笔画控制输出（本机空）
11	P05	压缩机灯控制输出 / 日型 g 笔画控制输出（本机前者）
12	P04	定时或功率灯控制输出 / 日型 b 笔画控制输出（本机前者）
13	P03	功率 2 灯控制输出 / 日型 d 笔画控制输出（本机空）
14	P02	功率 3 灯控制输出 / 显示屏“：”控制输出（本机空）
15	P01	功率 4 灯控制输出 / 日型 e 笔画控制输出（本机空）
16	P00	功率 5 灯控制输出 / 日型 c 笔画控制输出（本机空）
17	TEST	测试，出厂时接地

续表

引脚	符号	功能及数据
18	RESET	复位信号输入，低电压复位，2.5V 左右工作
19	XIN	时钟振荡输入
20	XOUT	时钟振荡输出
21	VSS	地
22	VAREE	+5V 基准
23	P60	室温检测信号输入，5 ～ 35℃时电压为 3.61 ～ 2V
24	P61	室内盘管温度检测信号输入，70 ～ −10℃时电压为 0.7 ～ 4.3V
25	P62	室外盘管温度检测信号输入，−11 ～ 70℃时电压为 4.3 ～ 0.7V
26	P63	电流或压力检测，本机接地
27	P64	3min 延时启动检测，通电开机高电压需延时 3min
28	P65	机型选择（L：单冷机；H 冷暖机。本机为 H）
29	P66	窗机 / 分体机选择（L：窗机，H：分体。本机为 H）
30	P67	联机和单机选择 / 时钟信号输出（L：联机，H：单机。本机为 H）
31	P10	对存储器输出片选信号
32	P11	风向电机控制输出 A/ 键盘 / 指示灯控制输出。本机是前者
33	P12	风向电机控制输出 B/ 键盘和显示屏位控制输出。本机是前者
34	P13	风向电机控制输出 C/ 键盘和显示屏位控制输出。本机是前者
35	P14	内风扇控制输出 / 内风扇中风控制输出。本机是前者
36	P15	风向电机控制输出 D/ 键盘 / 指示灯组控制输出。本机是前者
37	P16	内风机控制选择（L：晶闸管；H：继电器）/ 显示屏位驱动。本机为晶闸管
38	P17	单键（L）和多键（H）选择 / 显示屏位驱动。本机为单键方式
39	P20	AC 过零脉冲检测 / 强风控制输出。本机为前者
40	P21	外接键盘
41	P22	硬件选择 / 键盘
42	VDD	+5V 电源

单片机及工作条件电路如下。

电源供电：42 脚接电源正极，21 脚接电源负极。

复位电路：18 脚复位信号输入，低电压复位。

时钟振荡：19、20 脚外接 4.0MHz 晶振。

存储器：单片机的 29 脚输出串行数据输入信号加至存储器 D102 的 3 脚，28 脚输出串行数据输出信号加至存储器 D102 的 4 脚，存储器在时钟、片选信号的控制下（单片机的 30、31 脚，存储器的 2、1 脚），实现数据的双向传输。

❷ 压缩机控制电路

单片机的 5 脚为压缩机的控制输出端，当输出高电平时，经反相器 N103 的 6 脚输入，放大后从其 11 脚输出低电平信号，通过插排 X110、X106 的 3 脚驱动继电器 K101 触点闭合，220V 市电经接线板 1 脚送至室外机的压缩机，压缩机开始运行。

❸ 外风机控制电路

单片机的 3 脚为外风机的控制输出端，在制热或制冷模式输出高电平时，V121 饱和导通，放大后通过插排 X110、X106 的 5 脚驱动继电器 K102 触点闭合，220V 市电经接线板 3 脚送至室外机的风扇，外风扇开始运行。

❹ 四通阀控制电路

单片机的 4 脚为四通阀的控制输出端，在制热模式输出高电平时，V120 饱和导通，放大后通过插排 X110、X106 的 4 脚驱动继电器 K103 触点闭合，220V 市电经接线板 2 脚送至室外机的四通阀，四通阀在制热模式下运行。

当制冷时，单片机的 4 脚则输出低电平，四通阀线圈失电处于默认的制冷状态。

❺ 贯流电机及内风机控制电路

贯流电机常有三种形式，早期采用的是多抽头绕组的电机，现在一般采用的是 PG 电机和直流电机。

多抽头绕组电机外形结构和接线方式如图 5-24 所示。

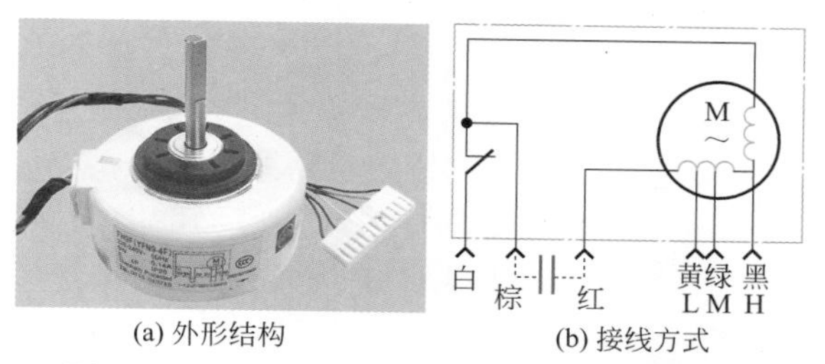

(a) 外形结构　　(b) 接线方式

图 5-24　多抽头绕组电机外形结构和接线方式

电机插座上有标识，一般 H 表示的是高风；M 表示的是中风；L 表示的是低风。

PG 电机使用 AC220V 供电，其最主要的特征是内部设有霍尔元件，在运行时输出代表转速的霍尔信号，因此共有 2 个插排，大插排为线圈供电，使用交流电源，作用是使 PG 电机运行；小插排为霍尔反馈，使用直流电源，作用是输出代表转速的霍尔信号。PG 电机外形结构和接线方式如图 5-25 所示。

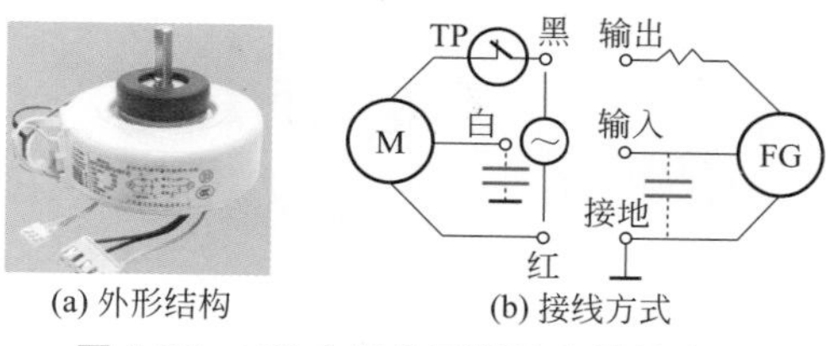

(a) 外形结构　　(b) 接线方式

图 5-25　PG 电机外形结构和接线方式

科龙 KFR-35（42）GW/F22 空调器，单片机的 35 脚为内风机的脉冲控制输出端，经反相器 N103 的 1 脚输入，16 脚输出，通过 X110、X106 的 2 脚，再经光耦 E101 触发晶闸管

V110 导通，形成如下回路：220VL → F101 → L101 → V110 的 D、S 极→插排 X102 的 1 脚→ M 内风机（PG 电机）→插头 X102 的 5 脚→ 220N 形成回路，在启动电容 C104 的配合下，启动内风机运转。

35 脚输出脉冲占空比大时，V110 导通量大，其 D、S 极压降小，内风机工作电压高，其转速高，反之相反。

PG 霍尔的反馈信号经插排 X103 的 3 脚，并通过 C128 滤波后加到单片机的 7 脚，可以通过其内部程序来判断 PG 电机的转速及工作状态。

❻ 扫风电机控制电路

扫风电机又称为步进电机，供电电压为直流 12V。扫风电机外形结构和接线方式如图 5-26 所示。

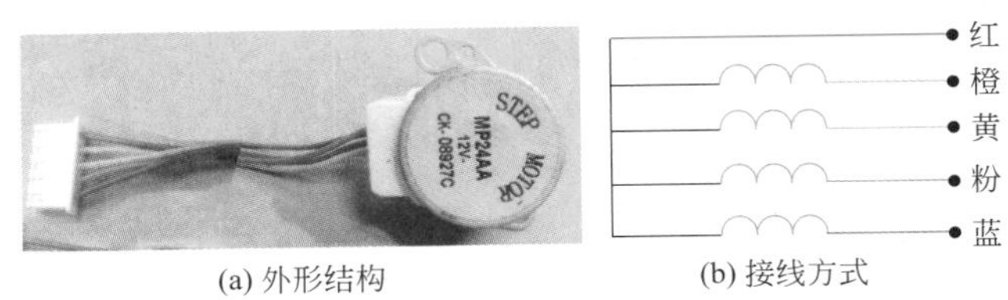

(a) 外形结构　　(b) 接线方式

图 5-26　扫风电机外形结构和接线方式

科龙 KFR-35（42）GW/F22 空调器单片机的 32 ～ 34、36 脚为扫风电机控制输出端，当其按顺序输出脉冲电压时，经反相器 N103 的 3 ～ 5、7 脚输入，14 ～ 12、10 脚输出，通过插排 X108 的 1 ～ 4 脚加到扫风电机上，同时 12V 电源经插排 X108 的 5 脚也加到电机上，控制扫风电机运转方向及角度。

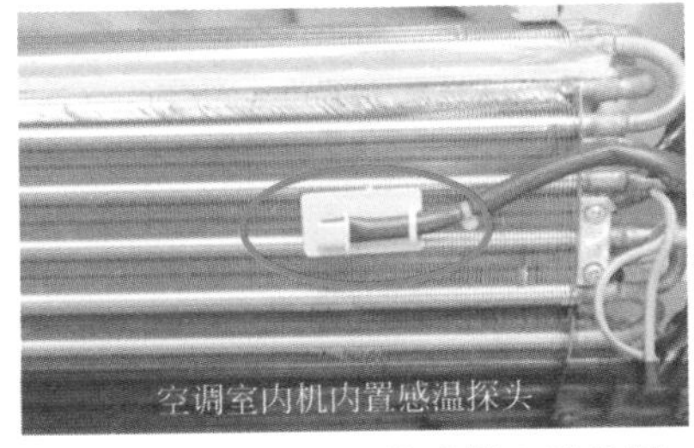

图 5-27　室内环温传感器安装位置

❼ 传感器检测电路

检测传感电路的作用是将温度（或湿度）、电源过零、过流等信号转换为微弱的电信号，送到单片机，并保证整机电路能够可靠、正常、稳定地工作。

室内环温传感器固定支架安装在室内机的进风面，如图 5-27 所示，作用是检测室内房间的温度。

室内管温传感器安装在蒸发器的管壁上，如图 5-28 所示，其作用是检测蒸发器的温度。

图 5-28　室内管温传感器安装位置

室外管温传感器安装在冷凝器的管壁上，如图 5-29 所示，其作用是检测冷凝器的温度。

科龙 KFR-35（42）GW/F22 空调器单片机进入运行状态后，通过检测 23、24、25 脚的电压值，判断室温、内盘管温度、外盘管温度。

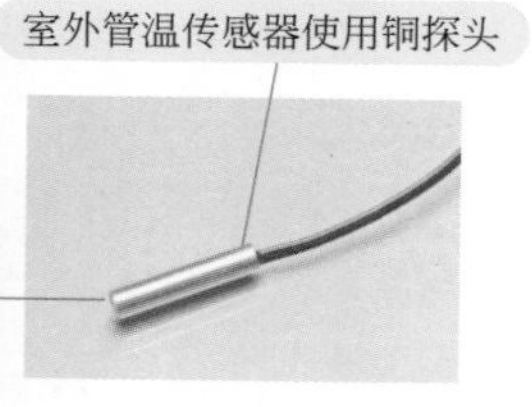

图 5-29 室外管温传感器安装位置

❽ 蜂鸣器报警电路

科龙 KFR-35（42）GW/F22 空调器单片机的 6 脚输出报警信号，经反相器 N103 的 2 脚输入，15 脚输出，直接送至报警器 B101。

❾ 遥控接收及指示灯电路

科龙 KFR-35（42）GW/F22 空调器遥控接收头 N301 接收到信号后，通过插排 X301、X107 加至单片机的 8 脚，该脚根据输入电平的高低来判断有无用户指令输入及指令名称，然后通过其内部处理，来控制空调器的运行情况。

当按下面板上的开机键 S101 时，+5V 电压经过插排 X107、X401 加至单片机的 40 脚，此时 40 脚为高电平，单片机就接收到开机指令。

单片机的 9、11、12 脚输出指示灯控制信号。

5.5 制冷系统维修的基本工艺

扫一扫 看视频

5.5.1 图解制冷剂的排放与收氟

❶ 制冷剂的排放

用六角扳手打开任意一个或两个阀芯，制冷剂即可排放，如图 5-30 所示。

图 5-30 制冷剂的排放

❷ 收氟

当分体空调器移机时或判断出制冷系统有故障，需要打开管路进行维修，应首先将系统中存留的制冷剂都回收到室外机组里，而不能任意排放到空气中。直接排放到空气中既造成资源性浪费，增加维修成本，又会污染环境。制冷剂的回收是维修所必须熟练掌握的一项基本操作工艺，制冷剂回收在维修行业中俗称“收氟”，收氟的方法步骤如图 5-31 所示。

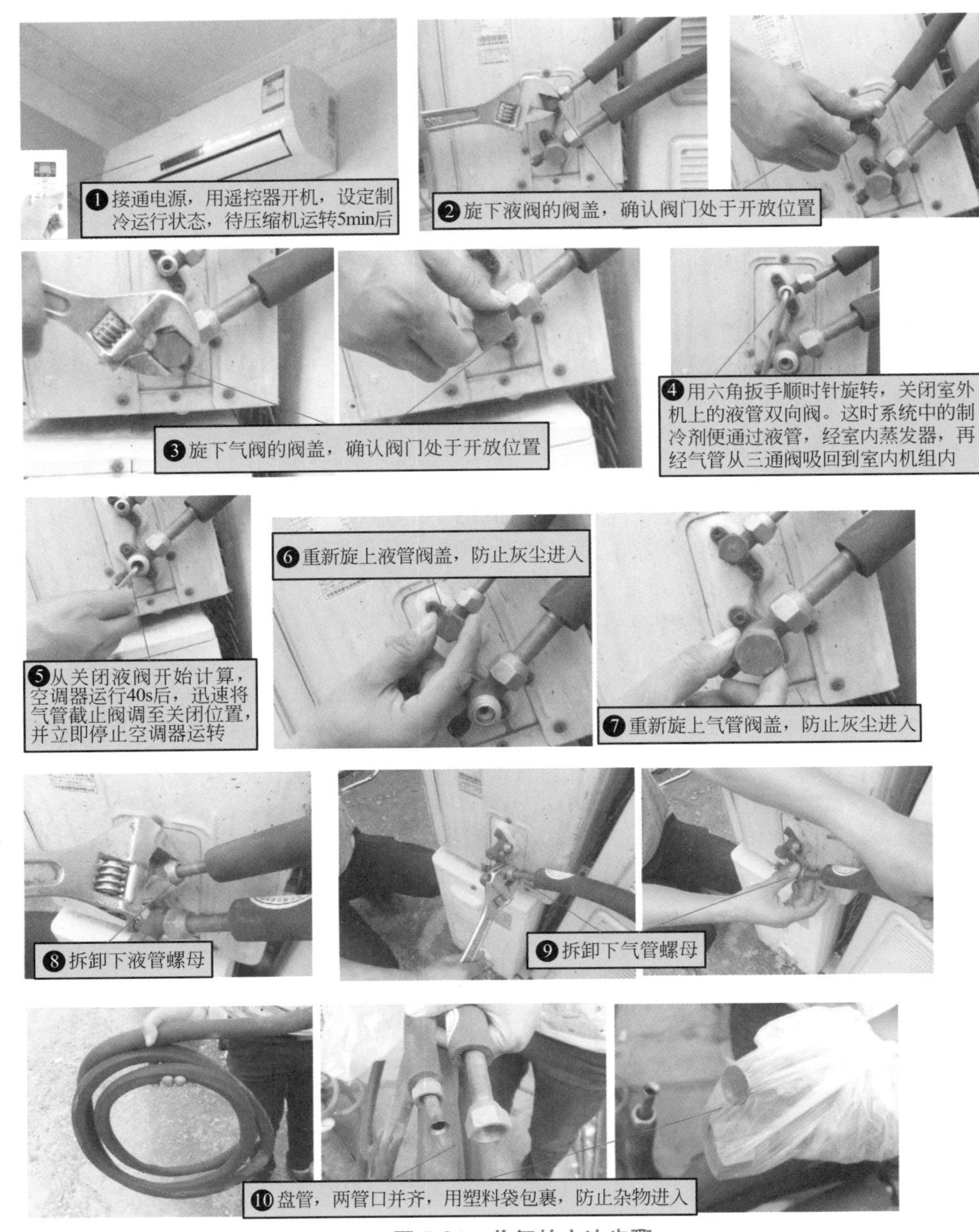

图 5-31　收氟的方法步骤

控制制冷剂回收时间的几种方法如表 5-2 所示。

表 5-2　控制制冷剂回收时间的几种方法

表压法	用低压气阀连接维修阀表，当表压为 0MPa 时，表明制冷剂已基本回收干净，此方法适合初学者使用
电流表法	用钳式电流表测量电流，回收时测量空调器电源的输入相线电流，当电流值为其额定工作电流的近 1/2 时，表明制冷剂已基本回收干净
经验法	一般 5m 管路的回收时间为 48s，管路长则适当延长，同时，听压缩机的声音，如声音变得沉闷，且压缩机的吸气管手感不冷，排气管也不热，室外机风扇电机排出的风也不热，即表明制冷剂已基本回收干净

5.5.2 抽真空与排空

❶ 抽真空

单侧抽真空的连接如图 5-32 所示，抽真空方法和步骤如表 5-3 所示。

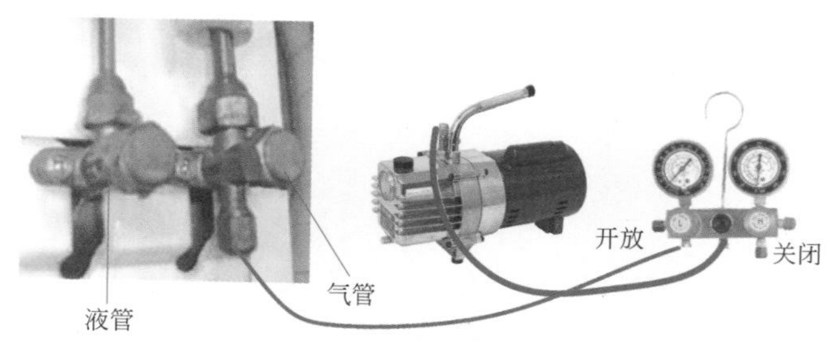

图 5-32 单侧抽真空的连接

表 5-3 抽真空的方法和步骤

1	将室内机和室外机喇叭口的螺母分别与内外机用手先旋紧，再用扳手旋紧
2	旋下液管和气管三通截止阀（或两通截止阀）的维修口盖和阀盖
3	确认液管和气管三通截止阀均处于开发（后位）位置，否则将阀杆逆时针旋到底
4	将复合阀与三通截止阀维修口连接在一起；将真空泵接至复合阀的中心管
5	全部的接头旋紧，启动真空泵，这时的真空泵运行声音比较低沉，有劲
6	慢慢旋开低压力表阀旋钮，可听到真空泵运行声音的变化（比较响）。注意旋开低压力表阀旋钮不要一次全部旋开，这样会损坏真空泵的旋片。时间控制在 2min 内分段全部打开旋钮
7	低压表指针可以看到从 0 开始下降，运行到 10 ～ 20min 时，真空泵运行声音低沉。当表指针移到 -760mmHg（-0.1MPa）时，用真空泵抽 1h
8	关闭复合修理阀高、低压阀。关闭真空泵运行
9	记录好表指针的数值，静放 10min，看表针有没有回落（向 0 的位置移动）；如果有回落且比较大，那么系统、加氟管头、压力表阀等可能有漏点，需要检查和处理漏点，然后重新抽真空

❷ 排空

空调在安装时，由于内机和连接的管路在打开堵帽后与空气接触，管路与外机连接后为防止管路的空气和外机系统的制冷剂混合，必须在连接好内外机器后，先将这些空气排空和抽走。

a. 使用空调器本身的制冷剂排空气。使用空调器本身的制冷剂排空气工艺如图 5-33 所示。

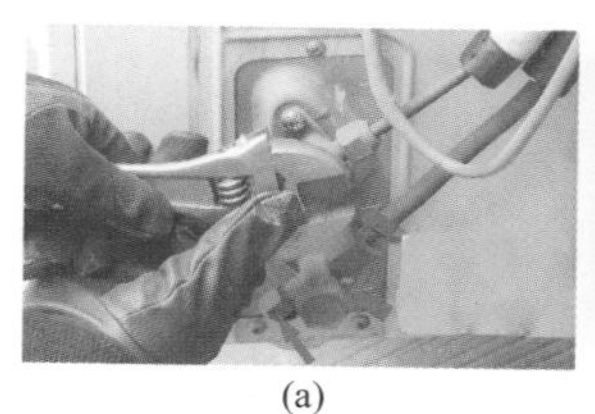
(a)
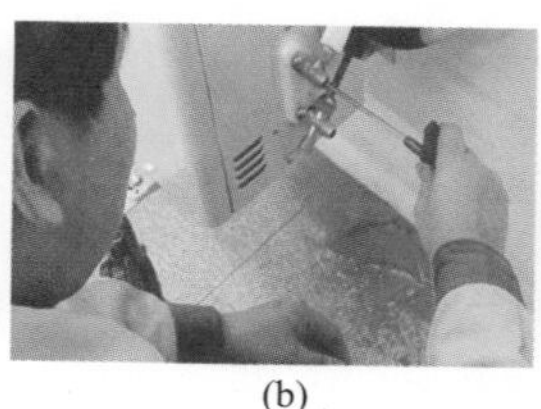
(b)
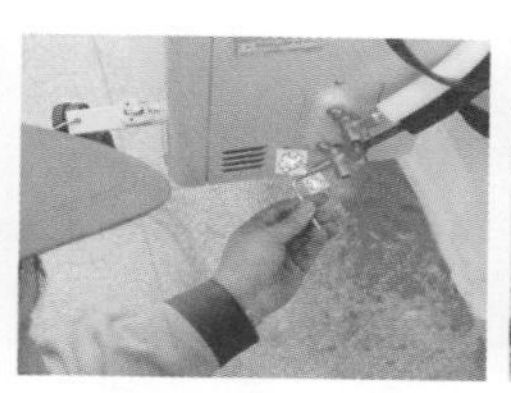
(c)
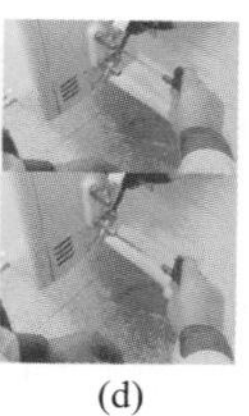
(d)

图 5-33 使用空调器本身的制冷剂排空气工艺

从截止阀和三通阀上拆下盖帽，从三通阀上拆下辅助口盖帽，如图 5-33（a）所示。将液体侧的截止阀的阀芯沿逆时针方向转动约 90°，如图 5-33（b）所示。用内六角扳手轻轻按住三通阀辅助口气门芯，等“呲呲……”声音发出 8 ～ 10s 后，停止按压气门芯，如图 5-33（c）所示。用内六角扳手将截止阀和三通阀的阀芯都置于打开位置，如图 5-33（d）所示，注意阀芯一定要退到位，到位后请不要用力。

b. 使用真空泵排空气。使用真空泵排空气工艺如图 5-34 所示。

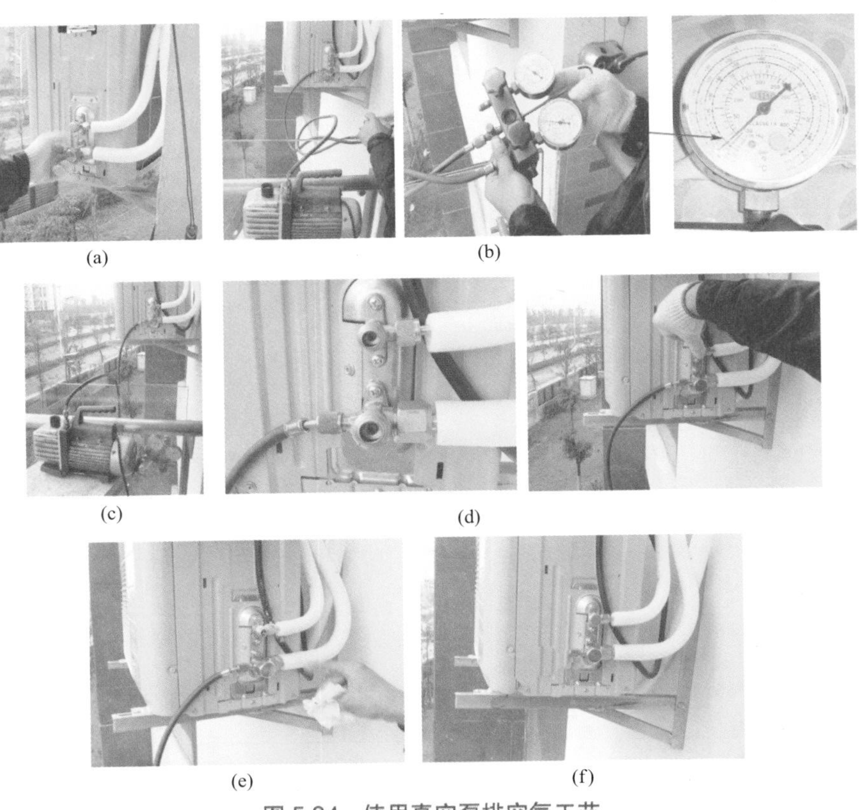

图 5-34 使用真空泵排空气工艺

先将阀门充氟嘴螺母拧下，如图 5-34（a）所示；在气管（粗管）三通阀修理口接上压力表连接真空泵，开泵后再打开压力表阀门，如图 5-34（b）所示；抽真空开始后将压力抽到 -0.1MPa 后，再抽 15 ～ 20min，如图 5-34（c）所示；停止抽真空后，将 2 个阀门后盖螺母拧下，用内六角扳手将阀芯按逆时针方向旋开到底，此时制冷系统的通路被打开，如图 5-34（d）所示；用检漏枪或者肥皂水检测连接头等位置是否有漏点，如图 5-34（e）所示；最后将连接软管从阀门上拆除下来，将阀门的连接螺母与后盖螺母拧紧，如图 5-34（f）所示。

5.5.3 充注制冷剂

充注制冷剂的方法和具体操作步骤如下。将真空泵上卸下的充气管接至制冷剂钢瓶，并将钢瓶倒置，以便于制冷剂液体的充注。打开制冷剂钢瓶的阀，按下复合修理阀上的检查阀，排空连接管中的空气。打开复合修理阀低压阀门，即可充注制冷剂。若不能充入定量的制冷剂，可在空调器制冷运转方式下分次少量充注制冷剂（一般每次不超过 150g），充注一次应等待 1min 左右再重复操作，直到达到规定量为止。从三通阀的修理口卸下充气管，旋上截止阀阀盖。用扳手旋紧维修口盖，最后对维修口盖进行检漏。

由于液态制冷剂是从气管侧充入的，因此一定不要在空调器运行时充入大量的液态制冷剂，否则会发生液击事件，造成压缩机损坏。

制冷剂准确充注量的确定如表 5-4 所示。

表 5-4 制冷剂准确充注量的确定

台秤称重充注	对小型空调器，可按照铭牌上给定的制冷剂充灌量加充制冷剂。 充注制冷剂时，用台秤等较精确的计量工具称重，当氟瓶内氟的减少量等于空调铭牌上的标准加氟量时，关闭氟瓶阀门
测压力充注法	用测温计测量蒸发器的进出口、压缩机的回气口等各点的温度，以判断制冷剂充注量
测温度充注法	蒸发器的进口（毛细管前 150mm 处）与出口两点之间的温差 7 ～ 8℃，压缩机回气口的温度应高于蒸发器的出口处 1 ～ 3℃。如果蒸发器进出口的温差大，表明制冷量充注不足，若吸气管结霜段过长或邻近压缩机处有结霜现象，则表明制冷剂充注过多
测工作电流充注法	将空调设置在制冷或制热高速风状态（变频空调设置于试运转状态）下运转，在低压截止阀工艺口处，边加氟边观察钳形电流表变化，当接近空调铭牌标定的额定工作电流值时，关闭氟瓶阀门。 让空调继续运转一段时间，当制冷状态下室温接近 27℃或制热状态下室温接近 20℃时，再考虑室外机空气温度、电网电压高低等影响额定工作电流的因素，同时微调加氟的量使之达到额定工作电流值，做到准确加氟。 空调加氟要进行微调的原因是空调铭牌标定的额定工作电流值是空调厂家在以下工况条件测试的数据：制冷状态电源电压 220V 或 380V 时风扇高速风，室内空气温度 27℃，室外机空气温度 35℃；制热状态电源电压 220V 或 380V 时风扇高速风，空调加氟室内空气温度 20℃，空调加氟室外机空气温度 7℃
观察充注法	将空调设置在制冷或制热高速风状态下运转，加氟量准确时，室内热交换器进、出风口处 10cm 的温差是：制冷时大于 12℃，制热时大于 16℃。 制冷时，室内热交换器全部结露、蒸发声均匀低沉、室外截止阀处结露、夏季冷凝滴水连续不断、室内热交换器与毛细管的连接处无霜有露等。 制热时，室内热交换器壁温大于 40℃

制冷剂加注量是否合适的判断如表 5-5 所示。

表 5-5 制冷剂加注量是否合适的判断

合适	外风机吹出来的风是热的；气液分离器通体温度都是一样的，都会有结露或结霜的现象，温度是冷的或很冷。
没有加够	外风机吹出来的风是常温或温的；气液分离器仅下面结霜或结露，而上面是干的常温
多了	外风机吹出来的风是烫的；气液分离器通体是凉的，压缩机吸入口有白毛霜
特别的多	外风机吹出来的风不热

5.5.4 试机

空调器制冷系统经过维修或充注制冷剂后，不要急于交付用户使用，应启动压缩机，观察试运行情况，以判断制冷系统是否能正常、可靠工作。经过一段时间的试机，再复查修复的部位，摸关键部位的温升，测压力或工作电流正常与否，防止故障没有完全彻底排除。试机中，尤其要注意以下几个地方。

a. 蒸发器结露情况。在夏季制冷模式工作下，蒸发器温度一般为 5 ～ 7℃。正常通风情况下，蒸发器应全部结露（滴水），表明制冷剂充注量合适。若蒸发器结霜，则表明制冷剂量不足，应再补充制冷剂（补氟）。

b. 回气管结露情况。制冷剂充注合适时，旋转式压缩机旁的气液分离器应全部结露。若压缩机的半边壳体都结露，手摸上去感觉很凉，排气管和冷凝器反而不热，且降温缓慢，则表明制冷剂过量，应适当将多余的制冷剂排放掉。

c. 吸气、排气压力大小情况。测量压缩机吸、排气压力高低，能直接反映制冷系统运行是否正常。该压力大小不仅与环境温度有关，还与冷却方式有关。

经过试运行的空调器，各项性能指标达到正常工作状态时，就可交付用户使用。否则，就要对症处理，重新检查、维修。

5.6 空调器常见故障的维修

扫一扫 看视频

5.6.1 故障显示代码及排除方法

[故障现象 1]：空调器不工作，显示屏显示“4：F1”字样

[故障机型]：KFR-71LW/D

[故障分析]：根据故障代码可知，显示屏显示“4：F1”字样，表示高压开关保护。

[故障维修]：对高压开关电路中的控制器进行检查，发现信号连接线的第 5 位处于断开状态。更换后，故障排除。

[故障现象 2]：室内风机不运转，显示屏显示“F3”字样

[故障机型]：长虹 KFR-120LW/WDS

[故障分析]：根据工作代码可知，显示屏显示“F3”表示室内风扇电机热保护器工作。

[故障维修]：① 检查风扇电机热保护器导通，检查电控板上热保护电路，热保护器电路存在故障。

② 更换室内电控板，故障排除。

[故障现象 3]：运行灯、电辅热、化霜灯同时以 5Hz 频率闪烁，空调不能开机

[故障机型]：美的 KFR-120LW

[故障分析]：三个灯同时闪烁是室外机保护。

[故障维修]：① 室外机保护有相位保护、高低压保护，经逐个排除，查得低压开关断开，为低压保护，系统缺氟。

② 经仔细检查内外机无漏氟现象，打开包扎带查得在连接管上有油渍，发现铜管有裂缝。

③ 重新焊接管路，加氟后运行正常。

5.6.2 整机不工作的检查与检修

造成空调器整机不工作的原因较多，其分析思路如图 5-35 所示。

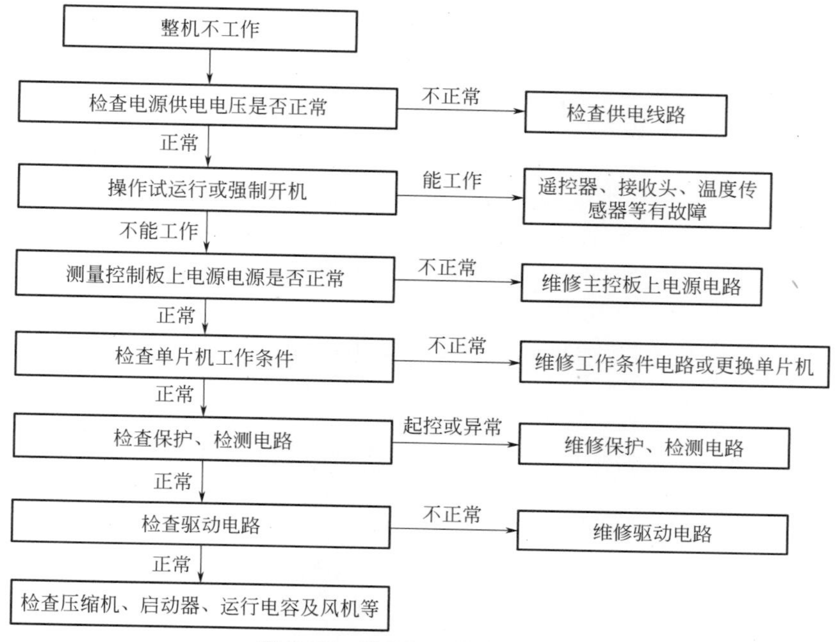

图 5-35 整机不工作分析思路

分析思路在具体应用时，一定要灵活变通，不可死搬硬套，如本故障内机面板指示灯点亮，就表明电源电路基本正常；再如不能遥控开机，应先检查遥控器电池，是否电压太低或电池装反。

❶ 电源电路故障检修

[故障现象 4]：开机后无任何反应

[故障机型]：长虹 KFR-25GW/Q

[故障分析]：开机后无任何反应，应首先检查、测量电源电路是否输出正常。

[故障维修]：① 测量三端稳压器件 7805 的输出端无 +5V 输出，它的输入端也无 +12V 电压。

② 测量开关管 V2 集电极对地电压，也无 +310V 电压，表明此前电路有问题。

③ 测量 C2 两端有 220V 交流电压，而整流桥 VC1 无交流电压输入。最后查明限流电阻 R60（2.4Ω）断路。

④ 限流电阻的损坏，可能伴随有短路现象的发生，为安全起见，用电阻法继续排查电源电路。最后查出整流桥 VC1、开关管 V2 也损坏。

⑤ 更换限流电阻、整流桥及开关管，测量各输出端对地正反电阻，没有发现短路现象。试机，故障排除。

[故障现象 5]：上电后无反应

[故障机型]：格力 KFR-26GW/A101

[故障分析]：开机后无任何反应，应首先检查、测量电源电路是否输出正常。

[故障维修]：① 测量输入电压 220V 正常。检查熔断器也正常。

② 测量变压器初级绕组有正常的电压，而次级绕组没有电压。拆下来测量次级电阻，发现已断路。

③ 更换变压器，故障排除。

[故障现象 6]：雨天雷电过后，工作中的空调器“啪”的一声就停机了

[故障机型]：长虹 KFR-25GW/Q

[故障分析]：雷电击穿电路。

[故障维修]：① 打开机壳取出电控板后，看到电源滤波电容 C1（100μF/450V）已经炸裂，铝箔与牛皮纸碎屑布满整个电控板。

② 用镊子和小毛刷仔细清理电控板上的碎屑，直到干净为止。

③ 认真检查电源电路，发现保险管烧毁、压敏电阻 RV 也已炸裂。

④ 更换保险管、压敏电阻及滤波电容。

⑤ 断开 +35V、+12V 的后级负载，通电测量电源输出电压，两路输出电压基本正常。测量各输出端对地正反电阻，没有发现短路现象。恢复刚才断开的负载试机，故障排除。

❷ 压缩机故障检修

压缩机的故障可分为电机故障和机械故障。机械故障往往使电机超负荷运转甚至堵转，机械故障是电机损坏的主要原因。电机的损坏主要表现为定子绕组绝缘层破坏（短路）和断路等。

绕组烧毁的原因不外乎以下几种：异常负荷和堵转；金属屑引起的绕组短路；接触器问题；电源缺相和电压异常；冷却不足；用压缩机抽真空等。实际上，多种因素共同促成的电机损坏更为常见。

[故障现象 7]：压缩机不能正常启动

[故障机型]：长虹 KFR-33GB/H

[故障分析]：压缩机烧毁。

[故障维修]：① 空调器通电后，室内、室外机正常运转，压缩机不能正常启动，室内指示灯显示正常。

② 初步判断故障应在压缩机驱动控制电路及压缩机热保护器中。用钳式电路板测量，压缩机的启动电流为 32A 左右，说明压缩机存在过流故障。

③ 关闭电源，测量压缩机的绝缘电阻为零，表明压缩机已被烧毁。更换压缩机，故障排除。

[故障现象 8]：压缩机不运转

[故障机型]：长虹 KFR-33W

[故障分析]：控制压缩机的继电器损坏。

[故障维修]：① 检查电源供电正常，内外机连接线路接触良好，故可能是压缩机过热保护或控制电路有问题。

② 检查发现压缩机继电器无电压输出，但停一会儿又有电压输出，用螺丝刀柄轻打该继电器，故障现象较明显，判断为继电器接触不良性损坏。

③ 更换同型号的继电器，故障排除。

[故障现象 9]：能正常运行，但不制冷

[故障机型]：格力 KFR-26GW

[故障分析]：压缩机串气。

[故障维修]：① 测量电源电压 220V，室内温度 30℃，室外温度 32℃，分析是室外机

故障。

② 打开室外机，用万用表测室外机电源电压正常，压缩机启动用电流仅有 3A，判断压缩机不正常。

③ 用压力表测高低压压力平衡，故判断压缩机串气。

④ 更换压缩机，故障排除。

❸ 单片机电路故障检修

[故障现象 10]：整机无反应

[故障机型]：长虹 KFR-30GW/D

[故障分析]：晶振损坏。

[故障维修]：① 拆卸室内机组，检测保险管完好。通电后，继续检测。

② 测量电源 +24V、+12V、+5V 输出也正常。

③ 复位脚与地瞬间短路，不能开机，表明不是复位电路问题。

④ 试代换 19、20 脚晶振（G101），故障排除。

[故障现象 11]：自动开机

[故障机型]：格力 KFR-36GW

[故障分析]：单片机接触不良。

[故障维修]：这明显是控制电路的软故障，空调的软故障检修起来都很棘手。拆机后发现室内机单片机背面焊点产生锈斑，时接时不接，引起单片机内部程序紊乱，误发指令，导致开关机不正常。

用小砂纸打磨单片机背面锈点，并加装磁环，试机正常，运行良好。

5.6.3 不制冷的检查与检修

室内风机工作，但不制冷的分析思路如图 5-36 所示。

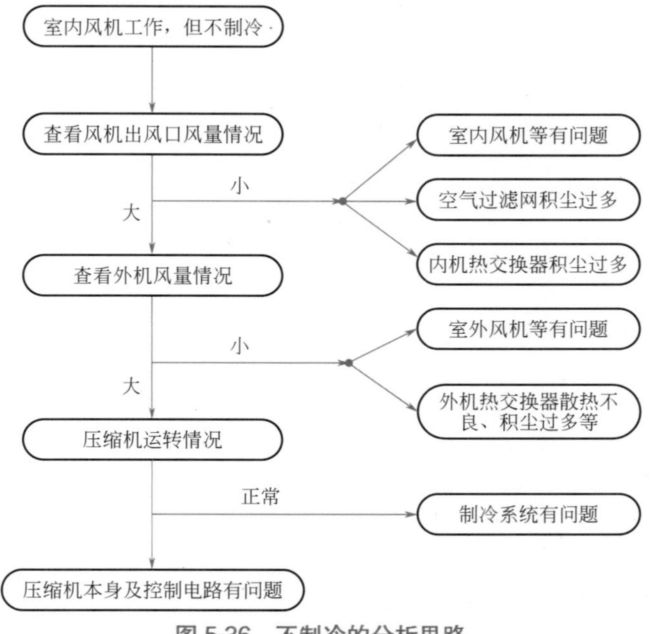

图 5-36　不制冷的分析思路

制冷系统泄漏与堵塞的区别如表5-6所示。

表5-6 制冷系统泄漏与堵塞的区别

部位或状态		泄漏	半堵塞	全堵塞
高压侧	功率、电流	输入功率、运行电流均低于正常值	输入功率、运行电流正常或稍高于正常值	输入功率、运行电流均高于正常值
	噪声	压缩机运行噪声低	压缩机运行噪声正常或稍高	压缩机运行噪声大
	温度	排气管温度比正常值低	排气管温度接近正常	排气管温度上升
	压力	高压低于正常值	高压稍升高	高压升高
低压侧	压力	低压低于正常值	低压稍低于正常值	低压低于正常值
	结露	蒸发器结露不完全	蒸发器结露不完全	蒸发器不结露
制冷或热泵制热		不良	不良	不制冷或热泵不制热

缺氟的表现与判断如表5-7所示。

表5-7 缺氟的表现与判断

缺氟		缺氟是指系统的氟没有达到饱和压力，俗称压力低，一般行业内所说的压力低是指低压。因为一般的空调只有一个检测口，且在粗管阀上，由于大部分的机器毛细管尽在室外机，所以当制冷的时候，这里测到的也只能是低压
缺氟时的表现	夏天	制冷时的效果不好，室内机蒸发器结露不全，压缩机易保护。缺氟严重的话室内机结冰漏水，大柜机室外机从三通阀开始所有的粗管子储液罐结霜，大柜机出现“喷云吐雾”现象。双气液分离器的变频空调也会出现结霜现象，压缩机排出管温会显示高温保护
	冬天	空调器在制热工作时，缺氟时室外热交换器的表现尤为明显，出现结霜不全，斑马霜现象。外风机吹出来的风一点也不热，粗管子或粗阀门竟然没有一点“汗水”，水管也不流水
	反应在蒸发器上	①挂机仅进口或制冷剂刚进蒸发器的一部分有凉或冷的感觉，而蒸发器末梢或铜管出口处没有凉或冷的感觉。 内机风口吹出来的风温度不冷，且蒸发器的温度不匀、温差较大。挂机中间出现结霜或结露（柜机出现在分支毛细管后刚进蒸发器的那一列），蒸发器末梢是常温 ②似乎柜机的蒸发器仅上面一点点是干的（没有结露），而下面的都有水。其实这是一种错觉，只要你拿手摸一下内热交换器就会明显的发现它其实和挂机一样，只是刚进蒸发器的那一列很冷（比正常机器要冷），而分支每一组的后面都是常温，由于后面不冷，和环温没有太大温差，所以就不可能结露。而下面看到的水只是上面淌下来的水而已，只要用手摸一下就全明白了，这是必须要做的，原因就是必须要搞清楚是单纯的缺氟了，还是有堵的现象，是一组堵了，还是每个分支都有不同程度的堵，还是统一的堵在过滤器上
电流		不管是什么空调缺氟时都会反映出电流偏低
压力		定频机器上的压力偏低；而变频空调则表现为压力偏高
半堵与缺氟的区别		如果过冷管组出现半堵的现象，则蒸发器在其表现上和缺氟是一模一样的。但表现在高压上却截然不同，缺氟是高压不高，而半堵却是高压特别高

[故障现象12]：不制冷

[故障机型]：美的KFR-71LW/SDY-S

[故障分析]：故障应在制冷系统。根据故障分析，造成不制冷（热）有很多原因：系统少氟或无氟；压缩机串气或四通阀串气等。

[故障维修]：① 经上门检查系统工作时高压、低压压力基本平衡，工作电流远远低于额定电流，属串气现象。为了准确判断是否是压缩机串气还是四通阀串气，首先切开压缩机，检测吸、排气是否正常，如果正常，可判断四通阀串气。

② 更换四通阀，抽真空检漏、加氟。故障排除。

[故障现象 13]：制冷时吹热风

[故障机型]：美的 KFR-32GW/Y-T1

[故障分析]：制冷不正常，可能是四通阀换向不灵敏或控制线路有故障。

[故障维修]：① 用万用表测四通阀线圈，两端有电压，判定室内主控板正常。故障应为四通阀内滑块不能复位。

② 测低压压力为 $26kgf/cm^2$（$1kgf/cm^2 \approx 0.1MPa$），确认为四通阀故障。

③ 更换四通阀，故障排除。

[故障现象 14]：不制冷

[故障机型]：美的 KFR-71LW/DY-Q

[故障分析]：故障应在制冷系统。

[故障维修]：① 环境良好，检测电源电压稳定在 220V 左右，开机制冷约 20min 压缩机电流达 38A，不一会压缩机内保护。

② 反复几次重复上述现象，从故障现象分析为系统中含有水分，系统中有水分、冰堵所致。

③ 用温水烤毛细管处，在高压处用真空泵抽，低压工艺口加氟排空，反复多次后故障解除。

[故障现象 15]：不制冷，室外机启停频繁

[故障机型]：美的 KFR-120LW/K2SDY

[故障分析]：对于外机启动频繁的故障，首先确认是电路故障或制冷系统故障。

[故障维修]：① 室内机能正常遥控运行，但室外机在启动后 3min 左右停机，且 3min 内出风不冷，由此初步判断为制冷系统故障。

② 用压力表测试低压侧压力，由于停机时平衡压力为 1.1MPa，启动后逐渐降到 0.1MPa，到停机后逐渐返回平衡压力，且在外机运行时发现从过滤器开始到毛细管再到高压管全部结霜，由此可以断定为过滤器脏堵。

③ 换新过滤器后，试机一切正常。

[故障现象 16]：不制冷

[故障机型]：美的 KFR-32GW/I1Y

[故障分析]：过滤器脏堵。

[故障维修]：① 检查内外机均运转，高压管结霜，测电流 22A，回气压力为 1MPa。

② 打开外机壳，发现过滤器出口结霜，测其停机时的平衡压力为 $7kgf/cm^2$，由此判断过滤器脏堵。拆开过滤器，发现过滤器严重堵。

③ 更换过滤器后，抽空加氟，试机正常，低压为 0.5MPa，电流 5.2A。

[故障现象 17]：不制冷

[故障机型]：美的 KFR-35GW/I1Y

[故障分析]：空调使用时间不长，制冷效果差，多数情况是制冷剂泄漏。维修时最好检漏。

[故障维修]：① 经上门检查，发现压缩机温度较高，电流偏小，只有 3A 左右，低压压

力也只有3kgf/cm^2，而外风机运行正常。

② 怀疑空调制冷系统有堵、漏或压缩机吸排气能力差。将空调拉回维修部，先进行氮气吹污，清洗，然后打压检漏，发现冷凝器下端“U”形端口焊接处微漏。

③ 补焊，抽真空加制冷剂，故障排除。

[故障现象18]：不制冷

[故障机型]：美的KFR-32GW/AY

[故障分析]：移机造成的故障。

[故障维修]：① 上门后检查电压为220V、机器环境均正常。

② 检查外机的系统压力低于正常值，但外机的电流值偏大，怀疑有半堵的可能。

③ 检查内外连机管并未有折扁的地方，后听用户讲机器是后移至此处，细听内机有节流的响声，打开内机后侧发现粗管已被折扁。

④ 收氟后，将内机取下，管路断开，用焊具将折扁处断开，将管路重新处理，做型后焊接回到原处，接好管路后重新试机，补充制冷剂后正常。

5.6.4 制冷（热）差的检查与检修

空调机运转，但制冷（热）量不足即效果不好，不一定就是缺氟。造成空调制冷（热）效果不好的原因很多，缺氟只是其中之一。制冷（热）量不足故障排除方法如图5-37所示。

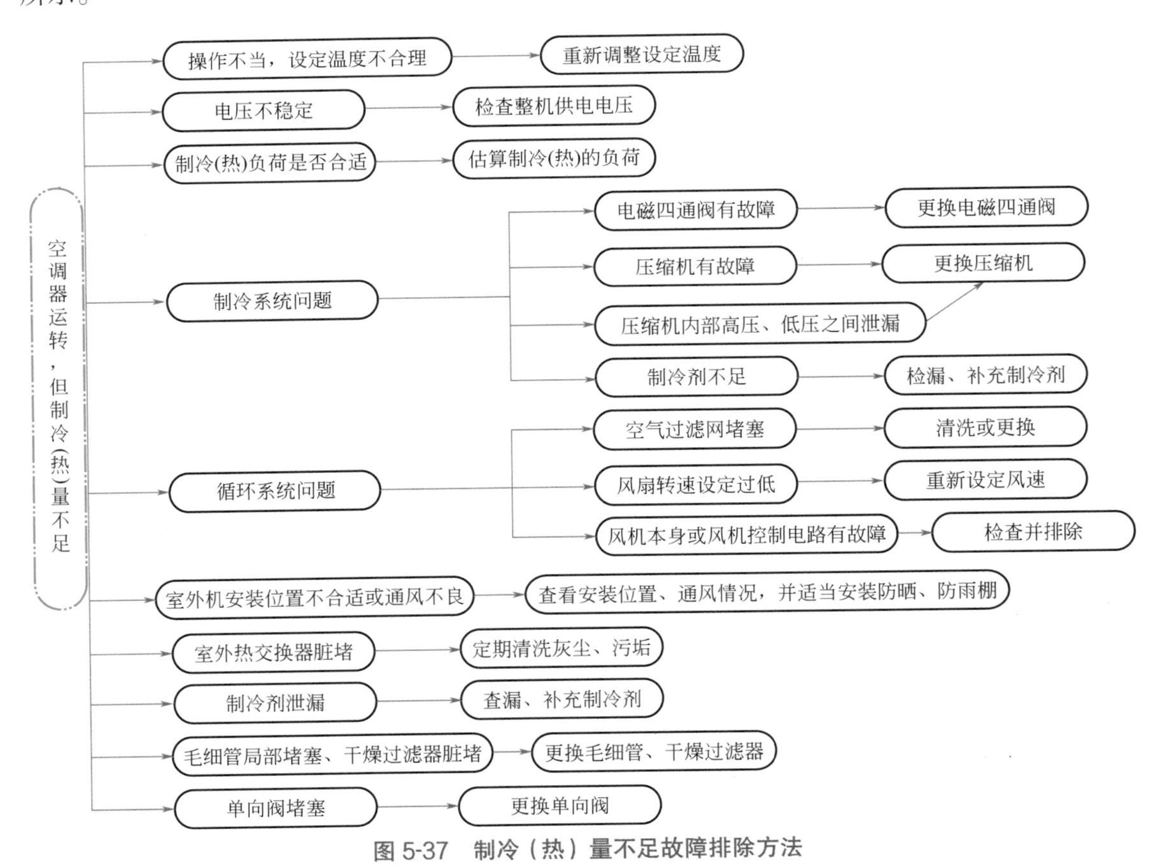

图5-37 制冷（热）量不足故障排除方法

空调运转但制冷效果不佳的分析与判断如表 5-8 所示。

表 5-8　空调运转但制冷效果不佳的分析与判断

检查部位	故障内容	故障特征	排除方法
制冷系统部分	制冷剂量不足	吸气压力高，吸气管及泵壳结露，压缩机比较热	检漏、封堵，充氟
	过滤器受堵	同上，过滤器外表发凉	更换过滤器
	制冷剂充注过多，蒸发温度高，传热受影响	吸气压力高，吸气管及泵壳结露，严重者有轻度湿行程	放掉一些制冷剂
	系统中混入空气	排气压力和自控温度高、泵壳温度高，压缩机运行电流较高	停机排空气
	冷凝器表面灰尘过多，风量小，散热效果差	排气压力和排气温度高，输液温度也高，单位制冷量下降	清洗冷凝器
	室外机组通风不畅，形成热风短路流动	同上，室内气温高于室外环境温度，散热效果特差	拆去障碍物，保证空气畅通
	蒸发机组过滤网灰尘太多，风量下降	吸气压力下降，吸气温度低，吸气管及泵壳结露	清洗过滤网
压缩机部分	活塞与气缸严重磨损，制冷能力下降	吸气压力上升，排气压力下降，压缩比提不高，排气量下降	更换压缩机
	气阀泄漏比较严重，制冷能力下降	吸气压力上升，排气压力下降，压缩比提不高，排气量下降	更换压缩机

[故障现象 19]：制热效果差

[故障机型]：美的 KFR-71LW/Y-Q

[故障分析]：空调能力与房间的面积不匹配。

[故障维修]：① 用户反映该机制热效果差，上门检测得到以下数据，工作时：电压 230V、电流 4A、回气压力 2.8kgf/cm^2、排气压力 16kgf/cm^2、室外温度 6℃、室内温度 8℃、出风口风温度 30℃。

② 分析空调漏氟，检查各接头无漏氟现象。空调运行 20min，目测室外机蒸发器上部挂霜严重，故诊断为系统自身缺氟。

③ 补氟后，电流 4.4A、回气压力 3.2kgf/cm^2、排气压力 18kgf/cm^2，出风口温度 32℃，制热效果依旧不理想，但空调各项数据显示空调正常。

④ 维修一时陷入僵局。后结合用户使用面积 30m^2，故判断空调负荷能力不能满足用户使用，天气冷，制热效果差。

⑤ 加装电辅助加热管，增加后，出风口温度达 39℃，故障排除。

[故障现象 20]：制冷效果差

[故障机型]：美的 KFR-45GW/Y

[故障分析]：故障应在制冷系统。

[故障维修]：① 上门检查，用户电源电压 220V 正常，测低压压力为 0.65MPa，明显偏高，放氟到 0.55MPa 时，室内机出风口冷气很少，测量工作电流 7.3A 正常。

② 触摸高低压铜管，低压管比较冷，高压管冷感很小，证明压缩机基本无故障。

③ 用手摸四通阀的四根铜管，接压缩机排气管的一根温度较高，另外三根均有热感，将空调工作模式换到制热状态。听到四通阀的换气吸合声不强，但制热效果也不好，判定为

空调的四通阀故障。

④ 更换四通阀、抽真空检漏、加制冷剂，故障排除。

[故障现象 21]：制冷效果差

[故障机型]：美的 KF-120LW/K2SY

[故障分析]：堵塞。

[故障维修]：① 检查用户电源正常，检测室内机出风口温差偏小。

② 打开室内机面板，触摸蒸发器。蒸发器上下部分温差明显偏高。

③ 怀疑系统漏氟，将室内机输入、输出管的保温管打开检漏。发现回气管结霜且很粘手，停机几分钟后检查，接口处无漏氟现象。

④ 再次开机故障依旧，依据故障现象推断为蒸发器有堵塞现象，收制冷剂将室内机拆回，检查发现蒸发器之前毛细管分配器有一路焊堵。

⑤ 更换毛细管分配器，故障排除。

[故障现象 22]：制热差

[故障机型]：美的 KFR-32GW/DY-Q

[故障分析]：系统缺氟。

[故障维修]：① 上门检修电压正常，电流 4.5A，高压压力在 11 ～ 16kgf/cm^2 之间变化，出风温度 26℃。

② 该电流明显低于正常电流值，故考虑有可能系统缺氟。

③ 测高压压力有时能到 16kgf/cm^2，检查无漏点，故分析系统少氟或进空气。

④ 反复排空加氟。检测电流 7.8A、高压压力 16.5kgf/cm^2、出风温度 48℃，试机正常。

5.6.5 四通阀的检查与检修

四通阀故障的判断方法如表 5-9 所示。

表 5-9 四通阀故障的判断方法

故障现象	空调不能正常地进行制冷、制热模式的转换	
判断方法	1	四通阀内滑阀被系统内部的脏物（氧化皮、杂物）等卡住，可用木棒或胶棒轻击四通阀阀体，如果换向恢复正常，判断正确
	2	阀体受外力冲击损坏（阀体凹），造成滑阀不能换向，外观观察就可判断
	3	先导阀毛细管堵、漏、裂，先导阀无法动作；系统压力没有建立起来（系统制冷剂严重不足），不能带动先导阀动作，从而不能带动四通阀主阀换向
	4	由于系统内部的液击使阀滑导向架断裂、端盖损坏变形，此时无法换向，采用本表 1、2 两种方法不起作用，可判断故障原因为液击使阀滑导向架断裂、端盖损坏
	5	四通阀内部间隙过大，阀座焊接时轻微烧坏，泄漏量超标，造成串气，使滑阀两端压力平衡，无法推动滑阀换向，采用本表 1、2 种方法时，有时可以换向
	6	四通阀阀体或管路的焊口泄漏，查看漏口处是否有油（冷冻油）渗出，或采用肥皂水检漏
	7	制热模式下四通阀先导阀线圈无电压或线圈烧毁（也可能接插件松、脱），造成先导阀不动作，使四通阀主阀不换向。可用一块永磁铁放在四通阀阀体端面或先导阀上判断，如果此时能使滑阀换向，则判断正确

[故障现象23]：一开机空调就制热
[故障机型]：美的KFR-71LW/DY-S
[故障分析]：怀疑四通阀有问题。
[故障维修]：① 上门检查发现开机就吹热风，因是新装机，首先检查线路没有接错。
② 怀疑四通阀有问题，检测四通阀线圈电阻正常且通电正常。分析肯定是四通阀卡，新装机四通阀坏的可能性小，多是由于轻微卡死，用木棒反复敲打试机故障依旧，由此确定四通阀坏。
③ 更换四通阀，故障排除。

[故障现象24]：不制热
[故障机型]：KFR-45LW
[故障分析]：怀疑四通阀有问题。
[故障维修]：① 用户反映该空调夏季使用时制冷就不好，冬季制热时不能制热。
② 测量用户电源电压基本正常，开机测量排气压力为0.9 MPa，无排气压力差，使四通阀强制换向，四通阀有吸合但制冷系统内无换气流声，测量压缩机吸排气口有温差，判断压缩机基本正常。
③ 怀疑四通阀有问题，更换四通阀，故障排除。

5.6.6 保护停机的检查与检修

保护停机故障原因如表5-10所示。

表5-10 保护停机故障原因

①压缩机的热保护及过流保护停机	压缩机上装有过载保护器，新机型一般采用内置式热继电器。此种热继电器可以做过流保护，又是一种超温保护，两个条件只需满足一个便进入保护。其保护原因有电源电压低、压缩机自身有故障、循环系统堵塞、制冷剂过多或不足等。 排除方法：首先测量电源电压是否正常。工作电流偏大，运行压力正常，因过热或过流保护动作而停机，则是电网电源电压过低或导线电阻大。刚一启动就停机，电源指示灯也熄灭，则是室外电源或控制板的供电电路有问题。 观察两个热交换器是否灰尘过多影响散热或风机运转是否正常，散热不良可导致压缩机过热和连带压力保护动作，使整机停止工作。空调器运转一段时间后，工作电流在正常值的基础上慢慢升高，至过热或过流保护动作停机，则是室外机组热交换器脏污、通风条件差、风机不良等。 制冷剂过多导致排气压力增高，使压缩机过负荷，同时还有可能导致压力保护。 制冷剂过少可导致制冷效果差，蒸发器结冰，由此导致压缩机不能休息引起过热保护停机，也是常见的一种现象。制冷或制热效果差，工作电流、运行压力、平衡压力都小于其正常值，长时间运转后，过热保护动作停机，则是制冷系统缺氟。此时，有故障代码显示，代码内容表明压缩机排气温度异常。 工作电流、低压压力偏低，高压压力偏高，很快过热或高压保护动作而停机，高、低压平衡速度慢，但平衡压力正常，则是管路系统堵塞。 另外当电磁四通阀串气导致压缩机升温快，制冷（制热）效果均差，也将导致压缩机升温异常。对于热继电器保护如仅保护压缩机，基本上都能启动室内外风机，只是压缩机不工作，如果连带出现其他保护，则整机无法运行。若运转灯一亮即灭，则是压缩机及回路不良；若测得的电流快速升高后停机，则是压缩机运转电容不良

续表

②温度传感器及风机超温保护停机	温度传感器中室温传感器用来监测环境温度；室内蒸发器的管温传感器用来监测蒸发器的温度，防止过热及结冰；室外管温传感器监测冷凝器温度。上述几个传感器如果损坏均能相应地出现故障代码，正常情况下能够灵敏地进行保护。室内风机温度保护装在风机的外壳上，串于电路控制板供电中，一旦风机超温，便能停止工作，待风机温度正常后重新开机。引起保护的原因还有：蒸发器及防尘网上的灰尘较多时，导致制冷（制热）效果均差；制冷剂过多时引起冷凝器升温，压缩机升温，排气压力大；制冷剂过少引起蒸发器结冰从而进入保护停机。 工作电流、运行压力正常，但运行一段时间后停机，则是电气控制电路不良。此时，若有故障代码显示，则按代码的提示进行判断；若将空调器设置于强制调试或试运转状态，压缩机能运转，则是温度传感器不良；若压缩机上无工作电压，则是控制执行元件不良，通常是继电器或驱动电路不良
③压力保护停机	在空调器中压力保护有两处，分别在高压与低压管路中。压力保护动作的原因有两点，一是毛细管堵塞（脏堵、油堵及冰堵三种）；二是主机灰尘太多或散热不良，使冷凝压力提高

[故障现象 25]：开机一段时间出现压机过热保护

[故障机型]：美的 KF-71LW/K2Y

[故障分析]：内外机通风不畅，电源电压低，蒸发器、冷凝器脏，风机转速不够，制冷剂多或少，压缩机及系统本身问题。

[故障维修]：① 检测电压、电流、压力正常。冷凝器、蒸发器及室外机通风良好。

② 开机一段时间后电流慢慢攀升。手摸冷凝器上下部都很热，判断为冷凝器散热不良，安装位置很好，怀疑外风机转速不够，欲增大外风机电容，此时发现外机吹向有点逆风，外风机散热阻力较大，重新调整外机方向试机正常，未出现保护现象。

③ 改变外机的安装位置，故障排除。

[故障现象 26]：空调器开机不到 10min 压缩机停机

[故障机型]：美的 KFR-71LW/DY-S

[故障分析]：夏季环境温度高，加上室外机朝南，另外室外热交换器灰堵，综合因素致使冷凝压力升高，压缩机过载保护。

[故障维修]：① 用钳形表检测开机电流，电流由 4A 逐渐上升至 5A。当时环境温度约为 35℃，外机面朝南。

② 压缩机停机后再过十多分钟可再次启动，所以判断压缩机保护器动作。

③ 检查电容无异常，观察到室外机翅片很脏，对室外热交换器进行清洗，直至可以通过翅片看到风叶。

④ 重新开机，电流降到 3.7A，连续运转 2h 电流不再上升，故障排除。

5.6.7 漏水、结冰的检查与检修

空调器漏水的主要原因如表 5-11 所示。

表 5-11 空调器漏水的主要原因

墙体打洞不合适和内机挂的不正	洞高接水盘低；洞内低外高（不管左高或右高都是不对的）；机器前倾后仰；水管出墙后又上翘；水管没有整理，呈“波浪形”或被压扁；柜机水管脱落；挂机水管出内机口时“割破”
水管“气栓”折扁形成的漏水	排水管不平整、缠绕；成波浪形，形成气栓；水管没有整理好（包扎带过早分叉水管），穿墙洞时形成 Z 字形并被管道压扁；排水管破碎、裂纹（例如出后骨架口被割破）；出水口上翘；排水管接头松脱；排水管有“霉菌聚集”或异物脏堵；出水口放到容器里，水面已没过出水口

续表

铜管与环温的温差已超出保温套的抗凝露能力	保温套外的扎带扎得太紧；内机接口处忘了包保温套；回气管折扁，形成二次节流，在节流后的地方蒸发，铜管与环温的温差已超出保温套的抗凝露能力 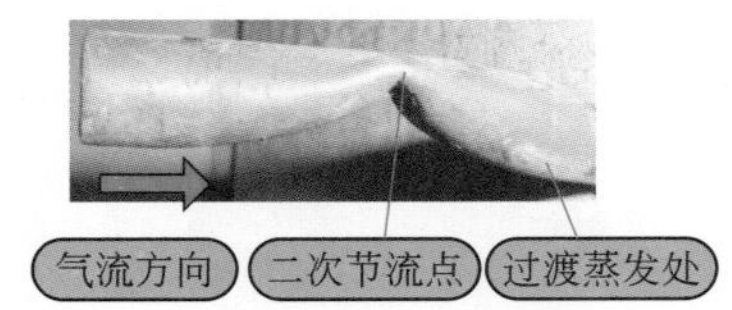
后骨架与蒸发器管板处出现闪缝造成凝露	风道里的干冷风一部分吹到电控盒的塑料壳上与湿热空气交汇，产生凝露，滴到前罩壳上又从机壳右端漏水。 蒸发器管板变形内敛将会使得蒸发器下端向前后水槽的阴面檐口靠边，蒸发器下不到底面，形成漏风，水无法流入水槽，而顺着水槽沿流入风道，或开机短时间不漏水，而开机若干时间或晚上才漏水。处理办法是把蒸发器“撇大点”也叫掰宽点，这样就可以了 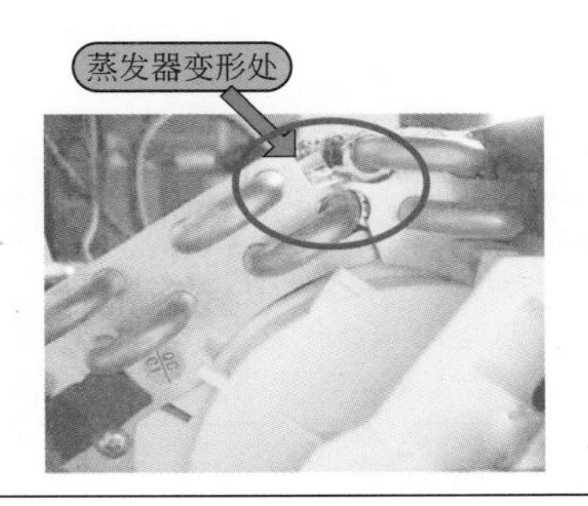
顶端漏风	多段蒸发器接缝处密封不好在顶端漏风，水珠掉落到贯流风扇上又从风口吹出（可采取粘单面胶泡沫条或拿泡沫条阻风或用“黄胶带”粘接）
蒸发器没有完全落入水槽	单边进水槽，另一边没有进水槽，且挨着水槽沿，有的还伴有漏风现象
保温棉被撕掉	水槽里的保温 PE 棉被撕掉，水槽下产生凝露又从风口吹出。原来的 PE 棉是起到保温作用的，现在把它撕掉，就加大了温差，容易凝露
水顺着电线流	蒸发器小弯头或分支管上的水顺着电线流向前罩壳
设计有缺陷	内热交换器设计有问题
有污物堵塞	后水槽通往前水槽的水嘴勾水或有污物堵塞
导风板异常	导风板的迎角太大，加之湿度大，温差大，设定风速过低（必要时要求用户水平设置摆风叶）
系统缺氟	系统缺氟，造成蒸发器结冰、结霜，可融化后的冰霜又不能落入水槽，形成漏水
出风道的保温海绵脱落	柜机出风道的保温海绵脱落，造成外壳凝露，多段蒸发器的上端后倾变形，水流脱离“涨性”无法顺着蒸发器往下流，或蒸发器下端阴面紧挨水槽，上面流下来的水沿着水槽后沿落向“蜗壳”，由底盘溜出，接水盘泡沫破裂，铜管接水橡皮碗老化，无法把水引入接水槽而顺着铜管流下去
喉管处连接不好	接水盘与水嘴还有“喉管”连接处开胶断裂，水管与喉管没有接好

空调器结冰的主要原因如表 5-12 所示。

表 5-12　空调器结冰的主要原因

空调器结冰的主要原因		排除方法
①制冷剂不足	由于安装或使用时间较长等原因，会出现制冷剂泄漏或渗漏。制冷系统内制冷剂减少后，便造成蒸发压力过低，导致蒸发器结冰，结冰的位置一般在蒸发器前部分	先处理好泄漏部位，正确加注制冷剂
②压缩机故障	压缩机使用时间较长，磨损严重、效率降低；压缩机配气系统损坏，造成压力过低而结冰	结冰位置也在蒸发器前部分，前者补加制冷剂，故障就可排除。如果不能排除，就要更换压缩机
③温度设置太低	用户把空调器温度设置过低，空调器制冷量跟不上，房间温度降不到设定温度而长时间开机，或停机时间较短，会造成蒸发器结冰。房间温度降得很低，也会造成蒸发器温度过低结冰	把温度设置高一些，故障即可排除
④风量小	风叶有灰尘，粘有许多污垢，影响送风，造成蒸发器结冰。风机因机械、电气故障而转速变慢	清理污垢；更换风机；更换电容
⑤蒸发器有些脏	蒸发器上灰尘、污垢较多，阻碍空气流通，造成热交换减少，蒸发器温度过低而结冰	彻底清洗蒸发器
⑥制冷剂过多	一些空调器因为维修的原因，可能维修人员操作不当，加注制冷剂过量，造成过多制冷剂流到蒸发器后部分蒸发而结冰。这类结冰多在蒸发器后部分及压缩机回气管周围	放掉多余的制冷剂
⑦温度传感器异常	温度传感器短路或断路，位置不对或脱落等造成检测信号不正常	更换温度传感器

[故障现象 27]：空调结冰

[故障机型]：美的 KFR-23GW/I1Y

[故障分析]：系统缺氟。

[故障维修]：① 用户反映内机挡风板漏水，以前维修人员已处理过但未能解决问题。经询问用户，上次维修打开前面罩，试机 1 小时也不曾漏水，做排水试验正常，走后半个小时又开始漏水。

② 经仔细检查内机上方蒸发器有冰块产生，下边管路凉，风一吹冰块滑落，水不能顺利流入接水盘，而打开前面罩通风良好，结冰与热量蒸发不容易查出，最后确定系统缺氟。

③ 充制冷剂后蒸发器无冰块产生，制冷效果好，试机一切正常。

[故障现象 28]：内机结冰

[故障机型]：美的 KFR-32GW/I1DY

[故障分析]：一般情况下系统缺氟液管会结霜，蒸发器上半部会结很厚的冰。

[故障维修]：① 测试室外机低压压力很低，蒸发器上结很厚的冰，回气管上也结霜。检查未发现管道有折扁现象。

② 打到送风模式，化冰后测低压压力低于正常值。检漏发现，室内机连接管铜帽破裂。

③ 更换铜帽后抽真空、加氟，故障排除。

第 6 章 液晶电视维修

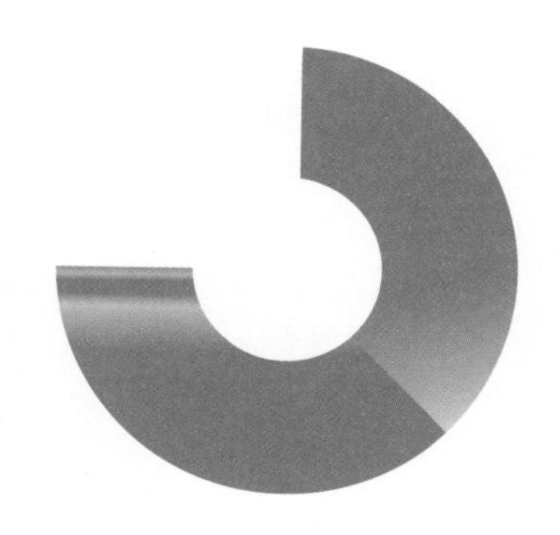

6.1 液晶电视的整体构成

6.1.1 液晶电视的基本电路组成

液晶电视的电路部分主要由开关电源、信号处理电路、液晶显示屏三大部分组成。液晶电视基本电路组成方框图如图 6-1 所示。

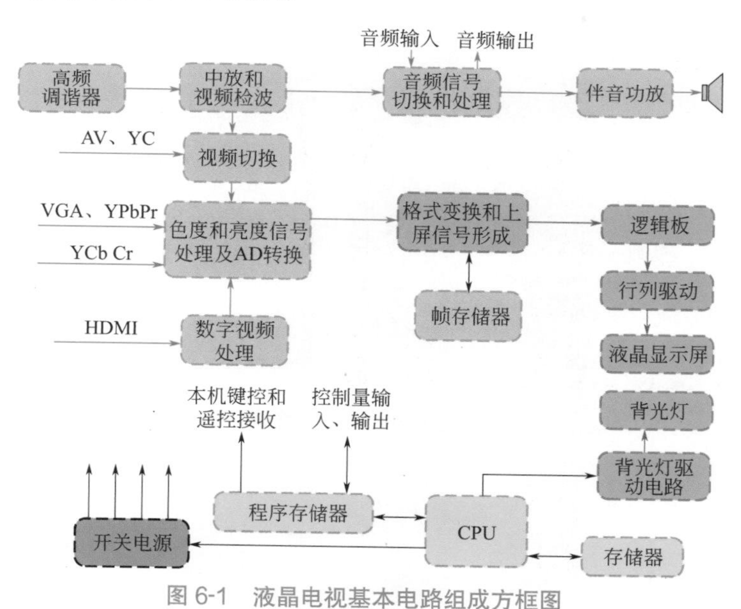

图 6-1 液晶电视基本电路组成方框图

❶ 开关电源

开关电源按安装位置可分为外置式和内置式两种。

外置式电源又称为电源适配器，一般在小屏幕液晶电视上使用。通常只有一组 +12V 电压输出，输出电流为 1 ～ 12A。内置式电源用得最多。

❷ 信号处理电路（或主板电路）

高频调谐器、中放和视频检波电路、视频切换开关、亮度/色度信号处理和A/D变换电路、数字视频处理电路、格式变换和上屏信号形成电路、帧存储器、音频信号切换和处理电路、伴音功率放大电路、CPU、程序存储器等在液晶电视中统称为信号处理电路（或主板电路、主电路)。

③ 液晶屏部分电路

液晶屏部分电路包括逻辑板电路、行列驱动电路、逆变器或背光灯驱动电路、背光灯、LCD显示屏等。

6.1.2 液晶电视的机芯方案

由于构成集成电路的集成块型号数不胜数，一台液晶电视机，其中几块（几片）集成块组成整机电路，来完成遥控、音视频信号的处理，在行业中把这几块集成块组成的特定电路，称为机芯系列。

掌握和了解液晶电视的机芯方案对维修有极大的帮助，很多不同厂家和不同型号液晶彩电所采用的电路方案和电路结构是相似的。

液晶彩电的图像处理电路主要由“高中频电路+视频解码电路+主控电路（图像缩放电路）+CPU”组成，液晶彩电的机芯主要依“视频解码+主控电路+CPU”部分进行分类。

6.1.3 液晶电视的“板级”电路结构

液晶电视电路均采用模块化结构。模块化是指将其中某部分或某几部分电路设计在一个电路板上。

现在维修行业板级维修就是对组成液晶电视的模块组件不进行维修，只对其是否存在故障进行判断，然后由产品制造商提供配件进行代换。

几种板级电路结构如图6-2所示。

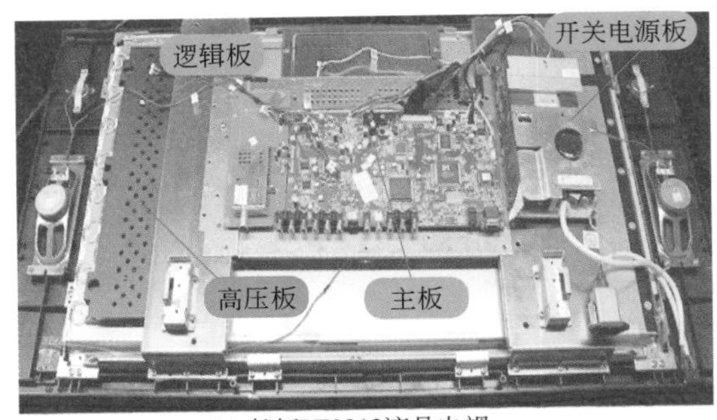

(a) 长虹LT3212液晶电视

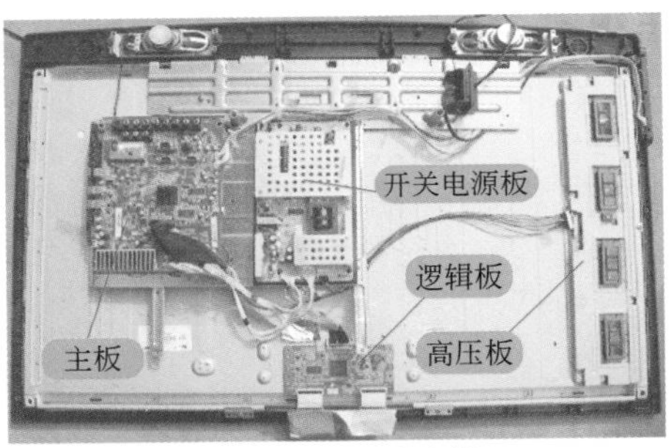

(b) 长虹LT4018液晶电视

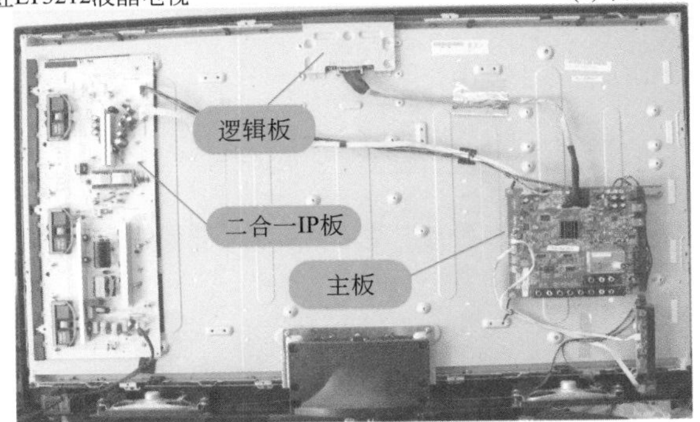

(c) 长虹LT42630FX液晶电视

图6-2 几种板级电路结构

6.2 电源电路

6.2.1 液晶电视电源电路的三种形式

液晶电视电源电路的三种形式有：主开关电源、DC/DC 变换电源和背光驱动电源，如图 6-3 所示。

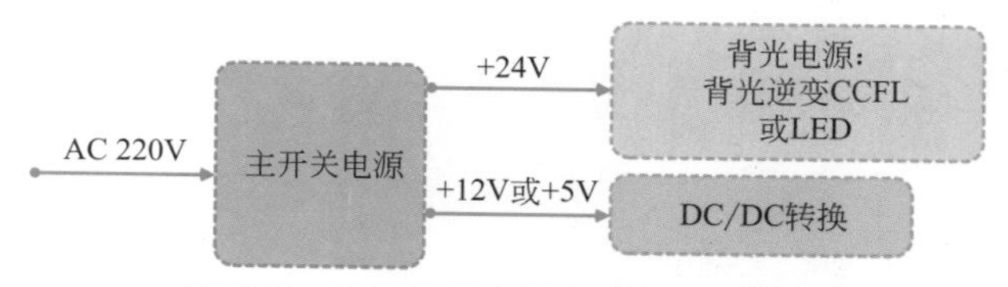

图 6-3 液晶电视电源电路的三种形式

主电源是整机的能源供给，主要输出两路直流电压：一路是给背光板提供电压，另一路是给 CPU 主板等提供电压。

小信号电路中的电压差异性较大，常见的有 +5V、+3.3V、+2.5V、+1.8V 等，之所以需要这么多组低电压直流电源，是因为液晶彩电中大量使用了大规模数字电路的需要。这些电压都是由 DC/DC 转换电路产生的。

冷阴极荧光灯 CCFL 启动电压一般为 1500 ～ 1800V，正常工作时电压在 500 ～ 800V，因此就需要逆变电源来获得这个电压。

常见电源电路板级形式如下。

❶ 三板式

三板式电源结构如图 6-4 所示。

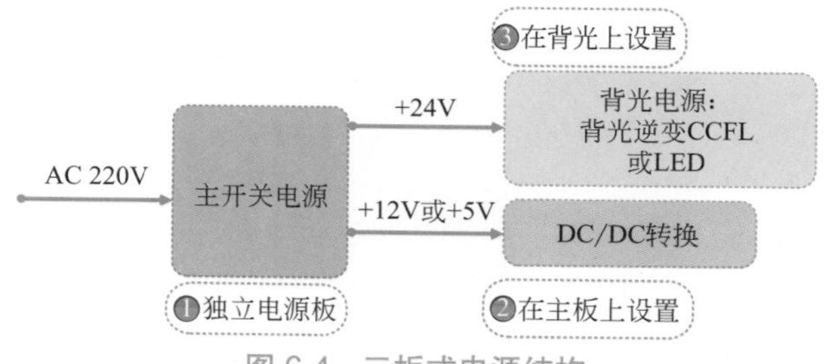

图 6-4 三板式电源结构

❷ 两板式（开关电源 / 背光板驱动一体化板）

两板式电源结构如图 6-5 所示。

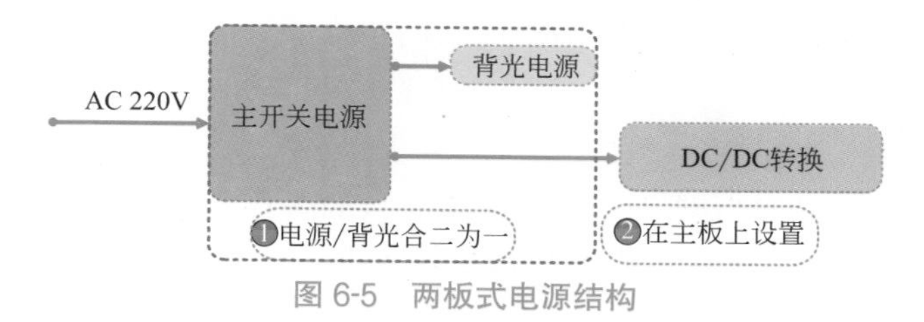

图 6-5 两板式电源结构

6.2.2 开关电源电路结构方框图

开关电源电路结构方框图如图 6-6 所示。

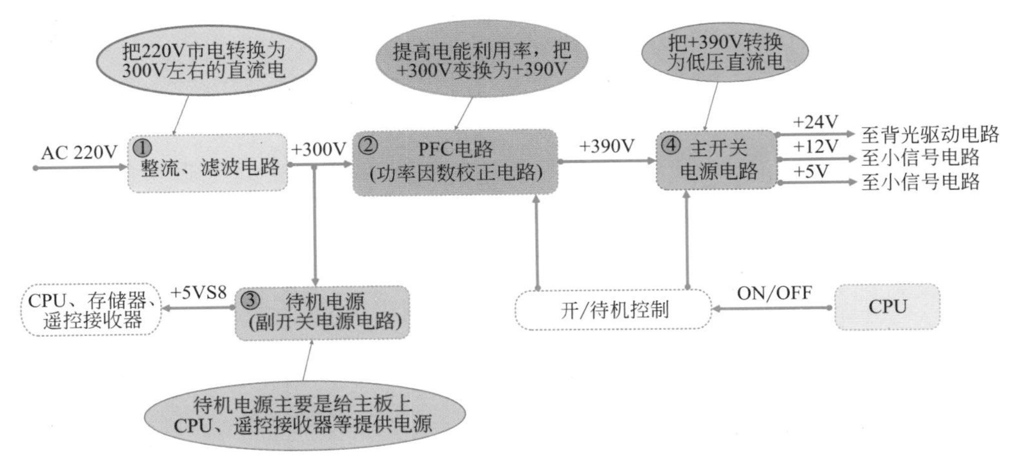

图 6-6 开关电源电路结构方框图

6.2.3 抗干扰、整流、滤波电路

本章节在没有特殊标明机型的情况下，均指“TCL PWL42C 开关电源电路”。

TCL 开关电源的抗干扰、整流、滤波电路如图 6-7 所示。

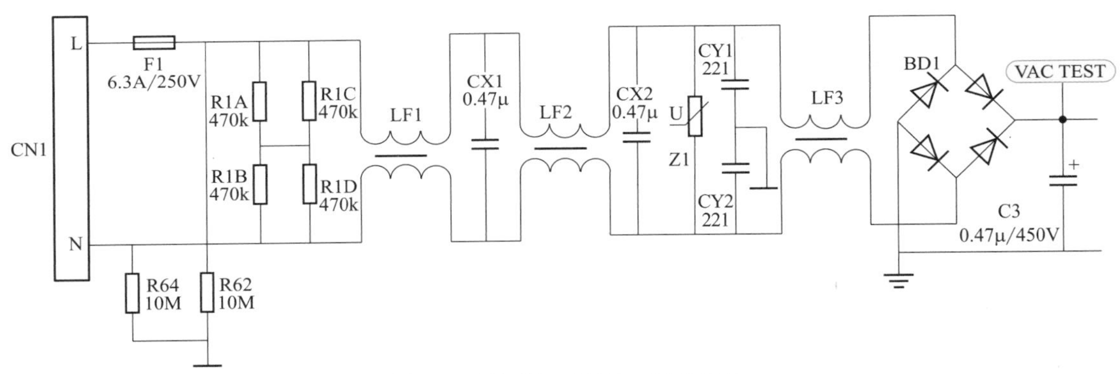

图 6-7 抗干扰、整流、滤波电路

工作原理：市电经过电源总开关、插排（CN1）、保险管（F1）送至抗干扰电路（LF1、CX1、LF2、CX2、CY1、CY2、LF3）、过压保护电路（Z1），然后送至整流电路（BD1）、滤波电路（C3），最后输出 +320V（VAC TEST）左右的高直流电压。

R1A、R1B、R1C、R1D 为泄放电阻，在交流输入关断时，对 CX1 电容放电，以满足安全电压的要求。R62、R64 为浪涌泄放电阻。

6.2.4 待机开关电源电路

待机开关电源电路又称为副开关电源电路，它的工作状态不受信号处理板输出的开 / 待机控制电压控制，其特点是一上电开机该电源就会进入工作状态。待机开关电源电路如

图 6-8 所示。

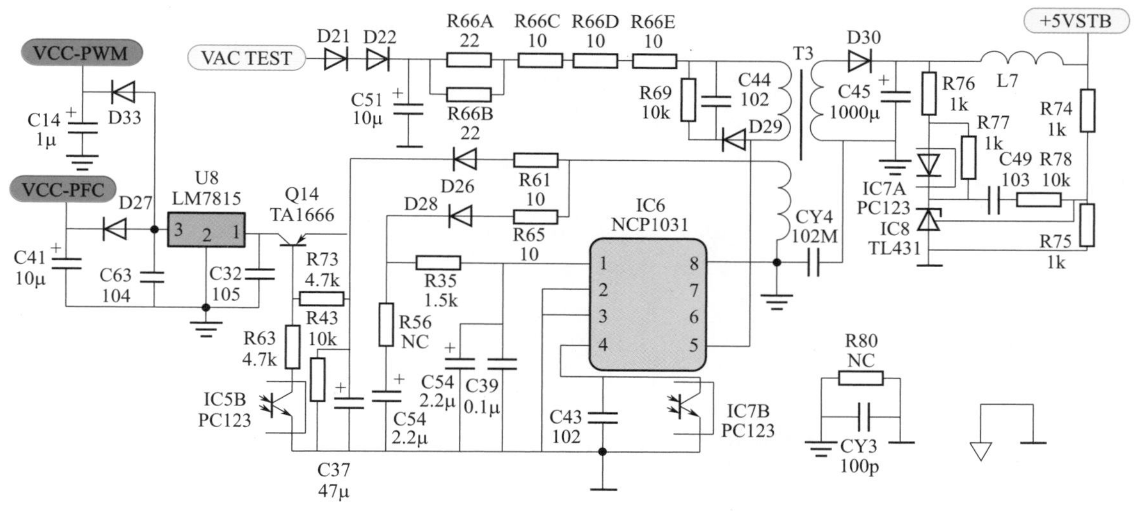

图 6-8 待机开关电源电路

待机开关电源由厚膜电路 IC6（NCP1031）和开关变压器 T3 等组成。

❶ 电压输出

+320V（VAC TEST）电压经过 D21、D22、R66A、R66B、R66C、R66D、R66E 送至开关变压器 T3 初级线圈后，加到 IC6 的 5 脚，此 IC 内部恒流源通过 5 脚对 1 脚外接电容 C54 充电，当 C54 上的电压达到启动电压时，内部电路启动，振荡电路产生脉冲驱动，经内部电路处理后，驱动 5 脚内部 MOSFET 开关管工作于开关状态，T3 次级线圈中产生感应电压。

次级线圈感应电压经过 D30 整流，C45、L7 滤波，得到 +5V 直流电压（+5VSTB），向主板的微处理器控制系统供电。同时次级另一绕组感应电压经 D28 整流、C54 滤波，得到 +15.5V 左右的直流电压，给 IC6 的 1 脚提供工作电源，以代替 IC6 内部启动电源。另一方面该脉冲电压经 D26 整流后，再通过 Q14 送至 U8（三端稳压器），经过 U8 后输出 +15V 的电压。其中一路通过 D33 再次整流后送至 PWM 电路给 IC2 提供工作电压，另一路通过 D27 再次整流后送至 PFC 电路为 IC1 提供工作电压。

❷ 稳压控制

稳压控制电路由取样电路 R74、R75，误差放大电路 IC8（TL431），光电耦合器 IC7 B（PC123）和 IC6 的 2 脚内部电路组成，调整 IC6 输出的功率管激励信号的脉宽，使输出电压稳定在 5V。

❸ 待机、开机电路

待机、开机电路如图 6-9 所示。

在开机时，CPU（ON/OFF）端子输出高电平信号，经电阻 R58 送至 Q13，这个高电平经 R42、R59 分压作为 Q13 的基极偏置电压，使 Q13 导通。Q13 导通后，光电管 IC5A 有电流，使得 IC5B 也有电流（以下可以参看图 6-8），Q14 基极得到低电平而导通，电压再经过 U8 稳压后，分别输出 PFC 和 PWM 工作电压，使它们启动工作。

同样道理，在待机时，CPU（ON/OFF）端子输出低电平信号，使 Q13 截止，而没有 PFC 和 PWM 工作电压输出，使它们处于待机工作状态。

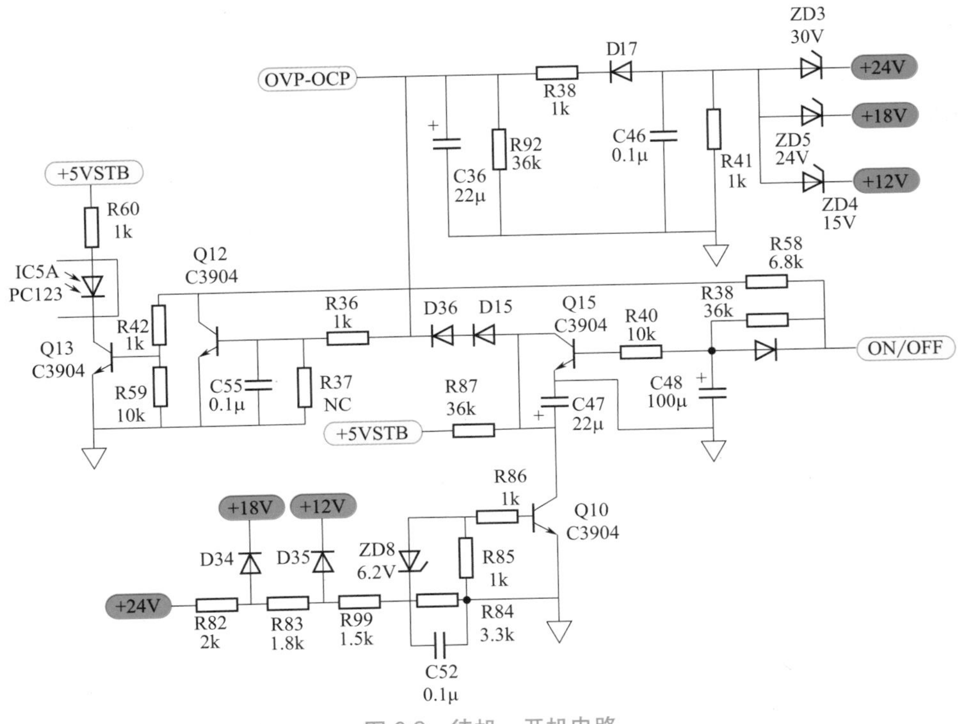

图 6-9　待机、开机电路

6.2.5　PFC 开关电源电路

为提高线路功率因数，抑制电流波形失真，液晶电视一般采用 PFC 电路，目前流行的是有源 PFC 电路。PFC 开关电源电路的工作原理如图 6-10 所示。

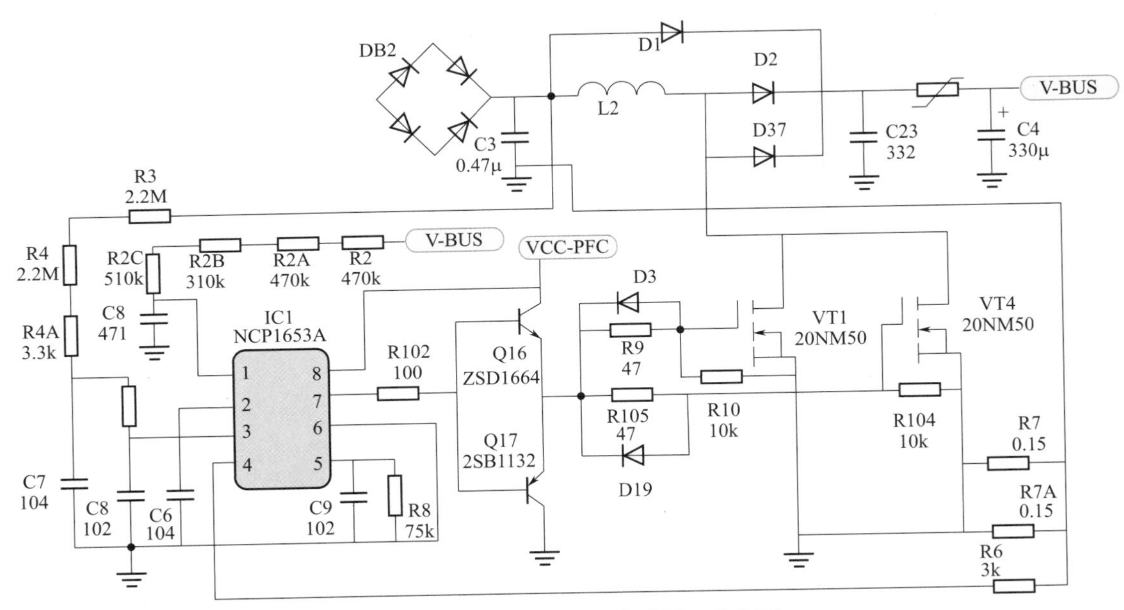

图 6-10　PFC 开关电源电路的工作原理

在开机状态下，+15V 供电电压进入 IC1 的 8 脚后，IC1 内部的振荡电路就开始启动工作，其 7 脚输出振荡脉冲信号，加至三极管 Q16、Q17 的基极。Q16 导通、Q17 截止，VT1 和 VT4 的栅极为高电平，VT1、VT4 导通，整流后的市电对 L2 进行充电，电能转化为磁能储存在 L2 上。当 PFC 电路的驱动信号是低电平时，Q16 截止、Q17 导通，VT1 和 VT4 截止，L2 储存的磁能释放，经 D2、D37 整流后输出电压提升到 380V 左右，经电容 C4 滤波，输出到主电源电路。

6.2.6 主电源电路

主电源电路原理如图 6-11 所示。

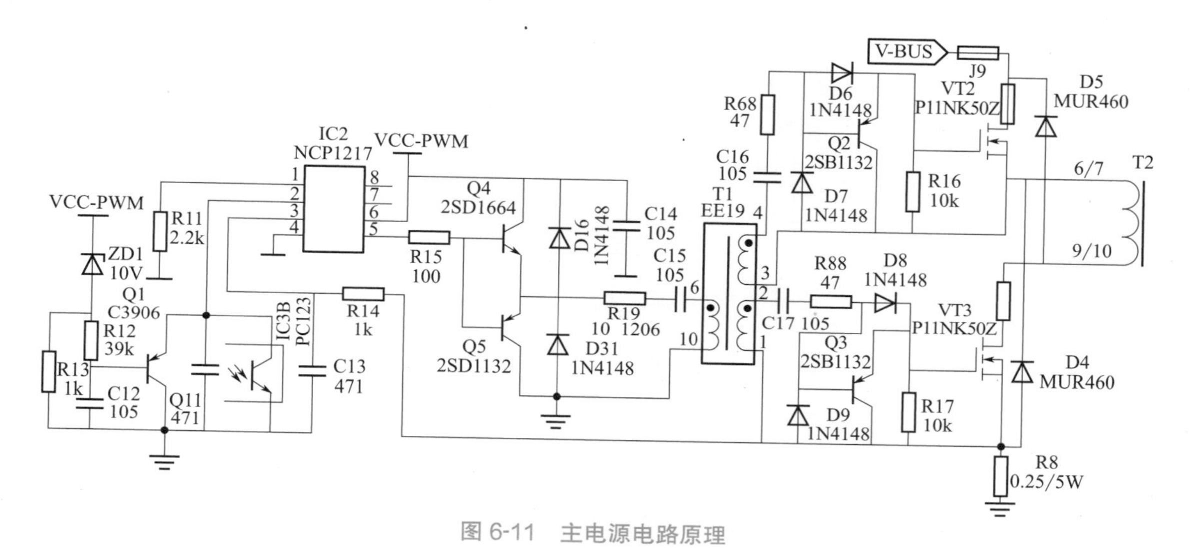

图 6-11 主电源电路原理

❶ 主电源电路工作原理

二次开机后，+14V 电压加至 IC2 的 6 脚，集成电路内部振荡电路便开始工作，产生振荡脉冲信号。从其 5 脚输出脉冲信号控制 Q4、Q5 的基极，脉冲信号使 Q4、Q5 轮流导通和截止，通过 T1 的次级耦合感应到信号的变化，再分别去控制 VT2 和 VT3 的打开和关闭。这样 PFC 电路输出的电压连接到变压器 T2 的初级绕组，从而感应到次级绕组输出，再经过整流得到 12V、18V、24V 直流电压。

Q1 为软启动电路，可以防止启动时的电流峰值过大。

❷ 整流、滤波、电压输出电路

整流、滤波、电压输出电路如图 6-12 所示。

a. +18V 电压：主要由整流二极管 D12，滤波电容 C24、C246、C25 和 L3B、L5 等组成。

b. +12V 电压：主要由整流二极管 D13、D24，滤波电容 C28、C28A、C27 和 L3C、L6 等组成。

c. +24V 电压：主要由整流二极管 D10、D11、D11A，滤波电容 C20、C42、C50 和 L3A、L4 等组成。

❸ +12V、+24V 稳压电路

+12V、+24V 稳压电路如图 6-13 所示。

稳压电路主要由 R27、R28、R29、R30，精密并联稳压器 IC4（TL431）、光耦 IC3 等组成。

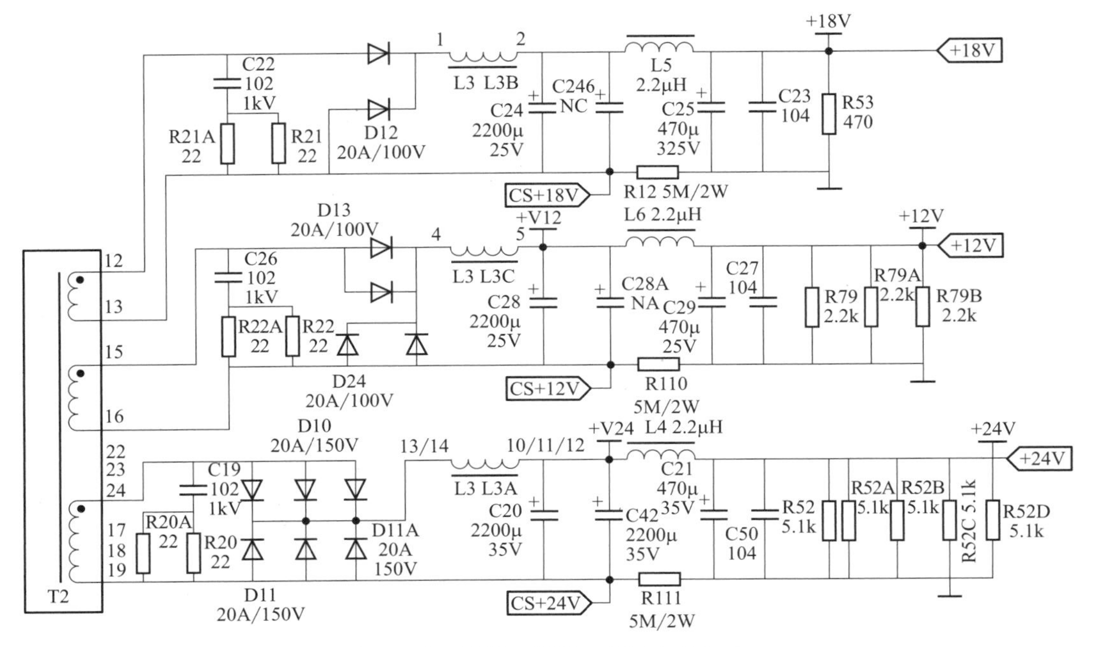

图 6-12 整流、滤波、电压输出电路

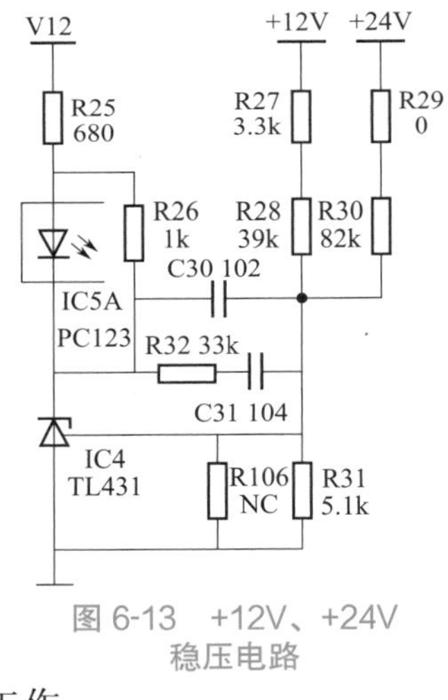

图 6-13 +12V、+24V 稳压电路

+12V 取样于 R27、R28；+24V 取样于 R29、R30。两路取样电压送至稳压器 IC4 的 U_{REF} 极，TL431 的稳压范围在 2.5 ～ 36V，TL431 的 K 极变化电位产生了 IC3 的变化电流，从而控制 IC2 的 2 脚电压，调节 IC2 输出脉冲宽度，最终达到控制 T2 的输出电压，完成稳压控制。

❹ 欠压保护电路

欠压保护电路如图 6-14 所示。

在正常情况下，ZD8 和 Q10 是导通的，此时 Q10 的集电极电压较低，也即 Q12 的基极电压较低，因此 Q12 处于截止状态，不影响 Q13 原来的工作状态，主电源正常工作。当 24V、18V、12V 某一路欠压时，Q10 基极电位被拉低而截止，Q10 的集电极为 5V，也即 Q12 的基极为高电平，使 Q12 导通，Q13 截止，从而引起光耦 IC5 关断，主电源停止工作。

❺ 过压保护电路

过压保护电路如图 6-15 所示。

正常工作时，输出电压不足以使 ZD3、ZD4、ZD5 导通，OVP-OCP 处为低电平。当 24V、18V、12V 其中一路出现过压时，就会击穿连接在相应电路中的稳压管（ZD3、ZD4、ZD5 中的一个）。击穿后的 OVP-OCP 处为高电平，这个电压通过 R36 后加至 Q12 的基极，使 Q12 进入饱和导通状态，开机高电平信号经过 R58 后就被拉低。此时 Q13 将无法进入饱和导通状态，因此光耦 IC5 没有电流流过。此时 PFC 和 PWM 电路将无法得到工作电压，电源板进入待机状态。

❻ 过流保护电路

过流保护电路如图 6-16 所示。

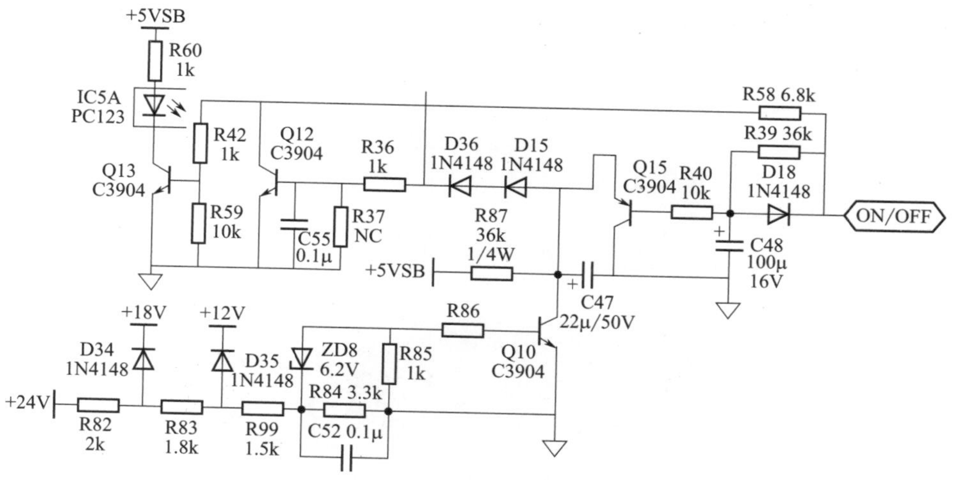

图 6-14 欠压保护电路

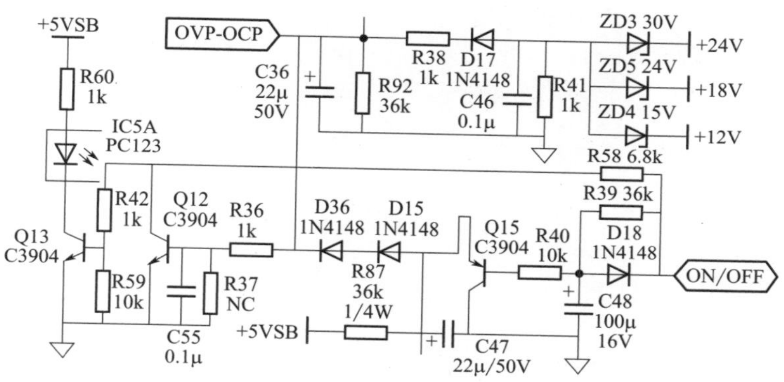

图 6-15 过压保护电路

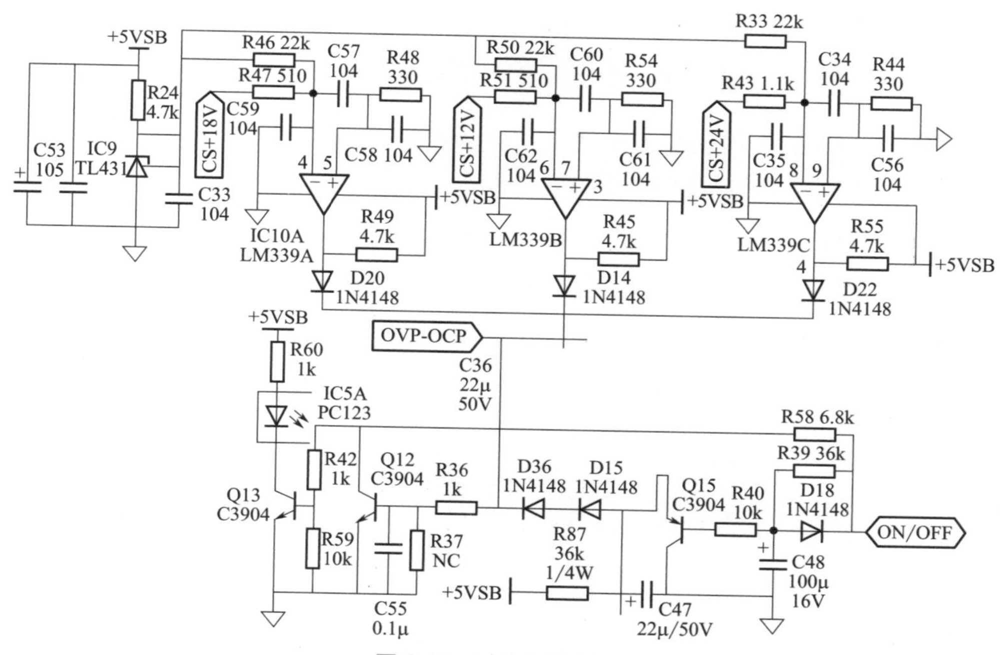

图 6-16 过流保护电路

比较器同相输入端电位为0V，反向输入端电位由通过IC9（TL431）稳压得到的2.5V和各路电流取样电阻上的负电位共同决定。正常工作时，输出电流不够大，取样电阻上的负电位不够负，最终结果是比较器的反向输入端电压为正，比较器输出为低电平，电源正常工作；当某一路电流过大时，取样电阻上的负电位足够负，比较器输出翻转为高电平，进而使Q12导通，Q13截止，主电源停止工作。

❼ 电源电路实物图

长虹LT32510液晶电视电源电路板如图6-17所示。

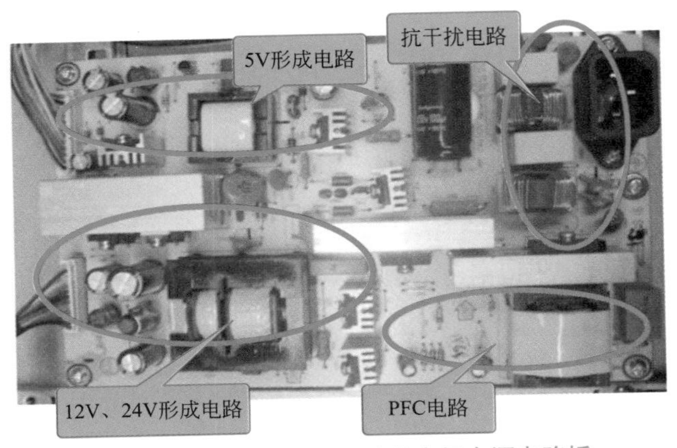

图6-17　长虹LT32510液晶电视电源电路板

6.2.7　DC/DC电源变换电路－线性稳压器

液晶电视主开关电源一般输出的是+12V或+14V、+18V等电压，而液晶电视的主板电路、液晶面板等电路需要的电压则较低（一般为+3.3V以下），因此，需要进行电压变换，这个“工作”就由DC/DC电源变换电路来“担任”。

DC/DC电源变换电路目前主要有两种类型：线性稳压器和开关型DC/DC电源变换器。

液晶彩电中的线性稳压器一般采用的是低压差稳压模块，如常见的1117系列、1084系列等。

1117稳压器封装和外形如图6-18所示。1117有两个版本：固定输出版本和可调版本。固定输出电压为1.5V、1.8V、2.5V、2.85V、3.0V、3.3V、5.0V。最大输出电流为1A。

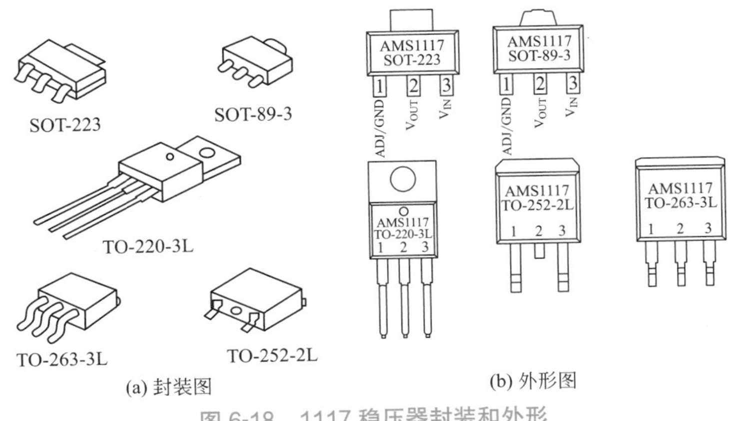

图6-18　1117稳压器封装和外形

1117 稳压器实际电路如图 6-19 所示。

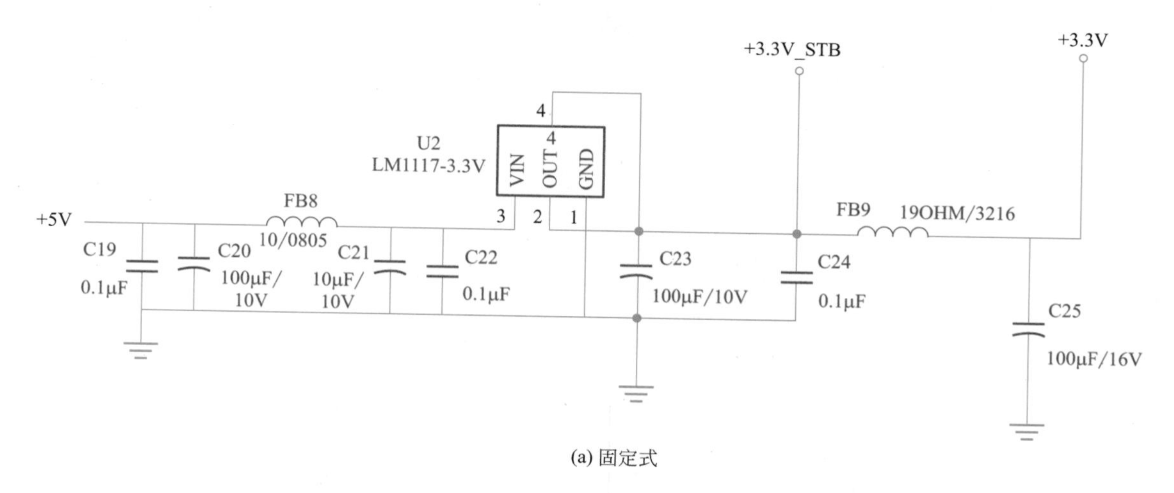

(a) 固定式

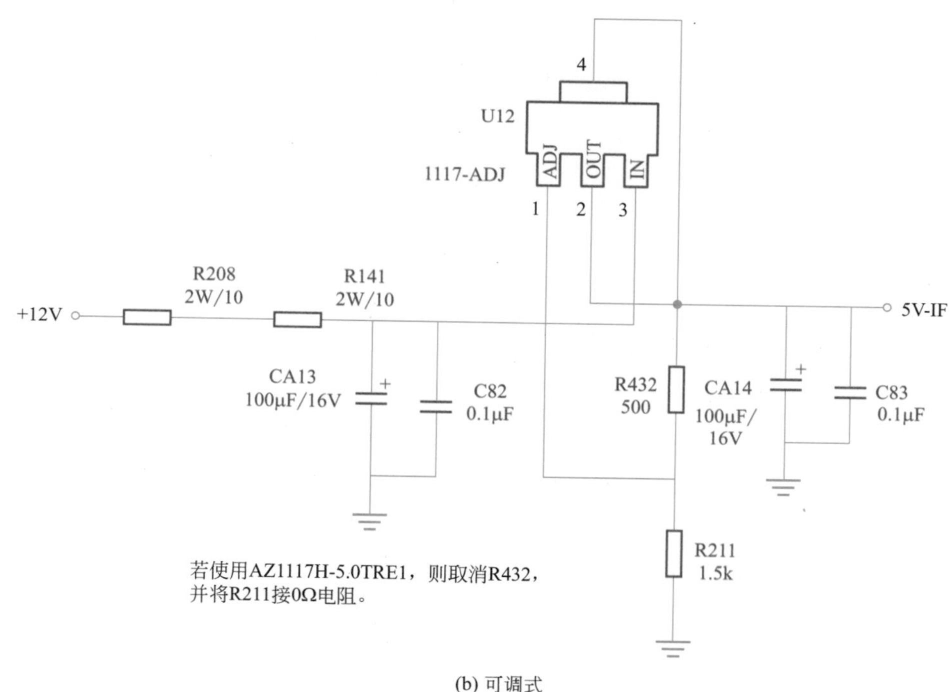

(b) 可调式

图 6-19 1117 稳压器实际电路

1084 系列稳压器与 1117 稳压器工作原理基本相同，只是其体积比后者大，最大输出电流为 5A，其引脚功能与 1117 系列相同。

6.2.8 DC/DC 电源变换电路－开关型稳压器

在液晶电视中，一般采用电感式 DC/DC 变换器较多。

LM2596 系列开关电压调节器是降压型电源管理芯片，能够输出 3A 的驱动电流。固定版本有 3.3V、5V、12V；还有一个输出可调版本，可调范围在 1.2 ～ 37V。LM2596 封装、外形及原理图如图 6-20 所示。

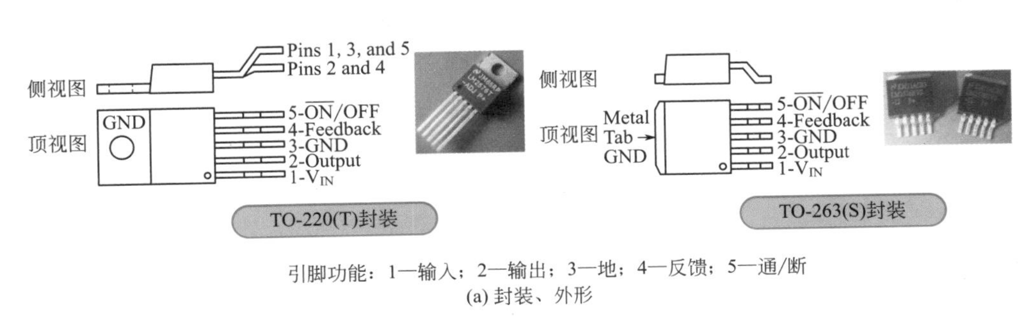

引脚功能：1—输入；2—输出；3—地；4—反馈；5—通/断

(a) 封装、外形

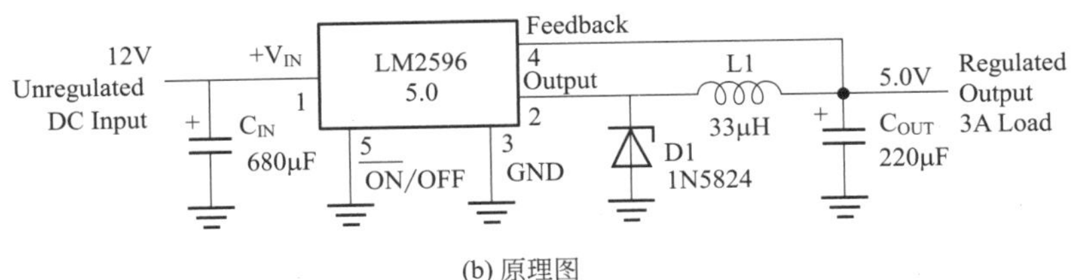

(b) 原理图

图 6-20　LM2596 封装、外形及原理图

6.2.9 维修开关电源前需要明白的几个问题

a. 部分 32 寸（即英寸，1in=25.4mm）以下的液晶彩电，有些电源就没有 PFC 电路。

b. 当 +5VSB 电源下降到 +4.8V 时，就开不了机了。

c. PFC 电路的工作条件是受控于 CPU 的，PFC 电路工作的前提是 CPU 需要输出正常的开机信号；电源 PFC 电路正常的输出电压为 390 ～ 420V。

d. 50 寸以上的屏压在 +18V 或以上，50 寸以下的屏压在 +12V 或以下。

e. 待机电源标注：+5VSB、+5VS；开关机控制标注：ON/OFF、PWR　O/F；STB、POW。

f. 电源的大致功率如表 6-1 所示。

表 6-1　电源的大致功率

尺寸 /in	15 ～ 17	19 ～ 22	26 ～ 32	37	40 ～ 42	46 ～ 47	52 ～ 57
功率 /W	45	60	150	200	250	300	400

假负载一般选取：+5V 端子上 10W/12V 灯泡（电动车等用的，下同）或 10Ω/5W 的电阻；+12V 端子上 10W/12V 灯泡或 20Ω/10W 的电阻；+24V 端子上 35W/36V 灯泡或 10Ω/5W 的电阻。

对于采用带光耦稳压的控制电路，当输出电压高时，可采用短路法来区分故障范围。短路法的过程是：先短路光耦的光敏接收管的两个引脚，测量主电压仍未变化，则说明故障在光耦之后（开关变压器的初级）；反之，故障在光耦之前的电路。

6.2.10 不开机、三无的检查与检修

[故障现象 1]：指示灯点亮但不开机

[故障机型]：TCL　L32C550 机芯 MS82D

[故障分析]：电源、主板、CPU 工作条件、储存器等有问题。

[故障维修]：① 测量主板上 P900 插座处的 3.3V 和 12V 正常。说明电源板基本正常。

② 检测主板上各 DC-DC 转换输出电压，在测量时发现 L819 处无 3.3V 电压输出，说明 U807（MP1495）没有工作。

③ 检查 U807 的各脚电压，发现 7 脚电压只有 2.5V（正常值为 5V）异常。检查 U807 外围元件，发现贴片电容 C867（0.1μF）有漏电现象。

④ 更换电容 C867，故障排除。

[故障现象 2]：不开机

[故障机型]：TCL　L32F3300B 机芯 MS81L

[故障分析]：电源、主板、背光电路有问题。

[故障维修]：① 开机后指示灯点亮，但按键和遥控都开不了机。

② 测量电源 3.3V、12V 电压正常，说明电源板工作正常。

③ 检测主板上的各供电稳压器 U102（RT9266-3.3V）、U103（AS1117-2.5V）、U105（AS1117-3.3V）电压，发现 U103 输出电压为 4.0V（正常值为 2.5V），明显不正常。

④ U103 是给 DDR 供电的，检查其外围元件没有发现异常，更换 U103，故障排除。

[故障现象 3]：三无

[故障机型]：TCL　L50D8800 电源板 K-150S2

[故障分析]：电源电路有问题。

[故障维修]：① 测量电源电路 IC1（OB2262）各脚电压，发现 5 脚电压为 8.5V（正常值为 14.5V）不正常。

② 检测电阻 R115、R116、R117 基本正常。

③ 怀疑三极管 Q13、Q14、Q15 有问题。检查后发现 Q14 已经损坏。更换后故障排除。

[故障现象 4]：不开机

[故障机型]：TCL　L26P11　机芯 MS48S

[故障分析]：电源电路异常。

[故障维修]：① 通电测量主板各电压，发现各输出电压都高（正常值 12V，测量为 24V）。

② 该机供电由电源板产生 24V，然后通过一个 DC-DC 转接小板产生 3V 和 12V 供给数字板。仔细检查发现 U601（MP1593）已击穿。

③ 更换 U601，一切电压都正常了，故障排除。

6.2.11　不定时黑屏的检查与检修

[故障现象 5]：不定时黑屏

[故障机型]：TCL　L48F3500A-3D 机芯 MS801

[故障分析]：电源、主板、背光电路等有问题。

[故障维修]：①该机故障基本没有规律，因此，采用分别代换电源和主板的方法，发现问题在电源板上。

② 开机等待故障出现时再维修。发现故障出现时 PFC 电压从 380V 下降到 340V 左右。说明 PFC 电路有问题。

③ 检测 U301（FAN7930）及外围元件，没有发现异常。更换 U301 故障依旧。最后把 R307（560k）、R308（620k）、R309（1M）同时更换掉，试机故障没有再出现。

6.3 背光灯电路

扫一扫 看视频

6.3.1 CCFL 背光灯简介及电路结构

冷阴极荧光灯管简称为 CCFL，早期的液晶彩电一般都以 CCFL 背光灯作为光源。CCFL 背光灯外形结构及安装位置如图 6-21 所示。

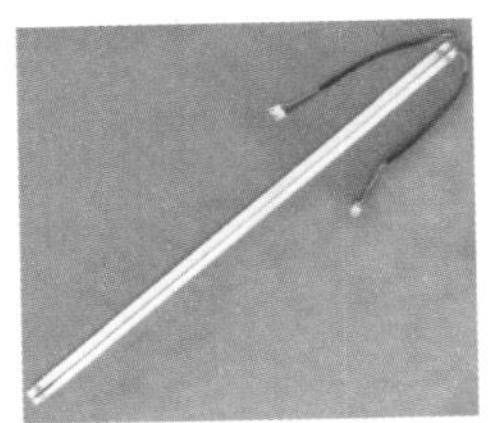
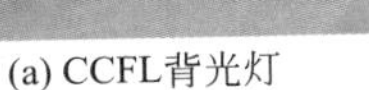
(a) CCFL背光灯

(b) 安装位置

图 6-21　CCFL 背光灯外形结构及安装位置

CCFL 灯管其工作原理与荧光灯基本一样，需要 600 ～ 1500V 的交流高压才能将 CCFL 灯管点亮，因此需要一个升压电路，将电源板提供的 12V 或 24V 直流电压转换为交流高压，俗称高压板或逆变板。

近年来液晶显示屏采用的是节能型 LED 灯，把单个 LED 灯串联起来作为灯条使用，它的点亮电压低则几十伏，高则二百多伏，一般是电源板直接输出电压进行供电。LED 背光灯条结构外形和安装位置如图 6-22 所示。

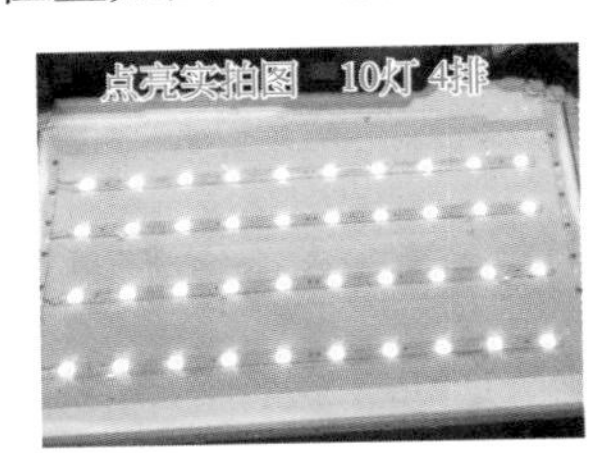

(a) LED背光灯条

(b) 安装位置

图 6-22　LED 背光灯条结构外形和安装位置

目前，在 LED 液晶电视中，常用的调光方法是采用 PWM 进行调光。PWM 调光是利用一个 PWM 控制信号调节 LED 的亮度。

背光灯电路方框图如图 6-23 所示，各电路的主要作用如表 6-2 所示。背光灯驱动电路主

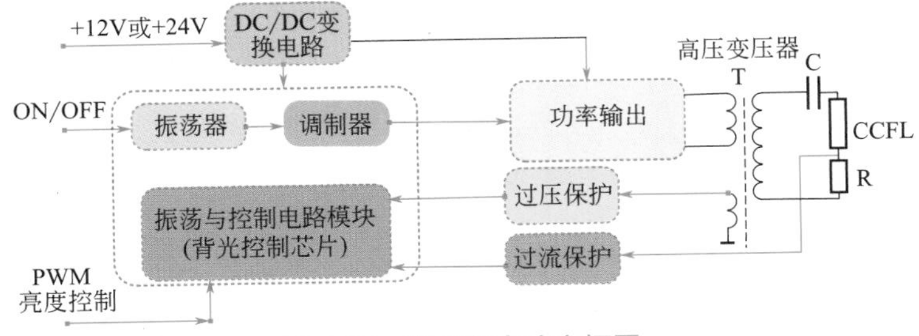

图 6-23　背光灯电路方框图

要由激励脉冲形成电路、脉冲放大和输出电路、过流保护、过压保护和电流稳定等几部分电路组成。

表 6-2 背光灯各电路的主要作用

各电路	主要作用
背光控制芯片	在实际电路中，除功率输出部分和检测保护部分外，振荡器、调制器及控制电路部分通常由一块集成电路完成，这个集成电路称为背光控制芯片或背光调控芯片。 背光控制芯片应用最多的有：TL1451、PF1451、OZ960、OZ962、OZ960、OZ1060、BIT3160、SG6859ADZ、BD9884FV、BD9897FV、BT1061、LX1688PW、FAN7313、OZ9938GN 等型号
振荡器	当背光板接收到 CPU 送来的“ON”信号电平后，控制振荡器开始工作。振荡频率一般为 30 ～ 100kHz。该频率送至调制器与 PWM 信号进行调制
调制器	调制就相当于混合，把 PWM 亮度控制信号叠加在高频振荡信号上，使之成为激励信号。 PWM 调制信号改变输出高压脉冲的宽度，从而达到改变亮度的目的
过压、过流保护	串联在灯管上的 R 为电流取样电阻；绕组的一个初级为电压取样。保护电路常用的集成电路有：LM324、LM393、LM358、BA10393 等
⚠注意	由于背光灯管不能串联和并联应用，所以若需要驱动多只背光灯管，则必须有相应的多个高压变压器输出电路及相适配的激励电路来完成

6.3.2 CCFL 背光灯板驱动电路的几种形式

CCFL 背光灯板多用于半桥驱动电路和全桥驱动电路。

❶ 全桥驱动电路

全桥驱动电路结构形式如图 6-24 所示。

电路工作时，在振荡与控制集成电路的控制下，VT1、VT4 同时导通，VT2、VT3 同时导通，且 VT1、VT4 同时导通时，VT2、VT3 同时截止，即 VT1、VT4 与 VT2、VT3 是交替导通的，这可以使变压器初级形成交流电压，改变开关脉冲的占空比，就可以改变 VT1、VT4 和 VT2、VT3 的导通与截止时间，从而改变变压器的储能，也就改变了输出的电压值。

❷ 半桥驱动电路

半桥驱动电路结构形式如图 6-25 所示。

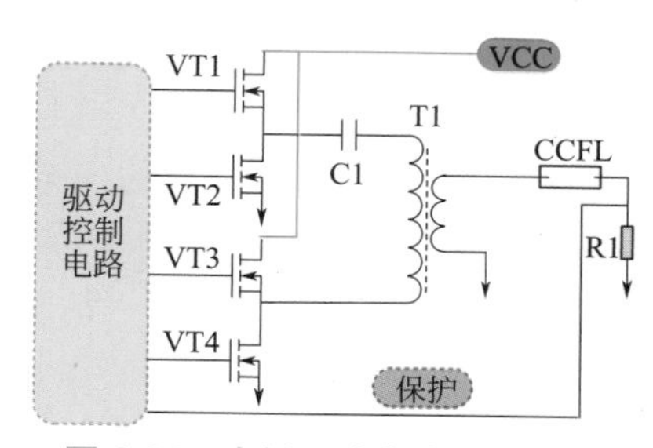

图 6-24 全桥驱动电路结构形式

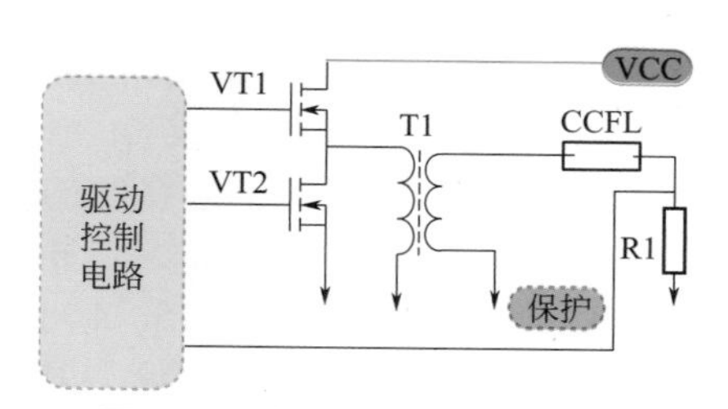

图 6-25 半桥驱动电路结构形式

电路工作时，在振荡与控制集成电路的控制下，VT1、VT2 交替导通，使变压器初级形成交流电压，改变开关脉冲的占空比，就可以改变 VT1、VT2 的导通与截止时间，从而改变变压器的储能，也就改变了输出的电压值。

6.3.3 全桥结构 CCFL 高压逆变电路原理

长虹 LS07 机芯背光灯板电路组成方框图如图 6-26 所示。

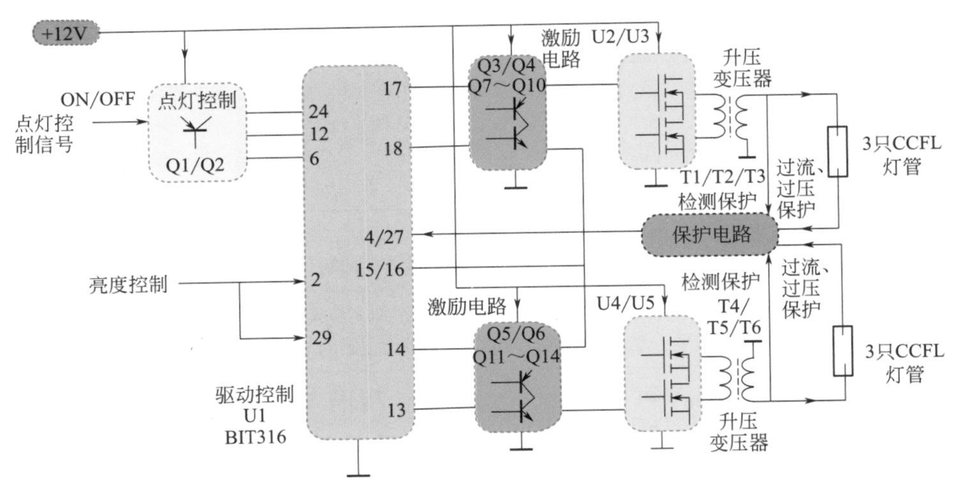

图 6-26 长虹 LS07 机芯背光灯板电路组成方框图

长虹 LS07 机芯背光灯板电路工作原理如图 6-27 所示。

a. 接口电路：输入接口主要包括 3 个电平，一是逆变器的工作电压；二是逆变器开启与关闭的控制电压；三是逆变器输出电流控制电压。

b. 逆变器开启 / 关闭控制电路：逆变器开启关闭控制电路由 R87、Q1、Q2 等共同组成。主板上送来的高电平逆变器开启电压从 CN1 的 3 脚输入，经 R87 加到 Q1 的 b 极，Q1、Q2 导通。CN1 的 1、2 脚输入的 +12V 电压经 R10、Q2 的 e-c 极后分两路：一路分别加到 Q3 ～ Q6 G 极，另一路直接向 U1 的 12 脚提供工作电压。当主板送来 0V 逆变器关闭电平时，Q1 Q2 均截止，U1 工作电压被切断，逆变器被关闭。

c. 灯管单元亮度控制电路：R1、R2、R3、R12、D1、D2、R81、R82 共同组成 A、B 灯管单元两个控制电路，当需要控制灯管亮度时，从主板送来连续可变的控制电压从 CN1 的 4 脚输入，经 R1、R3 后分别经 D1、R81，D2、R82 加到 U1 的 29、2 脚来改变该脚直流电压，这两脚的内部为 A、B 放大器的反向输入端，两脚电压与灯管亮度成反比。实际电路中，接插口 CN1 的 4 脚经主板接地，即逆变器组件上 D1、D2 均处于截止状态，U1 的 29、2 脚无电压输入，A、B 灯管单元处于最大亮度状态。

d. 高压发生电路：高压发生电路主要由 U1 内外部电路共同组成。Q3 ～ Q14、U2 ～ U5、T1 ～ T6 等元件共同组成全桥变换电路，其中 T1 ～ T6 为升压变压器，U2 ～ U5 内含双 NMOS 管，U2、U3 共同完成 T1 ～ T3 初级绕组的电流变换，以点亮 A 组的三只灯管，U4、U5 共同完成 T4 ～ T6 初级绕组的电流变换，以点亮 B 组的三只灯管。由 U1 内部振荡电路产生的振荡脉冲信号经内部 A、B 放大器及其他电路处理后，从 U1 的 13、14、17、18 脚输出 PMOS 管驱动信号，从 15、16 脚输出 NMOS 管驱动信号。

A 组灯管单元高压由 Q4、Q9、Q10、U2、U3、T1、T2、T3 组成的电路形成。U2、U3 内置 P 沟道和 N 沟道 PMOS 管，从 U1（18）脚输出的驱动信号经 Q4、Q9、Q10 放大后，经 R37 加到 U3（4）脚，经内部 PMOS 管放大后从 5、6 脚输出；从 U1 的 15 脚输出的信号经 R35 送到 U2 的 2 脚，经内部 PMOS 管放大后从 7、8 脚输出；U3 的 5 ～ 8 脚输出的脉冲信号分三路进入变压器 T1 ～ T3 初级绕组。

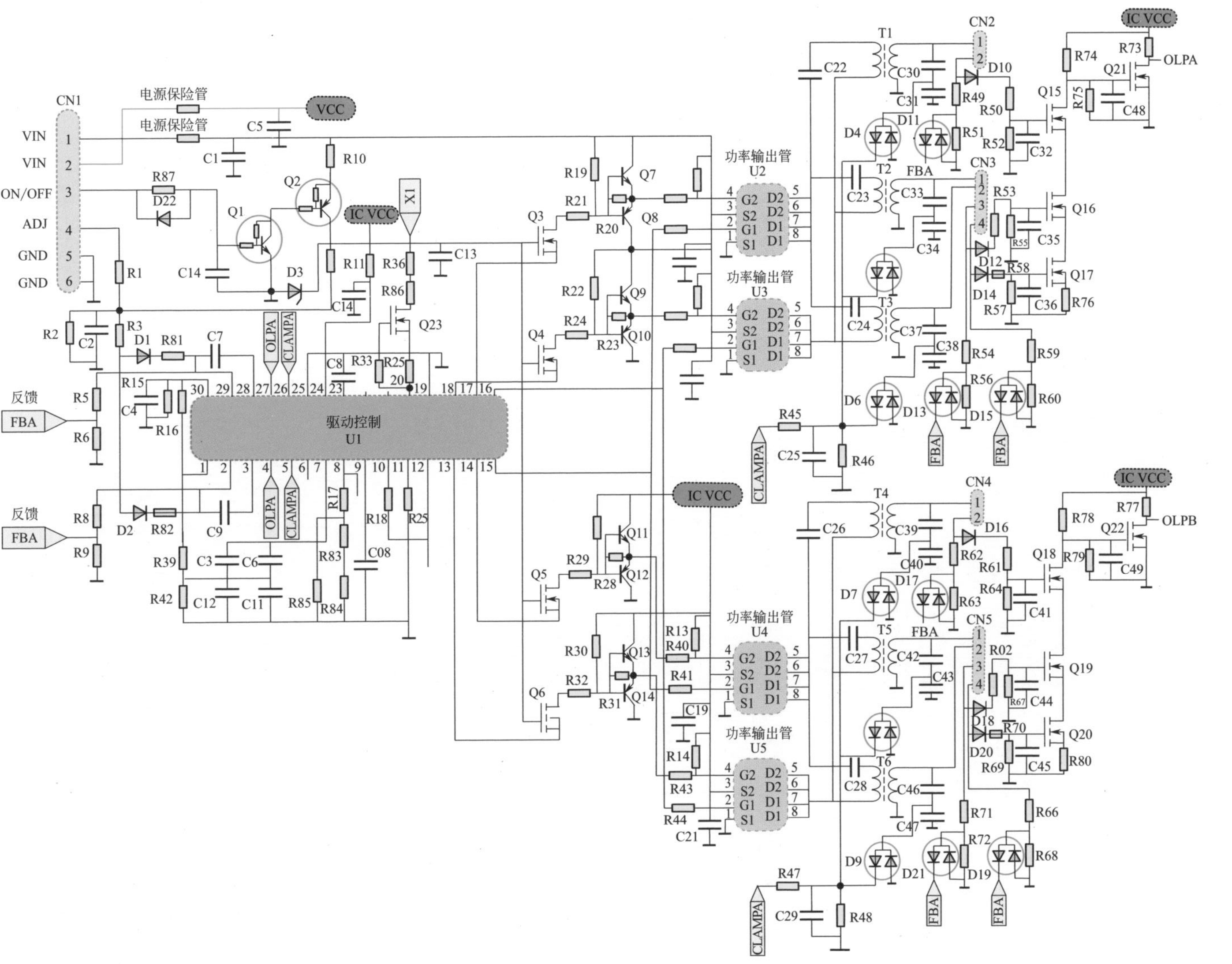

图 6-27 长虹 LS07 机芯背光灯板电路工作原理图

从U1的17脚输出的信号经Q3、Q7、Q8放大后，经R34加到U2的4脚，经内部PMOS管放大后从5、6脚输出，分三路经电容C22～C24进入变压器T1～T3初级绕组；从U1的16脚输出的信号经R38送到U3的2脚，经内部NMOS管放大后从7、8脚输出，直接送往变压器T1～T3初级绕组。U2、U3输出的信号通过T1～T3变换后，在T1～T3变压器次级绕组输出高压。

B组灯管单元高压形成电路由U4、U5、Q6、Q13、Q14、Q5、Q11、Q12、T4～T6组成。电路结构和高压形成过程与A组相同，不再详述。

e. 输出电路：从变压器T1输出的电压经CN2的1脚进入A组灯管1，电流从CN2的2脚输出，经R49、R51到地形成回路，A组灯管1被点亮，为保证背光灯亮度稳定，在R51上端产生的电压作为负反馈信号经D11、R5反馈至U1的29脚内部放大器反相输入端，自动稳定U1相应放大器的工作状态。

从变压器T2输出的高压经CN3的1脚进入A组灯管2，从变压器T3输出的高压经CN3的2脚进入A组灯管3，其他原理同A组灯管1，这里不再赘述。

f. 电流检测保护电路：A组（3只）灯管电流检测电路由D10、D12、D14、Q15、Q16、Q17、Q21及U1的27脚内部电路组成。下面以灯管1为例，其他灯管电流检测原理与此相同。

接在CN2上的灯管1点亮后，将在R49上端形成检测电压，该电压经D10、R50送到Q15（G）极；当某种原因造成A组3只灯管或其中一根电流急剧减小时，在R49、R54、R59上端获得的电压会急剧下降，Q15、Q16、Q17组成的串联式电流检测电路电流下降，Q21（G）极电压上升，其导通程度增强，Q21（D）极电压下降并送入U1（27）脚，当U1（27）脚电压下降到600mV时，U1的17、18脚输出的脉冲被切断，电路处于保护状态。

g. 过压保护：过压保护电路主要用于检测变压器输出高压是否异常升高，U1有两个过压检测端口，分别为U1的5脚、26脚。26脚用于检测T1、T2、T3输出的高压，5脚用于检测T4、T5、T6输出的高压。

6.3.4 LED背光灯电路原理

LED背光灯电路方框图如图6-28所示。

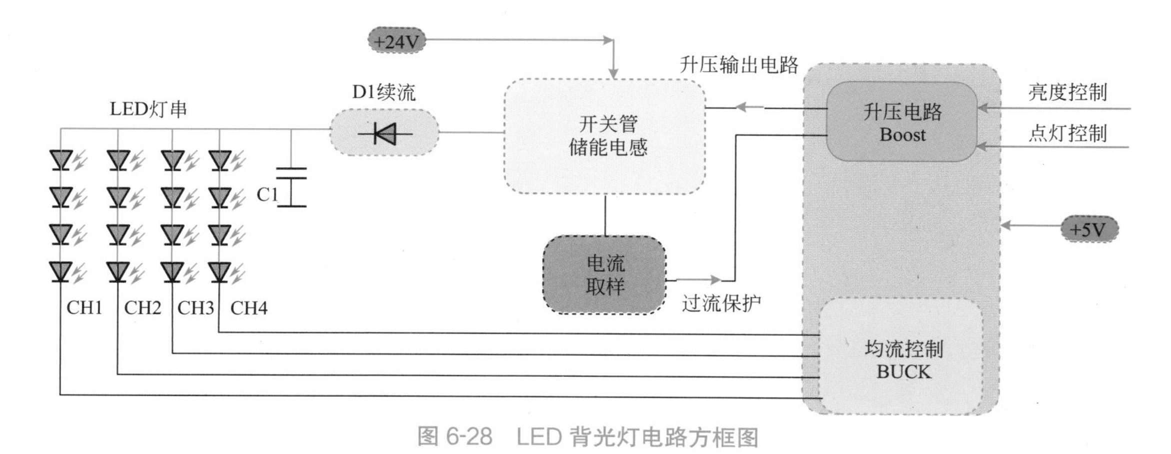

图6-28 LED背光灯电路方框图

海信32寸液晶电视LED背光灯电路原理如图6-29所示。

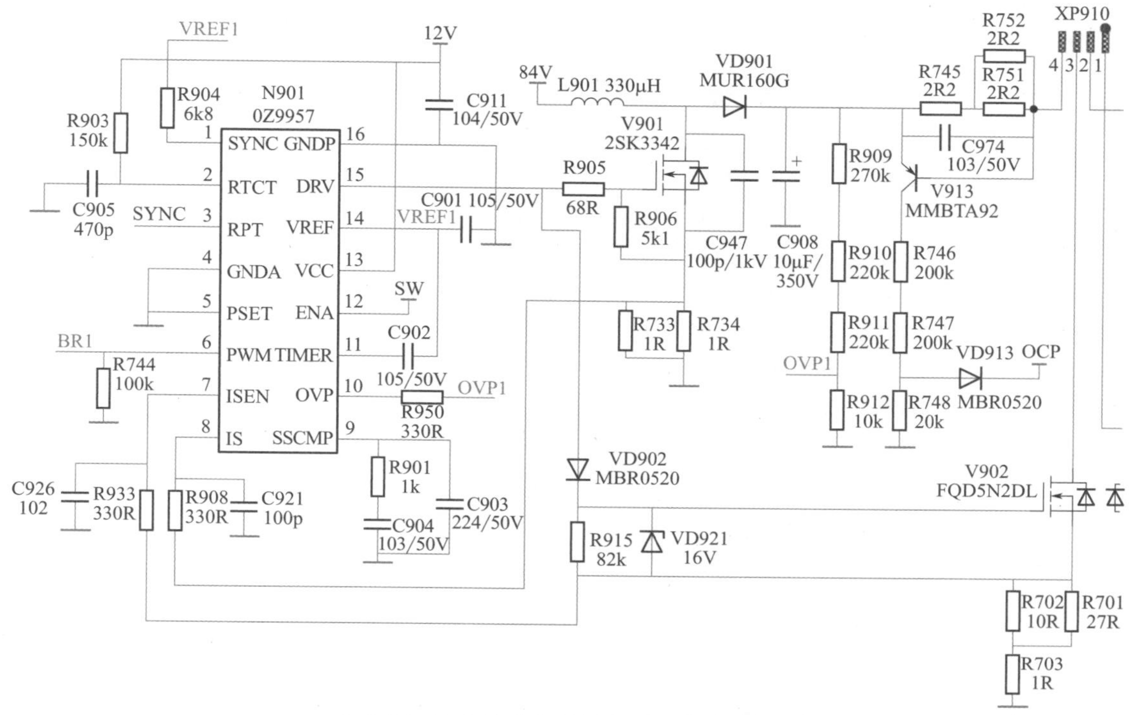

图 6-29 海信液晶电视 LED 背光灯电路原理

a. 电源供电：OZ9957 的 13 脚为供电电压；4 脚为地。

b. 驱动脉冲形成电路：驱动脉冲形成电路的作用是形成自动升压电路所需要的驱动脉冲信号。该部分电路主要由 N901 的 2、15 脚外接元件和集成块内部相关电路组成。

OZ9957 的 2 脚为振荡器频率设定端，振荡电路产生的振荡脉冲信号经内部电流管理器、驱动放大器等电路处理和放大后从 15 脚输出，然后分为两路：一路加到 MOS 管 V901 的栅极，作为 V901 的驱动信号；另一路经 VD902 加到 V902 的控制极，作为 V902 的驱动信号。

c. 升压电路：升压电路主要由 V901、L901、VD901、R733、R734、C908、R702、R701 等元件组成。L901 为储能电感，V901、L901、VD901、R733、R734、C908 等元件组成的电路与开关电源中的 PFC 电路相似。

d. 电流稳定、过压电路：在 LED 背光驱动电路中，稳定驱动电压是通过 LED 的电流反馈实现的。电流稳定电路主要由 R703、R702、R701 和 N901（7）脚内部相关电路组成。

e. 过流保护电路：升压电路中的 R733、R734 和 N901 的 8 脚内部电路组成升压电路中的过流保护电路，R733、R734 为取样电阻。当因某种原因导致 V901 的电流超过正常范围时，R733、R734 上的电压就会上升，该电压经 R908 加到 N901 的 8 脚，当 8 脚电压超过 0.5V 时，内接比较器就会翻转，输出控制信号到驱动脉冲形成电路，去调整驱动脉冲的占空比，V901 的导通时间缩短，使 V901 的电流回到正常范围。

f. 保护电路延迟：N901 的 9 脚外接电容为延时电容。

g. 短路保护电路：短路保护电路由 V913、R745、R752、R751、VD913 等元件组成。

h. 调光控制：N901 的 6 脚为调光控制信号输入脚。当需要对背光亮度进行调整时，信号处理板中的 CPU 就会输出一个频率约 200Hz 的调光控制脉冲信号到 N901 的 6 脚，该信号经内部处理后直接送往 PWM 调制电路，对脉冲振荡电路输出的脉冲信号进行调制。

i. 同步控制：在 LED 液晶电视中，组成背光的灯条往往不止一个，为了保证每个灯条发光的一致性，需要每个驱动电路同步工作。集成块的 1、3、5 脚即为同步工作相关脚。

6.3.5 快速判断逆变器是否有故障

❶ 维修逆变器前需要明白的几个问题

a. 由于逆变器是显示屏供应商供屏时自带的，供应商出于技术的保密性，电视机生产厂家也可能拿不到电路图和 IC 的资料，因此，给维修者带来了很大的困难。

b. 逆变器工作的必备条件：逆变器有三个输入信号，分别是供电电压、开机使能信号和亮度信号。其中供电电压由电源板提供，一般为直流 24V（个别小屏幕为 12V 或 18V）；开机使能信号（END、ON/OFF、BL-ON、ASK）即开机电平由 CPU 提供，高电平 3V 时背光板工作，低电平背光板不工作；亮度控制信号（DIM、AMD、Pwma、ADJ、BRIGHTNESS、VBR）由数字板提供，它是一个 0 ～ 3V 的模拟直流电压，改变它可以改变背光板输出交流电压的高低，从而改变灯管的亮度。

c. 背光驱动电路的供电端子一定有一个保险电阻。

❷ 怎样快速判断逆变器是否有故障

a. 逆变器工作的必要条件。逆变器工作的必要条件：一是电源供电电压；二是 CPU 对逆变器的开关控制信号；三是亮度控制信号。

b. 不需要主板，快速判断逆变器是否有故障。首先将电源板强制打开（开 / 待机脚 POWER 接高电平），而后检查电源各组输出电压是否正常（+24V 或 +18V、+5V）。在各组电源正常的情况下，将 +24V 或 +18V 接至逆变器的 +24V 或 +18V 处；+5V 接至灯管亮度控制处；再接一个 4.7kΩ 的电阻到 +5V，电阻另一端接至逆变器的控制端。此时若逆变器和灯管正常，则会出现正常的光栅，否则就判断为主板信号有故障。

6.3.6 高压板损坏后故障特点及检修

高压板损坏后故障特点及检修如表 6-3 所示。

表 6-3　高压板损坏后故障特点及检修方法

故障现象	故障原因	检修方法
①瞬间亮后马上黑屏	该问题主要为高压板反馈电路起作用导致，如：高压过高导致保护，反馈电路出现问题导致无反馈电压，反馈电流过大，灯管 PIN 松脱，IC 输出过高等都会导致该问题，原则上只要 IC 有输出、自激振荡正常，其他的任何零件不良均会导致该问题，该现象是液晶显示器升压板不良的最常见现象	①短接法：一般情况下，脉宽调制 IC 中有一脚是控制或强制输出的，对地短路该脚则其将不受反馈电路的影响，强制输出脉冲波，此时升压板一般均能点亮，并进行电路测试，但要注意：因此时具体故障点位还未找到，因此短路过久可能会导致一些异常的现象，如：高压线路接触不良时，强制输出可能会导致线路打火而烧板。 ②对比测试法：因液晶显示器灯管均为 2 个以上，多数厂家在设计时左右灯管均采用双路输出，即两个灯管对应相同的两个电路，此时，两个电路就可以采用对比测试法，以判定故障点位。当然，有的机子用一路控制两个灯管时，此法就无效
②通电灯亮但无显示	此问题主要为升压板线路不产生高压导致，如：+12V 未加入或电压不正常、控制电压未加入、接地不正常、IC 无振荡 / 无输出、自激振荡电路不良等均会出现该现象	检查高压电路

续表

故障现象	故障原因	检修方法
③三无	若因升压板导致该问题，则多数均为升压板短路导致，一般很容易测到，如：+12V 对地、自励管击穿、IC 击穿等。另外：二合一板的机子，则电源无输出或不正常等亦会产生该故障	维修时可以先切断升压部分供电，确认是哪一方面的问题。 要判定是电源问题还是升压部分问题，可切断升压线路的供电线路，再测试电源输出的 +12V 或 +5V 等是否正常，以此来判定问题出在哪部分。但应注意的是：切断时要看仔细，勿直接切断 + 12V 或 +5V 整流线路，那样可能导致电源无反馈电压而升压过高，导致爆炸等问题
④亮度偏暗	升压板上的亮度控制线路不正常、+12V 偏低、IC 输出偏低、高压电路不正常等均会导致该问题，部分可能伴随着加热几十秒后保护，出现无显示现象	
⑤电源指示灯闪	该问题同三无现象类似，多数为管子击穿导致	
⑥干扰	主要有水波纹干扰、画面抖动 / 跳动、星点闪烁（该现象较少，多数为液晶屏问题）等	主要是高压线路的问题

6.3.7 背光灯不亮的检查与检修

[故障现象 6]：背光灯不亮

[故障机型]：TCL LE32D99 机芯 MS182

[故障分析]：电源、主板、背光驱动电路等有问题。

[故障维修]：① 试机发现指示灯有正常的开机程序。

② 检测电源板各组输出电压基本正常。

③ 检测数字板输出给背光电路的驱动电压也基本正常。

④ 检测 U4 背光驱动电路的工作条件，没有发现异常。

⑤ 继续检查背光驱动管 Q3，发现 Q3 已经损坏。更换这个三极管，故障排除。

[故障现象 7]：左侧屏幕黑

[故障机型]：TCL L42E5300A 机芯 MS99

[故障分析]：背光驱动电路有问题。

[故障维修]：① 上电试机，左侧屏幕黑。遥控、按键均可以二次开机，测试各信号源图像和伴音基本正常。

② 重点检查背光升压板及外围有关电路。测量背光供电电压 24V、背光亮度控制电压 2.9V 基本正常。

③ 继续测量 P602 的 10 脚背光升压输出脚右侧 93V 也正常，测量 1 脚 24V 左侧，左侧升压电路没有工作。由于升压板是两路升压驱动输出，且电路是对称的，为了区分是发光条还是背光左侧升压驱动电路有故障，将右侧的发光条插件插在升压板左侧输出上，试机故障依旧。说明左侧驱动升压板没有工作，重点检查左侧驱动电路。

④ 最后检查发现是电阻 R660 断路，更换后故障排除。

[故障现象 8]：灯亮不开机

[故障机型]：TCL　LCD3026

[故障分析]：背光板有问题。

[故障维修]：① 接通电源后，红灯点亮，按遥控器开机后，红灯闪烁，然后屏幕亮一下后就黑屏。

② 测量电源板各路输出电压基本正常。

③ 依据故障现象判断为背光板有问题。更换背光板后故障排除。

6.3.8　黑屏的检查与检修

[故障现象 9]：黑屏

[故障机型]：TCL　C32F220　MT181

[故障分析]：背光保护。

[故障维修]：① 通电试机，发现屏亮出现 TCL 字符后，黑屏背光不亮，伴音正常，屏亮时光栅有点亮暗闪动。

② 代换电源背光一体板后，故障依旧。说明故障发生在屏内部。

③ 对背光板上几个变压器逐一补焊后，故障排除。

[故障现象 10]：黑屏

[故障机型]：TCL L32V10　机芯 MS51L

[故障分析]：背光保护。

[故障维修]：① 开机背光灯亮一下就黑屏。代换电源背光一体板后，故障依旧。说明故障发生在屏内部。

② 拆卸一体屏，观察灯管未发现异常。

③ 检测变压器时发现 T2 的阻值为十几千欧，与其他变压器的阻值 0.6kΩ 相差较大。更换 T2 变压器后故障排除。

6.4 主板电路

扫一扫　看视频

6.4.1　主板电路的结构

液晶电视中的主板主要负责所有信号的处理及控制，输入的 RF 信号及外接 AV 等信号由主板电路处理后成为液晶面板所需的格式信号，送至液晶面板。图 6-30 红色框中的方框图就是主板的主要结构。

高频调谐器（高频头）、中放电路、视频检波电路、视频切换电路、色度 / 亮度处理电路、A/D 变换电路、数字视频信号处理电路、格式变换和上屏信号形成电路、帧存储器、音频信号切换和处理电路、伴音功放电路、微处理器（CPU）、程序存储器、存储器等在液晶电视中统称为信号处理电路。这些信号处理电路在选择设计方案时有以下几种情况：一是将所有信号处理电路全部设计在一个印制线路板上，这种板子称为信号处理板，简称为主板；二是将视频切换和视频信号处理电路部分分离出来单独设计安装在一个印制电路板上，这种电路设计方案形成的电路组件板通常由两块电路组件板组成，承担视频信号切换和视频处理电路任务的电路板通常称为AV板，承担其他任务的电路板组件就称为主板；三是将高频头、视频信号、VGA信号等信号输入/输出接口电路分离出来单独安装在一个电路板上，这种电路设计方案形成的电路组件也是两块，通常将安装了高频头、视频信号、VGA信号等信号输入/输出接口电路的电路板称为AV板，安装了其他电路组件的电路板称为主板。

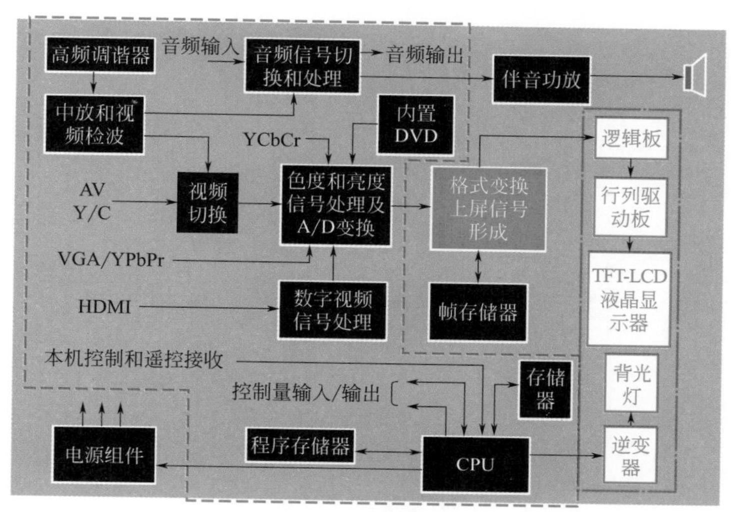

图6-30　主板电路的结构

6.4.2　CPU和总线

CPU控制器电路的基本组成方框图如图6-31所示。

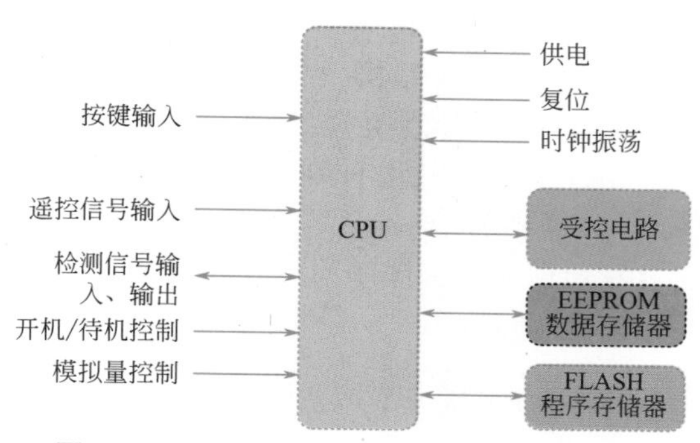

图6-31　CPU控制器电路的基本组成方框图

液晶电视机一般都是采用I^2C总线控制方式的，I^2C总线可译为“内部集成电路总线”或“集成电路间总线”，一般称为总线。

I^2C总线控制实质上是一种数字控制方式，它只需两根控制线，即时钟线（SCL）和数据线（SDA），便可对电视机的功能实现控制，而常规遥控彩电中每一个功能的控制均是通过专用的一根线（接口电路）进行的。

I^2C总线时钟线的作用是为电路提供时基信号，用来统一控制器件与被控制器件之间的工作节拍，不参与控制信号的传输。

I^2C总线数据线是各个控制信号传输的必经之路，用来传输各控制信号的数据及这些数据占有的地址等内容。

长虹 LT4018（LS10 机芯）CPU 工作条件电路主要由集成块 MM502 的 7、8、11、12 脚外电路和集成块内部相关电路组成，如图 6-32 所示。

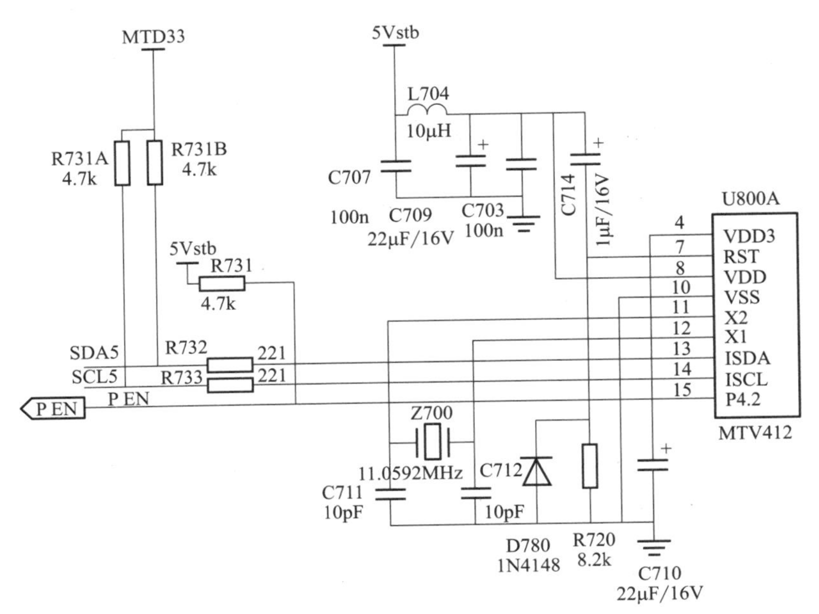

图 6-32　长虹 LT4018 CPU 工作条件电路

8 脚为集成块 +5V 电源供电端，电视机上的电源开关接通后，开关电源输出的 +5Vstb 电压经电感 L704 加在集成块 8 脚上，作为微处理器正常工作所需要的电源电压。

时钟振荡电路由 11、12 脚外接元件 Z700、C711、C712 和集成块内部相关电路组成。

7 脚为复位端，外接电容 C714 为复位电容。该微处理器为高电平复位。

CPU 的 13 脚为 I^2C 总线 1 的数据信号接口，14 脚为 I^2C 总线 1 的时钟信号接口。该总线接口上挂接有：高频调谐器、视频信号处理和 AD 变换电路专用集成电路 U401（SAA7117）、音频信号处理和音量控制电路 U700（NJW1142）、VGA 状态下外部设备能识别的电视机参数存储器 U01（24LC21）。

上述信息是保证射频信号处理电路、视频信号处理电路、VGA 信号输入电路和音频信号处理电路正常工作的必备条件。

6.4.3　模拟量及控制电路接口电路

模拟量控制电路主要有逆变器启动控制电路、上屏电压控制电路、开机/待机控制电路、遥控和键控信号电路、音频信号切换控制电压电路、高频头控制电压电路等。

6.4.4　高频调谐器和中频信号处理公共通道电路

高频调谐器简称高频头，一般都是采用独立式高频头加中频处理电路一体化的高频头，该高频头行业又称为二合一高频头，该高频头直接输出解调后的视频信号 CVBS 和第二伴音中频信号 SIF（也可以直接输出解调后的伴音信号）。

长虹 LT4018 液晶电视中的高频调谐器由 U602（TM14-C22P2RW）组成，该高频头是二合一组件，其原理如图 6-33 所示。

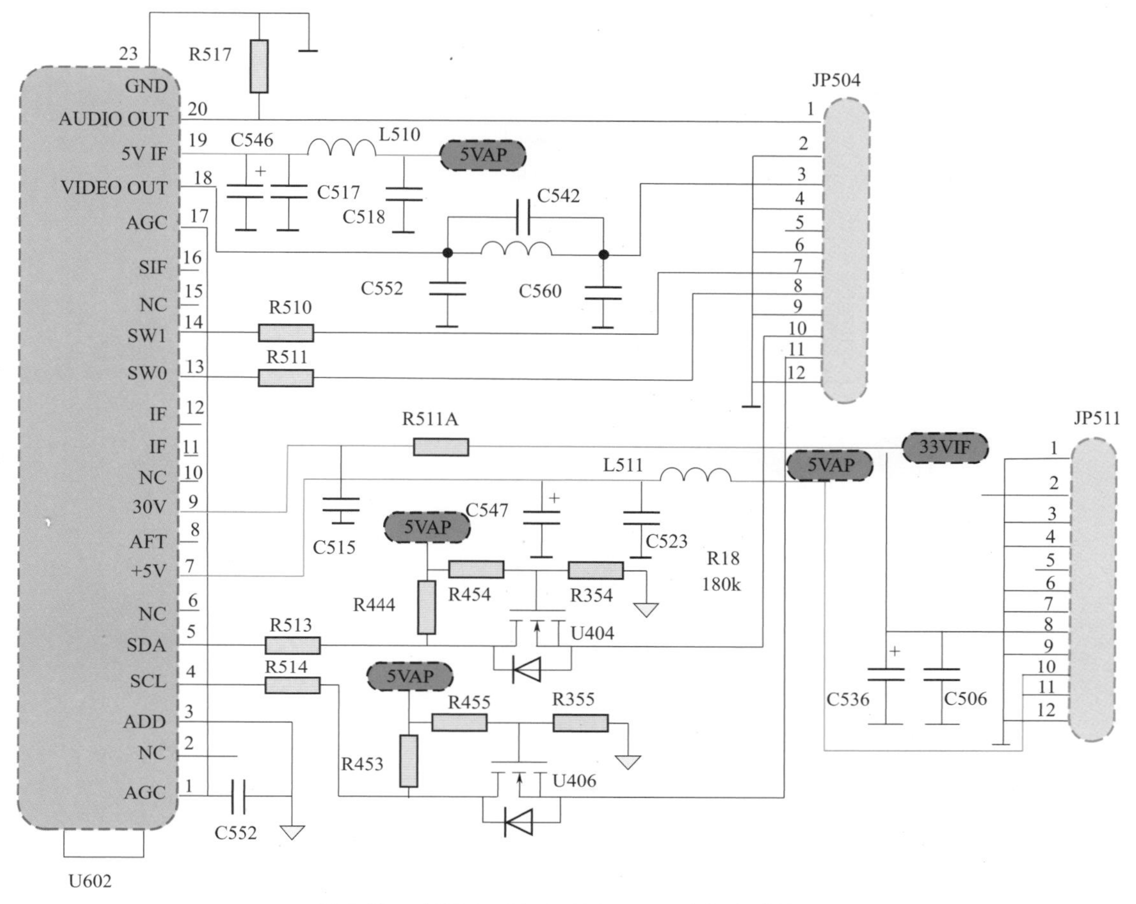

图 6-33　高频头 TM14-C22P2RW 实际电路原理

高频调谐器的工作状态受控制系统电路输出的总线信号（SDA、SCL）、SW0、SW1 信号控制。来自信号处理板上 CPU（U800）的 4、5 脚的 SDA、SCL 总线数据信号经 U404、U406 放大后加到高频调谐器的 4、5 脚，经集成块内部译码器译码处理后，自动形成波段控制电压和调谐控制电压，对高频调谐器内部的高频调谐电路进行控制，完成频道选择和混频处理，向后续的图像中频信号处理电路输出图像中频和伴音中频信号。SW0、SW1 为幅频特性选择和伴音制式切换控制信号，该控制信号来自 CPU（U800）的 41、42 脚，从高频调谐器的 13、14 脚进入其内部电路后，分别加在幅频特性选择电路和伴音制式切换电路上。

6.4.5　视频信号处理电路

视频信号处理电路主要包括视频切换、色度信号解调、亮度信号处理、A/D 变换等电路。

LT4018 液晶电视的视频信号处理电路如图 6-34 所示。

SAA7117 为视频信号处理和 A/D 转换专用集成电路，该电路的特点是：在用遥控器或本机键开机启动电视机后，只有 CPU 通过总线检测到 SAA7117 组成电路中的时钟振荡电路、集成块内部的译码电路和总线接口电路工作正常时，CPU 才能从待机状态转为稳定的正常工作状态。若上述电路工作不正常，即使控制系统电路中的 CPU、存储器、程序存储器正常，电视机也无法由待机状态转为正常工作状态。

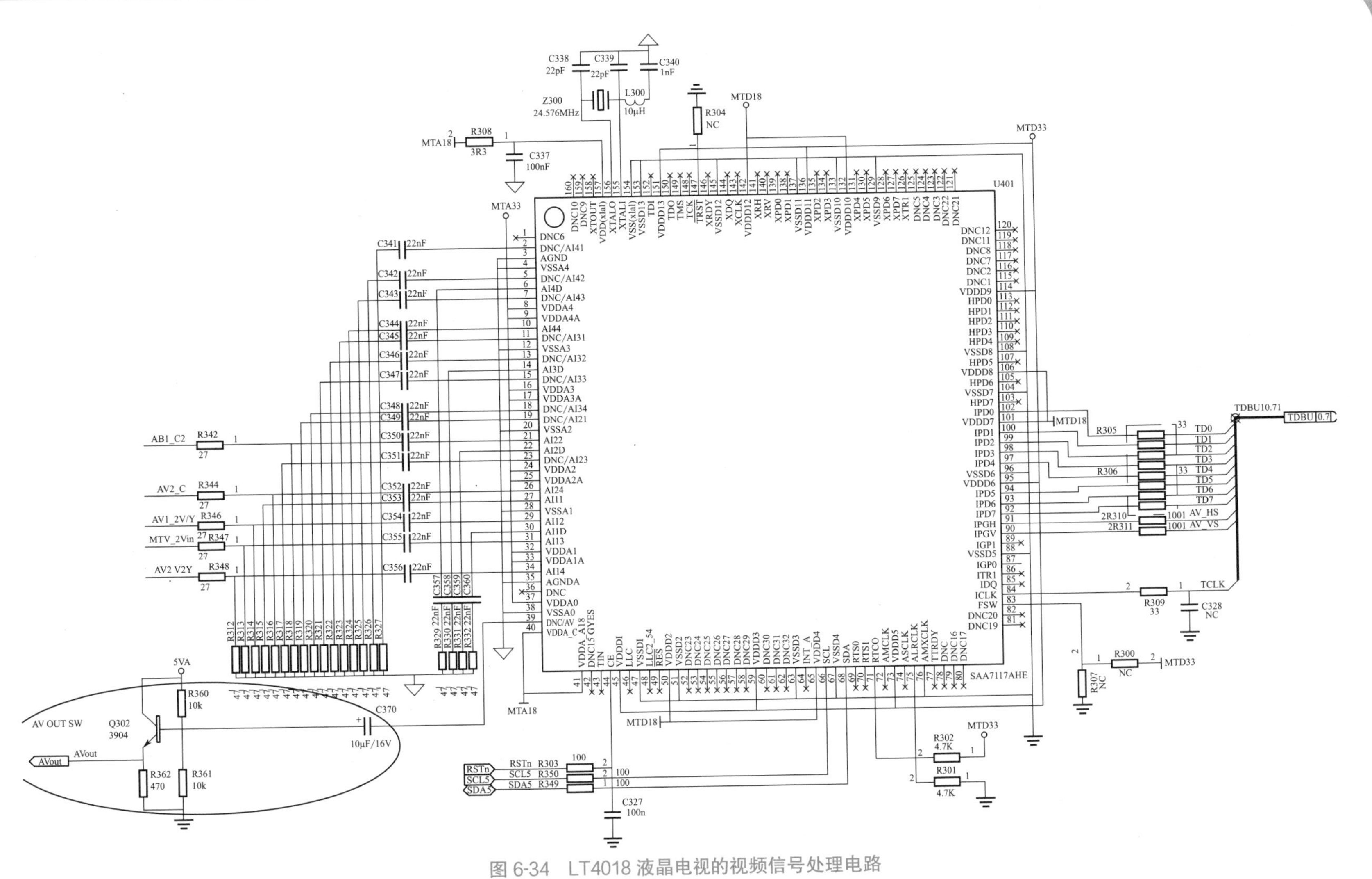

图 6-34 LT4018液晶电视的视频信号处理电路

SAA7117供电电压电路如图6-35所示。

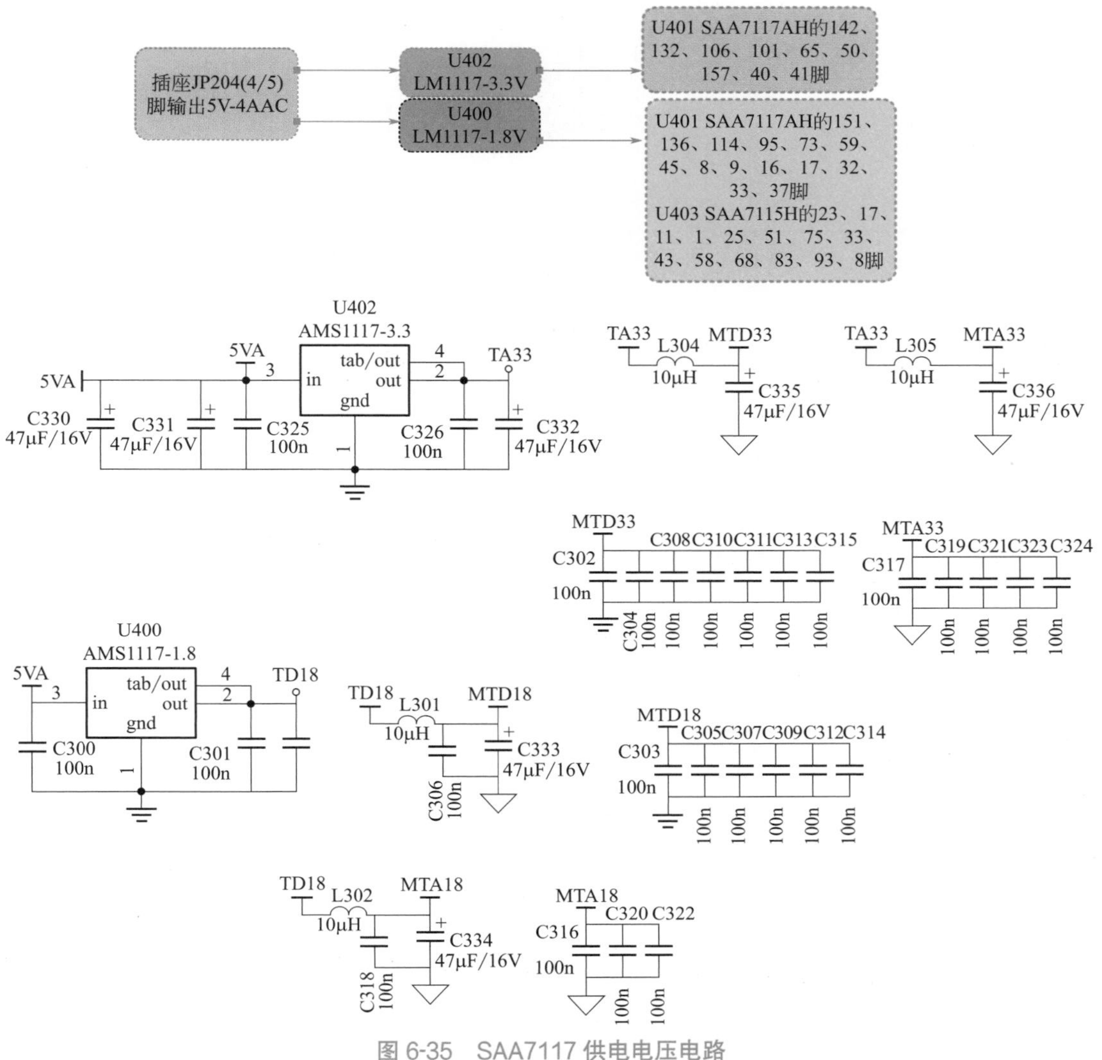

图6-35 SAA7117供电电压电路

SAA7117时钟振荡电路如图6-36所示。时钟振荡电路由集成块154、155脚外接元件Z300、C338、C339、L300、C340和集成块内部相关模块电路组成。

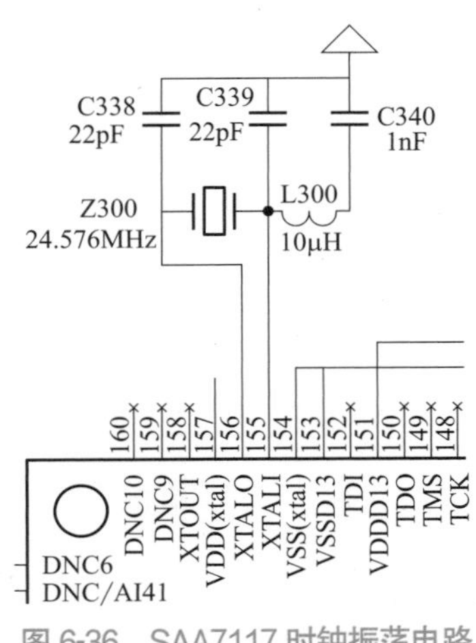

图6-36 SAA7117时钟振荡电路

SAA7117色度、亮度、视频处理电路如图6-37所示。

21、26、29、31、34脚分别为色度信号、亮度信号、视频全电视信号输入端，内接视频切换开关模块电路，其作用主要是对色度信号、亮度信号、视频全电视信号进行切换选择。上述信号进入集成块内部后，首先在CPU输来的总线数据信号控制下，由其内部的视频切换开关进行选择，选出与电视机屏幕所显示的工作状态对应的视频信号后送往后续电路。视频信号输出电路如图6-38所示。

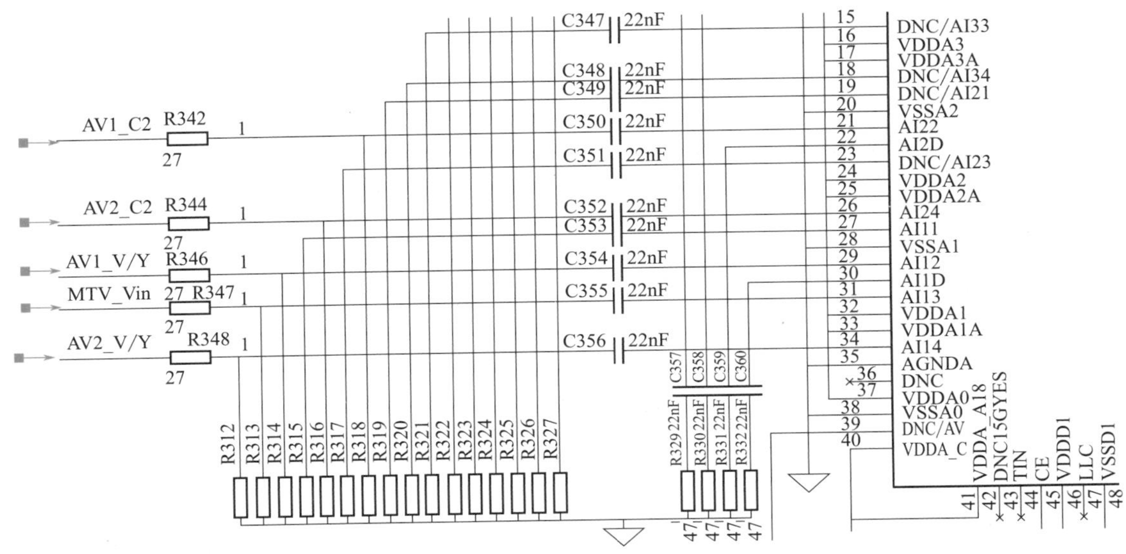

图 6-37　SAA7117 色度、亮度、视频处理电路

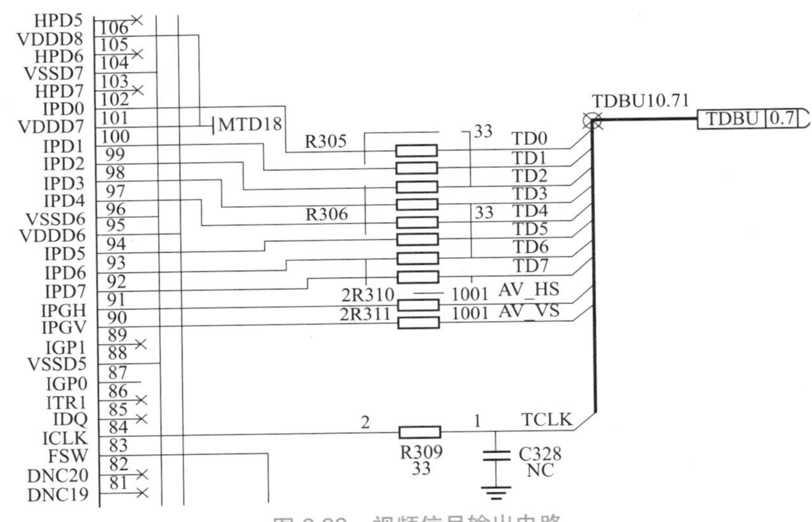

图 6-38　视频信号输出电路

电视机工作在 TV 状态和 AV 状态时，视频切换开关输出的视频信号首先进入亮 / 色分离电路进行亮 / 色分离，得到的亮度信号和色度信号送往亮 / 色信号切换开关与 SVHS 接口电路输入的亮 / 色信号进行切换。切换选择后的色度信号直接送往色度信号解调电路进行解调。切换选择后的亮度信号直接送往亮度信号处理电路和同步信号处理电路进行处理。色度信号和亮度信号经色度信号解调电路、亮度信号处理电路处理后，得到 YUV 信号（Y、R-Y、B-Y），YUV 信号送往 A/D 变换电路，由 A/D 变换电路进行模 / 数变换。最后得到 8bit 数字信号后从 SAA7117 的 92、93、94、97、98、99、100、102 脚输出，送往后续的变频处理电路 U105（MST5151A）的 41、42、43、44、45、46、47、48 脚。

6.4.6　变频处理和上屏信号形成电路

长虹 LT4018 液晶电视信号处理电路中的变频处理和上屏信号形成电路由集成块 U105（MST5151A）、U200（K4D263238M）组成。其中：U200 为帧存储器，U105 为变频处理和上屏信号形成专用集成电路。变频处理电路与 CPU 的传输通道如图 6-39 所示。

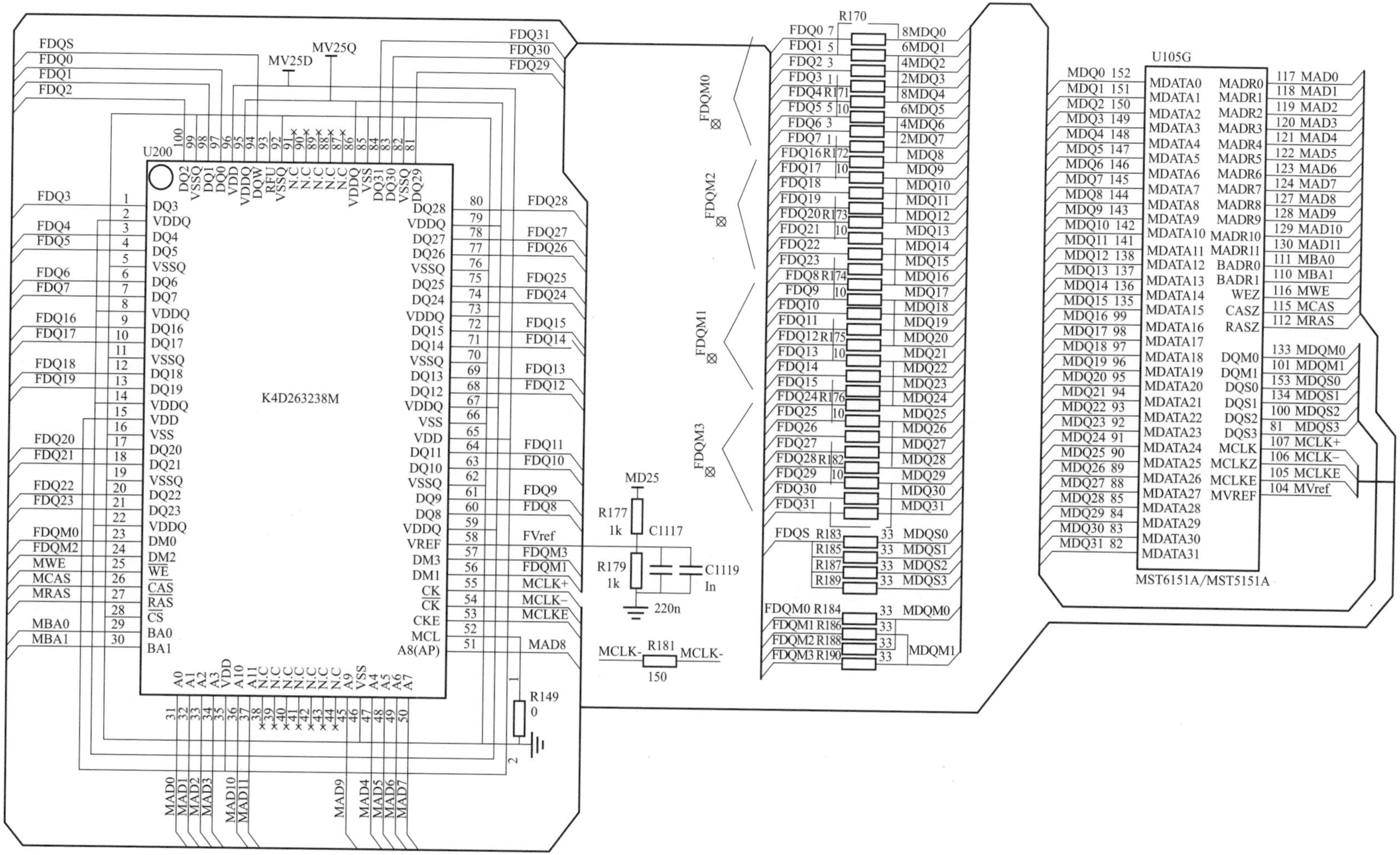

图 6-39　变频处理电路与 CPU 的传输通道

集成块 MST5151A 与帧存储器 K4D263238M 之间的信息传输通道较多。帧存储器 K4D263238M 在 MST5151A 送来的地址信号、标识信号、写入使能信号、时钟使能信号和地址开关信号等信号的控制下，不仅要完成对 MST5151A 通过数据信号输入 / 输出接口送来的数字图像信号的存储，还要完成对数字图像信号的读取，并通过数据信号传输将读取的图像信号回送到 MST5151A 中。

上屏信号形成电路如图 6-40 所示。

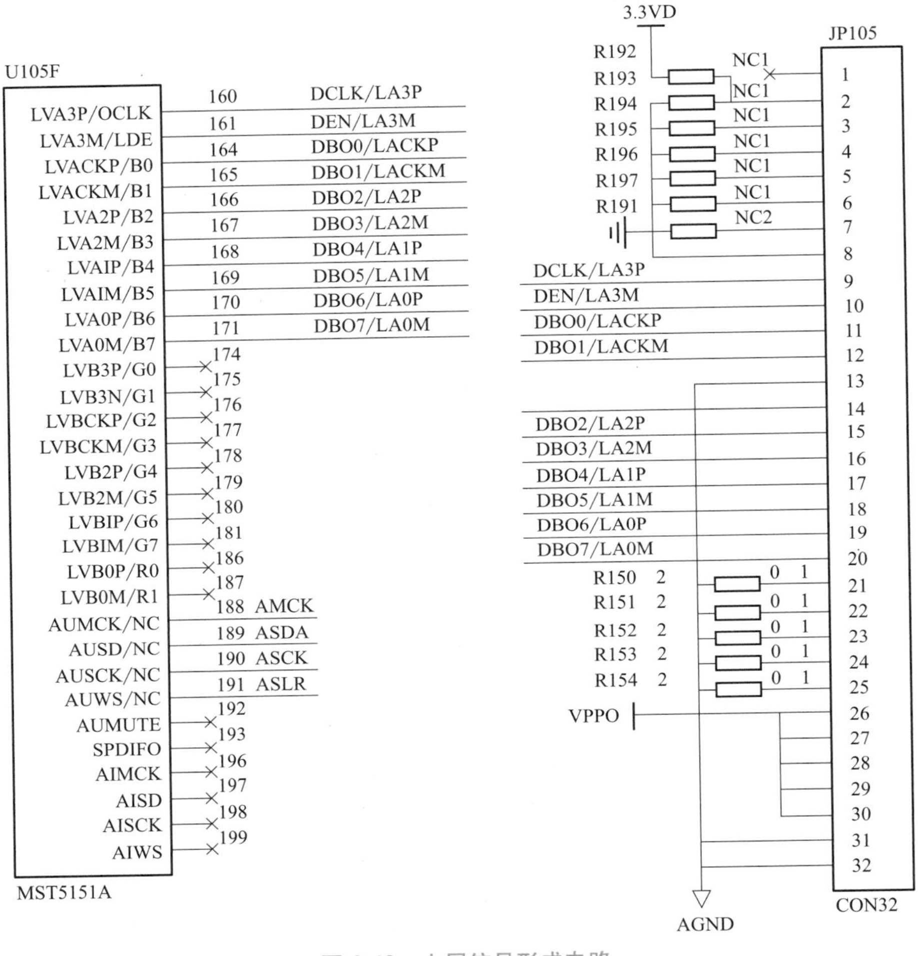

图 6-40 上屏信号形成电路

从电路结构上来看，如果 MST5151A 与帧存储器 K4D263238M 之间的信息传输通道出现问题，即使是一个信息传输通道出现故障（不通或短路），也会造成数字图像信号丢失，使帧存储器工作不正常，造成电视机出现无图像或图像不正常故障。

6.4.7 伴音电路

伴音电路主要由视频状态下的音频信号切换电路、音效处理和音量控制电路、伴音功率放大电路三部分电路组成。

长虹 LT4018 液晶电视视频状态下的音频信号切换电路由集成块 U114（74HC4052）组成，其工作原理如图 6-41 所示。

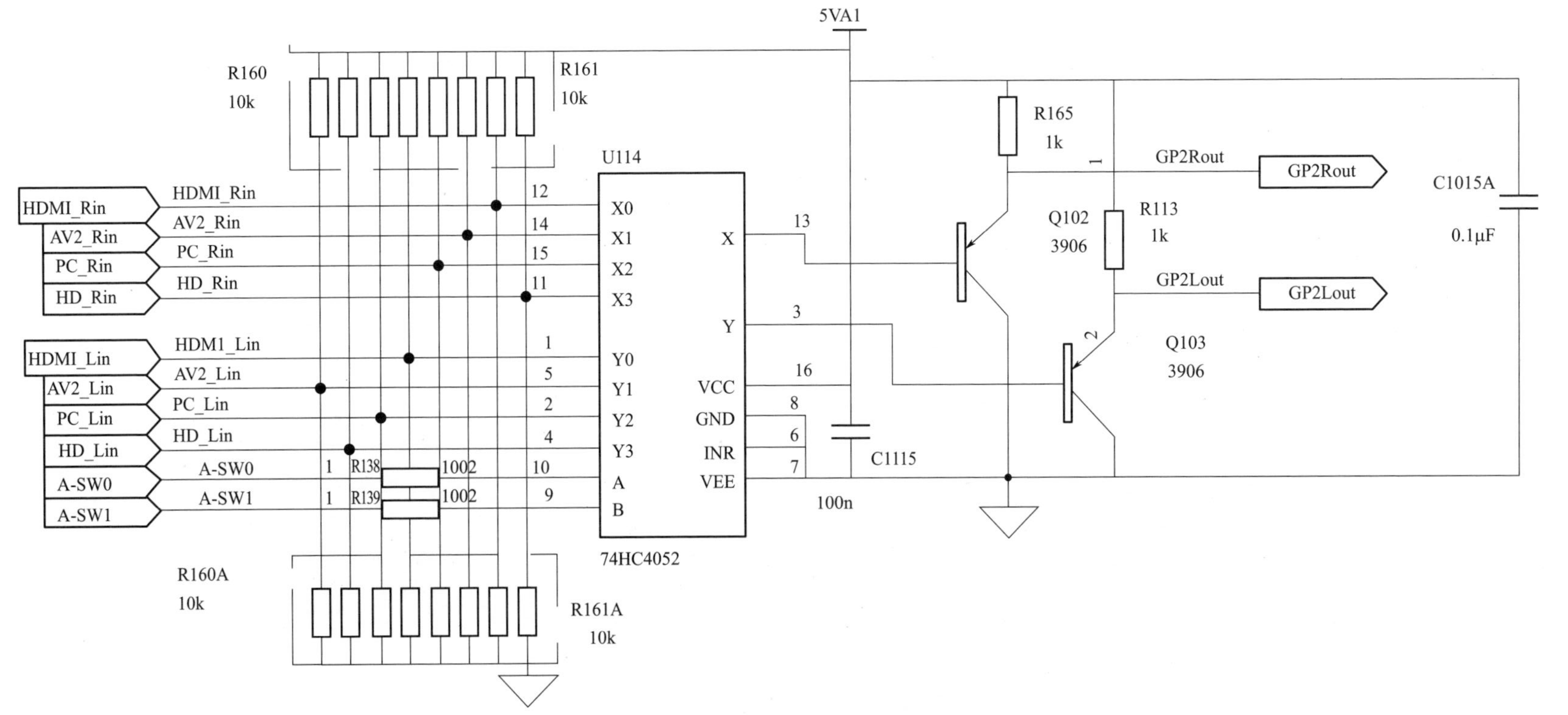

图 6-41 长虹 LT4018 音频信号切换电路工作原理

不同音频信号经 U114 内部电路选择后从集成块的 3、13 脚输出。其中：13 脚输出的 R 音频信号经 Q102 放大后，从发射极输出送往 U700（NJW1142）的 28 脚；3 脚输出的音频信号经 Q103 放大后，从其发射极输出送往 U700（NJW1142）的 3 脚。

YPbPr 工作状态下的音频信号从 U114 的 11、12 脚输入，VGA 工作状态下的音频信号从 U114 的 15、2 脚输入， AV2 和 S 端子工作状态下的音频信号从 U114 的 5、14 脚输入。

来自 CPU 的音频切换开关控制信号 ASW0、ASW1 加在 U114 的 9、10 脚。

U700（NJW1142）为音效处理和音量控制集成块，其工作状态受微处理器输出的总线数据信号控制。音效处理和音量控制电路如图 6-42 所示。

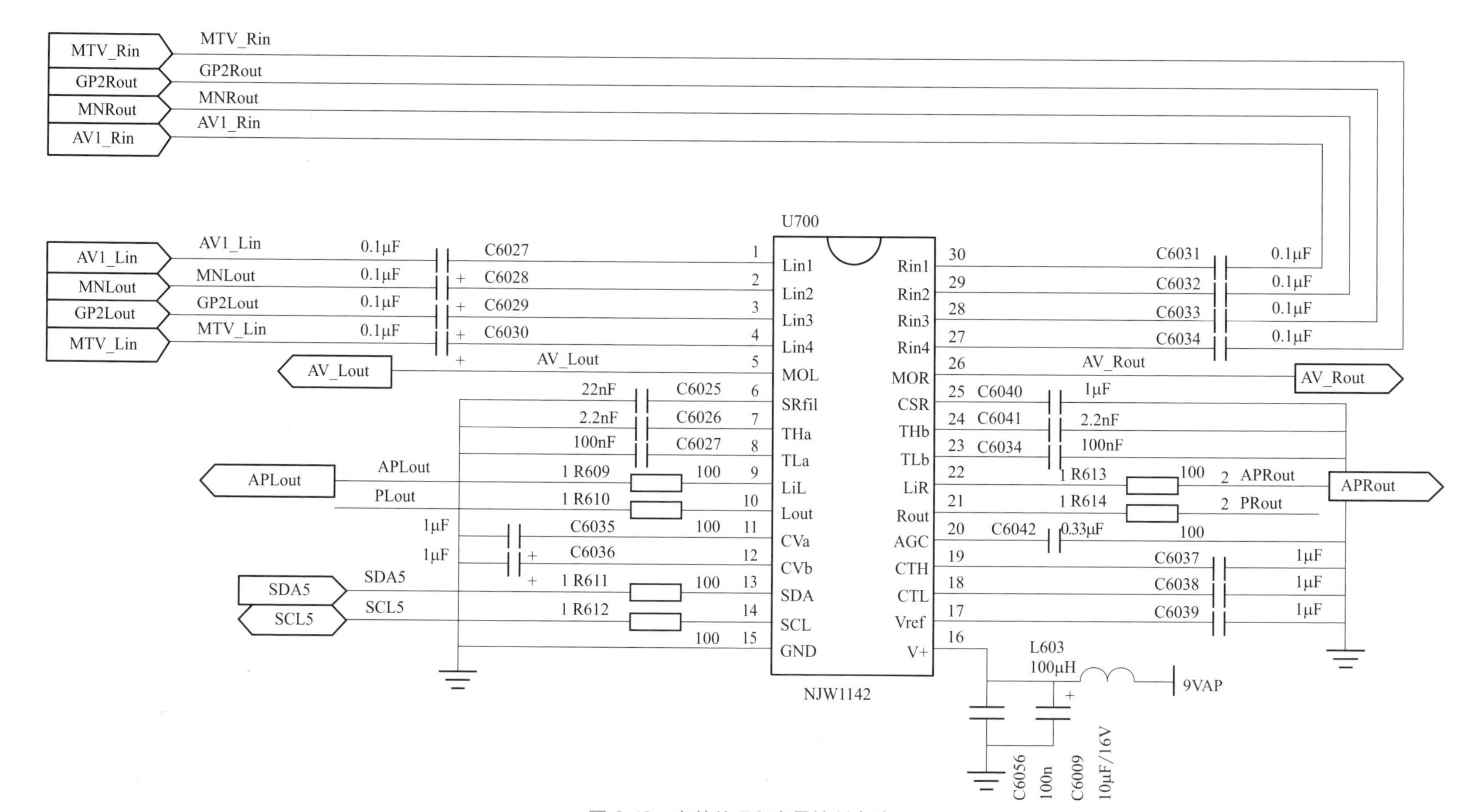

图 6-42　音效处理和音量控制电路

来自 U114（74HC4052）的音频信号（从集成块的 3、28 脚输入）和来自高频调谐器的音频信号（从集成块的 4、27 脚输入）、AV1 输入接口输入的音频信号（从集成块的 1、30 脚输入）、来自数字音频解码器 U208 的音频信号（从集成块的 2、29 脚输入），经集成块内部切换开关选择后分三组输出。

第一组信号从集成块的 5、26 脚输出，送往音频输出接口，作为音频输出接口的信号源。

第二组信号从集成块的 9、22 脚输出，送往伴音功率放大电路 U703（PT2330），作为音频功率放大器的输入信号。

第三组信号从集成块的 10、21 脚输出，送往耳机放大器 U603（TPA6110A2），作为耳机放大器的输入信号。

长虹 LT4018 液晶电视的伴音功率放大电路采用了数字功率放大电路，集成块为 TA2024，电路位号为 UA1。音频功率放大电路如图 6-43 所示。

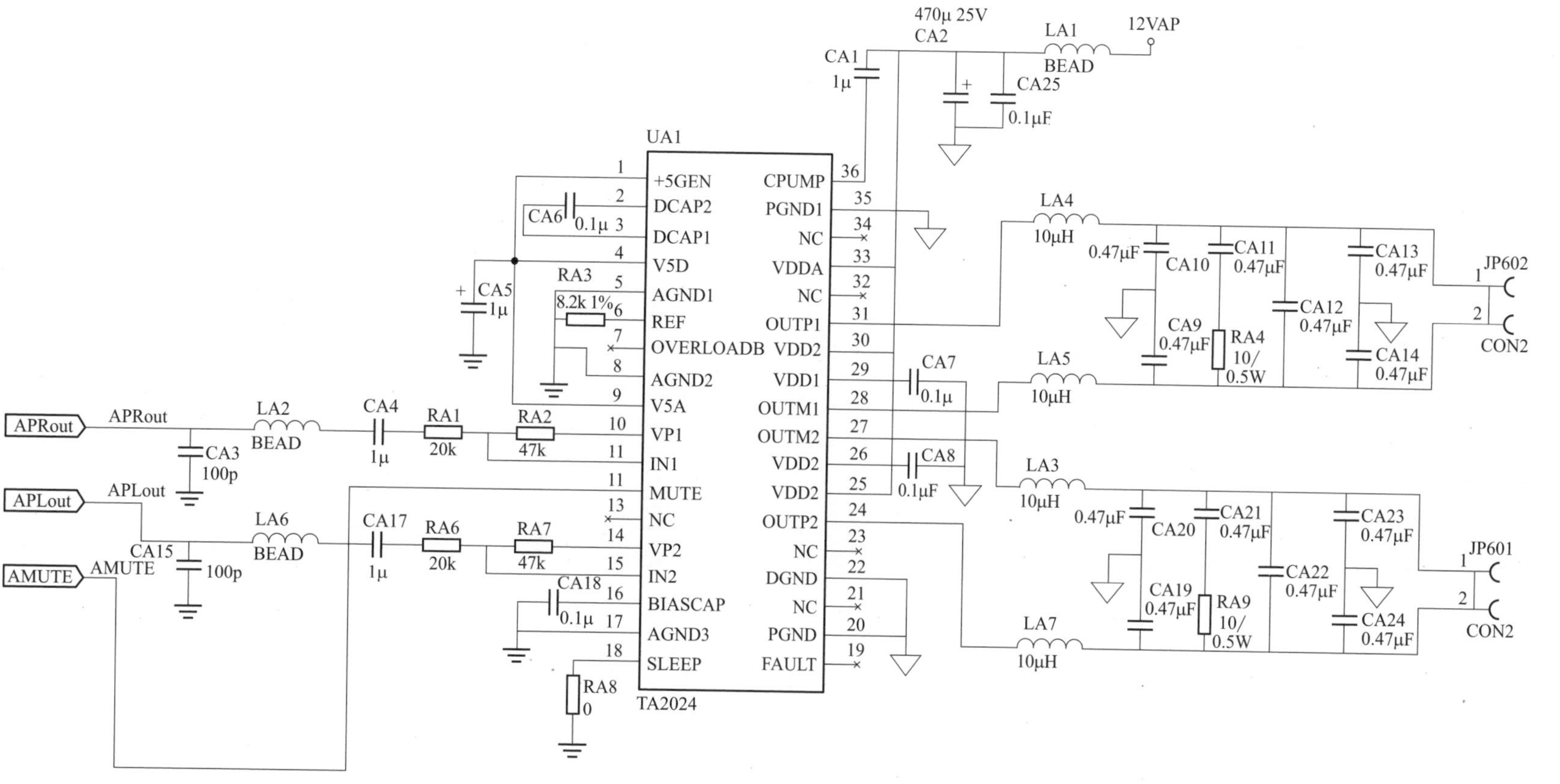

图 6-43 音频功率放大电路

来自 U700 的 9、22 脚的音频信号分别从 UA1（TA2024）的 10、14 脚输入。经集成块内部电路放大后分别从 28、31 和 24、27 脚输出，然后送往扬声器。

6.4.8 CPU 工作条件的检查与检修

[故障现象 11]：CPU 无 +5V 电压（或其他电压）

[故障分析]：在 +5V 供电电源正常的情况下，CPU 无 +5V 电压一般为印制电路板断裂或焊点接触不良等。

[故障维修]：可用电阻法或电压法排查。

[故障现象 12]：不振荡

[故障分析]：CPU 的时钟振荡脚电压用指针表测，分别为 0.4 ～ 1.2V、1.2 ～ 3V。由于各机型不同，此值差异性较大。

[故障维修]：在没有示波器的情况下，一般采用代换法较为理想。对晶振、移相电容进行判断。

[故障现象 13]：复位电路有故障时，通常是开机后指示灯显示异常、整机状态紊乱或整机无任何动作。

[故障分析]：CPU 复位电路有采用三端集成电路的机型，也有采用二极管的机型。但 CPU 复位电压正常，也不一定复位工作正常，因为复位还有一个时序的问题。

[故障维修]：可采用人工复位来判断与维修。对于采用低电平复位方式的复位电路，在确认复位端子电压正常时，用万用表的一只表笔一端接地，另一端接复位脚（RESET），瞬间短路接触后，若 CPU 能工作，表明外围复位电路元件有问题，否则为单片机本身故障。

对于采用高电平复位方式的复位电路，在确认复位端子电压为 0V 时，用万用表的一只表笔一端接电源 +5V 供电，另一端接复位脚（RESET），瞬间短路接触后，若 CPU 能工作，表明外围复位电路元件有问题，否则为单片机本身故障。

CPU 的工作条件电压若正常，或断开工作条件的某脚电压才正常，且各种保护电路也正常，而电路不能工作，则基本上可以判断单片机芯片损坏。这时候一般采用将整个电路板换下来的方法解决问题，因为 CPU 由厂家写入（烧录）了控制程序，市场上一般买不到。

[故障现象 14]：不开机

[故障分析]：电源、主板、CPU 工作条件、储存器等有问题。

[故障维修]：① 开机检测待机电压为 3.3V 正常，没有 PW-ON 信号电压，说明 CPU 没有工作。

② 检测 CPU 的工作条件、总线电压、晶振、供电电压都正常。发现复位电压 1.9V 不正常（正常值为 3.1V）。

③ 检测复位电路（由 Q001、Q003 等组成）元件基本都正常。断开 U001 的 37 脚到复位电路上的 R070，测量到 Q001 的集电极电压恢复正常 3.3V，检查 U001 的 37 脚外接元件基本都正常。试代换电容 C062，故障排除。

6.4.9 不定时自动开关机的检查与检修

[故障现象 15]：不定时自动开关机

[故障机型]: TCL　L32F3309B　机芯 MS82PCT（三合一板）

[故障分析]: 电源、主板电路有接触不良或元件变质、老化、漏电等。

[故障维修]: ① 试机后发现图像、伴音正常，但工作一段时间后不定时自动关机，关机后随即又重新开机。

② 测量主板上电源的输出电压，12V、48V 电压正常。

③ 测量主板上 U4、U1、U2、U3 处的 5V、1.8V、3.3V、2.5V 基本都正常。

④ U7 重新刷程序，故障依旧。

⑤ 用敲击法，没有发现故障出现。

⑥ 检查 U6（MST6M182VG）的工作条件。检查总线基本正常，更换晶振不起作用。检查复位电路，测量 Q22 的集电极电压为 2V 左右且变化，而正常时应为 0V 不变化，说明复位电路有问题。最后检查发现是电容 C179（2.2μF）有漏电现象，更换电容后故障排除。

6.4.10　无图像的检查与检修

[故障现象 16]: 无图像

[故障机型]: TCL　L32F3200B　机芯 MT27

[故障分析]: 屏、逻辑板、LVDS 输出等有问题。

[故障维修]: ① 上电试机，有伴音，无图像，背光可以点亮。由此判定为屏、数据线、LVDS 输出等有问题。

② 更换数据线故障还是存在。

③ 用一个数字板进行代换，故障依旧，说明故障可能在屏或逻辑板。

④ 测量逻辑板 L2 处发现没有电压，再测量其对地电阻值为 0，说明有短路现象存在。最后查得是 C151 漏电。更换该电容后故障排除。

6.4.11　无伴音的检查与检修

[故障现象 17]: 无伴音

[故障机型]: TCL　L32F1590BN　机芯 3MS82AX

[故障分析]: 伴音通道有问题。

[故障维修]: ① 上电试机，图像正常，而无伴音。

② 检查喇叭是正常的。

③ 用耳机接在电阻 RA31、RA32 处监听有声音，说明故障在功放电路（UA31）。

④ 测量功放供电电压 12V 正常，测量 MUTE 脚电压为 0V 不正常。

⑤ 更换功放模块 TPA3110LD2，故障依旧。

⑥ 检测功放模块外围电路，发现电阻 RA42 断路，更换该电阻后故障排除。

[故障现象 18]: 无伴音

[故障机型]: TCL　L32V10　机芯 MS81L

[故障分析]: 伴音有问题。

[故障维修]: ① 上电试机，发现所有音源都是无伴音，判断故障在伴音电路。

② 检查静音控制电路正常。

③ 怀疑伴音功放 TDA3113 有问题，代换后故障依旧。重抄数据也没有排除故障。

④ 最后检查是电容 C612 有漏电现象，更换该电容，故障排除。

6.4.12 搜台故障的检查与检修

[故障现象 19]：自动跳台

[故障机型]：TCL L32F11 机芯 MT23L

[故障分析]：焊接故障。

[故障维修]：① 在出现故障时拔下按键，发现故障依旧存在，排除按键故障。

② 处理插排 P004 处的 KEY 脚电压，在 2.5V 左右摆动。断开 U001 的 KEY 脚外接电子 R066，再次测量该脚电压，还是故障依旧。排除 U001 接触不良。

③ 切断 L008 与 P004 处的铜箔，测量 KEY 处电压，电压已恢复正常。拆下 P004 插座，直接将 KEY 引线焊接到 L008 处，故障排除。

[故障现象 20]：不能搜台

[故障机型]：创维 42E600Y 机芯 8S03T

[故障分析]：高频头、主板电路有问题。

[故障维修]：① 检查是否有缺件，没有发现有任何元件缺失。

② 测量电源电压 5V、12V、24 V 基本正常。

③ 测量高频头 18273 的供电、总线、晶振基本正常。更换高频头，故障排除。

[故障现象 21]：无台

[故障机型]：TCL L24F19 机芯 MT23

[故障分析]：高频头有问题或供电电压异常。

[故障维修]：① 不论是自动或手动搜台均有雪花，从搜台时的进度条来看，进度条走得相当慢，怀疑是系统软件有问题。先进行几次复位操作，故障依旧。

② 检测高频头各引脚电压，发现供电电压为 0.7V（正常值为 5V）异常，两个总线电压为 1.8V（正常值为 4.8V）异常，其余各引脚电压基本正常。

③ 顺着 5V 电压供给电路查找发现 U502 三端稳压器无电压输出，再检测其无电压输入。向其前级检查，发现是电容 C517 有严重漏电现象，更换该电容，故障排除。

[故障现象 22]：不搜台

[故障机型]：TCL L37010FBEG 机芯 MS58

[故障分析]：怀疑是供电不正常、屏参错误或高频头有问题。

[故障维修]：① 上电开机，发现搜台时有雪花点，但没有同步信号。

② 测量高频头各脚电压，发现调谐电压 33V 没有变化。进入工厂菜单确认屏参正确。

③ 测量总线电压只有 1.3V（正常值为 3.3V）异常。总线电压经过 Q106、Q107 的源极由栅极输出得到 5V，测量 Q107 源极电压只有 1.3V，说明总线电压不正常，而测量 U206 总线电压正常。后发现 Q107 到 U206 第 6 脚之间的过孔断，连接后故障排除。

[故障现象 23]：自动换台

[故障机型]：海信 TLM26V68 机芯 MST721DU

[故障分析]：按键电路、主芯片异常。

[故障维修]：① 开机观察图像和声音均正常，在观看过程中会出现自动换台问题。为排除按键故障，断开 CN8 后故障依旧。

② 试更换晶振并加大供电滤波电容，更换主芯片后试机，故障依旧。

③ 检测主芯片的供电时发现 3.3V-MST 电压为 3.7V（正常值为 3.3V）异常，更换 U2（AMS1117-3.3）电源控制芯片，故障排除。

6.5 屏与逻辑电路

6.5.1 液晶面板的电路组成

液晶面板的电路组成方框图如图 6-44 所示。

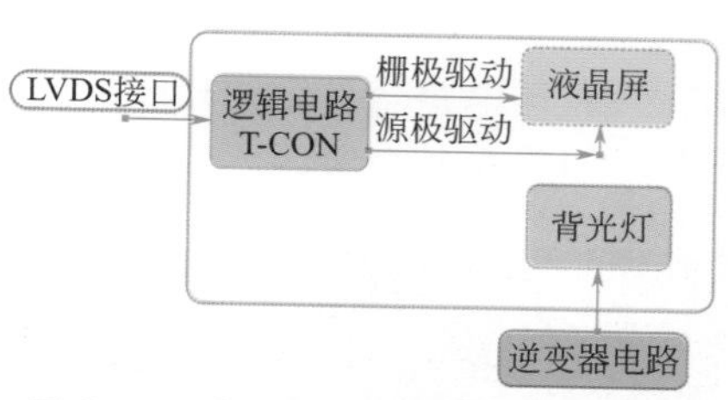

图 6-44 液晶面板的电路组成方框图

液晶面板主要由液晶屏、栅极驱动电路（数据驱动电路）、源极驱动电路（扫描驱动电路）、逻辑电路、背光灯单元、逆变器等组成。逻辑电路组成方框图如图 6-45 所示。

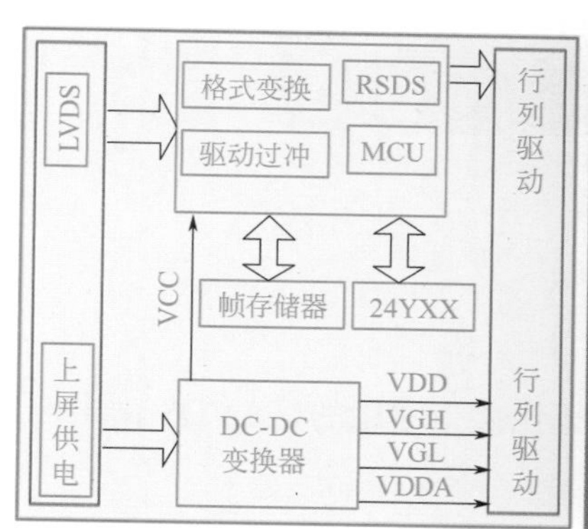

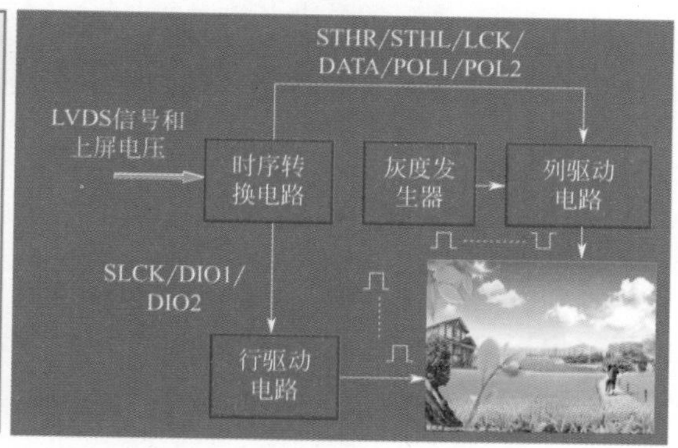

图 6-45 逻辑电路组成方框图

把串行像素信号转变为并行像素信号的专用电路叫“时序转换电路”，习惯上又将安装时序转换电路的电路组件板称为逻辑板，或 TCON 板。

不同的液晶屏有不同的逻辑板，在液晶电视中，逻辑板对特定的液晶屏而言也是特定的。这不仅是不同的液晶屏其逻辑板有不同的驱动程序，更重要的是不同的液晶屏上的逻辑板与屏内的行列驱动电路之间的连接方式存在较大差异。

逻辑板的下方中部接口是逻辑板与信号处理板间的信号输入接口，信号处理板输出的 LVDS（或 TTL）信号和上屏电压（逻辑板的工作电压）通过“上屏线”和该接口送往逻辑板。

逻辑板的上方接口是逻辑板的信号输出接口，该接口通过软排线与液晶屏内部的行列驱动电路相连，将时序控制信号、图像数据信号和辅助信号送往行列驱动电路。逻辑板实物图如图 6-46 所示。

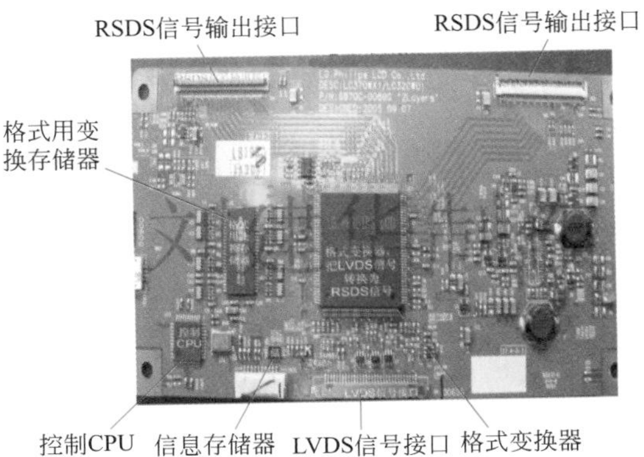

图 6-46　逻辑板实物图

在液晶屏上，行驱动电路和列驱动电路全部由集成电路组成，行、列驱动集成块直接安装在液晶屏相邻两边的软排线上，如图 6-47 所示。

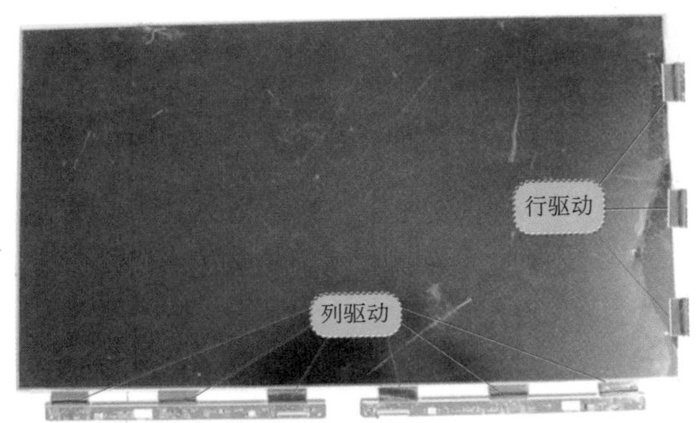

图 6-47　行、列驱动电路

6.5.2　上屏线输出接口

上屏线输出接口实物图如图 6-48 所示。上屏线输出接口常用的是 LVDS 输出信号技术，即 LVDS 技术。

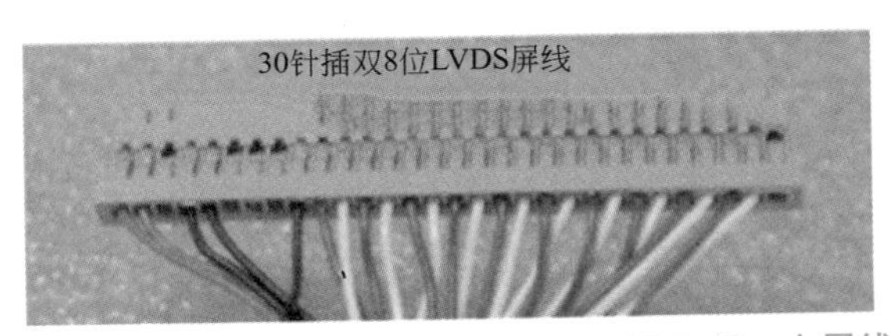

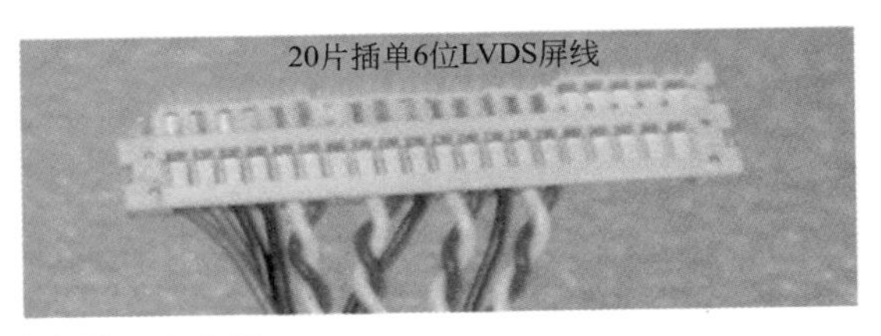

图 6-48　上屏线输出接口实物图

6.5.3　屏电路的故障现象与判断

液晶屏的故障主要有两大类：一是物理性损坏，主要是屏上有坏点（亮点或暗点）、黑屏或屏破碎等；二是因行列驱动电路或液晶分子有故障而出现的花屏、竖带等现象。

液晶屏的常见故障现象如表 6-4 所示。

表 6-4　液晶屏的常见故障现象

故障现象	故障原因	故障判断
一条或多条垂直的线条	此类故障大部分为屏坏	可用以下简便方法快速判断：①切换屏显模式法；②菜单字符法；③双画面 / 画中画法；④画面移动法。 在上述方法下故障依旧，判断为屏故障
一条或多条水平的线条或带	此类故障大部分为屏坏	可用以下简便方法快速判断：①菜单字符法；②双画面 / 画中画法；③画面移动法 因为是水平线条，故切换屏显模式法已无法使用。 在上述方法下故障依旧，判断为屏故障
阴影、暗角	此类故障大部分为屏坏	可用以下简便方法快速判断：①菜单字符法；②双画面 / 画中画法；③画面移动法；④切换屏显模式法。 在上述方法下故障依旧，判断为屏故障
垂直色带	此类故障大部分为屏坏	可用以下简便方法快速判断：①菜单字符法；②双画面 / 画中画法；③画面移动法；④切换屏显模式法。 在上述方法下故障依旧，判断为屏故障
“漏液”状的色斑	漏液现象形成的原因：一般是受外力、腐蚀、生锈或有裂纹造成的	这种故障是没有办法修复的
两边颜色出现异常	此类故障几乎都是屏坏	可用以下简便方法快速判断：①菜单字符法；②双画面 / 画中画法；③切换屏显模式法。 在上述方法下故障依旧，判断为屏故障

由于液晶屏是直接显示图像的，所以液晶屏的故障会一直存在，与当前信号源和信号内容无关。如果遇到类似故障现象，并且在 TV、AV 分量等各通道下都存在，在个通道下故障现象也都一样，那么是液晶屏故障的可能性很大。若上述故障只是在某种信号情况下存在，则不是屏的问题。

液晶屏故障不会影响逻辑板和逆变器，所以整机一般还可以显示图像。

6.5.4　逻辑电路的检查与检修

❶ 逻辑板的工作条件

逻辑板的工作条件如表 6-5 所示。

表 6-5　逻辑板的工作条件

①正确的供电	供电电压有：+3.3V、+5V、+12V 等，这个电压是从主板送过来的，在主板上靠近 LVDS 插座处会有一个切换 LVDS 供电的 MOS 管开关，靠近 MOS 管处有选择 LVDS 电压的磁珠或跳线。根据具体使用的液晶屏的型号确定供电电压并选择对应的磁珠或跳线
②正确的 LVDS 信号	LCD 液晶屏分为高清屏（1366×768）和全高清屏（1920×1080），高清屏均为单 8 位 LVDS 传输，包括 8 位数据、2 位时钟共 10 条数据线。全高清屏均为双路 LVDS 传输，包括 8 位奇数据、8 位偶数据、2 位奇时钟和 2 位偶时钟，共 20 条数据线，因此从数字板过来的 LVDS 线的条数是不一样的。LVDS 信号电平为 1V 左右，通过万用表是可以测量出来的

续表

③液晶屏信号格式选择电压	LVDS 信号格式有 2 种：VESA 格式和 JEIDA 格式。在靠近 LVDS 插座处会有 2 个选择 LVDS 格式的电阻，可以根据液晶屏的要求来选择其阻值。一般有 0V、+3.3V、+5V 和 +12V 等几种选择，不同的液晶屏应该选择不同的电压
④帧频选择端口	有些液晶屏具有这个端口，如奇美屏。在该端口接上选择电平，可以使屏的显示频率在 50Hz 和 60Hz 帧频进行选择，以适应输入信号的帧频。如果该端口的选择电平错误，屏的显示频率和输入信号的帧频不相同，会出现无显示故障等
⑤对应的程序	不同的液晶屏一般需要选择不同的 LVDS 程序，当程序不匹配时多会出现彩色或图像不正常等现象

❷ 逻辑板的常见故障现象及特点

逻辑板的常见故障现象主要有：黑屏、白屏、灰屏、负像、噪波点、竖带、图像太亮或太暗等。

逻辑板故障会造成液晶屏不能正常显示图像，当然也无法正常的显示菜单控制项。但逻辑板故障不会影响主板，所以遥控和按键待机都可以正常作用（记住这一点）。

逻辑板故障一般不会影响背光驱动，所以整机背光可以正常点亮。但个别显示屏的控制方式不同，可能会出现逻辑板不工作或造成背光板工作不正常。

如果黑屏（背光灯点亮）或白屏而主板输出至逻辑板的供电电压正常，则有可能是逻辑板上的保险管断路故障，直接更换保险管即可。

❸ 逻辑板常见故障的判断

a. 初步判断。由于图像处理部分分为信号部分和逻辑电路部分，维修时首先须判断故障范围是哪一部分。

如果主板输出至逻辑板的供电电压正常，LVDS 信号输出也正常，则基本可以确定是逻辑板故障。如果供电电压不对，或 LVDS 信号输出不对，则是主板输出有问题。

可以这样判断：如果故障与信号源有关（例如 TV 状态下出现，AV 状态下不出现），则首先怀疑主芯片以前的部分；如果对所有图像及 OSD 屏显都异常，则怀疑 LVDS 信号以后部分（包括 LVDS 线路和 TCON 部分）；特别是如果屏幕出现竖线、竖带或左右半屏异常，则逻辑电路部分的 RSDS 线附近故障的可能性较大。

b. 黑屏与白屏问题。由于液晶屏制程不同，一般 32 寸以上的屏在逻辑板没有供电电压时会出现黑屏，26 寸以下的屏则是白屏。

首先要判断故障在信号处理电路还是逻辑电路。有条件的可以通过测量连接信号处理部分和逻辑板之间的 LVDS 信号，来判断故障范围。如果不正常，则检查前面的信号处理部分。通过测量屏驱动电压是否正常来判断是否是 DC/DC 转换电路有故障。

白屏故障的判断与维修如表 6-6 所示。

表 6-6　白屏故障的判断与维修

检测的重点	逻辑板的白屏在维修中也占有一定比例，遇到白屏故障首先要检查 3 个电压，第一个电压是 10V 或者是 12V（它是由 5V 或 33V 的屏供电电压经过一个简单升压后，产生的一个电压）；第二个电压是 25V 或者是 30V，因屏而定（它是由 DC-DC 变换电路输出的）；第三个电压是 -7V（它也是由 DC-DC 变换电路输出的）。一般屏电路这三个电压都正常，最后才考虑主芯片。一般屏的 DC-DC 变换电路，第一要检查的是滤波电容，第二是 DC-DC 电路，IC 坏得多。检查以上几步如果还不能修好，建议直接更换逻辑板，如果是一体屏，那就只有更换整张边板或者屏了
故障判断	花屏检查 LVDS 连接线，一般接口处连接松或潮湿，芯片坏的也有。 调节显示器时菜单乱码，更换主芯片或者存储器

c. 花屏问题。逻辑板与屏都可引起图像花屏，如图 6-49 所示。但是逻辑板的花屏与屏本身产生的花屏是有区别的，逻辑板的花屏表现为上下有规则的花屏，逻辑板与屏连接线接触不良的花屏表现为中间图像夹杂很多细小的彩点，可以插拔线来确认。

图 6-49　花屏故障

花屏问题主要有两类：一是 LVDS 信号不正常输入造成的，常表现为图像有红色或绿色噪波点；二是由于屏驱动电压不正常造成的。

逻辑板的典型故障是：无图像，屏幕垂直方向有断续的彩色线条，无字符（这一点很重要）。可以测试上屏电压，+5V 或 +12V 依屏型号而定；再测试 LVDS 输出接口上的电压，看静态和动态两种情况是否变化，若不变化基本可判断故障出现在逻辑板上。有条件的话拿一个格式一样的逻辑板进行代换最为可靠，只要格式、上屏电压一样都可以代换测试。逻辑板的 LVDS 线都有一定规律，边上红色的是电源，绞在一起的是 LVDS 信号线，现在的逻辑板和屏是连在一起的，一般不好维修，售后一般是换板或者连屏一起更换。

逻辑电路的常用维修方法如表 6-7 所示。

表 6-7　逻辑电路的常用维修方法

电阻检测法	在逻辑板不通电的情况下进行检测，主要检查逻辑板上的保险电阻是否开路，逻辑板上相关集成电路的电源脚和地间是否击穿，逻辑板上的三极管是否漏电或不良
对照法	因厂家对屏上组件资料进行控制，目前可供参考的逻辑板电路图不多。维修时，可拿一块同型号好的逻辑板与坏逻辑板进行对比测试，这样既可获得一手维修资料，也有助于查找故障元件
上电测试法	上电测试主要检测以下关键点： ①检查上屏电压是否正常（不同型号屏的上屏电压存在差异，上屏电压主要有 +5V 或 +12V 两种）。 ②检查逻辑板上 DC/DC 转换电路产生的 +3.3V、+2.5V 或 +1.8V 供电是否正常（不同屏厂家的标注不相同，如 AUT420HW04 屏逻辑板上 3.3V 用“V3D3”标注）。 ③检查逻辑板上 DC/DC 转换电路产生的 VDA 电压是否正常，该电压通常在 +15.8V 左右。 注意：不同屏厂家的标注不相同，电压也有些差异，如 AUT420HW04 屏逻辑板上用 AVDD 标注，电压为 +15.81V。 ④检查逻辑板上 DC/DC 转换电路产生的 VGH、VGL 电压是否正常，VGH 电压通常在 18 ～ 27V 之间，VGL 电压通常在 +5.3 ～ -6.3V 之间。 注意：不同屏厂家的标注不相同，电压也有些差异，如 AUT420HW04 屏逻辑板上用 VGHC、VGL 标注，VGHC 电压为 +26.58V，VGL 电压为 -6.11V。 ⑤检查逻辑板上伽马电路产生的伽马电压是否正常，伽马电压通常以 VDA 电压为基准逐渐递减（不同屏的伽马电压各不相同）。 ⑥检查逻辑板上时序控制芯片产生的各控制信号（POL、OE、TP1、STH、STH-R、STV、STV-R、CKV、VSCM）是否正常
代换法	如逻辑板上各检测点电压正常，但屏幕出现很多无规则的竖线、灰屏或只有一半图像，这时需要代换逻辑板来判断是屏的问题还是逻辑板的问题

6.5.5　黑屏、白屏的检查与检修

[故障现象 24]：有声无图，黑屏

[故障机型]：TLM4236P 机芯——液晶 LCD-MST6

[故障分析]：开机检查背光灯亮，检测屏供电 12V 正常，遥控开关机正常，这说明主板控制部分工作正常，因此把重点放在对逻辑板的检查上，因为是屏不能点亮，所以对 DC/DC 变换器电路进行重点检查。

[故障维修]：① 该电路正常启动工作时存在严格的时序关系，因此依此时序关系分别检查各路电压，发现 VGHP 电压仅为 10.5V，而正常时为 19.5V，VGH 电压为 0V，正常时应为 18V，显然问题是由 VGHP 电压不能正常升压引起的。

② 经检测 UP1 的第 10 脚电压为 0V，而正常时第 10 脚应能检测到 22.5V 的直流电压，交流检测时有 5V 左右的交流电压，但实测交直流电压均检测不到，测量该脚对地电阻无异常，怀疑 UP1 第 10 脚内部损坏，

③ 更换 DC/DC 变换器后，故障排除。

[故障现象 25]：白屏

[故障机型]：TLM40V68P 机芯——液晶 LCD-MST6M68F

[故障分析]：开机检查发现整机启动正常，但是屏亮起的时间较长，且亮起后呈现白屏，伴音及整机其他功能均正常，因此将故障确定在逻辑板上。

[故障维修]：① 首先检测逻辑板各路供电，发现 VGHP 检测点无电压，而正常时此检测点应有 19.5V 电压。

② 再测其他几个检测点电压正常，取下逻辑板测 VGHP 电压输出端对地电阻为 0Ω，显然这个问题就是因无 VGHP 电压引起的。当取下滤波电容 CP19 时，复测 VGHP 输出端对地电阻恢复正常，将逻辑板装回原机，开机故障仍然存在，再测仍无 VGHP 电压。向前再测 UP1 第 10 脚有正常的直流 22.5V 和交流 5V 输出，VAA 检测点也有正常的 13V 电压，由此确定无 VGHP 电压是因 DP5 开路所致。

③ 直接更换 DP5 后，开机检测 VGHP 有正常的 19.5V 电压输出，整机恢复正常。

6.5.6 背光保护的检查与检修

[故障现象 26]：热机自动关机

[故障机型]：TCL L48F3500A-3D 机芯 MS801

[故障分析]：元件热稳定性差或保护电路动作。

[故障维修]：① 通电试机一切正常，40min 左右出现自动关机，等一会重新上电还能正常工作。

② 在故障出现时，测量发现待机 +3.3V 电压和开机指令都是正常的。电源板上的 +24V 没有输出，判断故障在电源板上。

③ 测量 PFC 电压 390V 正常，测量 U401 的供电电压为 3V（正常值为 16V）异常。考虑这里为故障点。

④ 考虑到是热机出现问题，怀疑是有元件热稳定性不良，可以采用加热法检查，于是在冷机开机的情况下用加热的电烙铁逐个对元件加热，当加热到 R330 时故障出现了。该电阻标称阻值是 10kΩ，脱焊后测量其正常，怀疑是胶漏电而引起的，清理基板后再焊接原电阻，故障排除。

[故障现象 27]：背光保护

[故障机型]：TCL　L42E5300D　机芯 MS801

[故障分析]：电源供电电路有问题。

[故障维修]：① 上电试机，正常收看 10min 左右就关机。关机后检测无 3.3V、24V 电压输出。

② 怀疑控制芯片 U201（VIP17L）有问题，代换后故障依旧。

③ 检查 U201 的 3 脚发现在热机时电压从 11.2V 下降直到关机，故障点就在这里。检查稳压管 D205 正常，可代换后不关机了，说明稳压管性能差，更换后故障排除。

[故障现象 28]：无背光

[故障机型]：TCL L43E539-3D　机芯 MS801

[故障分析]：供电电路异常。

[故障维修]：① 上电检测，待机电压和 +24V 电压正常，数字板屏供电电压 12V 正常，背光开关电压 2.8V 也正常，但无背光。

② 测量背光板供电电压为 44V（正常值为 58V）异常，可以判断故障在电源板上。

③ 拔掉背光板供电插排，再次测量背光板供电电压为 58V，说明后级电路有短路现象或负载带载能力差。

④ 检测 U401 的工作条件，发现供电电压为 11.3V（正常值为 14V）异常。经检查故障是 Q205 的 ec 极短路造成的，更换 Q205 后，故障排除。

第 7 章 洗衣机维修

7.1 洗衣机分类、型号

7.1.1 洗衣机的分类

洗衣机按结构可分为单桶、双桶、套桶洗衣机；按自动化程度可分为普通、半自动、全自动洗衣机；按洗涤方式可分为滚筒式、搅拌式、喷流式；按电气控制方式可分为机械控制式全自动和电脑控制式全自动等。

7.1.2 洗衣机的型号

洗衣机产品型号命名规则如下：

❶ 滚筒洗衣机型号命名方法

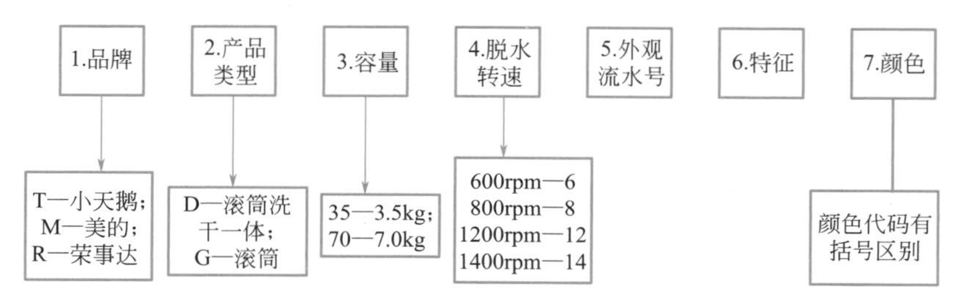

❷ 波轮洗衣机型号命名方法

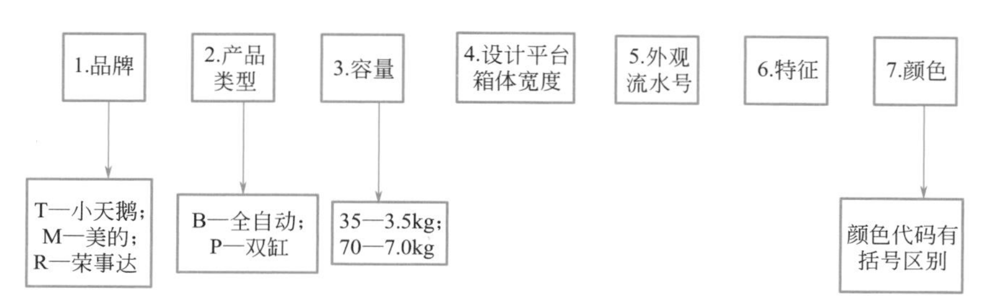

7.2 普通波轮洗衣机

7.2.1 普通波轮洗衣机整体结构

普通波轮式洗衣机一般都由洗涤系统、脱水系统、进排水系统、传动系统、电气控制系统及支撑机构六部分组成。

❶ 普通波轮洗衣机结构外形图

海尔波轮洗衣机爆炸图如图 7-1 所示。

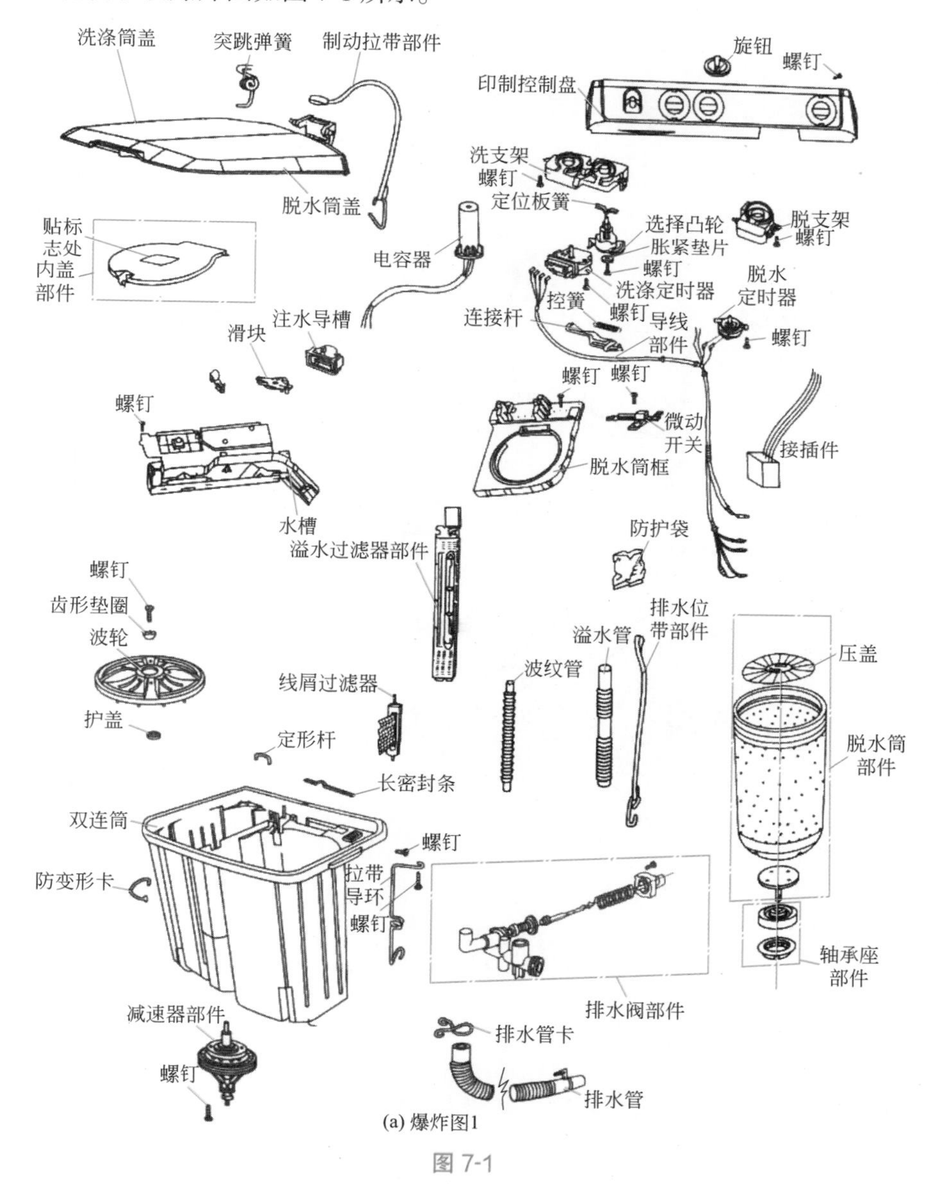

(a) 爆炸图1

图 7-1

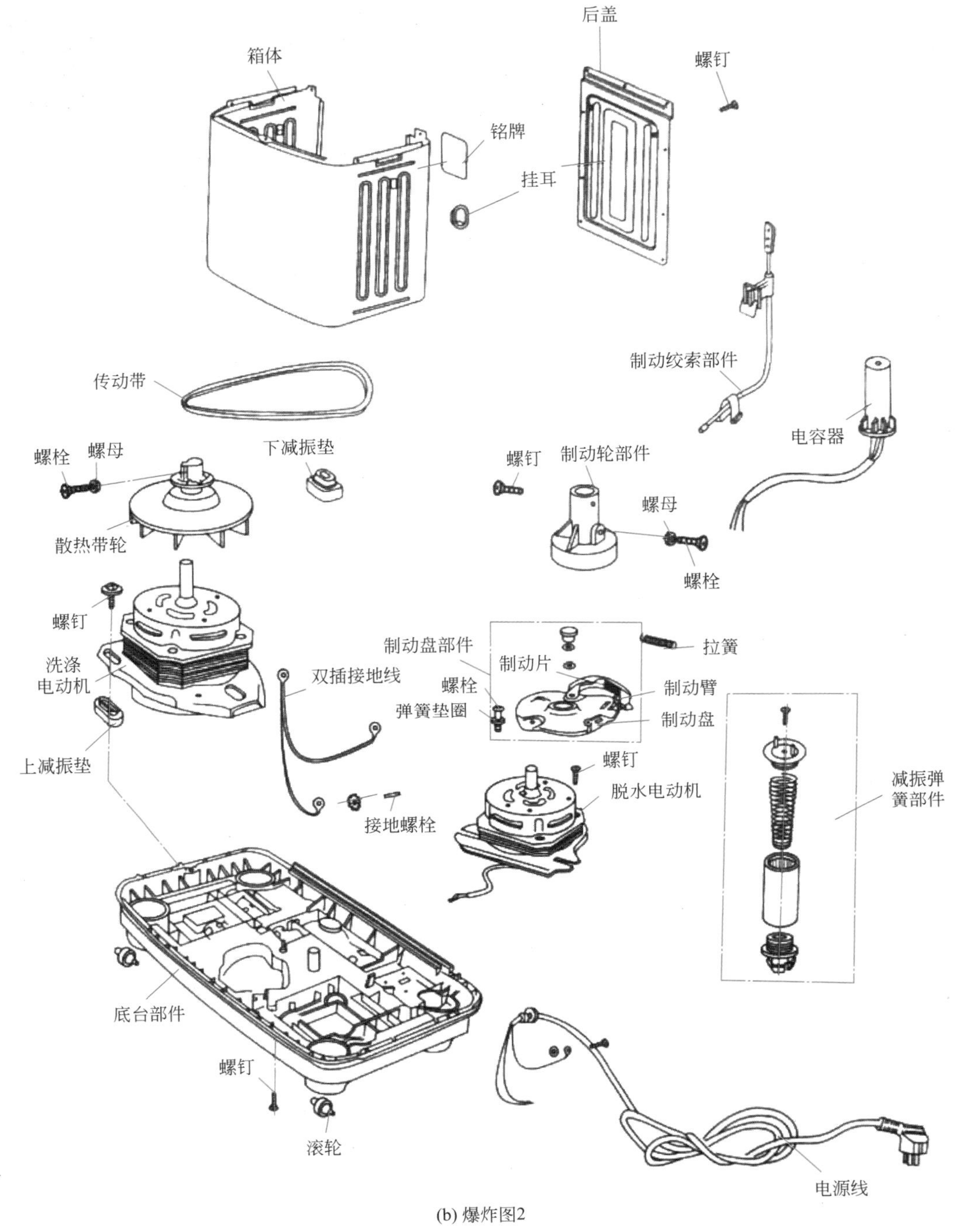

(b) 爆炸图2

图 7-1　海尔波轮洗衣机爆炸图

❷ 洗涤系统

洗涤系统主要由洗涤筒、波轮及波轮轴组件等组成。洗涤系统简图如图 7-2 所示。

洗涤筒用来盛放洗涤液和被洗衣物，并协助波轮进行洗涤。洗涤筒一般是聚丙烯塑料材质，如图 7-3 所示。

波轮是对洗涤物施加机械作用的主要部件，它的外形结构较多，如图 7-4 所示，波轮的形状结构对洗衣机的洗涤性能有着直接的影响。不同形状的波轮正、反方向的旋转可以产生不同的水流，从而达到洗净衣物的目的。

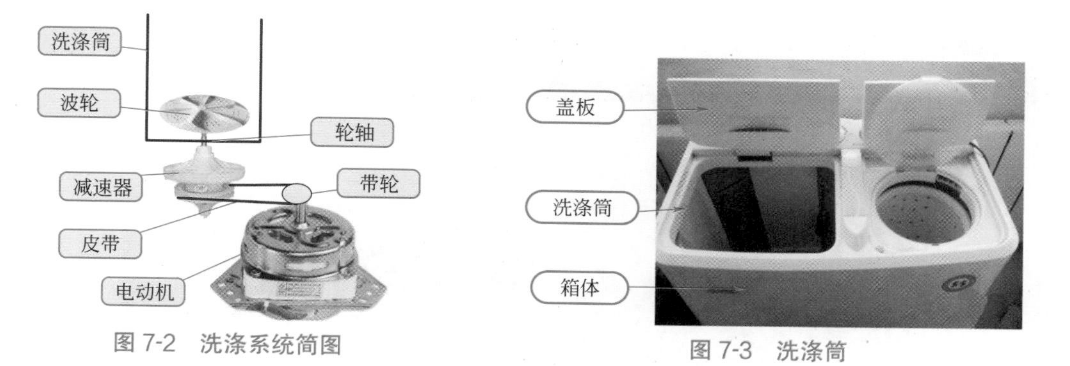

图 7-2 洗涤系统简图

图 7-3 洗涤筒

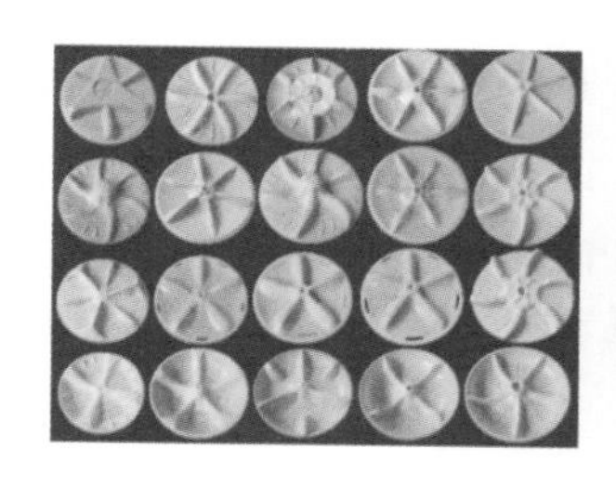

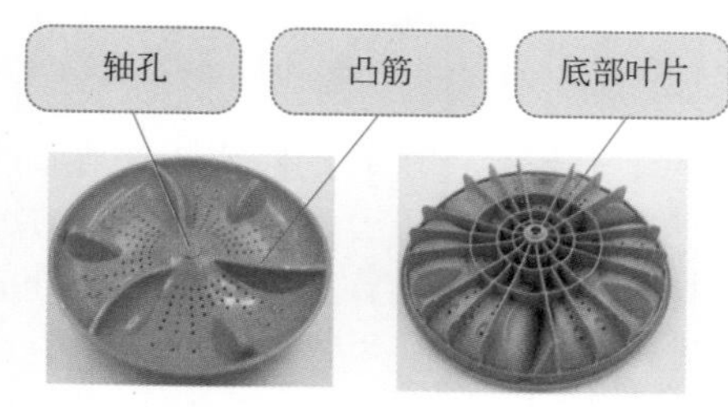

图 7-4 波轮

波轮轴组件是支撑波轮、传递动力的重要部件。波轮轴组件外形结构如图 7-5 所示。

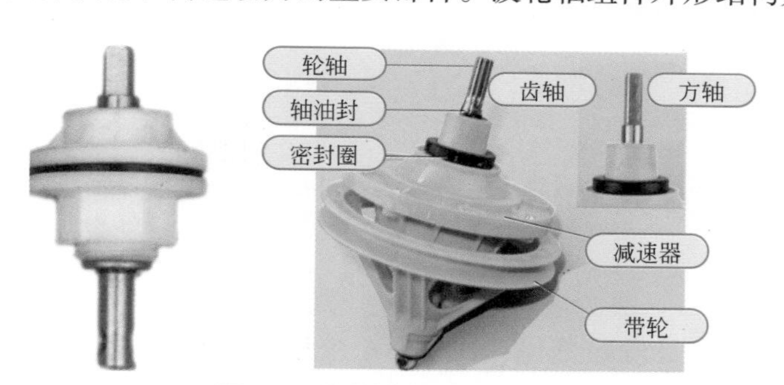

图 7-5 波轮轴组件外形结构

波轮洗衣机中的波轮转速一般为 120 ～ 180r/min，而电机为 1500r/min，这就需要用到叶轮机减速器了。减速器又称为减速离合器，它可以降低电动机的转速和增加力矩，带动波轮工作。

❸ 脱水系统

脱水外筒主要作用：一是安放脱水内筒和安装水封橡胶囊；二是盛接脱水过程中从脱水内筒的衣物中甩出的水，并通过外筒的排水口将水排出机外。

脱水内筒用来盛放需要脱水的湿衣物，外形为圆筒状，其外壁上有许多小孔，以方便把水甩到筒外。脱水外筒、内筒外形结构如图 7-6 所示。

脱水轴组件的主要作用是将电动机的动力传递给脱水筒，它主要由脱水轴、密封圈、波形橡胶套、含油轴承及连接支架等组成。脱水轴组件与波轮轴组件基本相似，脱水密封圈外形结构如图 7-7 所示。

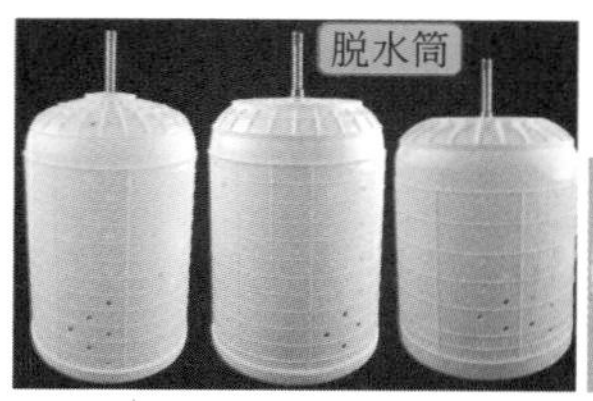

图 7-6　脱水外筒、内筒外形结构

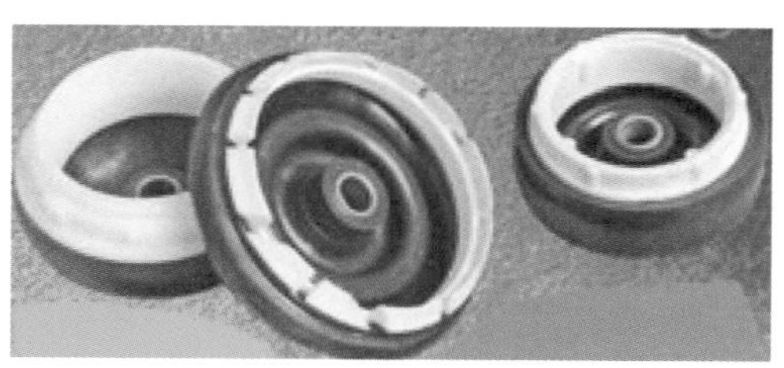

图 7-7　脱水密封圈外形结构

刹车装置是为了避免高速旋转的脱水内筒在脱水时伤及人体，因此设置有受脱水筒盖控制的刹车装置。若在脱水情况下开盖，脱水筒盖在切断脱水电机电源的同时，也将刹车钢丝放松，使刹车结构动作，脱水筒在极短时间内停止转动。当合下桶盖后，刹车结构退出刹车状态。刹车装置外形结构如图 7-8 所示。

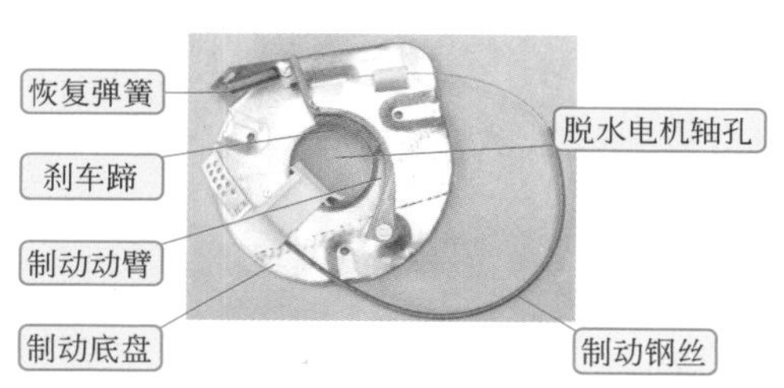

图 7-8　刹车装置外形结构

❹ 传动系统

洗衣机中采用的电机一般为电容运转式电动机，主要为洗涤、脱水提供动力。双桶洗衣机采用两个电动机，一个是洗涤电动机，另一个是脱水电动机。电动机外形结构如图 7-9（a）所示。

洗衣机在洗涤时，波轮正、反向运转的工作状态要求完全一样，为了满足这个要求，洗涤电动机的主、副绕组设计得一样，即线径、匝数、节距和绕组分布形式一样。洗涤电机功率一般为 90W、120W、180W 和 280W 四种规格。不同容量洗衣机所配备的电机功率是不一样的。洗涤电动机外形结构如图 7-9（b）所示。

(a) 电机外形结构

(b) 洗涤电机

(c) 脱水电机

图 7-9　电动机外形结构

脱水电动机的结构及工作原理与洗涤电动机是一样的，主要区别是其功率较小，通常为75 ～ 140W，旋转方向都是逆时针方向，其定子绕组有主、副之分，主绕组线径粗，电阻较小；副绕组线径较细，电阻较大。脱水电动机外形结构如图 7-9（c）所示。

洗衣机电机中的电容是无极性的，洗涤电动机配用的电容容量一般为 8μF、10μF、12μF，耐压为 450V。脱水电动机配用的电容容量一般为 4μF、5μF、6μF，耐压为 450V。电容外形结构如图 7-10 所示。

洗涤系统传动如图 7-11 所示。

图 7-10　电容外形结构

图 7-11　洗涤系统传动

脱水系统传动如图 7-12 所示。

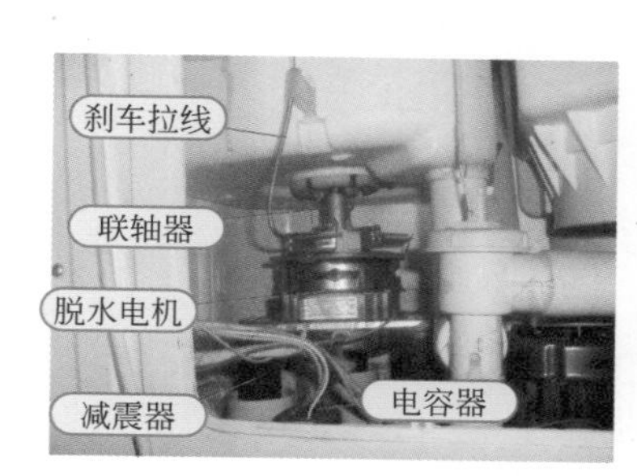

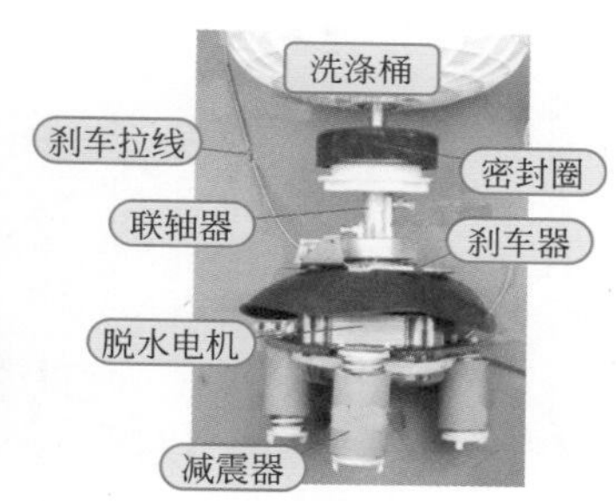

图 7-12　脱水系统传动

❺ 进、排水系统

普通洗衣机的进水系统一般都是顶部淋洒进入的，而排水系统一般采用的是排水阀或四通阀，排水系统结构如图 7-13 所示。

❻ 支撑机构

支撑机构主要由底座、箱体、减震器、排水管等组成，支撑机构外形结构如图 7-14 所示。

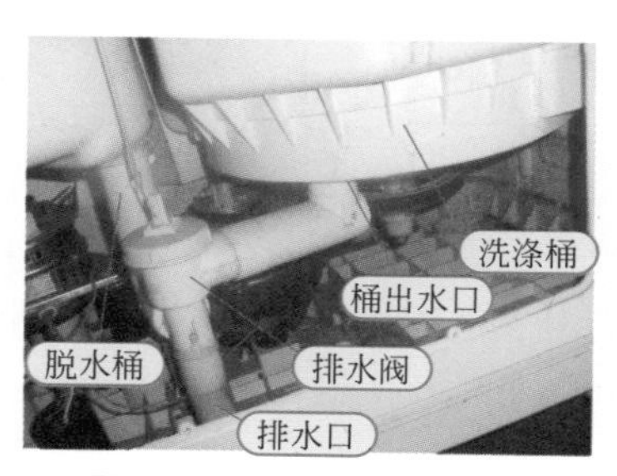

图 7-13　排水系统结构

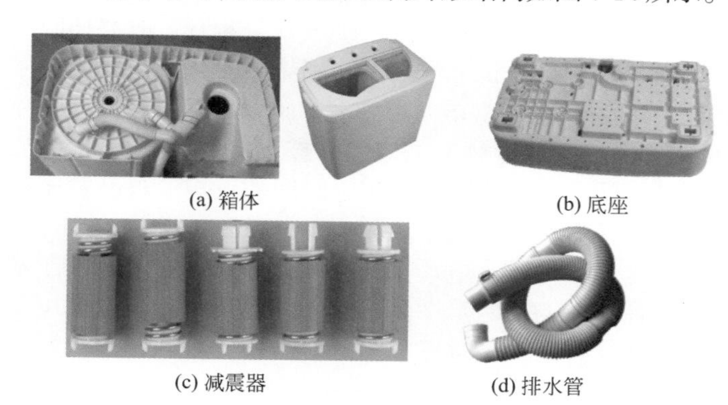

(a) 箱体　(b) 底座　(c) 减震器　(d) 排水管

图 7-14　支撑机构外形结构

7.2.2 普通波轮洗衣机工作原理

❶ 电气控制系统

电气控制系统原理图如图 7-15 所示。

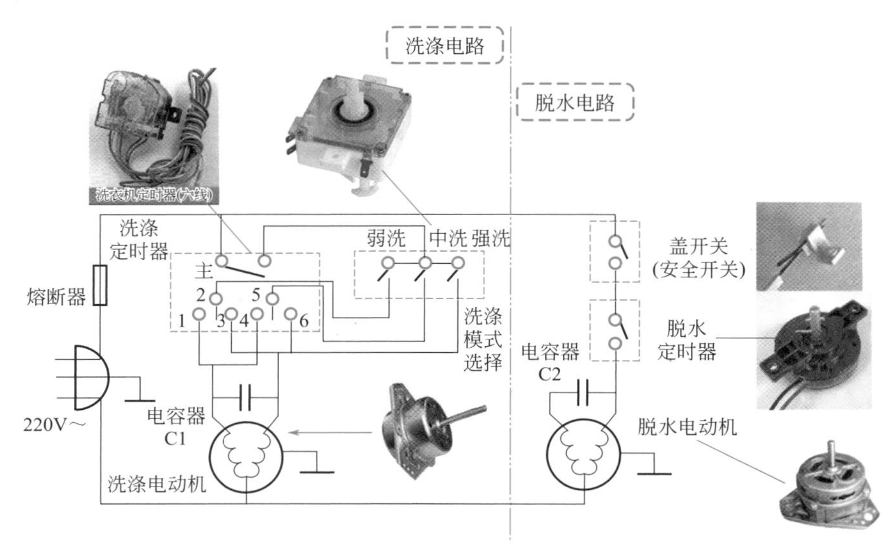

图 7-15 电气控制系统原理图

普通双桶洗衣机的电路由相互独立的两部分组成，一部分为控制洗涤电动机的电路，另一部分为控制脱水电动机的电路。

洗涤电路由洗涤电动机、电容器、洗涤定时器及洗涤方式选择开关等组成。

洗涤方式选择开关为旋钮式，供操作者根据洗涤衣物的具体情况来选择。强洗即单向洗，弱洗即正转、反转两个方向洗。洗涤方式是通过该旋钮产生一个机械力，这个力通过杠杆机构来驱动洗涤定时器的导通。

洗涤定时器有 3 组触点开关，第一组是主触点开关，用来控制洗涤的总时间，第二、三组是中洗（标准洗）和弱洗（轻柔洗）方式的触点开关，由定时器的两个凸轮分别控制，使洗涤电动机按照正转、停止和反转的规律工作。

当选择强洗时，电流通过洗涤定时器主触点开关和强洗转换开关向洗涤电动机供电，这时，洗涤电动机只向一个方向旋转，进行单向洗涤。当洗涤结束时，控制定时器主触点开关的凸轮回转到开始的位置，主触点开关断开，电路切断，电动机停止转动。

当选择标准洗时，电流通过定时器主触点开关和中洗开关，并通过定时器的标准洗触点，向洗涤电动机供电。标准洗的触点凸轮在弹簧力的控制下不断旋转，簧片 5 不断变换位置与 4、6 接触，则电动机便会按设定好的程序，一会儿正转，一会儿停止，一会儿反转，从而实现标准洗涤控制，而转停时间的长短通过凸轮设计来实现。

当选择弱洗时，与中洗相似。

脱水电路由脱水电动机、脱水定时器、盖开关等组成。脱水电路中的脱水定时器触点和盖开关是串联的，两者中间任意一个断开都能使脱水电动机断电，所以，脱水时必须闭合桶盖。脱水定时后，定时器的触点就接通，直到定时时间结束触点才断开，电动机停止转动。

❷ 洗涤电动机正反转控制基本原理

洗涤电动机正反转控制基本原理如图 7-16 所示。

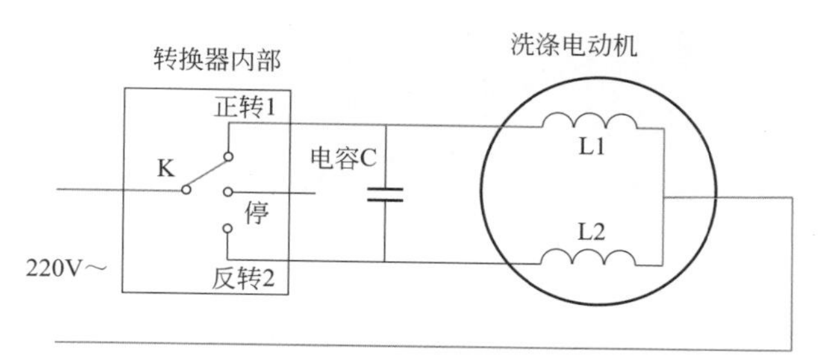

图 7-16 洗涤电动机正反转控制基本原理

当K（转换器）与1接通时，主、副绕组就有电流通过，电容的作用使得副绕组L2中通过的电流超前主绕组L1中通过的电流90°电角度，形成两相旋转磁场，电动机启动运行。当K与2接通时，同理，电动机反向运行。如果K与1、2不断地交替接通，则电动机就会正反向交替运行，这就是洗衣机电动机的工作原理。

❸ 电气控制系统主要部件

a. 洗涤定时器。洗涤定时器有两个作用：一是控制洗衣机的洗涤时间；二是通过控制时间组件控制电动机的正反转和间歇时间。洗涤定时器外形结构如图7-17所示。

b. 脱水定时器。脱水定时器只控制脱水电动机的运转总时间，一般只有两个引出线。脱水定时器外形结构如图7-18所示。

图 7-17 洗涤定时器外形结构

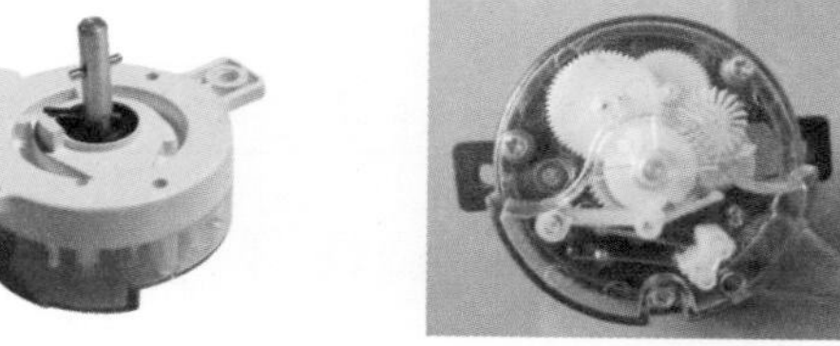

图 7-18 脱水定时器外形结构

c. 盖开关。盖开关也叫安全开关，其外形结构如图7-19（a）所示。脱水筒在工作过程中高速旋转，即使在断电后，惯性运转的速度也是很大的。为了保证使用者的安全，在脱水电动机的电路上串联一个盖开关。

当脱水筒外盖合上时，盖开关接通，电机正常旋转工作。当脱水筒的外盖掀开一定距离时，盖开关上、下簧片的触头断开，从而切断脱水电机的电路供电，脱水电机处于惯性运转，刹车机构使脱水电机及脱水筒迅速停止转动。盖开关在洗衣机中的安装位置如图7-19（b）所示。

d. 控制台。控制台外形结构如图7-20所示。

(a) 盖开关

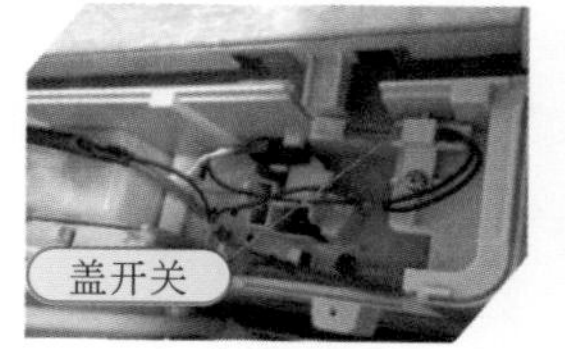

(b) 安装位置

图 7-19 盖开关外形结构及安装位置

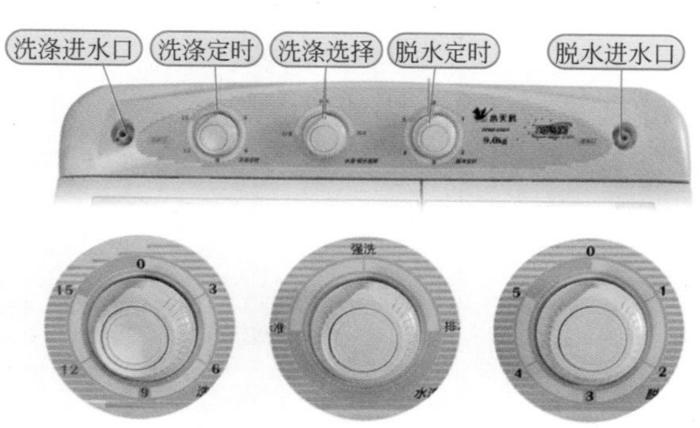

图 7-20 控制台外形结构

7.3 普通波轮洗衣机常见故障的维修

7.3.1 洗涤、脱水均不工作的检查与检修

洗涤、脱水均不工作的维修方法如表 7-1 所示。

表 7-1 洗涤、脱水均不工作的维修方法

故障现象	故障分析	维修排除方法
洗涤、脱水均不工作	供电电源有问题	首先排除供电电源问题。用万用表测量供电电源插座是否有 220V 的交流市电，该电压若不正常，则为供电电源故障
	机内电源供电线路有故障	在保险管完好的情况下，可以采用电阻法或电压法排查断路源
	烧保险	对于烧保险，不要更换上新的保险管就立即试机，而要查明烧保险的原因是否是短路故障而引起的。 屡烧保险管的原因：保险管规格选择不当。维修措施：选择适当的保险管。 有短路情况发生，例如电容器、电机、导线有短路等。维修措施：检查并排除短路故障。 操作板内进水或脱水筒皮碗漏水。维修措施：烘干操作板；更换皮碗

7.3.2 洗涤系统的检查与检修

洗涤系统故障及维修如表 7-2 所示。

表 7-2 洗涤系统故障及维修

故障现象	故障分析	维修排除方法
洗涤系统不工作	脱水能正常工作，说明电源和保险管是正常的，故障主要在洗涤系统。用手拉动传动带，若波轮转动灵活，则说明机械方面基本正常，故障在电路方面；否则，故障在机械部分	主要应检查波轮传动系统、洗涤定时器、洗涤选择开关、洗涤电动机及连接导线等
波轮转速较慢，洗涤无力	供电电源电压过低	检测电源电压是否异常，若电压过低，同供电部门联系
	洗涤的衣物过量	减少衣物放入量
	皮带打滑或有些松	皮带若打滑，清洗带轮的油渍、更换皮带；皮带过松，可增大电机与传动带轮中心之间的距离，或更换皮带
	波轮有衣物缠绕	清除缠绕的衣物
	电机绕组有轻微短路现象	一般是更换电机
	电容器断路或失容	更换电容器

续表

故障现象	故障分析	维修排除方法
波轮转速较慢，洗涤无力	波轮轴和轴承配合比较紧或损坏	填注润滑油和更换波轮轴组件
	带轮的紧固螺钉有松动	拧紧紧固螺钉
通电后波轮不转动，有“嗡嗡”声响	波轮被异物卡住	手拨动波轮看是否转动灵活，若不灵活，拆卸下波轮看被什么异物卡住
	皮带松脱	重装、更换或调整皮带的松紧程度
	电动机本身有问题	维修或更换电动机
	波轮轴损坏而咬死	拆卸下波轮组件，更换波轮轴或其组件
洗衣时波轮运转不正常	洗涤选择开关损坏	维修或更换洗涤选择开关
	洗涤定时器损坏	维修或更换洗涤定时器
洗净率不高	波轮转速慢	参考“波轮转速慢”处理方法
	波轮严重磨损	更换波轮
衣物磨损严重	洗涤时水量过少	水量要适当增加
	波轮、洗衣桶内壁有毛刺或粗糙	用细纱布打磨毛刺或粗糙部位

7.3.3 脱水系统的检查与检修

脱水系统故障及维修如表7-3所示。

表7-3 脱水系统故障及维修

故障现象	故障原因分析	检修方法与步骤
脱水不能工作	洗涤能工作，只是脱水不能工作，表明电源供电是正常的，保险管也是完好的。故障在脱水系统电路（脱水电动机、电容器、脱水定时器、盖开关）或机械结构	①电源插头接入插座，设置一个脱水定时时间，细听脱水电机的响声。 ②若有“嗡嗡”声音，说明电源已经加到电机上了。 在断电的情况下，检查是否有洗涤物品等掉入脱水筒底，卡住或缠绕住转轴，去除缠绕物即可排除故障；如无异物掉出，打开洗衣机机箱后盖板，用手轻轻拨动脱水电机上面的连轴器（需合上脱水外盖），看其旋转是否灵活，联轴器上的紧固螺钉是否有松脱现象等。 若联轴器手动旋转正常，则可能是电动机主绕组短路或负绕组断路、电容器损坏等。 若联轴器手动旋转受阻，则可能是刹车机构有问题。例如制动钢丝松弛、断裂等。 ③若没有“嗡嗡”声音，说明电源没有加到脱水电机上或电机绕组断路。用电阻法或电压法检测脱水电机的线路

续表

故障现象	故障原因分析	检修方法与步骤
脱水无力，衣物甩不干	供电电源电压低	与供电部门联系
	脱水衣物过多	减少衣物放入量
	脱水电机绕组有短路、电机磨损或老化严重	更换脱水电机
	电容器失容或开路	更换电容器
	刹车有抱轴现象	检修刹车系统
	有衣物缠绕	清理缠绕衣物
	联轴器松动	重新紧固联轴器
刹车性能不好	盖开关移位或损坏	更换或重新固定盖开关
	刹车块磨损严重	更换刹车块或更换刹车机构
	刹车弹簧疲劳、老化	更换刹车弹簧
	刹车块与刹车鼓（刹车制动鼓）距离过大	重新调整刹车块与刹车鼓距离，或调整刹车拉杆与刹车挂板的孔眼位置
脱水筒抖动太厉害	衣物放置不均匀	重新把衣物往下压实、放平，减少衣物放入量
	联轴器的紧固螺钉有松动	拧紧紧固螺钉
	洗衣机未放置平稳或放置偏斜	重新放置平稳或支脚下垫放物品使之平稳
	脱水筒本身有问题或损坏	更换脱水筒
	脱水电机下面的三根弹簧有损坏	更换弹簧

7.3.4 漏水、漏电的检查与检修

漏水、漏电故障及维修如表 7-4 所示。

表 7-4 漏水、漏电故障及维修

故障现象	故障原因分析	检修方法与步骤
洗衣桶漏水	波轮轴套的密封圈损坏	更换密封圈
	波轮轴组件有问题或磨损严重	更换波轮轴组件
脱水外筒漏水	脱水轴密封圈损坏或橡胶套损坏	更换密封圈或橡胶套
	脱水外筒破裂	用万能胶粘补或更换脱水外筒
排水系统漏水	排水管破裂	更换排水管
	排水管道有漏点	用万能胶粘补
	排水旋钮卡死或有问题、排水拉带有问题	维修或更换排水旋钮、调整排水拉带
	排水阀门损坏或有异物卡住	排出异物或更换阀门
漏电	保护接地线安装不良	重新安装保护接地线
	电动机内部受潮严重	电动机做绝缘处理或更换电动机
	电容器漏电	更换电容器
	导线接头密封不好	重新绝缘包扎

7.4 全自动波轮洗衣机工作原理

7.4.1 全自动波轮洗衣机整机结构

全自动洗衣机在洗涤过程中，洗涤、漂洗、脱水三个过程之间的相互转换都能自动连续完成。波轮式全自动洗衣机通常都采用将洗涤桶与脱水筒套装在盛水筒内的同轴套桶式结构。波轮式全自动洗衣机一般都是由洗涤脱水系统、进水排水系统、电动机和传动系统、电气控制系统、支撑结构五大部分构成的。全自动波轮洗衣机结构图如图 7-21 所示。

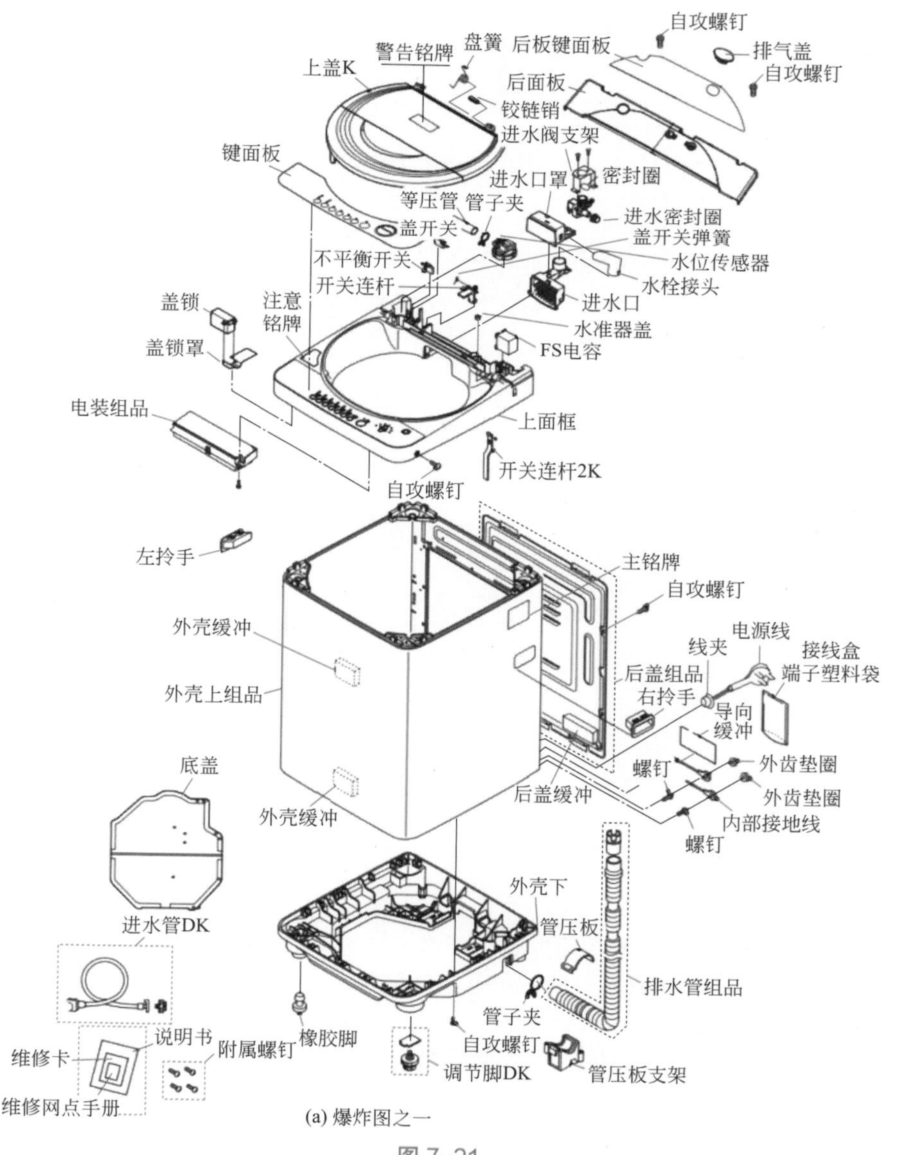

(a) 爆炸图之一

图 7-21

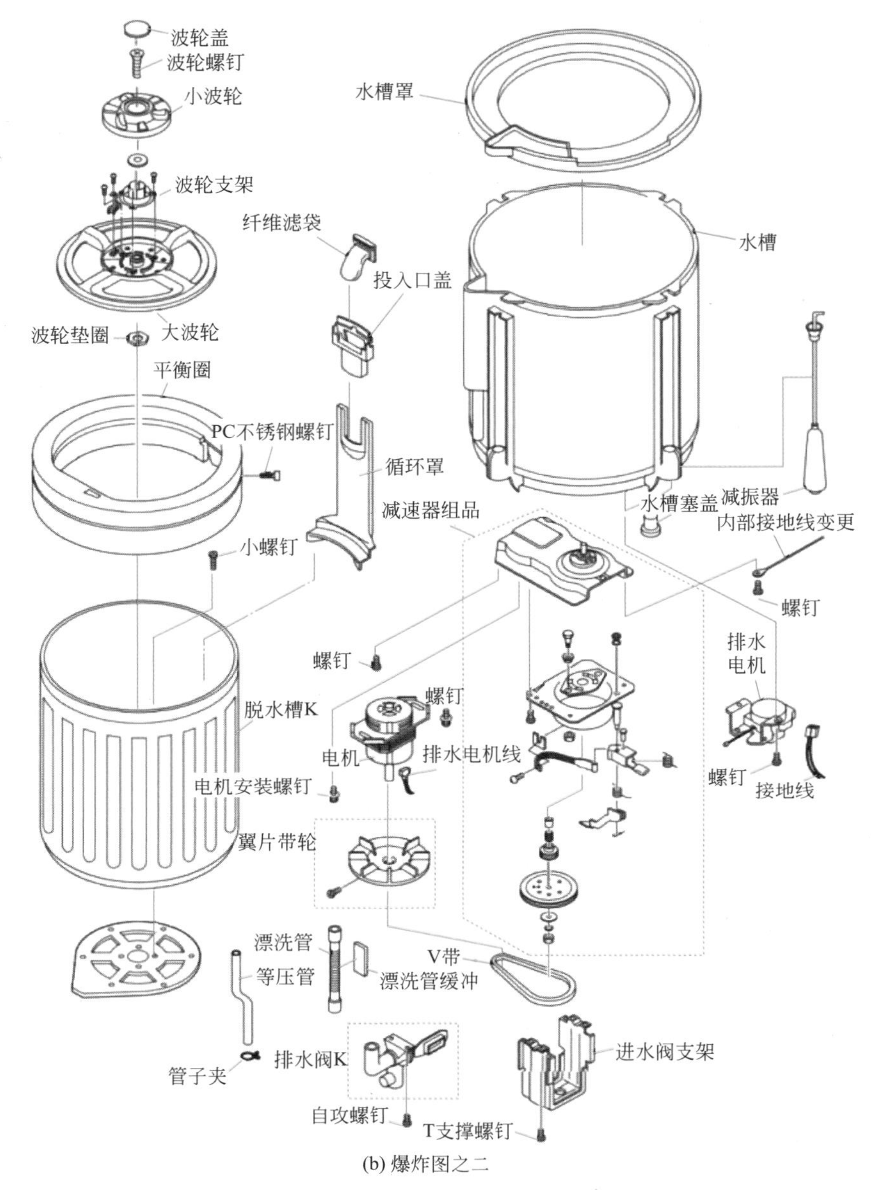

(b) 爆炸图之二

图 7-21　全自动波轮洗衣机结构图

7.4.2　洗涤、脱水系统

❶ 内筒、外筒

全自动洗衣机的洗涤、脱水系统主要包括内筒（洗涤、脱水筒）、外筒（盛水筒）和波轮等功能部件。洗涤、脱水系统外形结构如图 7-22 所示。

全自动洗衣机的外筒，也称为盛水筒，其主要作用是盛水或洗涤液，如图 7-22（b）所示。外筒通过吊挂装置吊挂在箱体上，外筒底部与加强板相连接，安装有减速离合器、电动机、电磁铁等功能部件；筒底正中央通过电动机的主轴；筒底的一侧还设有排水口；在筒的下部装有储气管，与水位开关的导气管连接；外筒的上部设有溢水口，直接与排水管连通。

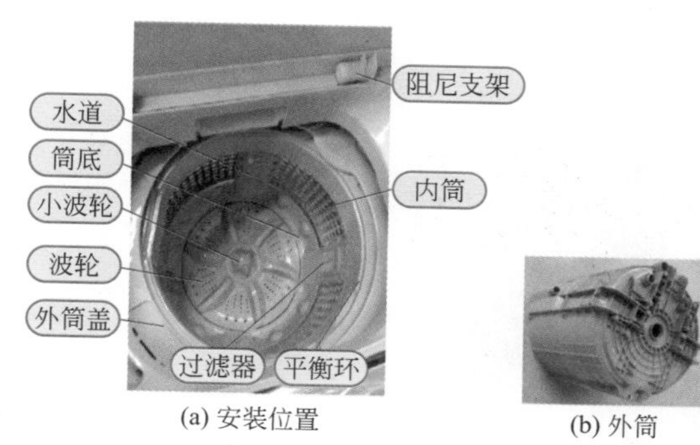

(a) 安装位置

(b) 外筒

(c) 内筒

(d) 波轮

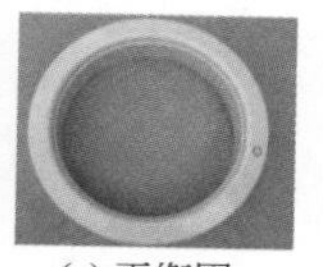

(e) 平衡圈

图 7-22　洗涤、脱水系统外形结构

波轮式全自动洗衣机的内筒既是洗涤筒，又是脱水筒，故其结构应兼顾二者，如图 7-22（c）所示。一般在内壁上设有许多小孔，脱水时在高速离心力作用下将衣物中的水通过小孔甩出，完成脱水程序。

在内筒的上沿装有减震平衡圈，用来平衡因衣物在筒内分布不均匀而产生的脱水振动，如图 7-22（e）所示。

在内筒侧壁还设有线屑过滤装置和软化剂自动投放装置。

❷ 进、排水系统

全自动洗衣机都能自动进水和排水。进排水系统由进水管、进水阀、内进水管、洗涤剂盒、溢水管、回旋进水管、排水阀、排水管及排水泵连接管等组成。

进水阀的作用主要为控制自来水进水，为洗衣机提供适量的洗涤、漂洗用水。全自动进水阀主要有一进一出和一进两出两种类型，其外形结构如图 7-23 所示。

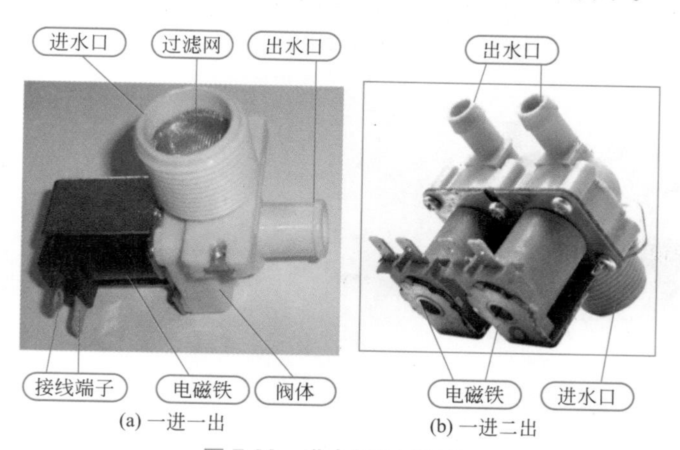

(a) 一进一出　(b) 一进二出

图 7-23　进水阀外形结构

洗衣机的进水工序：只要接好水源，进水阀受控通电而开启进水阀，注水开始；当达到所设定水位后，水位开关动作，进水阀断电停止工作，洗衣机转入洗涤程序。

排水阀是波轮全自动洗衣机上的自动排水装置，同时还起改变离合器工作状态（洗涤或脱水）的作用。

排水阀除了控制排水外，还要带动离合器上的制动装置动作，使离合器的离、合状态发生改变，从而实现洗涤、脱水状态的切换。

波轮式全自动洗衣机的排水阀可分为两种：电磁铁牵引和电动机拖动式。排水电磁铁有两种：一种是交流电磁铁，另一种是直流电磁铁。

排水阀常见外形结构如图 7-24 所示，工作原理与进水阀类似。

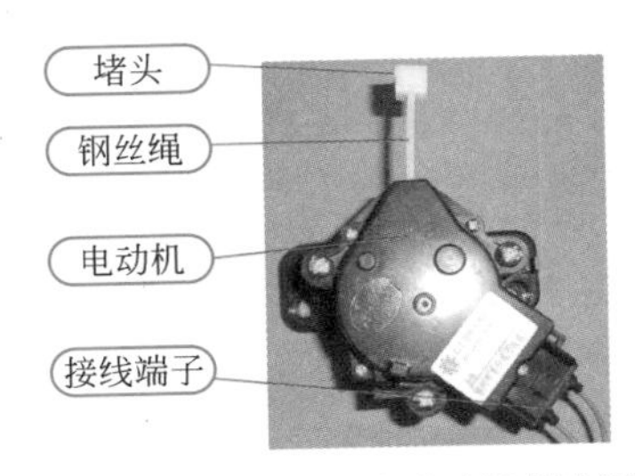

(a) 旋转式(电动机)排水阀

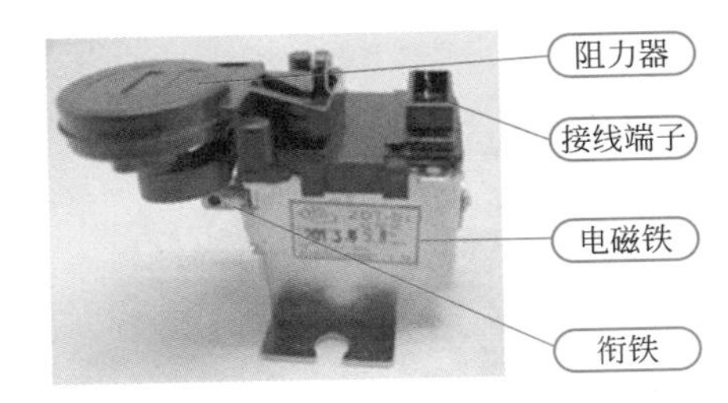

(b) 直流电磁铁排水阀

图 7-24　排水阀外形结构

排水系统如图 7-25 所示。

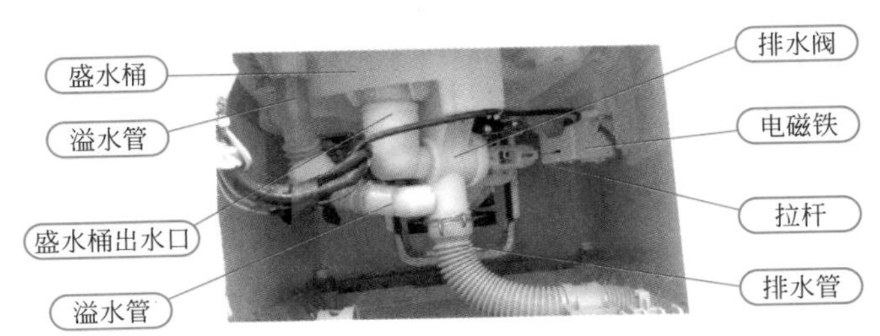

图 7-25　排水系统

水位开关又称为水位压力开关、水位传感器、水位选择开关等。它利用洗涤桶内水位变化所产生的压力来控制触点开关的通断，进而控制洗衣机相关电路的通断，最终达到控制洗衣机的工作状态。水位开关外形结构如图 7-26 所示 .

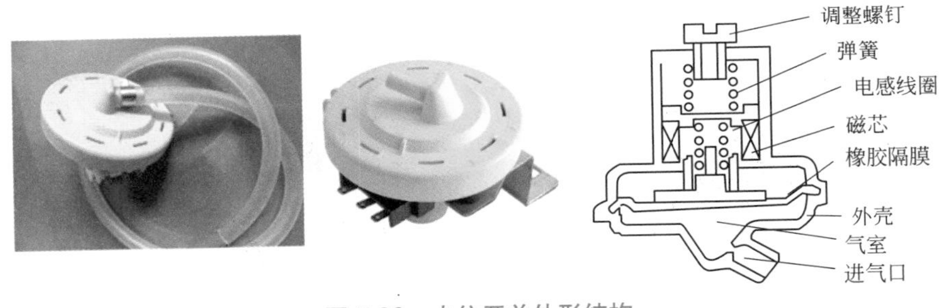

图 7-26　水位开关外形结构

7.4.3　传动系统

❶ 传动系统的结构

波轮式全自动洗衣机的传动系统主要由电动机和离合器组成。传动系统的结构示意图如图 7-27 所示。

洗涤时，电动机旋转，先通过电动机侧的带轮和离合器侧的带轮进行一次减速，再通过离合器中的行星轮进行第二次减速，带动离合器中的波轮轴低速旋转。一般洗涤转速为 120 ～ 180r/min，电动机由程序控制器控制，产生的运转状态是短时的正传—停—反转。

脱水时，转速为 800 ～ 900 r/min，电动机带动离合器做长时间的单方向旋转。

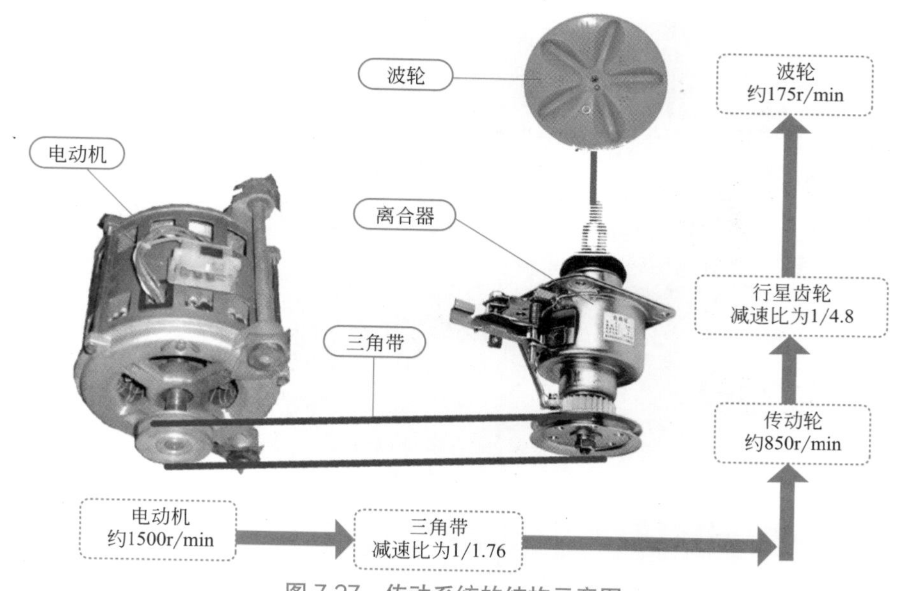

图 7-27 传动系统的结构示意图

❷ 电动机

波轮式全自动洗衣机通常采用双速电动机或串励电动机，其外形结构如图 7-28 所示。

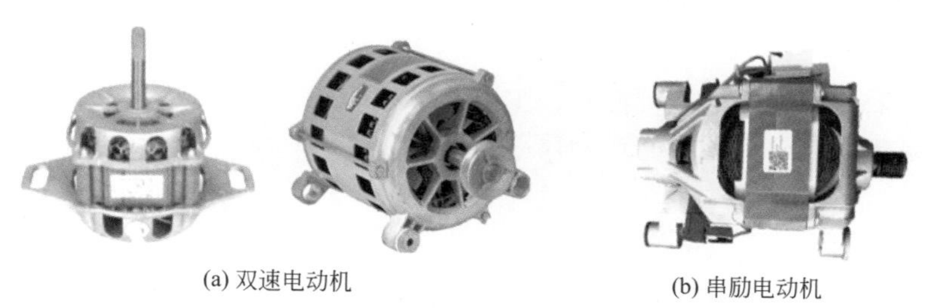

(a) 双速电动机　(b) 串励电动机

图 7-28 波轮式全自动洗衣机电动机外形结构

不管波轮式全自动洗衣机装配的是哪类电动机，通常都具有以下特征：

a. 电动机故障环境比较恶劣，通常使用开启式结构的电动机，以便于散热和排出水汽。其主要由定子、转子、轴、风扇和端盖等组成。

b. 由于洗衣机在洗涤衣物时必须做正、反转运行，要求工作状态完全相同，因此，通常把电动机的主、副绕组的线圈数和线径设计得完全一样。

❸ 离合器

离合器是洗衣机的主要传动、减速部件。其主要作用是完成洗衣机的洗涤、甩干工作状态切换以及甩干过程中的紧急制动等动作。离合器外形结构如图 7-29 所示。

甩干状态时，刹车带连杆在牵引器的拉动下，带动刹车带松开轮毂；同时，刹车带连杆带动棘爪与棘轮分离，离合套被离合簧锁紧，内轴与外轴形同整体并保持同步转动，完成甩干状态的切换。

洗涤状态时，牵引器松开刹车带连杆，在刹车带连杆扭簧的作用下，刹车带连杆带动刹车带锁紧轮毂，联动棘爪拨动棘轮并带动离合簧的一端旋转一个角度，使离合套端的离合簧内径扩大；而离合簧的另一端仍锁紧在被单向轴承固定的外轴上，保持离合套端离合簧的内径一直处于扩大状态，使内轴带动离合套可以在离合簧的腔体内自由转动，完成洗涤状态的切换。

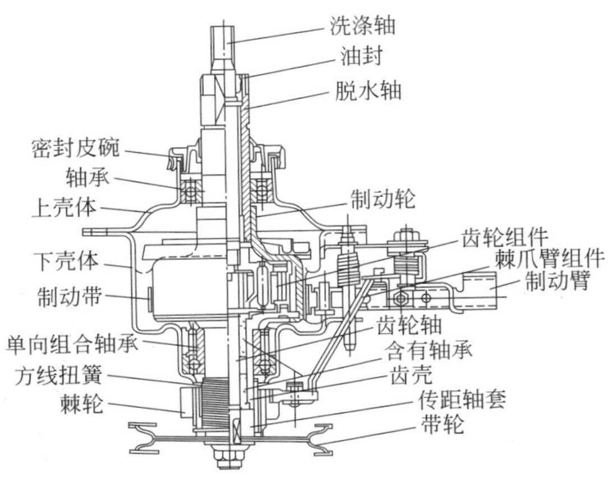

图 7-29　离合器外形结构

7.4.4　电气控制系统

波轮式全自动洗衣机的电气控制系统一般由程序控制器、电动机、进水电磁阀、排水电磁阀、水位开关、盖开关及各种功能选择开关等组成。

程控器是程序控制系统的核心部件，它是全自动洗衣机的“大脑”，全自动洗衣机的工作过程都由它来控制完成的。程控器从结构上可分为两大类：电动式和电子式。

❶ 电动式程控器

电动式程控器又称为机械式程控器，主要有 CXD-Q-1 型、T-910CH 型、CXD-Q-3 型等，它们的原理和结构大同小异，电动式程控器外形结构和原理如图 7-30（a）所示。

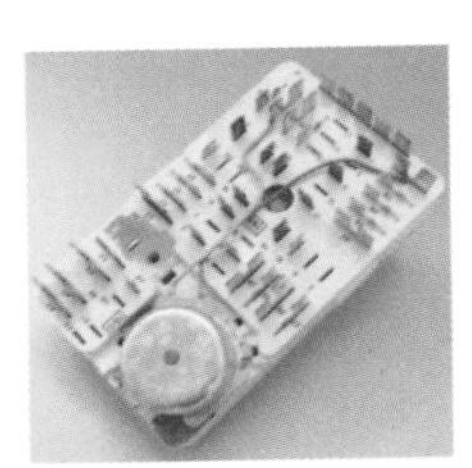

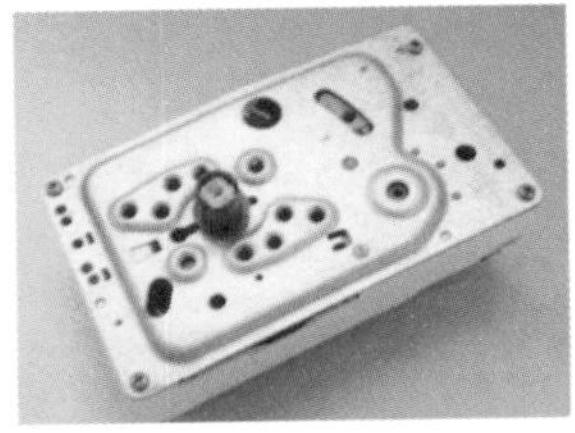

(a) 电动式程控器外形结构

静触点
动触点
静触点
静触点
动触点
静触点
凸轮1
凸轮2
凸轮3
凸轮4
凸轮5
凸轮6
凸轮7
凸轮8
凸轮9
凸轮10
脱开OFF
合上ON
控制旋钮

(b) 电动式程控器工作原理

图 7-30　电动式程控器外形结构和原理

电动式程控器利用两组不同形状的凸轮（快速凸轮、慢速凸轮），以一定顺序的转动来接通或断开多组簧片的触点，进而接通或断开与之相应的电器件来达到控制的目的。

如图 7-30（b）所示快速凸轮有 4 个凸轮片（对应着 4 个簧片组），它们以一种速度转动，而慢速凸轮上有 6 个凸轮片（也有与之对应的 6 个簧片组），它们又以另一种速度转动，每个凸轮片的转动控制着各自的簧片组的通断。每个簧片组都有 3 根簧片，中间的为动触片，其余两根为静触片。

由于微电机转速不变，齿轮系统减速比不变，所以中心轴（又称为旋转轴）带动着凸轮组做匀速转动，而凸轮圆周上轮廓角度的位置和大小即决定了触片组间的通断时间及长短，也就决定了与触片相接的电器件的通断时间。当操作者按照操作板上的指示，用手旋转旋钮来选择某一洗涤工序时，也就是由旋转轴将低速凸轮组转动到某一位置，在该位置上，各凸轮控制的触片组使该洗涤工序电路接通。

小天鹅 XQB30-7 型全自动洗衣机采用的是 CXD-Q-3 型电动式程控器，该程控器的时限表如表 7-5 所示，整机控制电路原理如图 7-31 所示。

表 7-5　程控器的时限表

程序 时间 触点		标准程序												停	节约程序								停	单洗	停
		洗涤	排水	间脱	脱水	溢漂	排水	间脱	脱水	溢漂	排水	间脱	脱水		洗涤	排水	间脱	脱水	溢漂	排水	间脱	脱水		洗涤	
		12min	2.5min	39s	1min34s	2min	2.5min	39s	1min34s	2min	2.5min	39s	3min14s		6min	2.5min	39s	1min34s	2min	2.5min	39s	3min14s		12.5min	
C_1	a																								
	b																								
C_2	a																								
	b																								
C_3	a																								
	b																								
C_4	a																								
	b																								
C_5	a																								
	b																								
C_6	a																								
	b																								
C_7	a																								
	b																								

触点		时间
C_8	a	
	b	
C_9	a	
	b	4s　2.5s　4s
C	a	0.8s　1.8s　1.8s　0.8s　1.8s
	b	0.8s　0.8s

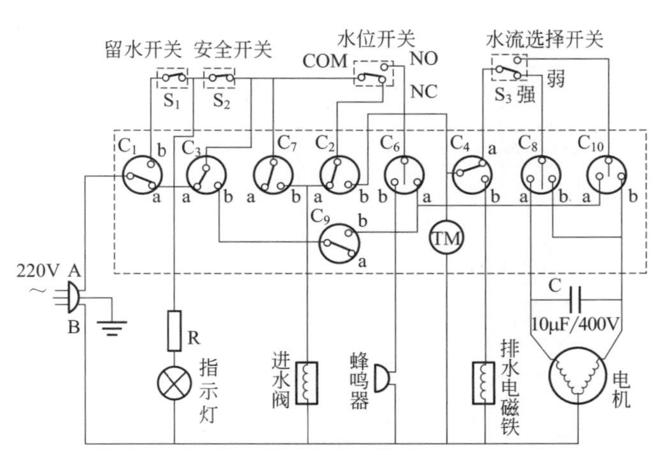

图 7-31　小天鹅 XQB30-7 型全自动洗衣机整机控制电路原理

该控制器共有 3 种预先设计好的程序可供选择，即“标准程序”、“节约程序”和“单洗涤程序”，还有强、弱两种水流可供选择。

a. 进水。由于此时内筒的水还未到位，所以水位开关接通 NC（常闭触点）。结合表 7-5 可知程控器中通电后的电流回路为：电源线 A → C1a → C3a → 水位开关 COM → NC → C2a →进水阀→电源线 B。

b. 洗涤。在进水和洗涤时，安全开关（盖开关）是不起作用的。

洗涤时电流回路为：电源线 A → C1a → C3a → COM → NO → C4a → S3 → C8 或 C10 → 电机→电源线 B。

c. 排水。排水时电流回路为：电源线 A → C1a → C3a → COM → NO → C4b →排水电磁铁→电源线 B。

排水电磁铁得电开始工作，完成排水动作后，水位开关的触点转换至 NC。

d. 脱水。水排净后，立即进入脱水过程。脱水分为两步进行，先进行 39s 的间隔脱水，即由 C9 控制电机以“转 4s →停 2.5s →转 4s →停 2.5s……”的方式重复进行。然后作 94s 的连续脱水。不管是何种脱水，排水电磁阀始终通过电源线 A → C1a → S2 → COM → NC → C2b → C4b →排水电磁铁→电源线 B 的通路得电开启。

e. 漂洗。脱水结束，再一次进水，水到位后，转入漂洗状态。这时的电流回路与洗涤时是一样的。

f. 蜂鸣。在最后一次脱水即将结束，即整个程序结束之前半分钟左右，C6 断开 a 接通 b。一方面使电机断电，脱水筒做惯性运转，另一方面使蜂鸣器得电而发出报警声音。

❷ 电子程控器的方框图

电子程控器的方框图如图 7-32 所示。

电子程控器与单片机配合，通过对显示、按键、门开关、水位传感器、进水阀、排水阀、电动机等其他外围电路的控制，从而实现各种程序的转换，来控制洗衣机完成整个工作过程。

电子程控器通过插接器分别连接电动机、压力开关、安全开关、注水阀、排水阀及电源开关，以实现控制进水、洗涤、脱水等工作程序按用户的设定有序进行。

电子程控器工作原理图如图 7-33 所示。

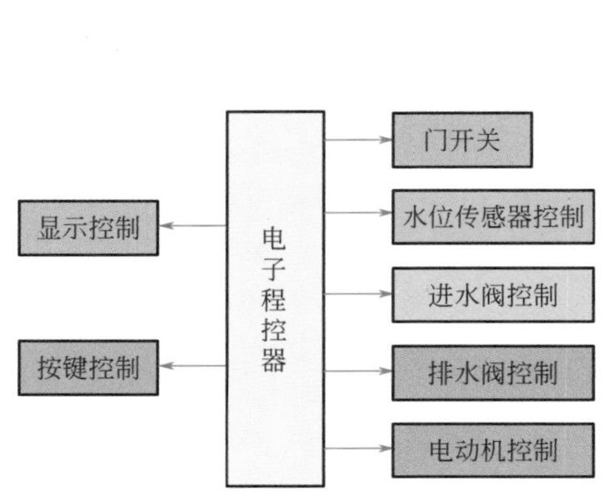

图 7-32 电子程控器的方框图

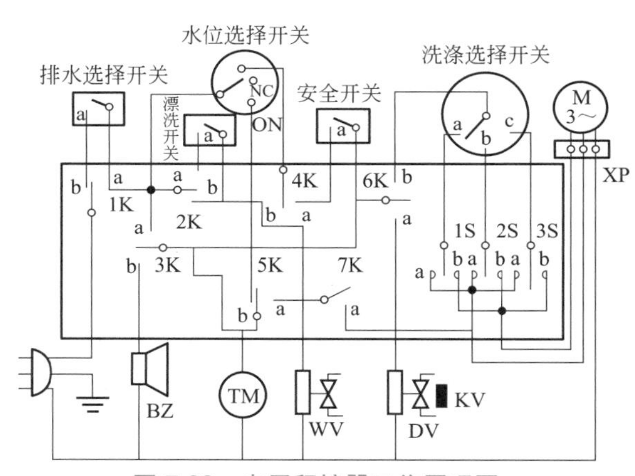

图 7-33 电子程控器工作原理图

a. 注水过程。开启电源，将程控器选择旋钮按顺时针方向转到所需位置。洗衣机开始按照设定的洗涤程序运行。当设定为标准洗涤时，电磁阀线圈通电，阀门开启，其电流通路为电源 L →注水电磁阀 WV → 4Kab → 2Kb → 1Ka →电源零线 N，洗衣机开始注水。这时，程控器的定时电动机 TM 尚未接通电源，程控器的凸轮不动作。注水时，水位开关在 NC 位置。当洗涤筒水位达到设定水位后，水位开关由原来的 NC 位置转换到 ON 位置。这时，定时器电动机 TM 通电运转，程控器的凸轮在电动机的带动下开始运转，致使 2Kb 断电，注水电磁阀 WV 断电，洗衣机停止注水，并且转动为洗涤程序。

b. 洗涤过程。转入洗涤过程后的电流通路为：电源相线 L →定时器电动机 TM → 5Kb →水位开关的 ON → 1Ka →电源零线。洗涤程序开始时，程控器的定时电动机 TM 带动凸轮

1S、2S、3S 转动，使 1S、2S、3S 的动触点有规律地与 a、b 触点周期性地接通和断开，电动机 M 有规律地正转→停止→反转→正转……洗涤电动机 M 的电流通路为：电源相线 L→电动机 M → 1S 或 2S 或 3S 的 a 或 b→洗涤选择开关 a 或 b 或 c → 6Kb → 3Ka → 1Ka →电源零线 N。当洗涤程序结束后，程控器定时电动机 TM 带动凸轮使 6Kb 由闭合转为断开，洗衣机进入自动排水程序。

c. 排水过程。由于 6Ka 接通，其电流通路为：电源相线 L →电磁铁 KV → 6Ka → 3Ka → 1Ka →电源零线 N。DV 通电动作，打开排水阀门，洗衣机开始排水。同时，离合器的拨叉或制动杆爪钩和棘爪分别脱离制动盘和棘轮，使离合器扭簧制动抱紧离合器轴套，为下一步脱水做好准备。

d. 脱水过程。当洗衣机排水到一定水位后，水位开关由 ON 位置转换到 NC 位置。同时由于定时电动机 TM 带动凸轮转动，使 3Ka、5Ka、7Ka 闭合，此时，电动机通电线路为：电源相线 L →电动机 M → 7Ka → 5Ka → 3Ka → 1Ka →电源零线 N。电动机 M 单向顺时针旋转，洗衣机进入脱水工作状态。在脱水过程中，排水电磁铁线圈始终得电。

e. 储水漂洗过程。洗衣机第一次脱水完毕，自动进入注水程序，再转为储水漂洗程序。储水漂洗时 7Ka 断开，6Kb 闭合，电动机 M 通过洗涤选择开关选择 1S 或 2S 或 3S 的 a 或 b，使其正转→停止→反转→正转……对衣物进行漂洗。储水漂洗结束后，洗衣机再次进行排水和脱水。

f. 溢水漂洗过程。溢水漂洗过程开始时，电动机 M 做正转→停止→反转→正转周期性运行。此时，注水电磁阀呈关闭状态。当漂洗过程超过大约 2.5min 时，2Ka 闭合，注水电磁阀通电，自来水注入洗涤筒内，洗涤桶水位上升到溢水口位置，这里电动机 M 仍周期性运行。洗衣机边注水边洗涤，这一过程延续到 4min 后，注水电磁阀关闭，排水电磁阀通电，洗衣机进入排水过程。接下来进行最后一次脱水，脱水结束前大约 3s，蜂鸣器 BZ 间断性鸣叫 6 次，然后 1K 动触点返回到中间位置，电源断电，洗衣机工作过程全部完成。

❸ 安全开关（盖开关）

盖开关外形结构如图 7-34 所示，它在洗衣机的运行过程中起安全保护作用。洗衣机脱水时，若上盖被打开到一定的高度，安全开关动作，离合器刹车，并且断开电动机的电源，终止脱水运行。

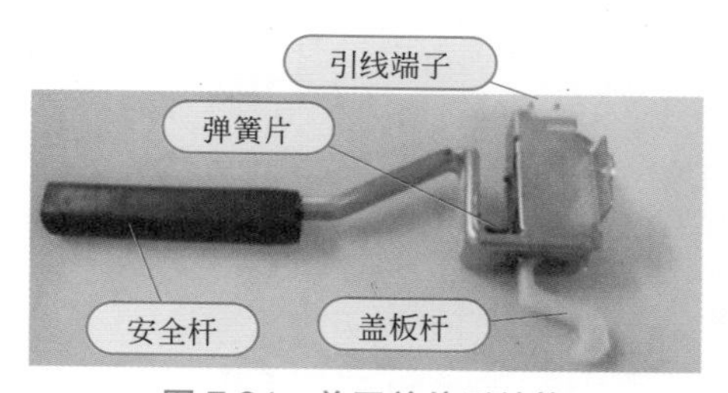

图 7-34　盖开关外形结构

7.4.5　海尔 XQB45-A 全自动波轮洗衣机电气控制系统

扫一扫　看视频

海尔 XQB45-A 全自动波轮洗衣机整机原理图如图 7-35 所示。

❶ 电源电路

220V 市电经电源插头→电源开关→限流器（SF）→抗干扰（C1）→过压保护（ZNR4）→降压变压器初级 B1 →变压器次级→整流桥（DB1）→滤波电容（C2）→ +14V 电压。

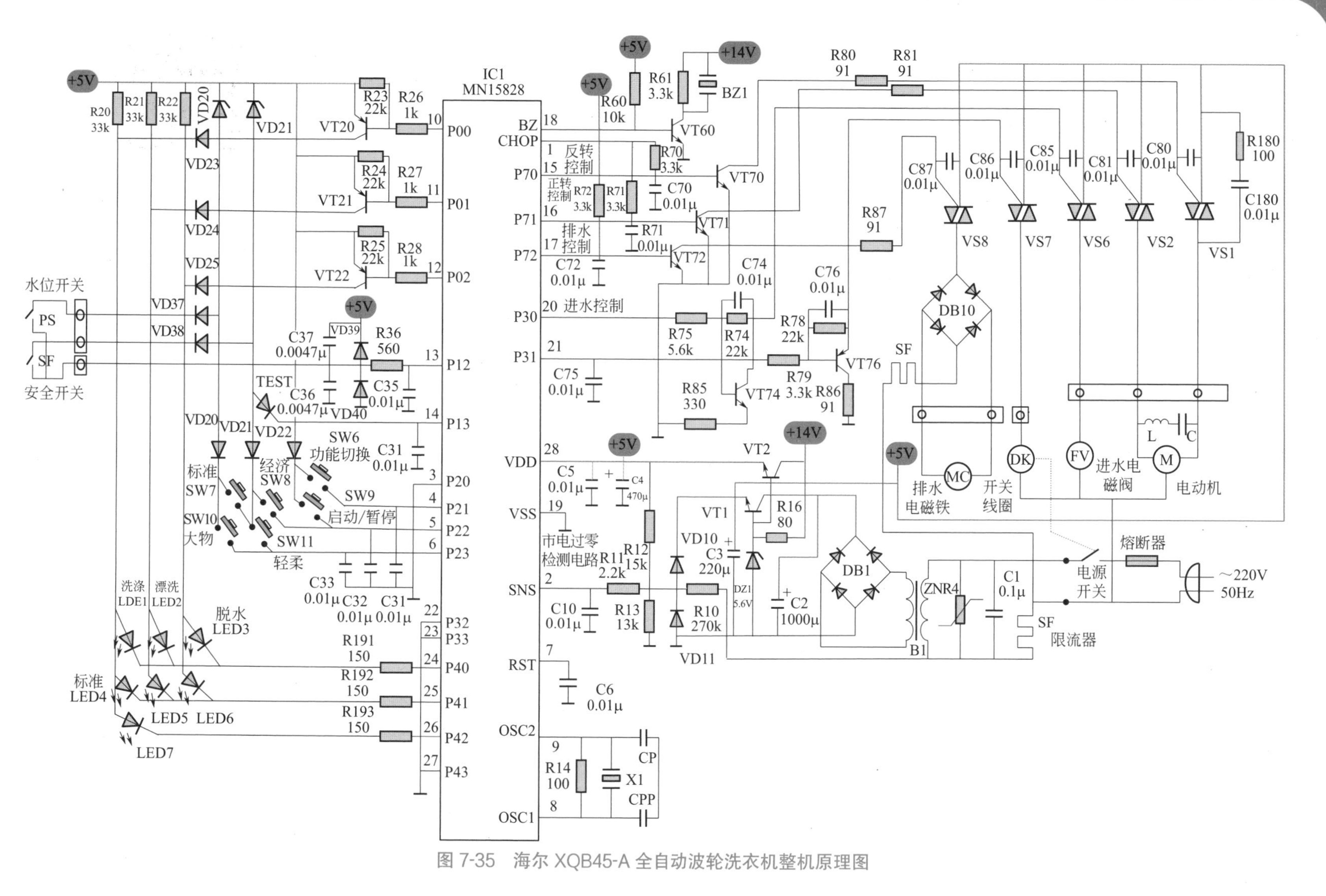

图 7-35 海尔 XQB45-A 全自动波轮洗衣机整机原理图

+14V 电压直接加到两个调整管 VT1、VT2 的集电极，同时还通过限流电阻 R16 加到稳压管 ZD1 上，即两个调整管的基极上，两个调整管的发射极同时输出直流电压。VT1 输出的 +5V 电压经电容 C3 滤波后为蜂鸣器、操作、显示等电路供电。VT2 上输出的 +5V 电压，经电容 C4、C5 滤波后，为单片机直接供电。

市电过零检测电路：为了防止双向晶闸管在导通瞬间因功耗大损坏，该电路设置了市电过零检测电路，主要由 R10 ~ R13、VD10、VD11 等组成。

❷ 单片机及工作条件

单片机 MN15828 引脚主要功能如表 7-6 所示。

表 7-6　单片机 MN15828 引脚主要功能

引脚号	符号	主要功能	引脚号	符号	主要功能
1	CHOP	供电	15	P70	电动机供电触发信号输出（反转输出）
2	SNS	同步控制信号输入	16	P71	电动机供电触发信号输出（正转输出）
3	P20	地	17	P72	排水电磁阀供电触发信号输出
4	P21	操作键信号输入	18	BZ	蜂鸣器驱动信号输出
5	P22	操作键信号输入	19	VSS	地
6	P23	操作键信号输入	20	P30	进水电磁阀供电触发信号输出
7	RST	复位信号输入	21	P31	电源开关线圈供电触发信号输出
8	OSC1	振荡器端子 1	22	P32	地
9	OSC2	振荡器端子 2	23	P33	地
10	P00	键扫描信号输出	24	P40	操作键信号输入
11	P01	键扫描信号输出	25	P41	操作键信号输入
12	P02	键扫描信号输出	26	P42	操作键信号输入
13	P12	桶盖检测信号输入	27	P43	地
14	P13	水位检测信号输入	28	VDD	供电

电源供电：由射随器 VT2 输出的 +5V 电压经电容 C3、C4 滤波后，直接加至单片机的 28 脚供电端子。19 脚为电源的负极，接地。

复位：刚开机时，C6 两端无电压，此时 7 脚为低电平，该低电平为单片机提供复位信号，使单片机内的存储器、寄存器等电路清零复位。当 C6 两端的电压随着开机时间的延长而升高到一定值后，单片机复位结束，开始工作。

时钟振荡：8、9 脚外接晶振 X1，X1 产生的 4MHz 时钟信号经单片机内部分频后协调各部分的工作。R14 是阻尼电阻，CP、CPP 是平衡电容。

❸ 操作、显示、水位判断、盖开关电路

单片机工作条件具备后开始工作，从其 10 ~ 12 脚输出键扫描脉冲信号，通过 VT20 ~ VT22 倒相放大后，不仅通过隔离二极管 VD37、VD38 为水位开关和安全开关提供键扫描，而且通过隔离二极管 VD20 ~ VD22 为操作键提供扫描脉冲。当没有按键按下时，单片机的4～6、13脚没有操作信号输入，单片机不执行操作命令。一旦按压操作键SW6～SW11使单片机的4～6脚输入操作信号后，单片机控制执行操作程序。水位开关和安全开关是自动开关，不受用户操作的控制，水位开关PS产生的检测信号加到单片机的13脚后，单片机判断水位符合要求，才能执行洗涤指令；安全开关SF产生的控制信号加到单片机的13脚后，单片机才能执行脱水指令。

上电开机后，按启动/暂停键SW9，使洗衣机开始工作。水位开关PS检测到盛水桶内无水或水位太低时，它的触点处于断开状态，并将低电平检测信号输入单片机的13脚，单片机识别出桶内无水或水位太低，其20脚输出50Hz过零触发信号。

脱水期间若打开桶盖，安全开关（盖开关）SF的触点断开，使单片机的13脚在脱水期间无键扫描信号输入，单片机切断16、17脚输出的触发信号，不仅使电动机停转，而且使排水电磁阀复位，控制减速器离合器制动，实现开盖保护。

SW6是功能切换键，以按压次数不同，可依次选择“仅洗涤”、“仅洗涤和漂洗”、“仅洗涤和脱水”、“仅脱水”、“自动”等功能。

分别按压SW8（经济）、SW10（大物）、SW11（轻柔）、SW7（标准），可以设定“经济”、“大物”、“轻柔”、“标准”等不同程序。

洗涤功能和程序选定后，相应的指示灯发亮。按压SW9（启动/暂停）按钮，洗衣机开始工作，正在进行中的功能指示灯闪烁；再按SW9按钮，洗衣机暂停工作，闪烁中的指示灯亮，不闪烁。

显示电路以单片机、三极管VT20～VT22、发光二极管LED1～LED7为核心组成部分。其中，LED1为洗涤指示灯，LED2为漂洗指示灯，LED3为脱水指示灯，LED4为标准指示灯。

LED1发光时，单片机的10、24脚输出低电平控制信号，11、12、25、26脚上输出高电平控制信号。11、12脚上输出高电平控制信号时VT21、VT22截止，10脚输出低电平信号时VT20导通，VT20的集电极输出的电压通过LED1、R191和单片机的24脚内部电路组成回路，使LED1发光。

7.5 全自动波轮洗衣机的维修

扫一扫 看视频

7.5.1 故障代码的检查与检修

[故障现象1]：工作时出现报警和显示故障代码

[故障分析]：主要原因：一是使用者操作不当，如衣物投放量超限、脱水时上盖未关闭等；二是洗衣机正常工作的外部因素异常，如自来水停水、电源电路异常等；三是洗衣机本身有故障等。

[故障维修]：不同的故障代码对应不同的电路，甚至直指某个元件出现了故障。不同品牌以及不同机型的洗衣机，其故障代码也不相同。

[故障现象2]：进水不止，一段时间后显示故障代码R1

[故障机型]：爱德XQB45-4DA型波轮全自动洗衣机

[故障分析]：显示故障代码R1属进水超时、进水不止。

[故障维修]：① 拆掉固定水位器的两只螺钉，并拔掉连接水位器上的压力导管，用嘴含着水位器上的压力导管连接嘴用力吹气，感觉气室无压力，由此证明压力橡皮膜已损坏。

② 因为该水位器的结构很特殊，不能与其他水位器互换，而且相关电子元件市面上也难以购到，所以改用机械式水位器的橡胶代换。

[故障现象 3]：洗涤过程中显示代码 E7

[故障机型]：小鸭 XQG50-60711 型滚筒全自动洗衣机

[故障分析]：故障代码 E7 表示在规定时间内温度没达到规定值。可能原因有：加热器故障、水位开关故障、电脑控制板故障等。

[故障维修]：① 用万用表测定加热器的直流电阻，电阻值约 27Ω 正常。

② 按压温度键，选择一定温度，然后启动洗衣机，测定加热器两端的电压，加热器两端有 220V 电压，说明电脑控制板也正常。

③ 检查水位开关，测定插头 X10-1 和 X10-2 之间的直流电阻。该直流电阻为无穷大，说明水位开关的常开触点没有接通，更换水位开关，故障排除。

7.5.2 进水系统的检查与检修

进水系统常见故障及维修如表 7-7 所示。

表 7-7 进水系统常见故障及维修

故障现象	故障分析	故障维修
不进水	没有水源或水压太低、进水阀损坏或过滤网有异物堵塞、水位开关触点接触不良、程控器损坏、控制电路有问题等	①接通电源，耳朵接近进水阀听有无“嗡嗡”的响声，如果有，则检查是否是自来水断水。关闭水龙头，旋出进水管接头检查进水阀的过滤网是否有异物堵塞，如果有拔出过滤网进行清洁，如果问题还未解决应更换进水阀，可能进水阀阀芯卡死无法打开。 ②如果进水阀没有“嗡嗡”的响声，可能是进水阀未开启，进水阀本身有故障或控制电路有问题。 确定进水阀好坏的方法：测量其工作电压，测量线圈直流电阻（电阻值一般在几千欧），看阀门是否开启。 ③检查水位传感器和电脑控制电路板
进水不停	进水阀、水压传感器、水位开关损坏，控制电路有问题等	①首先应检查进水阀阀芯是否卡住或进水阀是否损坏，通电打开后无法复位，导致一直进水，此情况应更换进水阀。 ②水压传感器上的调整螺钉位置不当。若仅是进水量偏多（或偏少），可以调整水位传感器上的调整螺钉至适当位置即可。 ③检查水位开关，水位开关异常可引起进水不止，此时应更换水位开关。如果压力管因长时间使用而磨损、破裂，压力管与水位开关及外筒气嘴接触不良或脱开引起漏气，也可导致进水不止。此时应检查压力管有无磨损及两接头处有无接触不良或脱开。 ④因长时间使用，有异物堵住气嘴口，导致压力无法传到压力开关，此时应拧下大螺母，然后拿出内筒，把堵住气嘴的异物取出。 ⑤水位传感器内置弹簧脱位；橡胶隔膜和导气管路漏气。 ⑥最后考虑控制电路板，更换或维修电路板

续表

故障现象	故障分析	故障维修
进水量未达到设定水位时就停止进水	此故障主要是水压开关性能不良，使集气室内空气压力尚未达到规定压力时，其触点便提前由断开状态转换为闭合状态而停止进水。具体原因可能是水压开关水位控制弹簧预压缩量变小；水压开关凸轮上凹槽磨损或损坏	①对于水压开关水位控制弹簧预压缩量变小，只要旋入调节螺钉增加水位控制弹簧的预压缩量即可解决。若是水位控制弹簧弹力变小或失去弹性，则要更换水位控制弹簧。 ②更换凸轮
进水量必须超过设定水位较多后才会停止进水	此现象说明实际水位已达到规定高度时，水压开关集气室内的空气压力仍达不到规定值，只有继续升高水位，水压开关才会动作	①水压开关集气室导气接嘴堵塞或漏气。如导气接嘴堵塞，只要清除导气接嘴处杂物，或在漏气处用万能胶水封固即可。若是导气软管老化扭结或破裂漏气，则要更换导气软管。 ②水压开关水位控制弹簧预压缩量过大。只要将调节螺钉旋出一些，减小水位控制弹簧预压缩量即可。 ③水压开关内换向顶杆及传动部件变形或损坏。可通过修复校正来解决，严重时则要更换水压开关

不进水故障检修逻辑图如图 7-36 所示。

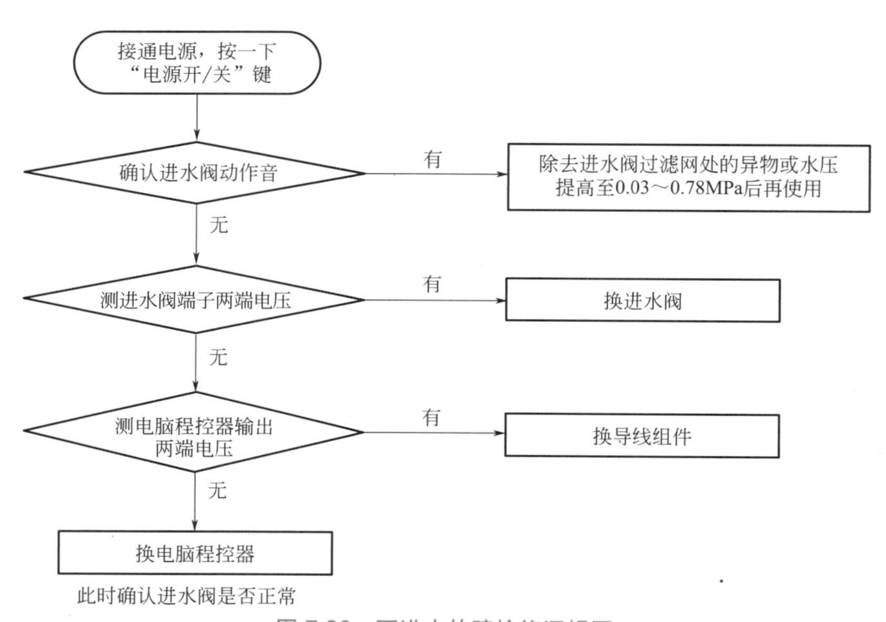

图 7-36　不进水故障检修逻辑图

进水不止故障检修逻辑图如图 7-37 所示。

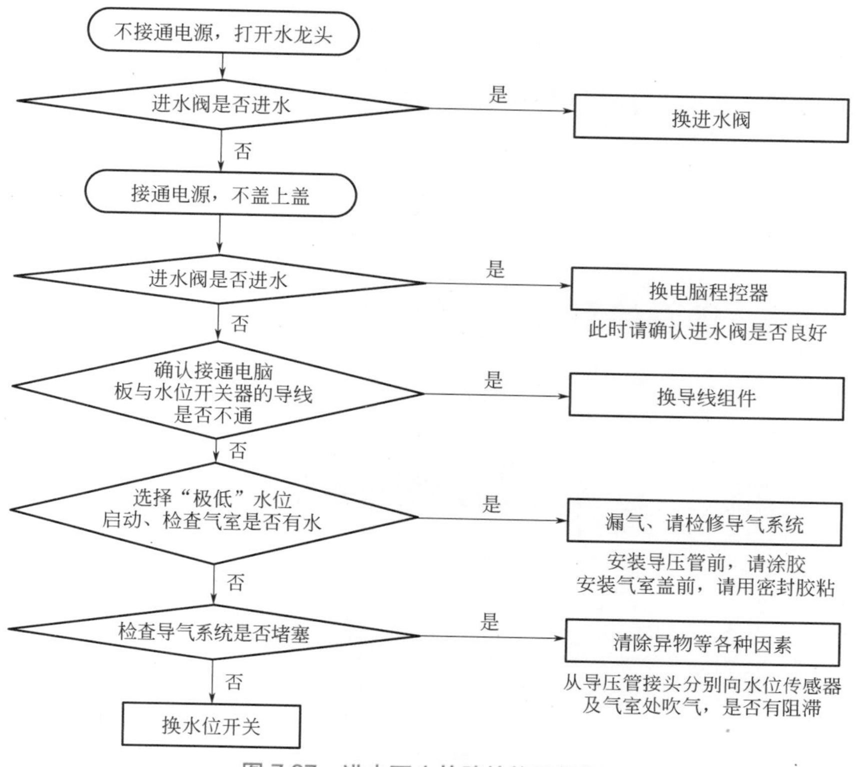

图 7-37　进水不止故障检修逻辑图

[故障现象 4]：不进水

[故障机型]：小天鹅 XQB30-23

[故障分析]：全自动洗衣机的进水由进水阀、水位开关和程控器等共同控制，它们当中只要一个元器件出现故障，都会造成不进水的现象。

[故障维修]：① 上电试机，发现通电后进水电磁阀有发出“吱吱”的声音，这说明这些元器件基本是正常的。引起故障的原因可能是水压太低或进水阀有阻塞。

② 检查进水阀，拆卸进水阀的 4 个螺钉，取下进水阀，再取下防水罩。结果发现过滤网上有许多水垢，用小刷子和清洁剂清除污垢后，故障排除。

[故障现象 5]：进水不停

[故障机型]：凤凰牌 XQB20-20 型波轮式自动洗衣机

[故障分析]：这种情况一般是水位压力开关损坏，可用吹气加压法判断。

[故障维修]：① 断开电源，拆下水位开关，通过回气管向压力开关吹气，并用万用表测量水位开关两接线片之间的电阻，吹气时电阻应趋于零，不吹气时阻值应大于 10kΩ。

② 经检查此机实测电阻值始终很大且听不到水位开关内触点的动作声，说明水位压力开关出现故障。

③ 更换水位压力开关后，故障排除。

[故障现象 6]：面板上状态显示正常，但不进水

[故障机型]：海棠 XQB42-1 型波轮全自动洗衣机

[故障分析]：进水电磁阀或控制电路有问题。

[故障维修]：① 检查进水阀电磁线圈两端电压为零，说明故障在进水控制电路上。

② CPU 的 20 脚电位为高电平，说明 CPU 已输出了进水控制信号。

③ 对 R75、R74、C84、Q74 和 TR6 等元件做检查时，发现 TR6 已断路，其他元件正常。更换 TR6 后试机，故障依旧。

④ 断电后又测得进水电磁阀线圈电阻值为∞，正常值应为 4.5 ～ 5.5kΩ，将进水电磁阀取下拆开，发现电磁线圈一端已脱焊，将脱焊点焊好后复原试机，进水恢复正常。故障排除。

7.5.3 洗涤、漂洗的系统检查与检修

洗涤、漂洗系统常见故障及维修如表 7-8 所示。

表 7-8 洗涤、漂洗系统常见故障及维修

<table>
<tr><th colspan="2">故障现象</th><th>可能故障部位</th><th>排除方法或措施</th></tr>
<tr><td rowspan="7">洗涤时波轮不转动</td><td rowspan="4">电动机转动正常</td><td>波轮松脱或异物卡住</td><td>紧固波轮螺钉；清除异物</td></tr>
<tr><td>三角带断裂或松弛、打滑</td><td>更换三角带，调整电动机与离合器的间距</td></tr>
<tr><td>离合器有问题</td><td>维修或更换离合器</td></tr>
<tr><td>带轮紧固螺钉松脱</td><td>重新固定带轮紧固螺钉</td></tr>
<tr><td rowspan="3">电动机不转动</td><td>电动机损坏</td><td>更换电动机</td></tr>
<tr><td>电容器损坏</td><td>更换电容器</td></tr>
<tr><td>电脑板或电路连线有问题</td><td>维修电脑板或检修连接线路</td></tr>
<tr><td colspan="2" rowspan="6">洗涤时，波轮启动缓慢，转速下降</td><td>电源电压过低</td><td>与供电部门沟通</td></tr>
<tr><td>电容器失容或漏电</td><td>更换电容器</td></tr>
<tr><td>衣物放的过量</td><td>减少衣物放入量</td></tr>
<tr><td>波轮与洗衣桶间有杂物</td><td>清理杂物</td></tr>
<tr><td>机械传动部件有打滑、相互有碰撞现象</td><td>检查、维修</td></tr>
<tr><td>离合器有问题</td><td>检修或更换离合器</td></tr>
<tr><td colspan="2" rowspan="2">洗涤时，脱水桶跟着转</td><td>顺时针跟着转，一般是由制动带造成的</td><td>应紧固或更换制动带，并通过旋转调节螺钉，将棘爪位置调节好</td></tr>
<tr><td>逆时针跟着转，一般是由离合器扭簧故障造成的</td><td>更换离合器制动弹簧或拨叉弹簧，重新紧固或更换制动带</td></tr>
<tr><td colspan="2">波轮只能做单方向运转</td><td>离合器棘爪与棘轮配合不当，使抱簧未被拨松</td><td>调节拨叉上的螺钉加以校正</td></tr>
<tr><td colspan="2" rowspan="4">水到位后波轮不运转，且有“嗡嗡”声</td><td>皮带松脱或严重磨损</td><td>重新紧固或更换</td></tr>
<tr><td>电容器损坏</td><td>更换电容器</td></tr>
<tr><td>波轮被卡住</td><td>清理异物</td></tr>
<tr><td>离合器损坏</td><td>更换离合器</td></tr>
</table>

[故障现象7]：洗涤时，电机正反向运转正常，而波轮只能单向反转，不能正转

[故障分析]：主要原因是离合器棘爪拨叉变形或调节螺钉旋入过深，使棘爪不能到位，导致洗涤轴与脱水轴在洗涤状态下未分离所致。因离合器棘爪不到位时，方丝离合簧（抱簧）不能被拨松，洗涤轴和脱水轴都被离合簧抱紧，而脱水轴在洗涤状态下又被制动带抱紧，当离合器带轮顺时针方向正转时，则不能带动波轮转动。当离合器带轮逆时针方向反转时，离合器方丝离合簧旋松，洗涤轴与脱水轴分离；离合器钮簧旋紧，脱水轴仍被制动带抱紧，此时波轮可以反向转动。

[故障维修]：先适当调整调节螺钉，使棘爪拨叉与制动杆间隙在正常范围内，若棘爪拨叉变形损坏，可对棘爪拨叉进行修复校正，严重时要更换棘爪拨叉才能解决问题。

[故障现象8]：程序进入洗涤状态时，电机转动正常，但波轮不转

[故障分析]：该故障多发生在电机至波轮之间的机械传动部位上。

[故障维修]：① 电机带轮、离合器带轮和波轮的紧固螺钉松动、滑丝或断裂，重新拧紧或更换紧固螺钉即可；若是波轮方孔滚圆，则要更换波轮。

② 三角带打滑或脱落，只要适当调大电机与离合器的距离，并在三角带上擦些松香粉增大摩擦即可解决。若是三角带老化变形，则要更换三角带。

③ 离合器减速机构零件磨损或损坏，一般要更换离合器总成才行。

[故障现象9]：洗涤时，脱水筒跟转

[故障分析与维修]：脱水筒跟转分两种情况，一是脱水筒顺时针方向跟转；二是脱水筒逆时针方向跟转。

① 脱水筒顺时针方向跟转的具体原因和处理方法：制动带松脱，使制动带对脱水轴的制动力矩减小，只要重新安装好制动带即可；制动带严重磨损或损坏，可通过旋转调节螺钉，适当调节棘爪位置，增大制动带对脱水轴的制动力矩，严重时要更换制动带。

② 脱水筒逆时针方向跟转的具体原因和处理方法：离合器扭簧脱落、断裂或扭簧与脱水轴配合过松而打滑，使扭簧丧失止逆功能，只要重新装好扭簧或更换扭簧即可，严重时要更换减速器；离合器制动带松脱、磨损或断裂，只要重新紧固或更换制动带即可；离合器制动弹簧或拨叉弹簧太软或断裂，只要更换离合器制动弹簧或拨叉弹簧即可。

[故障现象10]：水满后波轮不能转动

[故障机型]：三星 XQB50-P20 波轮式自动洗衣机

[故障分析]：上水正常，说明 CPU 的三工作条件正常，可能控制电路有问题或控制电路条件不具备。

[故障维修]：① 观察电机、排水系统正常，怀疑与水位控制器相关的零件有故障。

② 拆开背板后见水位管正常，当拆开面板的背板时见电子水位器的连接软管已松脱，导致机子不能感应水位，所以进水正常，而不洗涤。

③ 水位管已经老化，更换水位管即可。

7.5.4 脱水、排水的检查与检修

脱水、排水系统常见故障及维修如表 7-9 所示。

表 7-9 脱水、排水系统常见故障及维修

故障现象	可能故障部位	排除方法或措施
脱水时有报警声响	开盖报警	盖板没有盖好，重新将洗衣机盖板盖好
	脱水桶转动不平衡报警。 洗衣机未放平稳或衣物偏置在一边，使洗衣机一进入脱水状态，即撞安全开关，在二次自动修正后仍无法进入脱水状态	①可将衣物放置均匀，并将洗衣机放置于平坦地面且调整可调脚安放平稳。 ②脱水桶的紧固螺钉松动，重新紧固或更换螺钉。 ③脱水桶平衡圈破裂或漏液，失去平衡作用。维修或更换平衡圈。 ④吊杆脱落或有移位现象，重新安装或调节吊杆。 ⑤安全开关紧固件松动、严重变形、断路或接触不良等，维修或更换安全开关。 ⑥电脑板有问题，检修或更换电脑板。 ⑦安全开关臂离桶体太近，使桶一动即碰安全开关臂。可将安全开关臂向外扳一下。 ⑧水位开关有故障，即水已排完，水位开关仍未断开。更换水位开关
脱水桶不转动	电磁铁或牵引器不能将排水阀打开	①检查排水阀及驱动电路。 ②检查安全开关是否闭合。 ③检查、维修电脑板。 ④盛水桶与脱水桶之间有衣物，清理衣物。 ⑤离合器弹簧损坏，更换弹簧或离合器。 ⑥刹车带未松开，检查刹车装置。 ⑦单片机本身有问题，维修电路或更换单片机，更换电脑板
	电机转动正常，但脱水桶不转动（多为传动机构有故障）	①离合器方丝离合簧断裂或带轮打滑 ②脱水桶法兰盘破裂或紧固螺钉脱落
停止脱水时，制动时间过长	开盖 50mm，安全开关没有断电	开关、盖板等变形，开关移位，调整开关或更换开关
	程控器损坏	维修或更换程控器
	脱水桶内的衣物放置不平衡	重新放置衣物
	紧固制动带的螺钉有松脱、内衬磨损	重新固定紧固制动带的螺钉
	离合器上的制动带安装歪斜	重新安装、调整制动带，或更换制动带
	制动杆被棘爪叉顶住不能回位，使制动带不能将脱水轴制动轮抱紧	调整棘爪拨叉位置，修复或更换拨叉
	电磁铁动铁芯被杂物阻塞不能完全伸出，使制动杆不能恢复到原位	清除电磁铁动铁芯上的锈蚀污物或修换电磁铁
皮带磨损严重引起打滑	能听到电机转动的声音	更换皮带

续表

故障现象	可能故障部位	排除方法或措施
洗衣机桶内有异物塞住	一般为硬币或袜子之类	清理异物
显示“E1”或报警声	一般为安全开关不良	更换安全开关
离合器故障	大部分为离合器内弹簧不良	更换弹簧
脱水桶转速变慢，脱水无力	一般是脱水桶阻尼变大或脱水桶传动机件打滑所致	用手转动脱水桶，手感有无异常阻力，有阻力为阻尼变大。 将脱水桶有关传动机构的紧固螺钉重新紧固。 皮带松弛，磨损拉长，使皮带运转打滑无法带动脱水桶运转，引起脱水无力。处理方法：调紧皮带。 离合器方线扭簧磨损，直径变大生锈，使方线扭簧无法抱紧脱水轴带动脱水桶正常运转，引起脱水无力。处理方法：将电机位置向后移动或者更换皮带
脱水时脱水桶时转时停	一般是离合器方丝离合簧内径较大或脱水轴与方丝离合簧配合处外径较小，脱水轴和洗涤轴连接不良，导致脱水轴和洗涤轴时而连接时而不连接	取下离合器并拆开，换一只新的方丝离合簧
脱水时电机不转，但有“嗡嗡”声，其他正常	此故障为脱水轴被制动带抱紧而不能松开所致。制动杆与定位套间隙过大，使脱水时制动杆移动角度过小，制动带未能松开，导致脱水轴不能转动	适当调小排水阀连接板上定位套与离合器制动杆之间的间隙，使其在正常范围内
脱水时，脱水桶有较大的振动噪声	脱水桶和洗涤桶之间有杂物	将杂物清除
	脱水桶平衡圈破裂或漏液，使脱水桶转动时失去平衡	更换平衡圈
	脱水桶法兰盘紧固螺钉松动或破裂	紧固螺钉或更换法兰盘
	脱水轴承严重磨损或松动	紧固或更换脱水轴承
脱水制动性能不佳（在洗衣机处于脱水状态时，打开机盖，如果洗涤脱水桶还不停转，说明洗衣机已发生故障）	安全开关失灵	检查时先把安全开关上的控制导线插头拔下，打开机盖，当安全开关动作臂处于自由状态时，用万用表电阻挡测量安全开关两插片间的阻值，如果电阻极大，说明是正常的，如果电阻为零或极小，说明安全开关已经失灵，需要检查原因及时修复或更换新的安全开关
	程控器故障	用万用表检查程控器在脱水程序时，处在安全开关断开的情况下，控制电机的导线有没有输出电压。检查时可打开后盖板，拆开电线束中控制电机的导线并进行检测，若有输出，说明程控器不正常，需要维修或更换新的程控器

续表

故障现象	可能故障部位	排除方法或措施
脱水制动性能不佳（在洗衣机处于脱水状态时，打开机盖，如果洗涤脱水桶还不停转，说明洗衣机已发生故障）	离合器制动带磨损； 离合器制动带紧固螺钉松动；棘爪臂扭簧和制动臂扭簧刚度下降	减速离合器制动带磨损严重，长期刹车摩擦而使其表面物质磨损、厚度减小，刹车效果逐渐变差，用专用工具更换制动带。 减速离合器制动带紧固螺钉已松动而引起制动带刹车效果差，对此只需要把紧固螺钉拧紧，并调好棘爪的位置即可。 由于使用时间长或其他原因造成棘爪臂扭簧、制动臂扭簧刚度下降而引起脱水制动时间长，这时就需要更换新的棘爪臂扭簧和制动臂拉簧
不能排水	一般故障	检查排水管路是否畅通；排水管是否放倒；排水管是否有压扁现象；排水口是否有杂物堵塞等
	程序控制器 / 电脑板故障	将排水电动机或排水电磁铁连接导线拔下，将洗衣机设定为“脱水”程序，上电开机，用万用表测量两个导线间的电压，若无电压，则故障为程序控制器 / 电脑板故障。 检修或更换程序控制器 / 电脑板
	排水阀故障	上述检测若有电压，其他排水部件正常，则为排水阀有故障。检修或更换排水阀
排水缓慢或不畅	排水管路不畅通	检查是否有堵塞、压扁等，是否外接管路过长等
	排水阀异常	检查是否排水阀老化、堵塞，根据不同情况采取相应的维修方法
	电磁阀异常	电磁阀发热变形等，更换电磁阀
	排水口过高	放低排水口
水排不净	水位开关损坏	更换水位开关
	水位开关的空气管路漏气	维修漏气处或更换漏气的部件
	程序控制器 / 电脑板故障	维修或更换程序控制器 / 电脑板
排水不止	排水拉杆有问题	更换拉杆或维修卡滞部位
	排水阀有问题	检查阀座是否变形、有杂物、破裂等。更换排水阀
	外弹簧有问题	检查外弹簧是否断裂、失去弹性等，更换外弹簧

不脱水或脱水电机不转的故障检修逻辑图如图 7-38 所示。

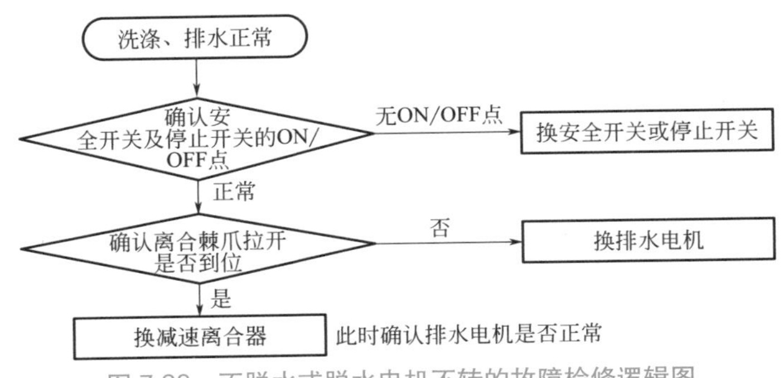

图 7-38　不脱水或脱水电机不转的故障检修逻辑图

［故障现象11］：不脱水

［故障分析与维修］：① 水位开关有故障，即水已排完，水位开关仍未断开。更换水位开关。

② 安全开关臂离桶体太近，使桶一动即碰安全开关臂。可将安全开关臂向外扳一下，保证其距离在15～20mm。

洗衣机接通电源并调整程序到脱水状态，用手或工具把安全开关制动臂按到最低，如果电脑板报警且数码管显示“E1”，此时应更换安全开关或电脑板。

如果用手或工具把安全开关制动臂按下后能正常脱水，说明安全开关的断电距离已偏低，此时应更换安全开关。

③ 安全开关有故障，如安全开关插片脱落或触点接触不良，使程序控制收到的信号是机盖处于“开”状态，因此无法进入脱水状态。此时，可打工控制座检查插件是否良好，如正常，再用万用表测量机盖合上时安全开关是否导通，如不导通，可用尖嘴钳调整簧片弧度或更换安全开关。

④ 洗衣机未放平稳或衣物偏置在一边，使洗衣机一进入脱水状态即撞安全开关，在二次自动修正后仍无法进入脱水状态。此时可将衣物放置均匀，并将洗衣机放置于平坦地面且调整可调脚将洗衣机安放平稳。

⑤ 如果在脱水状态时，只有波轮转而内筒未转动，此时应检查牵引器是否已把离合器的棘爪和棘轮分离，如果没有则可能是排水阀上的调节杆螺母松动和磨损，导致打开距离不够，此时应重新调整调节杆的距离，使之能把离合器的棘爪和棘轮分离。

［故障现象12］：排水不止

［故障机型］：威力XQB45-5型波轮式全自动洗衣机

［故障分析］：控制电路或排水阀有问题。

［故障维修］：① 检查排水电机、排水阀均正常，顺绑扎线束查找，亦未见异常。

② 拔去电脑板与排水电机的插接件，排水停止。初步判断电脑板有故障。

③ 没有电脑板可供更换，只能维修电脑板。

④ 检查执行排水命令的晶闸管。检查发现TCL336A的T1、T2直通（击穿）。更换晶闸管后，故障排除。

⑤ 最后用热熔胶将挖开部分密封，试机一切正常。

［故障现象13］：不脱水、不排水

［故障机型］：海尔XQG50-BS708A型波轮全自动洗衣机

［故障分析］：这种情况下的不脱水大多可能是不排水引起的。

［故障维修］：① 将程控开关旋转在单排水15上，按下启动开关，测Q6的基极有触发信号。

② 测排水泵线圈（测插座X4-4与X2-1之间）上无正常的工作电压。断电后，在线测Q6正常，测双向晶闸管T5已击穿。

③ 更换晶闸管T5后，故障依旧。用万用表测X4-4与T5的两阳极之间都有220V电压，说明T5已经导通。

④ 继续检查发现T5与插座X2-1之间的铜箔保险丝已熔断，用0.5A玻璃保险管内保险丝直接焊在铜箔熔断处两端后，开机故障排除。

7.5.5 整机不工作的检查与检修

整机不工作常见故障有：指示灯不亮，程序不能进行；工作时程序突然停止；按功能选择键无任何反应等，此故障多数是在电路控制部分。

判断过程如下：

电源无电→待来电；

电压过低→待电压正常；

插头、插座故障或接触不良→检修插头或插座；

熔断器烧毁→检查有无短路发生，在排除短路的情况下更换熔断器；

电源开关失灵或脱线→更换电源开关或接线；

程控器损坏→更换或检修程控器；

线束断路或接触不良→检修线束。

[故障现象 14]：无显示，整机不工作

[故障机型]：荣事达 XQB38-92 波轮全自动洗衣机

[故障分析]：控制电路有问题。

[故障维修]：① 检查电源电路，发现保险管 FU1 熔断。更换后测电源插头两脚之间的阻值很小。说明后级负载还有短路现象。

② 分别拔掉电脑板插件 S3、S4、S5、S6，当拔掉插件 S3 时，阻值变为 800Ω，由此表明供电电源电路中除排水电磁铁有问题外，其他电路及元件基本正常。

③ 用电阻挡测排水电磁铁线圈，发现已烧毁短路，控制元件 TR3 有可能击穿短路。

④ 更换排水阀、TR3 后通电试机，洗涤正常，当程序运行到排水段时，排水阀发出较大的“哒、哒”声，显然整流电路有问题。

⑤ 再断开电脑板插件 S3，用电阻挡测排水阀前级整流元件 D17 ～ D20，发现有击穿短路现象。将整流元件更换后再试机，故障彻底排除。

[故障现象 15]：指示灯不亮，操作按键无反应

[故障机型]：荣事达 XQB38-92 型波轮全自动洗衣机

[故障分析]：控制电路有问题。

[故障维修]：① 测量电源电路 C5 两端始终有稳定的 +5V 输出，说明电源电路正常。

② 测量 CPU IC1 的 18 脚（复位）为低电平，断电后再上电，仍为低电平，因此怀疑复位电路有问题。

③ 检测 DZ1、R5、R6、R7 均正常；代换 C17、C18，故障依旧。

④ 脱焊下三极管 Q7，用电阻挡测得 Q7 的 c-e 极之间的正反向阻值均为几百欧姆，说明 Q7 性能不良。上电瞬间电流经 Q7 的 c-e 极将 IC1 18 脚电压拉低，导致 IC1 的 18 脚复位脉冲持续时间不足，使复位不正常。

⑤ 更换三极管 Q7（S8050）后，故障排除。

[故障现象 16]：不能开机

[故障机型]：小天鹅 XQB55-88 型波轮式自动洗衣机

[故障分析]：引起该故障有两种可能：一种是 CPC 及其相关驱动电路损坏，开机即引起保护性关机；另一种是控制脱扣线圈的晶闸管击穿短路导致无法开机。

[故障维修]：① 按下电源自动开关，开关内即发出嗒声，随即开关自动弹起切断电源。

② 为确定故障所在，拔下脱扣线圈上的电源插头，再按下电源开关，洗衣机能够开机，并按各种程序完成整个洗衣过程，仅洗衣结束后不能自动关机，表明 CPC 及其相关电路完好，问题可能是晶闸管击穿短路。

③ 卸下电路板将该晶闸管焊点附近密封胶挖去，焊下后用万用表测量其好坏，确认晶

闸管已击穿。

④ 更换后，打上密封胶装机，故障排除。

小结

电源自动开关工作原理：该开关内有一只脱扣线圈，按下电源开关，开关自锁，洗衣机得电工作；洗衣结束，CPU 发出关机信号，使控制脱扣线圈的双向晶闸管导通，220V 市电加到脱扣线圈，开关自动弹起断电。

7.5.6 脱水噪声大故障检修逻辑图

脱水噪声大故障检修逻辑图如图 7-39 所示。

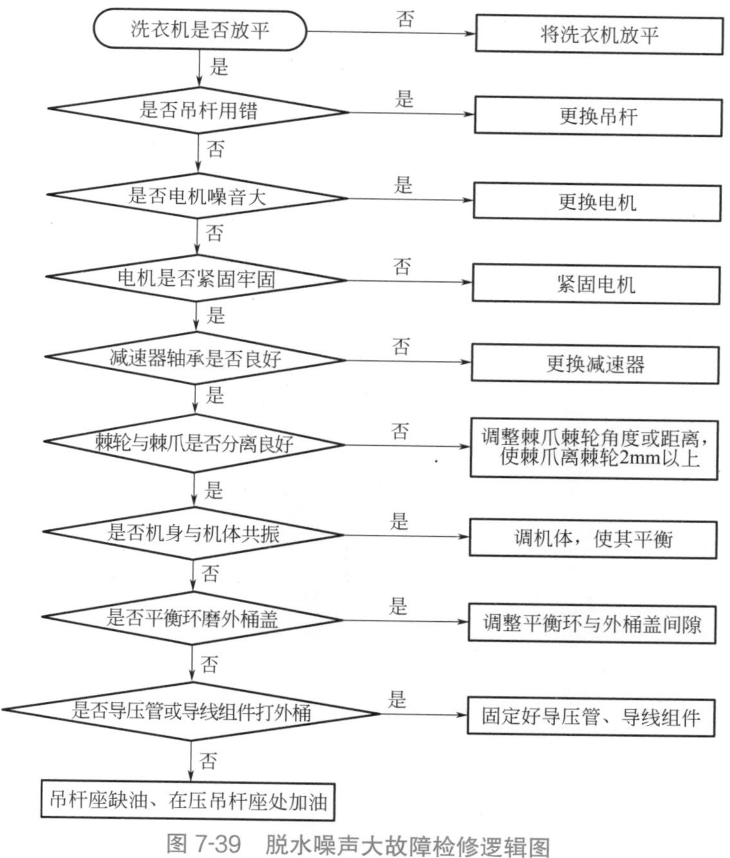

图 7-39 脱水噪声大故障检修逻辑图

7.5.7 海尔双动力全自动离合器的拆卸

❶ 波轮螺钉的拆卸

将洗衣机的控制盘座卸下，将与外筒相关联的排水管、导线等部件松开，确保内外筒总成能够顺利卸下来。

波轮轴分为方齿和花齿，难拆卸的波轮是花齿的。

一把大口螺丝刀是基本工具，一把冲击螺丝刀更是事半功倍的“良药”，拧松波轮螺钉

时遇到接近打滑就立刻停止，用冲击螺丝刀敲上几锤就可以将其拆卸下来，如图 7-40 所示。对于完全滑口的波轮螺钉就只能采用与螺杆大小一致的钻花钻了。

图 7-40　冲击螺丝刀拆卸波轮螺钉

❷ 波轮的拆卸

a. 直接将两颗自攻螺钉拧在波轮两头的小孔，或者将两根门弹簧穿过小孔并匀力往上提。

b. 拆卸波轮螺杆时，先注入一定量水，然后开机在洗涤状态，片刻后按照着上一步进行操作。

c. 上面两个方法都不行的话，可将一字螺丝刀插入波轮边缘与洗衣桶之间的缝隙以增加阻力，注水启动，这种方法很有效，不过要注意不应对洗衣机造成伤害并注意个人安全问题。

d. 用两根等长铁丝弯钩穿入波轮两侧的小孔，波轮轴旋入长螺杆。提铁丝，敲螺杆。

e. 以上方法还是无效的情况下，可用双耳拉马拉铁丝， 还可以采用一些加热法、破损法等。

❸ 离合器螺母的拆卸

常见离合器多以 4 颗六角的螺杆和一个大螺母来固定大桶。大螺母用单头柄扳手拆卸，如图 7-41 所示。

大螺母在拆卸过程中，如果出现纹丝不动的现象，可以脱开扳手用大锤接钢筋沿着螺母外圈正面由上往下敲击，也可以采用加长套筒 T 杆拆卸该螺母。

❹ 排水总成的拆卸

以大底板海尔离合器为例 ，排水阀接口通常都粘有百得胶类固定，且粘接面又大又深，拆卸的时候通常将胶口部位加热，如图 7-42 所示，一字螺丝刀叼口，然后左右拧松。

图 7-41　单头柄扳手拆卸大螺母

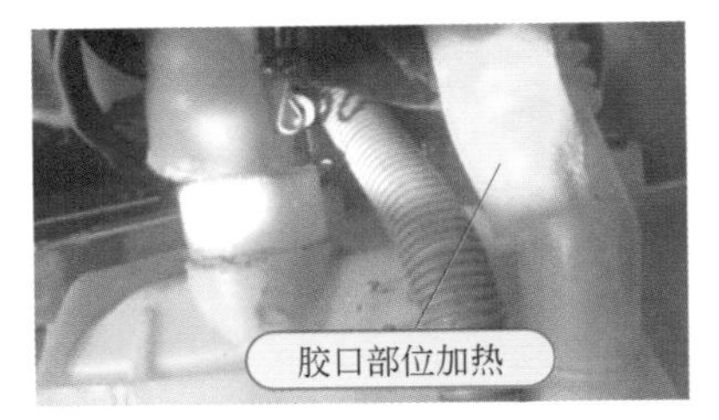

图 7-42　排水阀接口胶口部位加热

❺ 离合器总成和大桶的拆卸

个别双动力洗衣机减速离合器难以拆卸，维修难度大，主要原因是内筒法兰与减速器之间过紧或锈蚀，导致拆卸时维修人员花费时间长，甚至会破坏减速器或其他部件。海尔厂家离合器总成拆卸时通常将螺钉螺杆全卸，然后桶底朝天，在离合器与塑料外筒之间间隙插入钢板，目的是为下一步用螺栓拧入离合器时不至于将桶顶穿，之后在中心四周将四颗螺栓等量旋入。此种方法简单易操作，具体如下：

a. 提前准备好两块 4cm×20cm 的钢板、4 颗 5mm×12cm 螺栓，如图 7-43 所示。

b. 将内筒取出，如果内筒不易松动取出，可继续下一步骤。

c. 将洗衣机内外筒倒立并放在专用的垫布上，将离合器的 U 形护罩卸下，并将离合器的紧固螺钉分别松开拆下，使离合器处于松动的状态；按图 7-44 的方法将钢板从离合器的

U 形护罩处放入减速器与外筒之间，减速器左右两边各安装一块。

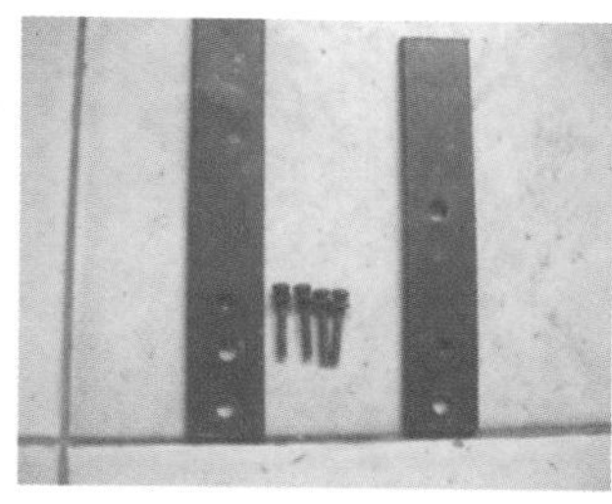

图 7-43　自备工具

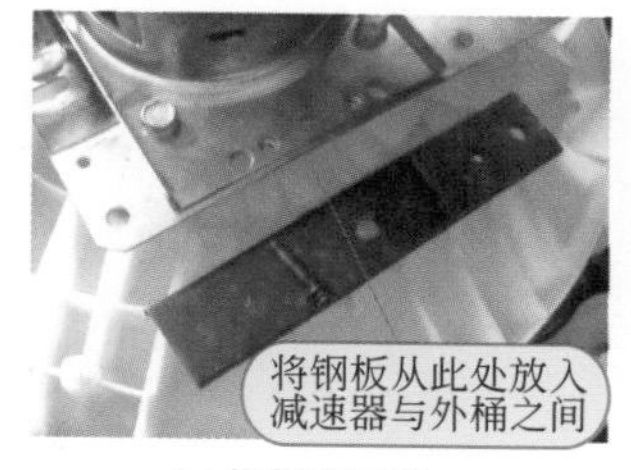

(a) 钢板安装前

(b) 钢板安装后

图 7-44　使用自备工具

d. 将自备的 4 颗螺栓拧在减速器固定“U”形护罩的螺钉孔处，确保螺栓紧固后能够顶在先前安装的钢板上（以免损坏外筒），用十字螺丝刀将 4 颗螺栓按对角位置交替紧固，离合器在螺栓和钢板的作用下会与内筒分离。将内筒轻轻晃动，便可将内筒从离合器上卸下。

装配时按相反的顺序进行装配即可。离合器总成安装完成后如图 7-45 所示。

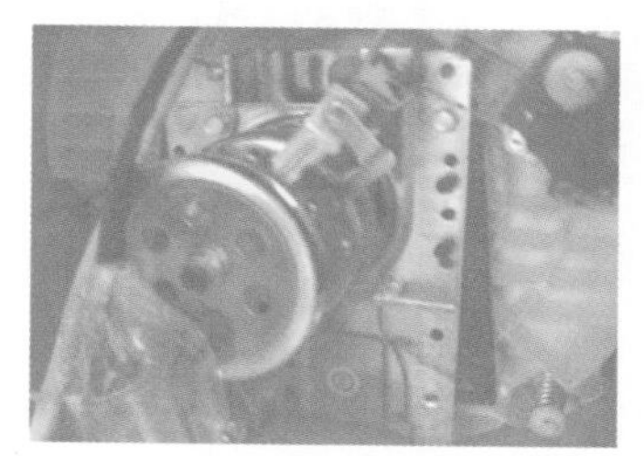

图 7-45　离合器总成安装完成后

拆卸大桶需要将外壳上部以及大桶顶盖拆卸。拆卸离合器千万不可敲外牙，一旦变形敲大将更难拆卸，到时只能采用切割等方法。

在具体维修时，波轮轴的拆卸有许多方法，常见的方法是敲波轮轴，这里有用大锤配合钢筋的、有用压缩机砸的、有用平衡块砸的、有用电锤和风炮（气动扳手）冲的、有采用酸洗法的等。

滚筒洗衣机维修

第 8 章 电水壶维修

8.1 电水壶工作原理及结构

8.1.1 电水壶工作原理

美的电水壶工作原理如图 8-1 所示。

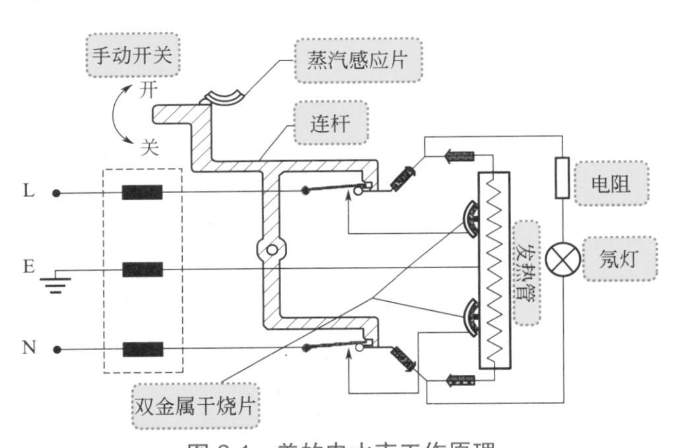

图 8-1 美的电水壶工作原理

电热水壶接通电源加热后，水温逐步上升到 100℃，水开始沸腾，蒸汽冲击蒸汽开关上面的双金属片，由于热胀冷缩的作用，双金属片膨胀变形，顶开开关触点断开电源。如果蒸汽开关失效，壶内的水会一直烧下去，直到水被烧干，发热元件温度急剧上升，发热盘底部的两个双金属片会因为热传导作用温度急剧上升，膨胀变形，断开电源。

8.1.2 电水壶结构

美的电水壶外形及结构如图 8-2 所示。

❶ 发热盘

发热盘为电热水壶的加热元件，其常见外形结构如图 8-3 所示。

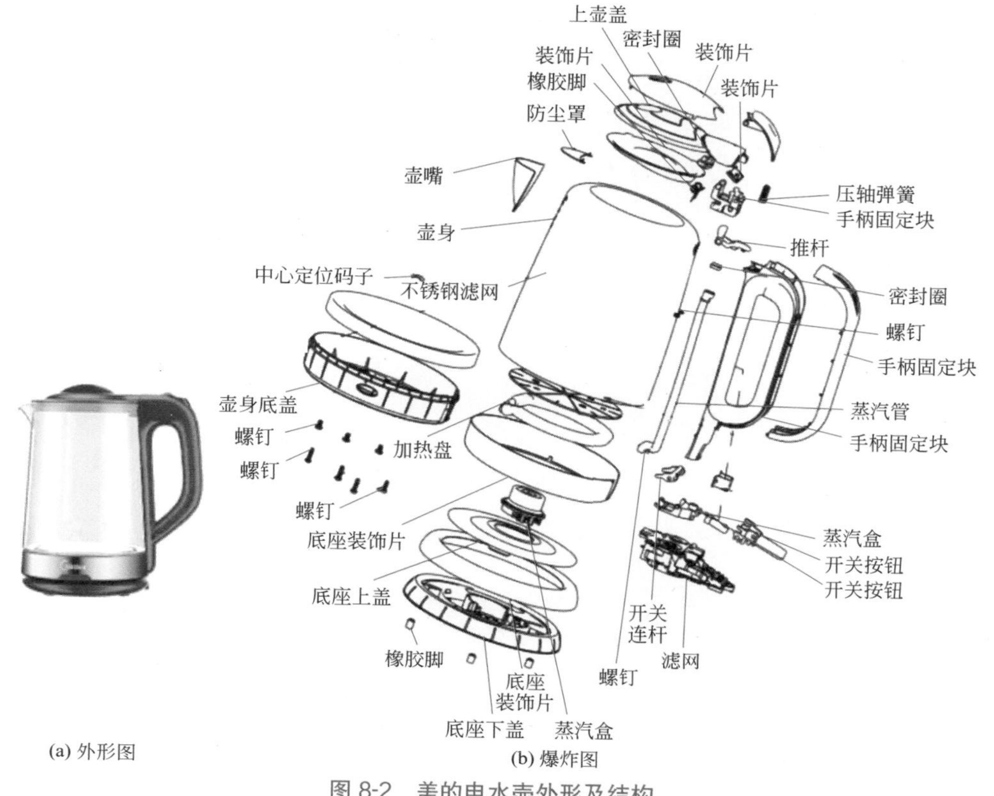

(a) 外形图　　　(b) 爆炸图

图 8-2　美的电水壶外形及结构

(a) 压入式发热盘

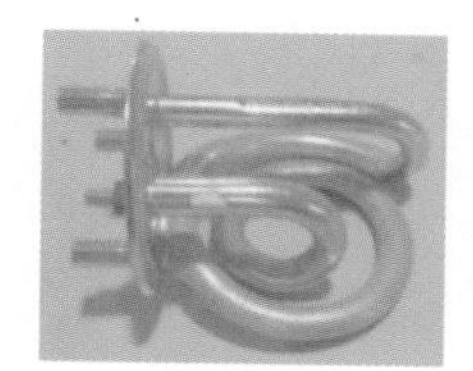
(b) 直插式

(c) 与壶身一体式

图 8-3　发热盘常见外形结构

❷ 温控器

温控器是电热水壶中的温度控制元件，具有防干烧断电、水开自动断电、高温自动熔断断电三重保护功能。常见电热水壶中的温控器外形结构如图 8-4 所示。

❸ 控制器

控制器是用于控制电热水壶水温温度的元件。当水烧开沸腾时，通过蒸汽使控制器上的蒸汽片产生变形动作自动断电。控制器外形结构如图 8-5 所示。

(a) 普通水壶温控器

图 8-4

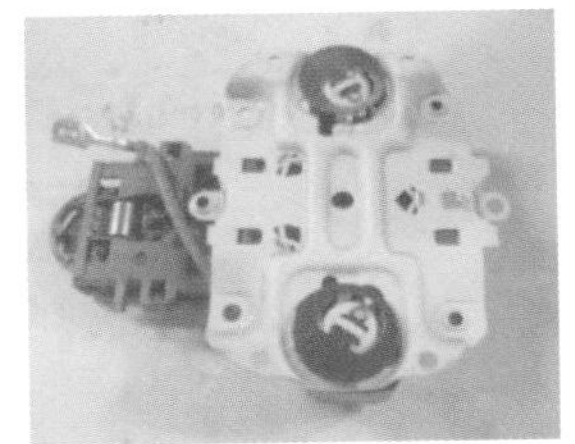

(b) 带保温、音乐功能水壶温控器

(c) 直插式水壶温控器

(d) 进口水壶温控器

图 8-4　常见电热水壶中的温控器外形结构

❹ 灯线组件

灯线组件用于电热水壶的电路连接、保温、电源指示、加热指示等，主要由氟塑线、玻纤线、PTC 板、电阻、氖灯、发光二极管、整流二流管、硅胶套管、接插端子组成。几种常见灯线组件外形结构如图 8-6 所示。

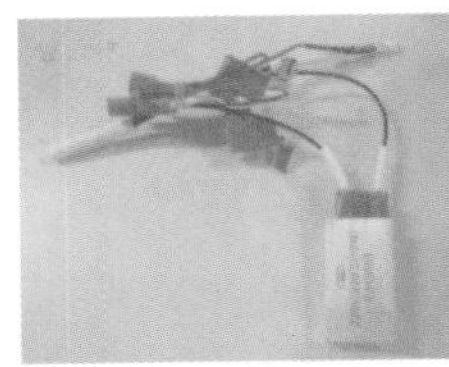

(a) 用于作保温

(b) 用于电路连接与作指示灯

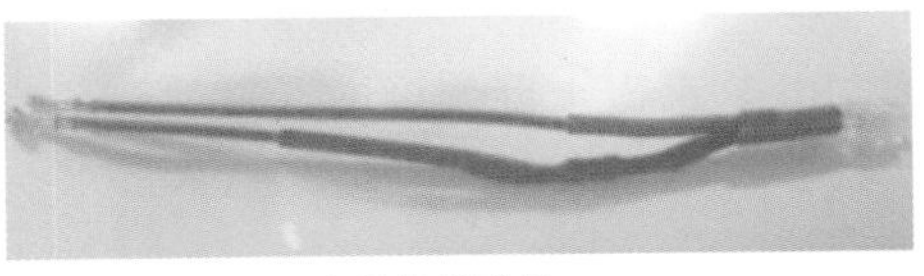

(c) 用作指示灯

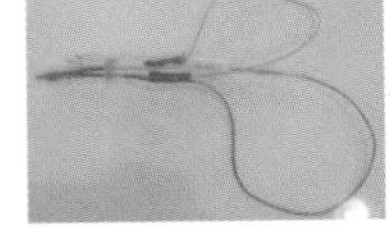

(d) 带水泥电阻灯线

图 8-6　几种常见灯线组件外形结构

图 8-5　控制器外形结构

❺ 电路板

电路板为电热水壶的电路控制电器元件，其外形结构如图 8-7 所示。

❻ 保温开关

保温开关外形结构如图 8-8 所示。

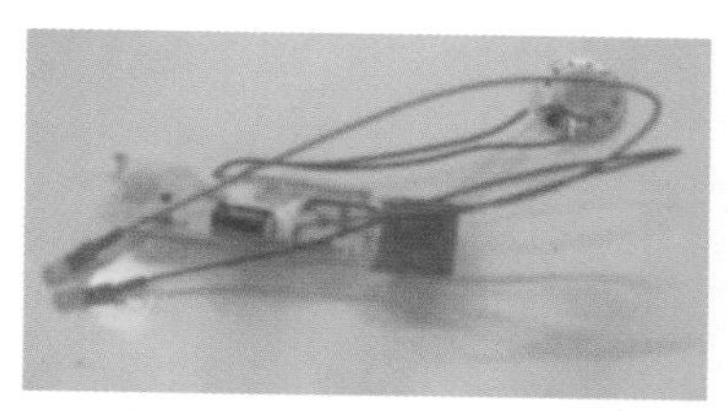
图 8-7　电路板外形结构

图 8-8　保温开关外形结构

❼ 密封圈

密封圈用于壶身与发热盘、发热管之间的密封，防止漏水。密封圈外形结构如图 8-9 所示。

图 8-9　密封圈外形结构

❽ 连接器

连接器用于分离式电热水壶与温控器连接通电。连接器外形结构如图 8-10 所示。

(a) 常规

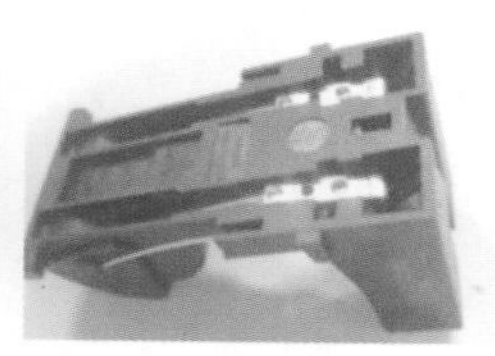
(b) 直插式

图 8-10　连接器外形结构

8.1.3　美的电水壶的拆卸与装配

❶ 美的电水壶的拆卸

美的电水壶（例 MK-S319C02）的拆卸方法如下。

a. 拆卸底座、手柄。用螺丝刀将底座松开，用一字螺丝刀在手柄盖底部将手柄盖撬开，如图 8-11 所示。

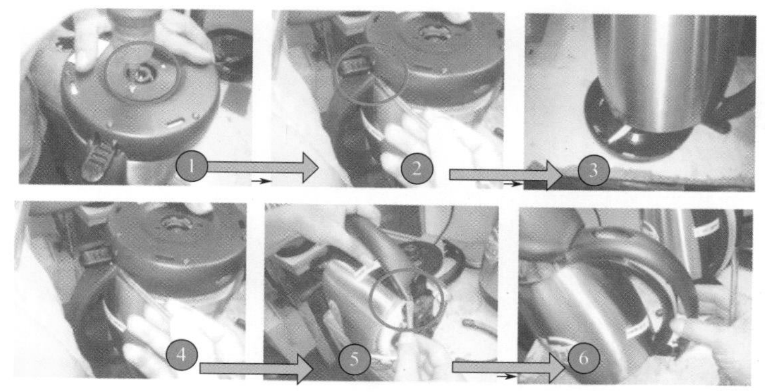

图 8-11　拆卸底座、手柄

b. 拆卸手柄内部。拆完手柄盖后将开盖固定块与弹簧拆下，如图 8-12 所示。

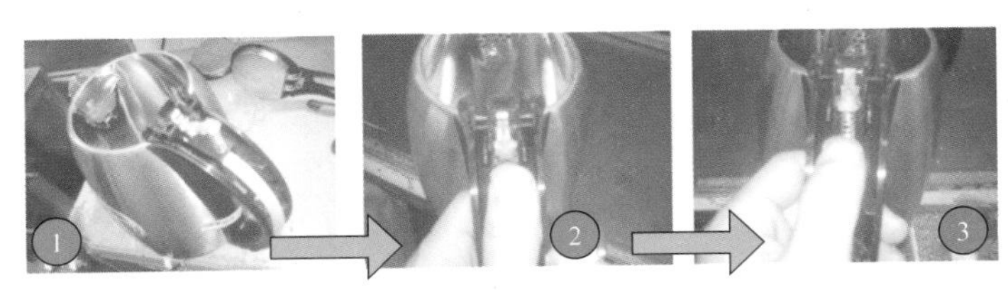

图 8-12　拆卸手柄内部

c. 拆卸温控器。拆过煲底盖后将温控器套筒拆掉，卸下温控器，如图 8-13 所示。

图 8-13　拆卸温控器

❷ 美的电水壶的装配

a. 装配温控器。将灯线碰焊于壶身；将开关支架与温控器组装好；将组装好的温控器紧固在壶身发热盘上并将连接线插好，如图 8-14 所示。

图 8-14　装配温控器

b. 装配手柄。将灯线插到温控器插孔里面并用扎带将线分好扎紧，先固定手柄座下端然后再固定上面，如图 8-15 所示。

c. 装配蒸汽导管。先将灯线卡到壶身底盖里面然后再用螺钉将壶身底盖锁紧；将蒸汽导管装到手柄座里面后卡上开盖固定块装上弹簧。如图 8-16 所示。

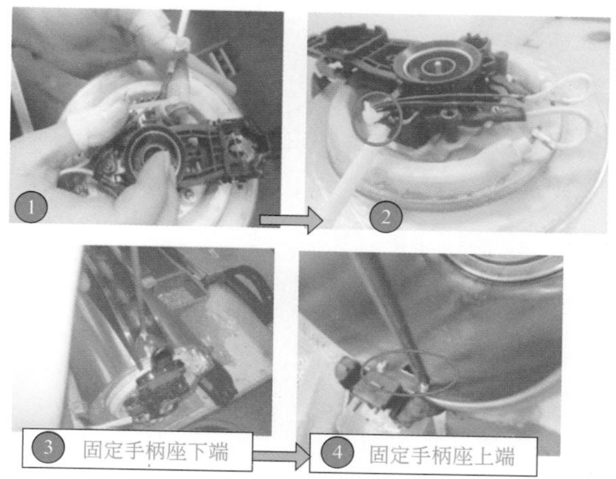

图 8-15　装配手柄

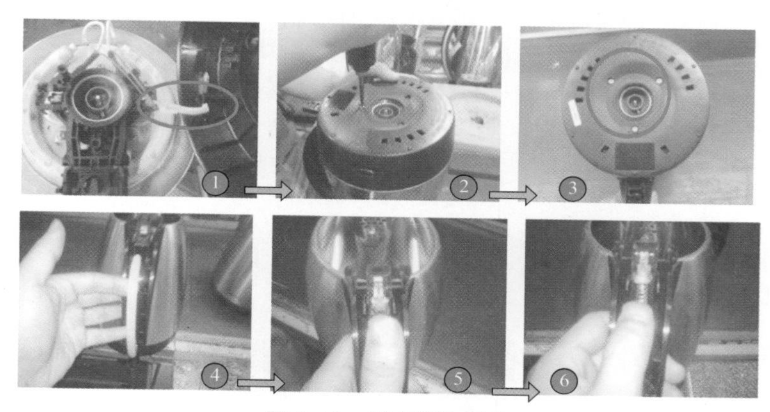

图 8-16　装配蒸汽导管

d. 装配壶盖。将壶盖下盖装到手柄盖里面，然后将手柄盖卡好装紧；将壶盖上盖与下盖配合扣好，如图 8-17 所示。

图 8-17　装配壶盖

8.2 电水壶的维修

8.2.1 煮水迟跳的检查与维修

[故障现象 1]：煮水迟跳

[故障分析]：该故障主要是温控器蒸汽弹片生锈或变形。

[故障维修]：更换温控器。

① 松开底盖螺钉，取下底盖，如图 8-18 所示。

图 8-18 拆卸底盖

② 拆卸温控器。剪开灯线扎带，拔出导线端子并取下导线，用套筒松开固定温控器的 3 颗螺钉，取下温控器，如图 8-19 所示。

图 8-19 拆卸温控器

③ 更换温控器。更换新温控器组件并锁紧螺钉，插好灯线并扎好扎带，锁紧底盖螺钉。如图 8-20 所示。

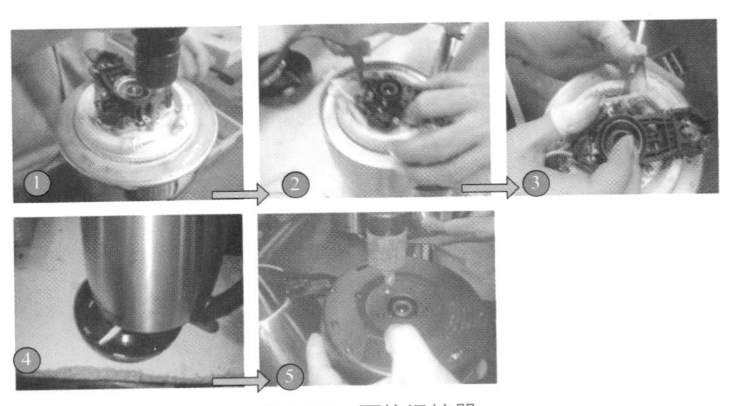

图 8-20 更换温控器

8.2.2 壶身环焊不良的检查与维修

[故障现象 2]：壶身环焊（环焊、壶嘴、手柄码仔）不良

[故障维修]：更换壶身。

① 取下底盖，如图 8-21 所示。

图 8-21 取下底盖

② 拆卸温控器组件。剪开灯线扎带，拔出导线端子并取下导线，用套筒松开固定温控器的 3 颗螺钉，取下温控器组件，如图 8-22 所示。

图 8-22 拆卸温控器组件

③ 更换壶身。拆开铃铛，拆开手柄盖与手柄座，将温控器组件固定在新壶身上，插好灯线并扎好扎带，锁紧底盖螺钉。

8.2.3 不加热的检查与维修

[故障现象 3]：不加热

[故障分析]：该故障原因主要有壶身发热盘不良、温控器不良、下连接器不良等。

[故障维修]：更换壶身、温控器或下连接器。

更换下连接器的方法与步骤如下。

松开底座螺钉，取下底座上盖；松开电源线，取出下连接器；夹紧连接器端子或更换下连接器（更换连接器时注意插线要正确）；将连接器装到底座下盖上并绕线；装上底座上盖并用梅花螺丝刀将底盖固定，如图 8-23 所示。

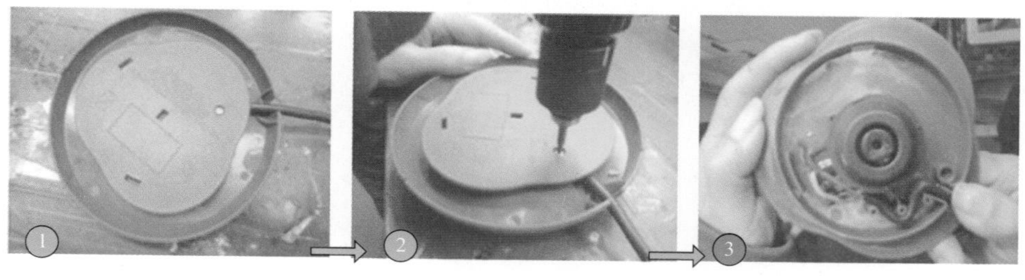

图 8-23

图 8-23　更换下连接器

8.2.4　指示灯不点亮的检查与维修

[故障现象 4]：加热正常，但指示灯不点亮

[故障分析]：灯烧坏或断线。

[故障维修]：更换灯线组件。

更换灯线组件的方法和步骤如下。

松开底盖螺钉，取下底盖；剪开灯线扎带；拔出导线端子并取下导线；更换新灯线组件；插好灯线并扎好扎带；锁紧底盖螺钉，如图 8-24 所示。

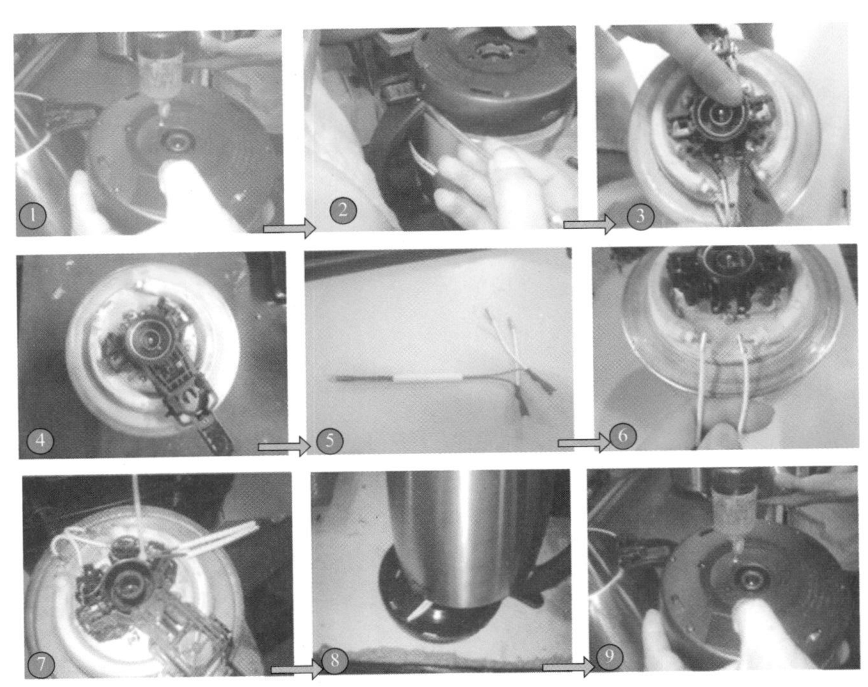

图 8-24　更换灯线组件

第9章 电热水器维修

9.1 电热水器的分类、结构

9.1.1 电热水器的分类

电热水器按用途分为商用和家用；按加热方式分为磁能、电阻丝和硅管；按承压与否分为敞开式和承压式（密闭式）；按安装方式分为立式、横式、落地式、槽下式；按加热功率大小分储热式、速热式和即热式。

9.1.2 电热水器的结构及特有元器件

储水式电热水器主要由箱体、加热元件、内胆、温控器、电阻镁棒、限压阀、超温保护、放干烧保护和漏电保护器等部件组成，其结构如图 9-1 所示。

箱体由外壳、内胆及保温层等组成，主要起支撑、储水及保温的作用。内胆一旦在使用中出现漏水故障则无法维修。

电加热管的质量直接关系到热水器的使用安全。常用电加热管的外形结构如图 9-2 所示。

镁是电化学序列中电位最低的金属，合理使用对人体无害，因此，用来制成镁棒保护内胆非常理想。镁棒的大小直接关系到保护内胆使用时间的长短和保护效果的好坏，镁棒越大，保护效果越好，保护时间越长。镁棒的安装位置如图 9-3 所示。

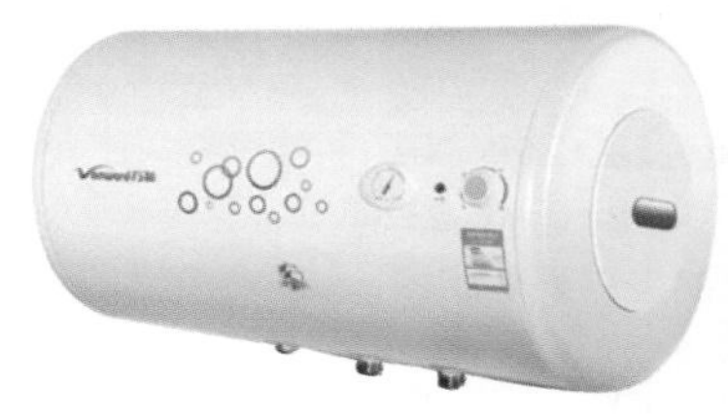

(a) 外形图

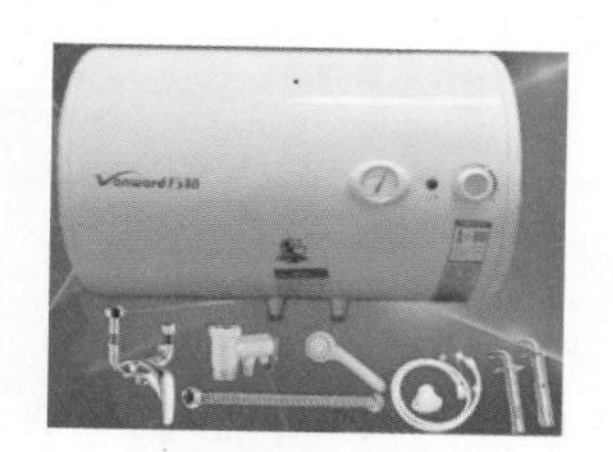

(b) 外形和附件

图 9-1

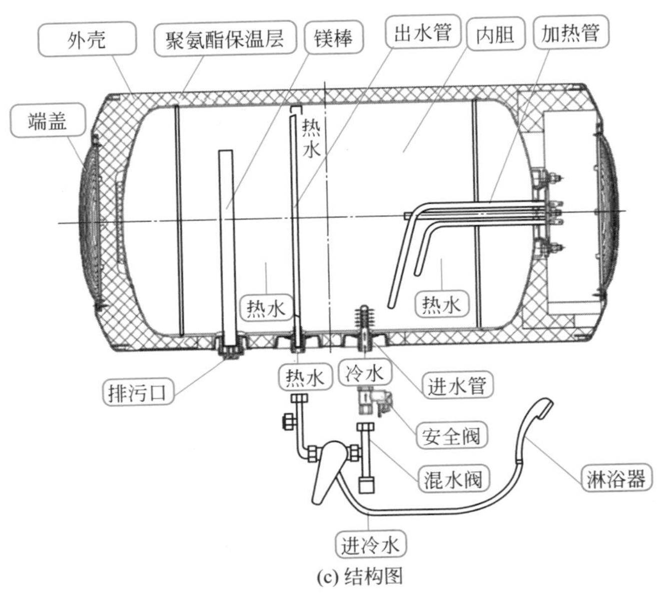

(c) 结构图

图 9-1　储水式电热水器的结构

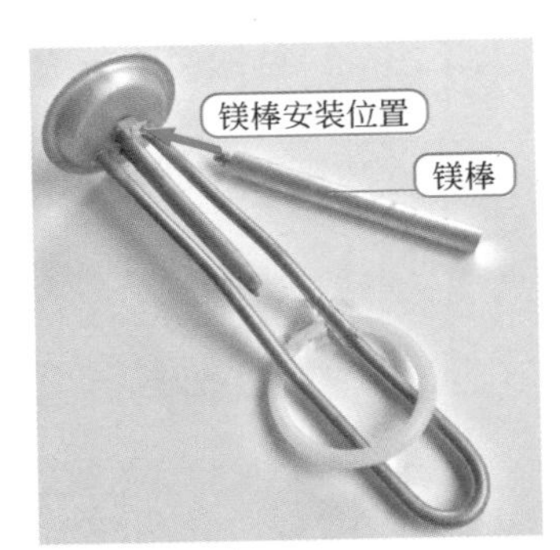

图 9-3　镁棒的安装位置

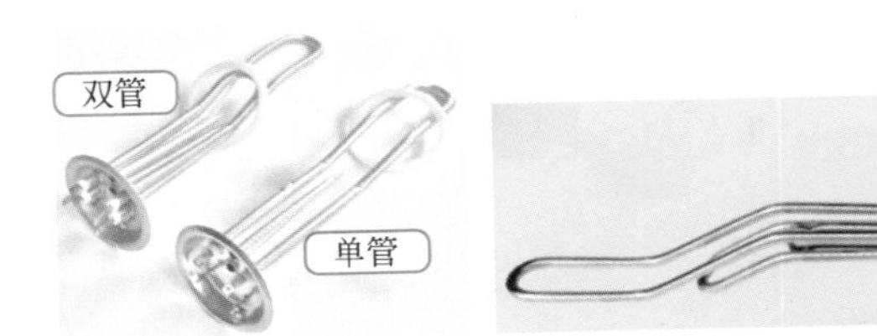

图 9-2　常用电加热管的外形结构

温控器常有双金属片式（突跳式）、蒸汽压力式（又称毛细管式）和单片机式等几种。它的主要作用是通过感知水箱里面水的温度实时控制加热元件对水进行加热，从而保持水箱里面的水始终保持在设定的温度上。几种常见温控器外形结构如图 9-4 所示。

(a) 蒸汽压力式温控器

(b) 双金属片式温控器

图 9-4　几种常见温控器外形结构

热水器安全阀同时具有止回阀和泄压阀（限压阀）的功能，能防止进入电热水器的水倒流及防止电热水器内胆压力偏高，及时排泄多余的压力，以保证内胆寿命和避免爆胆事故发生。安全阀的外形及结构如图 9-5 所示。

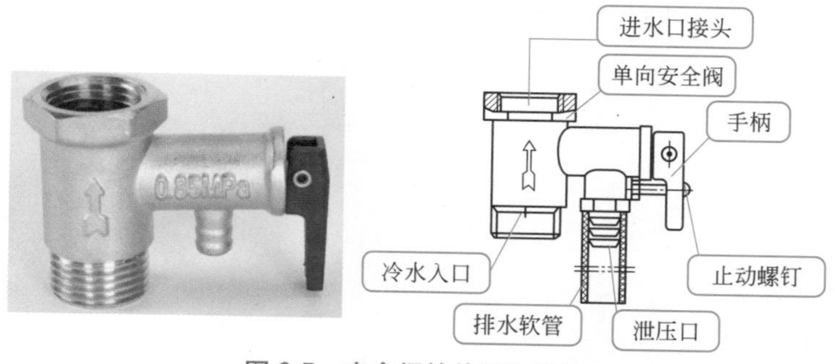

图 9-5　安全阀的外形及结构

为了确保安全，电热器中安装了漏电保护器，其动作电流一般为 30mA。

防电墙主要由一段足够长的小口径绝缘管及管道装置组合构成。通过延长水流通过绝缘管长度的方式逐步衰减漏电电压，使出水时水流的电压能达到无体感的安全电压。防电墙外形结构如图 9-6 所示。

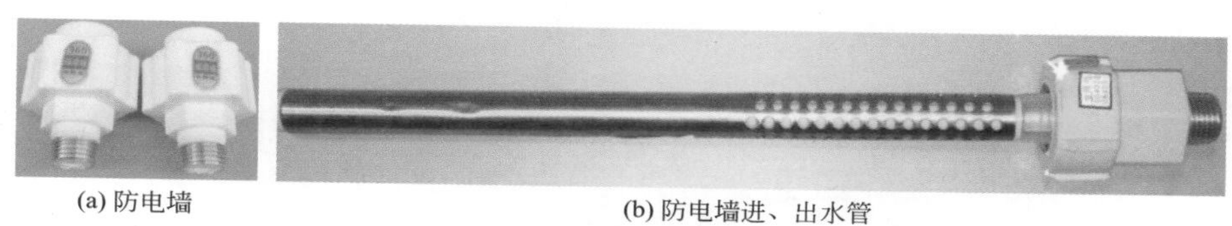
(a) 防电墙　　(b) 防电墙进、出水管

图 9-6　防电墙外形结构

9.2 电热水器的安装

储水式电热水器的安装示意图如图 9-7 所示。

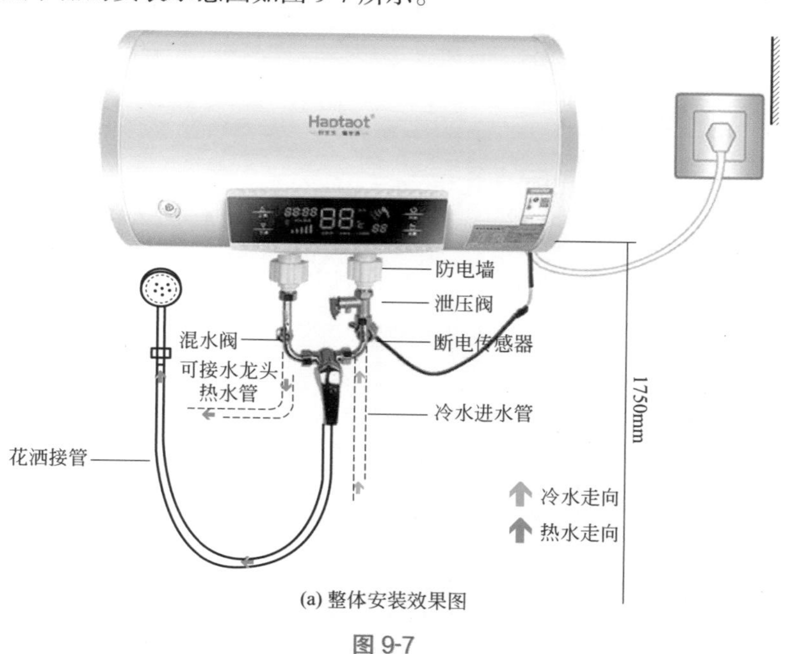

(a) 整体安装效果图

图 9-7

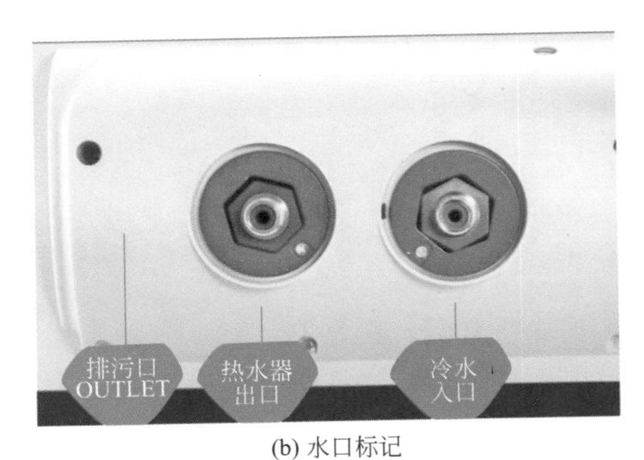

(b) 水口标记

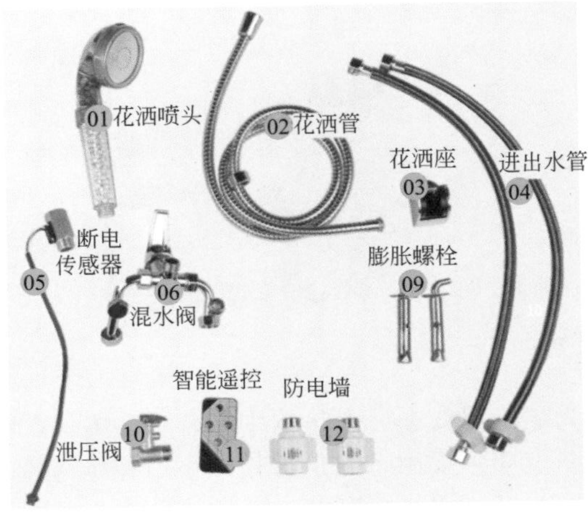

(c) 附件

图 9-7　储水式电热水器的安装示意图

9.3 温控器控制电热水器工作原理及维修

扫一扫 看视频

9.3.1 温控器控制电热水器工作原理

温控器控制电热水器工作原理图如图 9-8 所示。

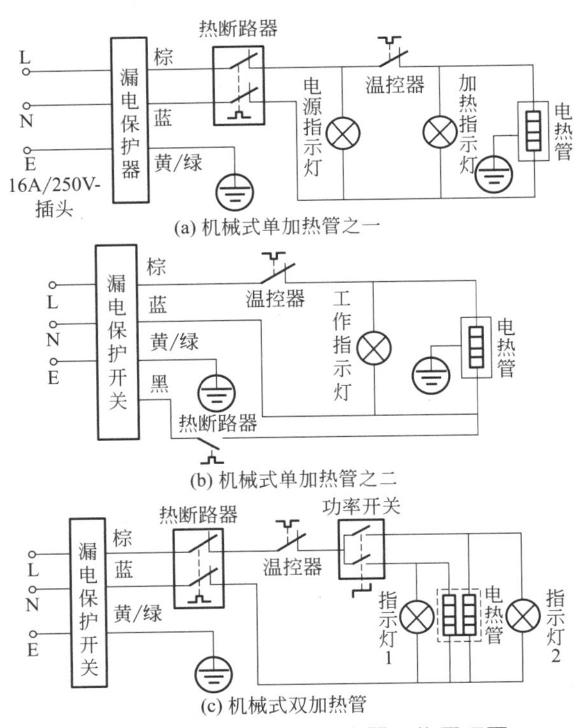

图 9-8　温控器控制电热水器工作原理图

上面电热水器工作原理比较简单，主要分为水路和电路两部分。

❶ 水路

进水通过安全阀单向进入水箱内胆，下方进水口靠近水箱底部，其进水口上方有一挡板，使进入的冷水存在底部，防止冷水冲入上部影响热水温度；热水相对密度轻，在内胆的上部，热水出水口也在此处，所以出水口总是热的。要使热水流出，必须进入冷水，增加内胆水压，热水才能被挤流出。关闭进水口，即使水胆内存满热水也不会流出的。流出的高温热水，通过调节混合阀使出水温度达到使用要求。

❷ 电路

电路的主要作用是将冷水加热至设定的温度。通电加热时，电能通过加热管产生热量对水进行加热，当水温达到预设温度时，温控器触点断开，电热水器处于断电保温状态，此时每 2h 温度约降低 1℃左右，当水温比预设温度低几度（一般为 5℃左右）时，温控器触点接通，电热水器通电加热。当电热水器处于干热或过热状态时，热断路器内的双金属片断开，加热管断电。热断路器因过热保护后，需在热水器的水温下降到比热断路器动作温度低 25℃时，按下热断路器的复位按钮，加热管通电，电热水器回到正常状态。

9.3.2 漏电保护器跳闸的检查与维修

[故障现象 1]：漏电保护器跳闸且无法复位

[故障分析]：引起该故障的原因有热断路器起跳、电路元件漏电及漏电保护插头坏等。

[故障维修]：①检查热断路器、温控器或重新设置其参数；②检查热水器内部连接线绝缘层是否有破坏而造成短路漏电，如有则重新包扎或更换；③检查漏电保护电源线。

9.3.3 无热水的检查与维修

[故障现象 2]：电源指示灯点亮，但无热水

[故障分析]：引起该故障的原因有混水阀出水管堵塞、发热器连接插头脱落或发热器无工作电压、发热器断路坏等。

[故障维修]：①用手触摸混水阀出水管和发热器位置热度高低，加热时间是否太短，拧开出水管有无热水流出；②重新连接插头等；③检查线路工作电压；④更换发热器等。

9.3.4 出水温度不够热的检查与维修

[故障现象 3]：出水温度不够热（温水）

[故障分析]：引起该故障的原因有温控器故障、加热时间短、发热器故障等。

[故障维修]：①重新设置温控器或更换温控器；②继续加热；③更换发热器。

9.3.5 指示灯不点亮且无热水的检查与维修

[故障现象 4]：漏电保护器指示灯点亮，但电源指示灯不亮，无热水

[故障分析]：引起该故障的原因有温控器没有打开、连接线插片松脱或断等。

[故障维修]：①检查温控器是否已打开，如未打开则打开温控器；②检查连接线插片或重新连接。

9.4 爱拓升电子控制电热水器工作原理及维修

扫一扫 看视频

9.4.1 爱拓升电子控制电热水器工作原理

该电热水器控制电路由电源电路、漏电检测电路、加热控制部分及显示部分等组成。

❶ 单片机 S3F9454BZZ-DK94 引脚功能

单片机 S3F9454BZZ-DK94 引脚功能如表 9-1 所示。

表 9-1 单片机 S3F9454BZZ-DK94 引脚功能

引脚	引脚主要功能	引脚	引脚主要功能
1	地	11	LED1 显示器信号输出端
2	蜂鸣器驱动输出端	12	LED1 显示器信号输出端（COM2）
3	继电器驱动输出端	13	LED1 显示 e 信号输出端
4	功率选择信号输出端	14	LED1 显示 d 信号输出端
5	显示板信号输出端	15	LED1 显示 b 信号输出端
6	LED 显示控制输出端	16	LED1 显示 a 信号输出端
7	继电器控制信号输出端	17	LED1 显示 f 信号输出端
8	继电器控制信号输出端	18	LED1 显示 g 信号输出端
9	空	19	水温检测输入端
10	漏电检测信号输入端	20	电源正极

❷ 爱拓升电子控制电热水器工作原理

爱拓升电子控制电热水器工作原理图如图 9-9 所示。

220V 交流市电进入机内分成两路：一路直接送至由继电器 K1、K2、K3 的三组常开触点控制的加热器 EH1、EH3，此为交流主电源。第二路经保险管 FU、变压器 T1 降压、整流桥 VD1 ～ VD4 整流、电容 EC1 滤波得到低压直流电源，供给继电器线圈电路使用；该电压再经三端稳压器 IC1 稳压，C2 滤波得到 +5V 电压，供给整机小信号处理电路和显示电路使用。

单片机 IC1 的 20 脚为电源正极，1 脚为电源负极，时钟振荡、复位用其内部电路来完成。

当用水时，水流开关 S2 接通，单片机根据功率选择开关的状态分别驱动 K1、K2、K3 相应的继电器吸合，热水器便以设定的功率进行加热。

热敏电阻 RT 对出水温度自动检测，RT、R11 的分压值经电容 EC3 滤波，送至单片机的 19 脚，单片机便通过显示接口输出相应的显示数据，并通过两位 LED 数码管显示出来。当水温≥ 60℃时，7、8 脚便输出低电平，于是 VT1、VT2 相继截止，继电器失电断开，加热自动停止。与此同时在加热过程中，LED2 ～ LED4 在 VT2 的控制下，其发光状态会随功率选择开关的变化给出相应的显示。

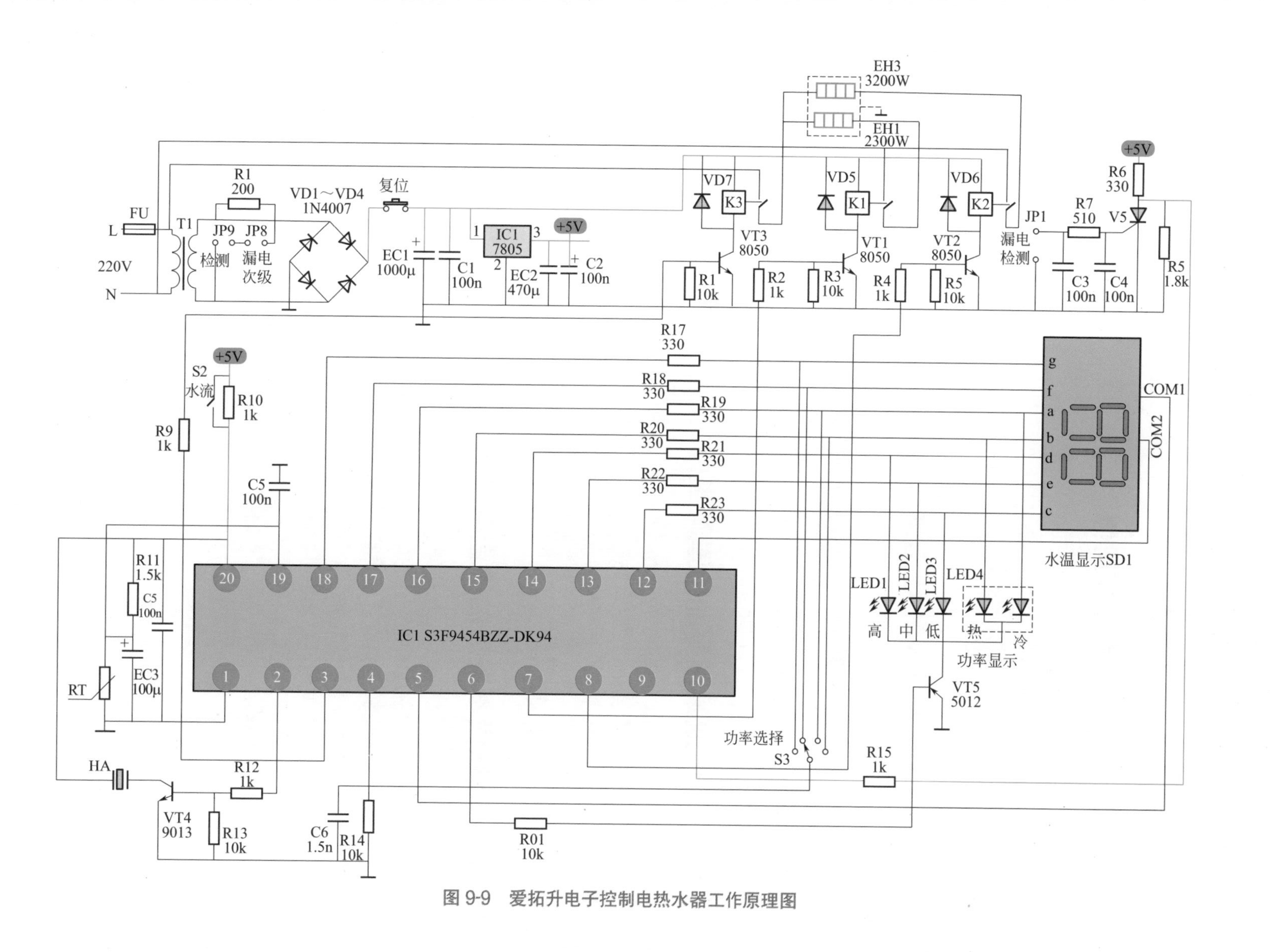

图 9-9 爱拓升电子控制电热水器工作原理图

在开始加热、停止加热或超温状态下，单片机的 2 脚会输出高电平，经 VT4 放大后驱动蜂鸣器 HA，蜂鸣器会分别发出相应的提示音。

当电路检测到漏电现象时，漏电电流经 C3、R7、C4 滤波后加至晶闸管 V5，V5 触发而导通，晶闸管导通后就短路了 +5V 供电电压，迫使整机停止工作，起到了漏电保护的作用。

9.4.2 烧保险管的检查与维修

[故障现象 5]：烧保险管

[故障分析]：引起该故障的原因是电路有严重的短路现象。

[故障维修]：主要应检查变压器 T1、整流桥 VD1 ～ VD4、滤波电容 EC1 和 C2、三端稳压器 IC1 等是否击穿。

9.4.3 不加热故障的检查与维修

[故障现象 6]：指示有显示，但不加热

[故障分析]：引起该故障的两个加热器同时损坏的可能性较少，主要应检查继电器 K3 有关的电路。

[故障维修]：①检查继电器 K3 线圈是否正常；②检查继电器 K3 线圈电压是否正常；③检测驱动电路 VT2 及单片机的驱动输出信号；④功率选择开关 S3 损坏等。

9.4.4 加热效果不好的检查与维修

[故障现象 7]：指示有显示，但加热效果不好（水温太低）

[故障分析]：引起该故障的原因是有一个加热器电路损坏。

[故障维修]：①检测两个加热器的直流电阻，判断是否有断路；②检查两个加热器的供电电压是否正常。若某个电压不正常，则检测其继电器、驱动电路及单片机的有关引脚；③温度检测 RT 电阻有问题。

9.4.5 加热管不发热的检查与维修

[故障现象 8]：保险管完好，加热管不发热

[故障分析]：引起该故障的原因是有一个加热器电路损坏。

[故障维修]：①电源电路有故障，检查电源电路的关键点电压，稳压器前的 +12V，稳压后的 +5V；②继电器 K3 有故障，检查继电器 K3 有关的电路；③电热管的接插件有接触不良现象，维修或更换插接件；④水流开关 S2 有问题，更换开关 S2；⑤复位开关 S1 断路，更换复位开关 S1；⑥功率选择开关 S3 损坏，更换功率选择开关 S3；⑦有漏电现象或晶闸管电路异常，检测是否漏电，检查晶闸管电路。

第 10 章 电饭锅维修

10.1 电饭锅结构

扫一扫 看视频

10.1.1 机械式电饭锅整体结构

机械式自动保温电饭锅的整机主要由外壳、内锅、电加热器、磁性温控器、双金属温控器及插头等组成。机械式电饭锅整体结构如图 10-1 所示。

机械式电饭锅底视图如图 10-2 所示。

图 10-1 机械式电饭锅整体结构

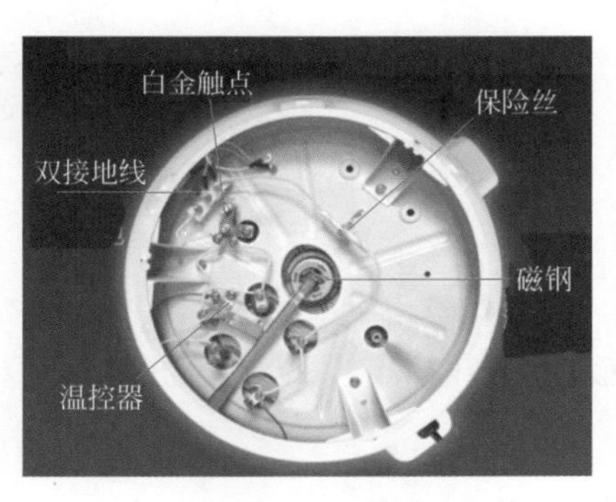

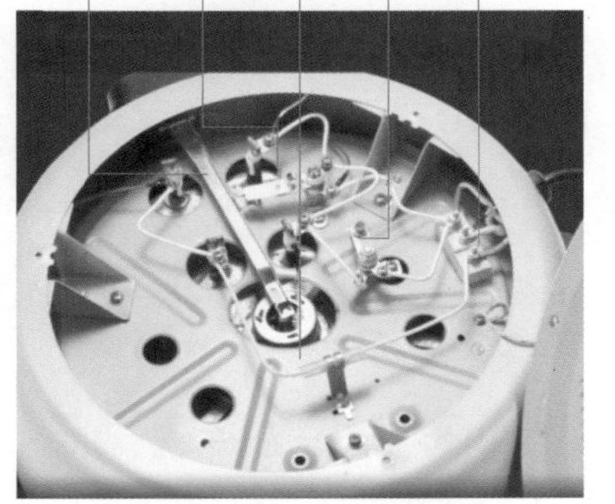

图 10-2 机械式电饭锅底视图

10.1.2 机械式电饭锅主要元器件详解

❶ 电加热器

电加热器按功率分为440W、450W、500W、550W、600W、650W、700W、750W、800W、850W、900W、950W等几种。电加热器外形结构如图10-3所示。

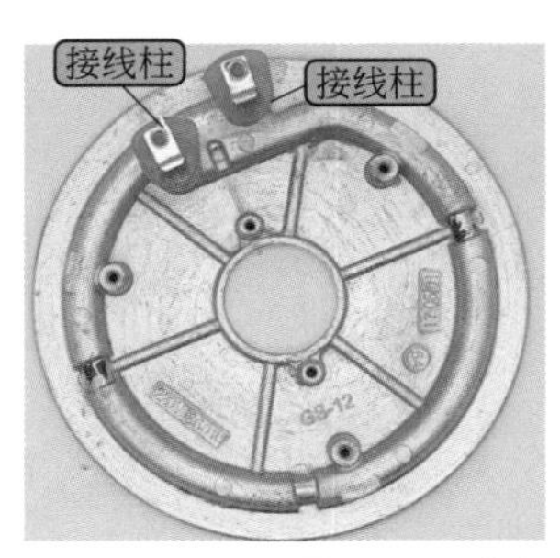

图10-3 电加热器外形结构

❷ 磁性温控器

磁性温控器外形结构如图10-4所示。

❸ 双金属温控器

双金属温控器外形结构如图10-5所示。

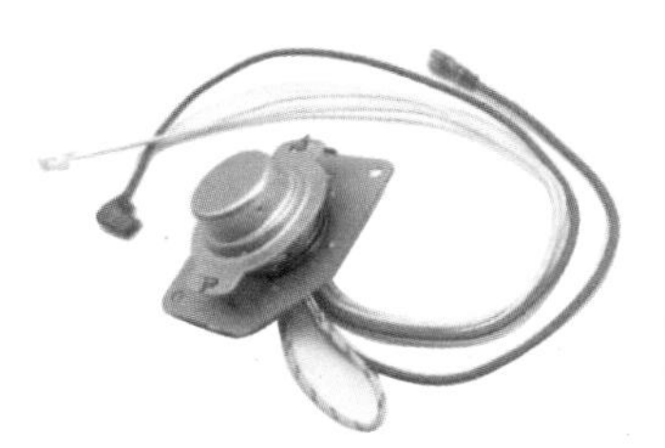

图10-4 磁性温控器外形结构

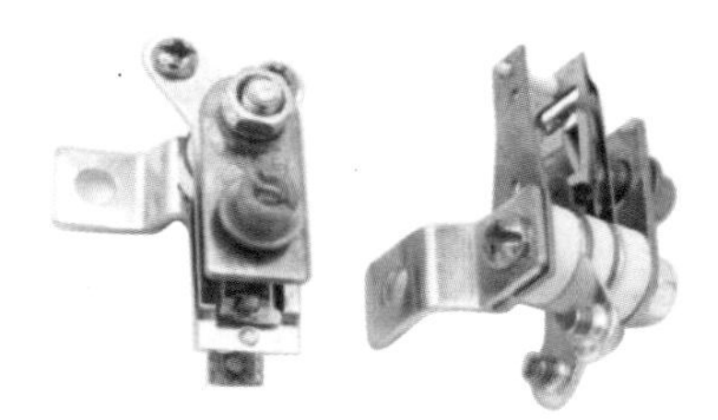

图10-5 双金属温控器外形结构

❹ 热熔断器

热熔断器又称超温保险器、温度保险丝等，是一种不可复位的一次性保护元件，以串联的方式接在电器电源输入端，其主要作用为过热保护。热熔断器外形结构如图10-6所示。

图10-6 热熔断器外形结构

10.2 机械式电饭锅工作原理

扫一扫 看视频

10.2.1 单加热盘电饭锅工作原理

机械式双温控器单加热盘电饭锅工作原理图如图10-7所示。

常温下，双金属温控器的触点是闭合，而磁性温控器的触点是断开。插好电源线未按下按键开关时，发热器即能通电，指示灯点亮，电饭锅处于保温状态，温度只能升高到70℃，ST的触点便会断开，切断加热盘的电源。如要煮饭，必须按下操作按键，SA动作，按键开关闭合。此时SA、ST并联，加热盘得电发热，指示灯点亮，锅内温度逐渐上升。当温度升到（70±10）℃时，ST动作，常闭触点断开，但SA的常开触点仍闭合，电路仍导通，加热盘继续发热。等饭煮熟，温度升高到（103±2）℃时，SA的触点断开，加热盘断电，停止加热。随着时间的延长，当温度降至70℃以下时，ST触点闭合，电路又接通，加热盘发热，温度逐渐上升。此后，通过双金属温控器触点的重复动作，能使熟饭的温度保持在70℃左右。

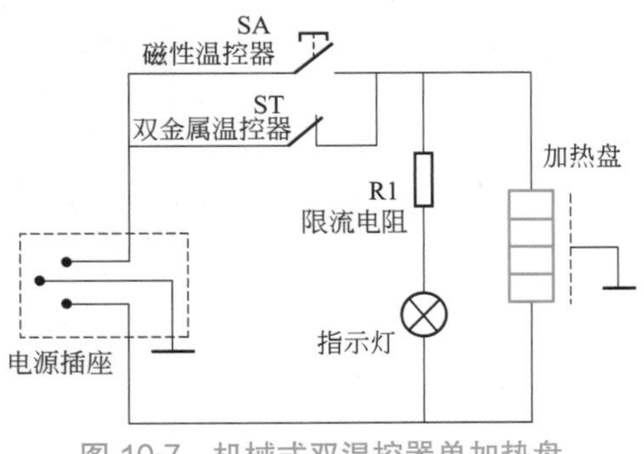

图 10-7　机械式双温控器单加热盘电饭锅工作原理图

10.2.2　单温控器双加热盘电饭锅工作原理

荣事达机械式单温控器双加热盘电饭锅工作原理图如图10-8所示。

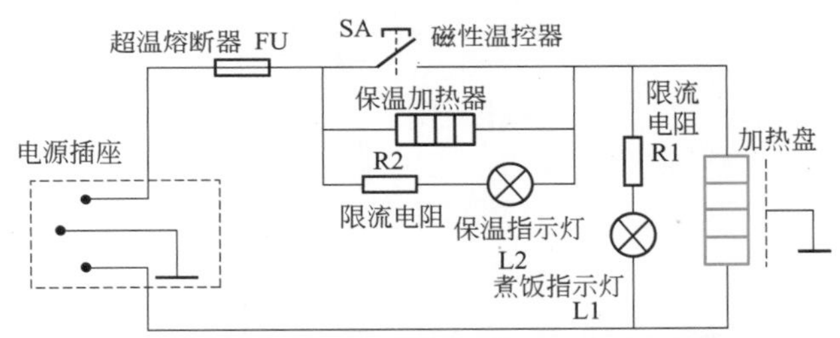

图 10-8　机械式单温控器双加热盘电饭锅工作原理图

将电源插头接入市电插座，再按下开关按键，磁性温控器SA内的永久磁铁与感温磁铁吸合，使开关触点闭合。此时，220V电压经过磁性温控器直接加至加热盘，使加热盘开始加热煮饭，而且通过限流电阻R1使煮饭指示灯L1点亮，表明电饭锅工作在煮饭状态。当煮饭的温度升至103℃时，饭已煮熟，磁性温控器触点断开，此时市电电压通过保温加热器降压后，为加热盘供电（此时，加热盘电流很小，几乎不发热），电饭锅进入保温状态。同时，市电电压通过限流电阻R2为保温指示灯L2供电，使之点亮，表明电饭锅工作在保温状态。

凡是有保温加热器的电饭锅，就没有双金属温控器。

保温加热器一般由2个云母片中间夹着电热丝（电热丝缠绕在1个云母片上）组成，功率一般为40～50W，电压为220V，其外形结构如图10-9所示。

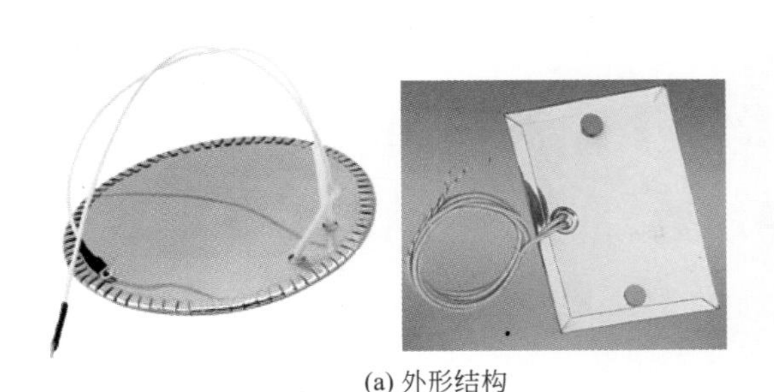

(a) 外形结构　　(b) 在电饭锅上的部位

图 10-9　保温加热器外形结构

10.3 机械式电饭锅的维修

扫一扫 看视频

10.3.1 室内空气开关跳闸的检查与维修

[故障现象1]：刚一插入电源插头，室内供电断路器立即断开

[故障分析]：该故障表明电饭锅出现了严重的短路性故障。①水或饭溢出后流入电源连接器或电饭锅电源插座内，导致短路；②电源连接器或电饭锅电源插座存在油污或水分，导致通电后两电极放电拉弧，胶木烧焦炭化，最终造成短路。

[故障维修]：在断电的情况下，对上述部分进行抹干或用电吹风干燥，确认绝缘性能良好后便可继续使用。炭化程度较轻时，可做绝缘处理；炭化严重时，更换新配件。

10.3.2 上电后整机无反应的检查与维修

[故障现象2]：上电后整机无反应

[故障分析]：①机内超温熔断器烧毁：一是自然烧断；二是电路出现短路故障，熔断器起到保护作用而烧断；②机内有断路性故障：磁性温控器和双金属温控器触点全不闭合；发热元件烧断；各元件与连接线接触不良或断开。

[故障维修]：①首先按下磁性温控器，用电阻法测量电源线两点的阻值，判断电路是否存在短路性故障。若阻值为零，表明有短路故障，拆机检查并排除后再换熔断器；若无短路，则可直接更换熔断器。②用电阻法逐一检查。

10.3.3 煮不熟饭的检查与维修

[故障现象3]：煮不熟饭

[故障分析]：①内锅与发热器之间有饭粒或异物等引起传热不良；内锅底或发热器变形，导致热效率明显下降；②磁性温控器的永久磁钢磁性减弱；③机械部分的按键、开关、拉杆等变形或错位；④米水量不合适或米放入过量（超出容量范围）。

[故障维修]：①首先排除异物，若变形，应予以整形；②更换磁性温控器；③需调整、修复或更换机械部分；④按内锅刻度要求加米和水，按最大米饭要求进行煮饭。

10.3.4 饭烧焦的检查与维修

[故障现象4]：饭烧焦

[故障分析]：说明煮饭温度过高，主要原因：①双金属温控器的动作温度偏高；②双金属温控器损坏。

[故障维修]：①重新调整双金属温控器；②更换双金属温控器。

10.3.5 不能保温的检查与维修

[故障现象5]：不能保温

[故障分析]：①双金属温控器不工作或工作不正常引起；②保温加热器损坏。

[故障维修]：①重新调整双金属温控器的调节螺钉或更换双金属温控器；②更换保温加热器。

10.3.6　指示灯不亮的检查与维修

[故障现象 6]：指示灯不亮

[故障分析]：如果发热器的工作正常，而只是指示灯不亮，故障应在指示灯电路中。①与指示灯连接的引线断路或螺钉松动；②指示灯损坏；③限流电阻损坏。

[故障维修]：①需检查补焊、修理；②更换指示灯；③更换限流电阻。

10.3.7　漏电的检查与维修

[故障现象 7]：外壳漏电

[故障分析]：电热元件封口熔化引起短路；导线或器件与底盘相碰；电源插座绝缘不良等。

[故障维修]：检查并接上可靠的地线；排查碰壳短路处及进行干燥、绝缘处理。

10.4 电子式电饭锅工作原理及维修

扫一扫　看视频

扫一扫　看视频

10.4.1　三洋电子式电饭锅工作原理

三洋帝度 DF-X502 系列电饭锅工作原理如图 10-10 所示。

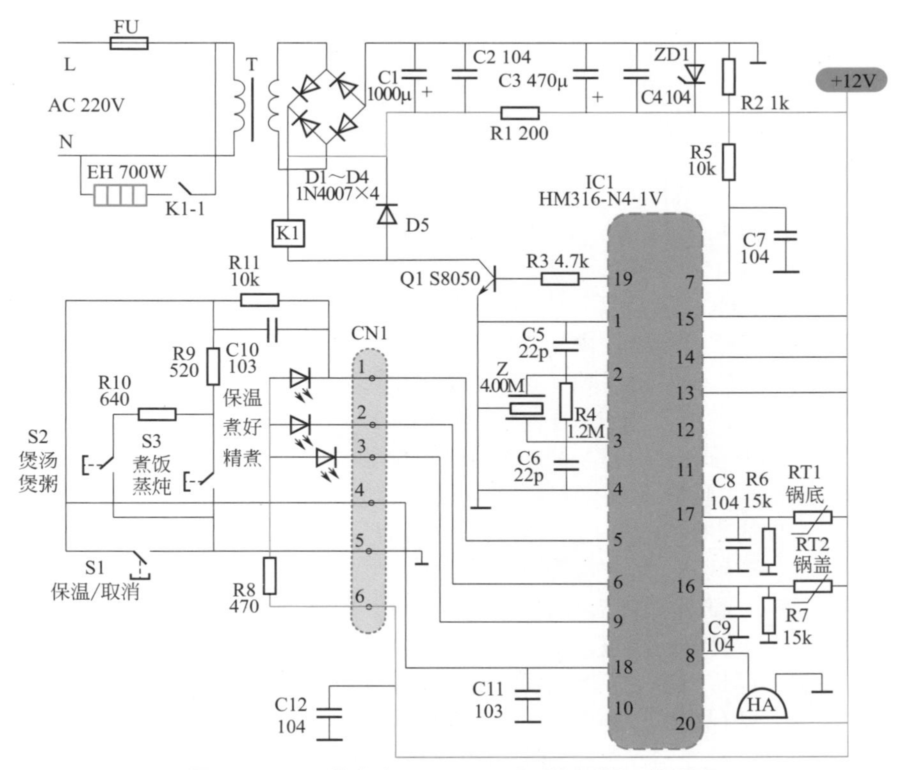

图 10-10　三洋帝度 DF-X502 系列电饭锅工作原理

该电饭锅由电源电路、微处理器控制电路和面板指示灯、操作电路等组成。

❶ 电源电路

市电进入电饭锅后，经熔断器 FU 后分成两路，一路送至发热器 EH，另一路送至降压变压器 T。变压器次级输出交流 11V 左右的电压，经过整流器 D1 ～ D4 整流，C1、C3 滤波，ZD1 稳压，得到 +12V 左右的直流电压，供给继电器和后级电路。其中，C2、C4 为高频旁路电容，滤出高频信号对电源的影响；R2 为负载电阻，起到空载保护的作用。

❷ 微处理器控制电路

微处理器 HM316-N4-1V 引脚功能如表 10-1 所示。

表 10-1　微处理器 HM316-N4-1V 引脚功能

引脚	引脚主要功能	引脚	引脚主要功能
1	地	11	输出 / 输入（未用）
2	时钟振荡输入	12	输出 / 输入（未用）
3	时钟振荡输出	13	电源正极
4	地	14	电源正极
5	保温指示灯驱动信号输出端	15	电源正极
6	饭煮好指示灯驱动信号输出端	16	锅盖温度传感器检测信号输入端
7	复位	17	锅底温度传感器检测信号输入端
8	蜂鸣器驱动信号输出端	18	键指令信号输入端
9	精煮指示灯驱动信号输出端	19	加热器控制信号输出端
10	输出 / 输入（未用）	20	电源正极

微处理器 IC1 的工作条件如下：13、14、15、20 脚为电源正极，1、4 脚为电源负极。2、3 脚外接的晶振 Z1、R4、C5、C6 组成时钟振荡电路，其振荡频率为 4MHz。R5、C7 组成复位电路，由 7 脚输入。

以煮饭（蒸炖）为例，当按下煮饭按钮时，+5V 电压经过 R8、保温指示灯、R11、R9、开关 S3 到电源负极而形成回路；电阻 R11、R9 产生分压，该分压经插排 CN1 的 4 脚送至微处理器的 18 脚，其中 C11 为高频旁路；与此同时，锅底、锅盖温度传感器 RT1、RT2 把实际温度（常温）产生的电压也分别送至单片机的 17、16 脚。以上 3 路信号经微处理器内部计算与判断后，从 19 脚输出低电平驱动信号，使驱动三极管 Q1 导通、继电器 K1 线圈得电，从而带动触点 K1-1 吸合，发热器有电流回路形成，使电饭锅开始加热工作。当饭煮好时，微处理器的 6 脚输出低电平，使得指示灯“煮好”发光而显示；同时，微处理器的 8 脚输出断续的高、低电平信号，使蜂鸣器有报警声音。

加热工作开始后，随着锅内温度的变化，锅底、锅盖温度传感器的检测电压也随之变化，当饭煮好时（达到设定的温度后），单片机的 19 脚输出高电平，使得继电器失电而停止加热。锅底、锅盖温度传感器检测到锅内温度达到保温温度下限时，重新输出低电平信号，使发热器加热工作。只有按下按钮 S1 后，电饭锅就不再执行保温了。

煲汤、煲粥的工作原理与煮饭相同，这里不再赘述。

10.4.2 不能加热的检查与维修

[故障现象 8]：不能加热，指示灯也不能点亮

[故障分析]：首先要判断是机外故障还是机内故障。机外故障主要是电源线和插座，电源线可用电阻法或电压法检测判断。若是机内故障，可初步判断一下是断路性还是短路性故障，检查重点是看保险管是否烧毁。机内故障的范围较大，可能为电源电路、微处理器控制电路、温度传感器电路、面板电路等故障。

[故障维修]：① 熔断器烧毁。在更换熔断器之前应判断电路是否存在有短路现象，方法是取下烧毁的熔断器 FU（250V/10A，185℃），将万用表置于交流挡位，两表笔串联于熔断器接线的两端，开机检测其电流的大小，电流若超过 10A，表明有短路性故障存在，否则更换熔断器继续试机。

造成短路性故障的主要原因有：变压器 T 绕组，滤波电容 C1、C2、C3、C4，稳压二极管 ZD1，整流器 D1 ～ D4，继电器 K1 线圈、微处理器等有短路现象发生。

熔断器正常。继续下一步检测。

② 检查电源电路。电源电路的关键点电压如下：输入端交流 220V（随电网电压而异，下同），变压器初级交流 220V，变压器次级交流 11V，整流器输入电压同变压器次级，滤波电容 C1 两端直流 12V，稳压器 ZD1 两端直流 5V。逐级检测各关键点电压，判断故障范围。检测到哪一级没有电压，故障一般在该级之前的电路。

③ 检查温度传感器 RT1、RT2 是否有问题，温度传感器故障率较高。

④ 检查按钮、面板、插排是否有故障。这部分电路的故障主要是按钮本身损坏，插排接触不良等。

⑤ 检查控制电路。检查微处理器驱动信号输出是否正常。在开机后用万用表检测微处理器 19 脚是否有低电平输出，如有，则为放大电路和继电器有问题；如无，则为微处理器损坏。

微处理器的 13、14、15 脚对地电压应为 5V。单片机 2 脚电压为 2.5V 左右，3 脚电压为 2.2V 左右，否则为时钟振荡电路部分有问题。怀疑晶振有故障时，可以采取代换方法排除。复位 7 脚电压稳定后应为 5V。

10.4.3 煮饭正常而煲汤状态不工作的检查与维修

[故障现象 9]：煮饭正常，而煲汤状态不工作

[故障分析]：煮饭正常说明电源正常，微处理器工作正常，加热器也正常，故障仅仅在煲汤电路。

[故障维修]：主要应检查开关 S2 和电阻 R10 及这部分的铜箔。

10.4.4 饭烧焦或煮饭夹生的检查与维修

[故障现象 10]：饭烧焦或煮饭夹生

[故障分析]：该故障说明加热时间过长或过短，主要原因有：温度传感器 RT1、RT2 及电阻 R6、R7 有问题。

[故障维修]：主要应检查 RT1、RT2 及电阻 R6、R7。在上述 4 个元件正常的情况下，则可能是微处理器的内部程序已改变，只能更换厂家写有程序的单片机。

10.4.5 工作正常但某个指示灯不点亮的检查与维修

[故障现象 11]：工作正常，但某个指示灯不点亮（类似蜂鸣器故障）

[故障分析]：故障可能是发光二极管损坏、脱焊，微处理器损坏等。

[故障维修]：用电阻法判断发光二极管是否损坏，若损坏则将其更换。如无损坏，在电路铜箔也正常的情况下，只能更换微处理器。

10.4.6 指示灯正常点亮但不能加热的检查与维修

[故障现象12]：不能加热，指示灯能正常点亮

[故障分析]：指示能正常点亮，表明电饭锅的电源电路是正常的，微处理器的工作条件也是正常的。不能加热的可能原因主要有：加热盘损坏、继电器损坏、驱动电路Q1异常、微处理器输出信号异常、微处理器输入电路异常等。

[故障维修]：① 判断加热盘是否正常。用短路线短路继电器K1-1接点，然后电饭锅上电，电饭锅可以加热，说明故障在其他电路，否则是加热盘有问题。也可以用万用表检测加热盘的阻值。

② 判断继电器是否损坏。将继电器线圈的非正极端用短路线短路到地，然后电饭锅上电，操作按键后，电饭锅可以加热，说明故障在其他电路，否则是继电器有问题。

③ 判断按键是否损坏。按相应按键，看相应的指示灯是否点亮，若不能够正常点亮，就检查相应的按键。

④ 检查驱动电路、温度传感器。按下按键，检测微处理器19脚是否有高电平信号输出，有高电平信号输出，故障在驱动电路，否则在微处理器电路。

用电阻法检查温度传感器是否损坏。

⑤ 最后，检查微处理器是否损坏。

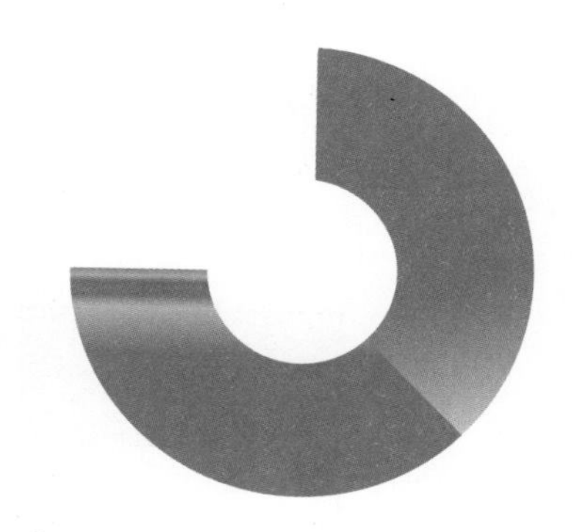

第 11 章 电磁炉维修

11.1 电磁炉的结构及系统

11.1.1 电磁炉的基本结构

电磁炉主要由外壳和电路板两部分组成。外壳部分主要由炉台面板、操作面板和外壳等组成；电路板部分主要由主控电路板、控制电路板、加热线圈和风扇等组成。

电磁炉结构图如图 11-1 所示。

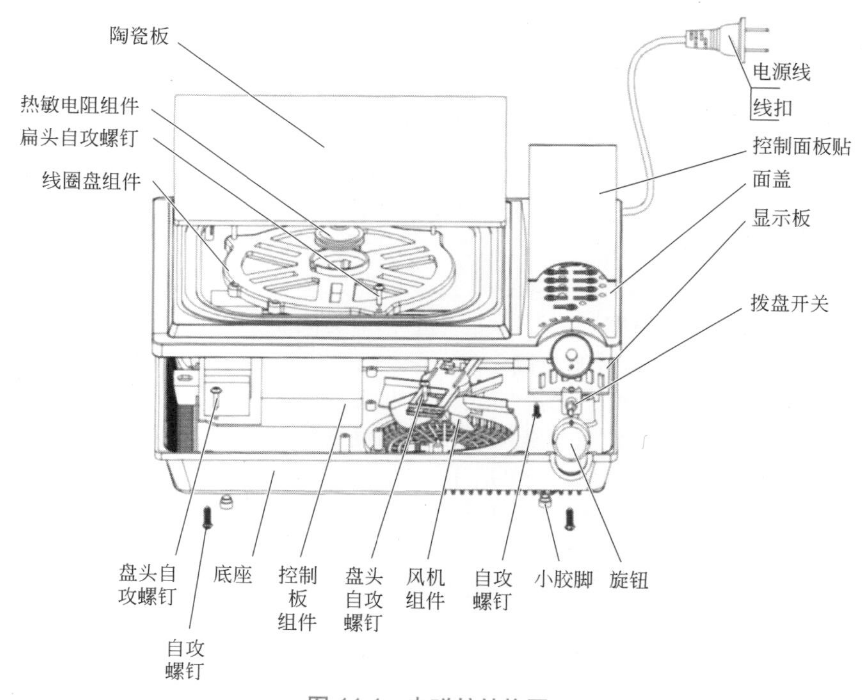

图 11-1 电磁炉结构图

11.1.2 电磁炉电路方框图

电磁炉按其电路工作原理可分为 4 个系统：电源系统、控制及显示系统、振荡系统、检测与保护系统。系统组成方框图如图 11-2 所示，各系统的主要作用如下。

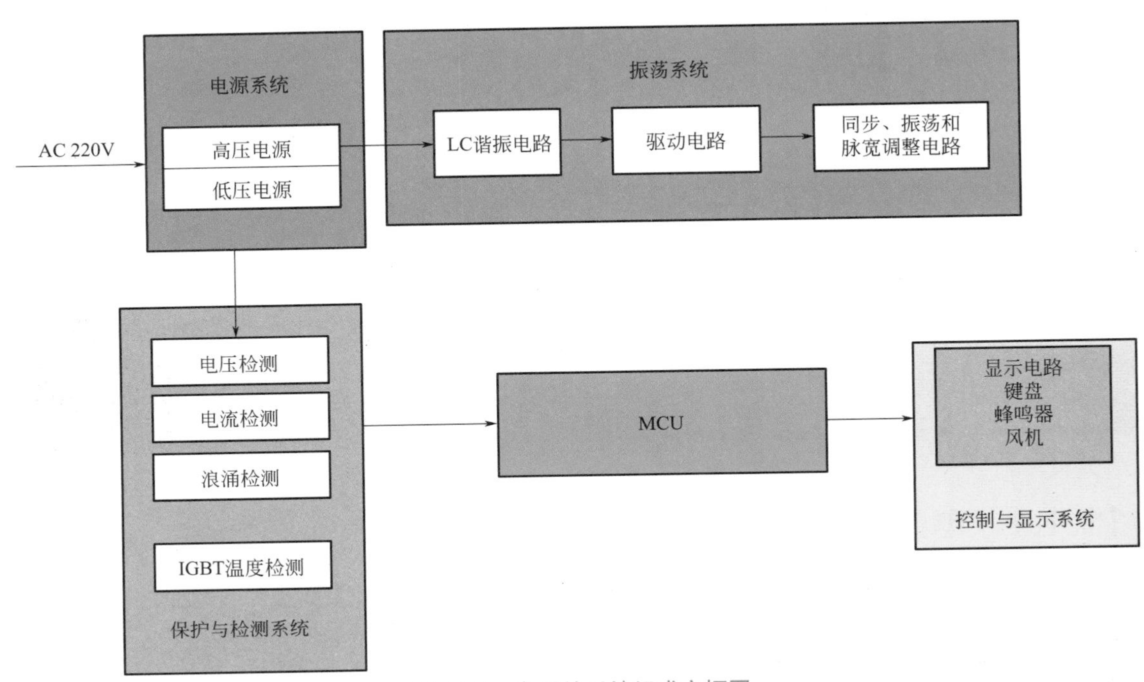

图 11-2　电磁炉系统组成方框图

电源系统。电源系统是整机的能源供给，它由高压电源和低压电源两部分组成。高压电源（+300V）主要由抗干扰、整流、滤波电路等组成，主要供给谐振电路；低压电源由整流、滤波及稳压电路等组成，一般输出几组直流低电压（+5V、+12V、+18V），供给大部分小信号处理电路。

控制及显示系统。控制及显示系统主要由单片机、操作按键、显示屏、蜂鸣器等组成，用于实现使用者操作及人机对话。

振荡系统。振荡系统主要由同步电路、振荡电路、脉宽调整电路、驱动电路及谐振电路等组成，是一个大回环闭合电路。其作用是产生一个受同步信号控制的振荡波形，然后经整形、调整占空比、放大后驱动谐振电路，使谐振电路产生高频交变磁场。在该系统中，利用 IGBT 的高速通断功能来切换线圈盘导线中的电流，使之推动加热线圈盘产生高速的交变磁场，继而产生交变磁力线，使置于线圈盘上的锅具在交变的磁场中产生涡电流而形成焦耳热，达到锅具自身发热而加热锅内介质的效能。

检测与保护系统。检测与保护系统主要由电流检测、电压检测、浪涌检测、高压检测、锅底温度检测及 IGBT 管温检测等电路组成。其作用是实现自动控制及保证整机安全、可靠、稳定的工作。

11.1.3 从电路板上认识主要元器件

主板主要元器件如图 11-3 所示。

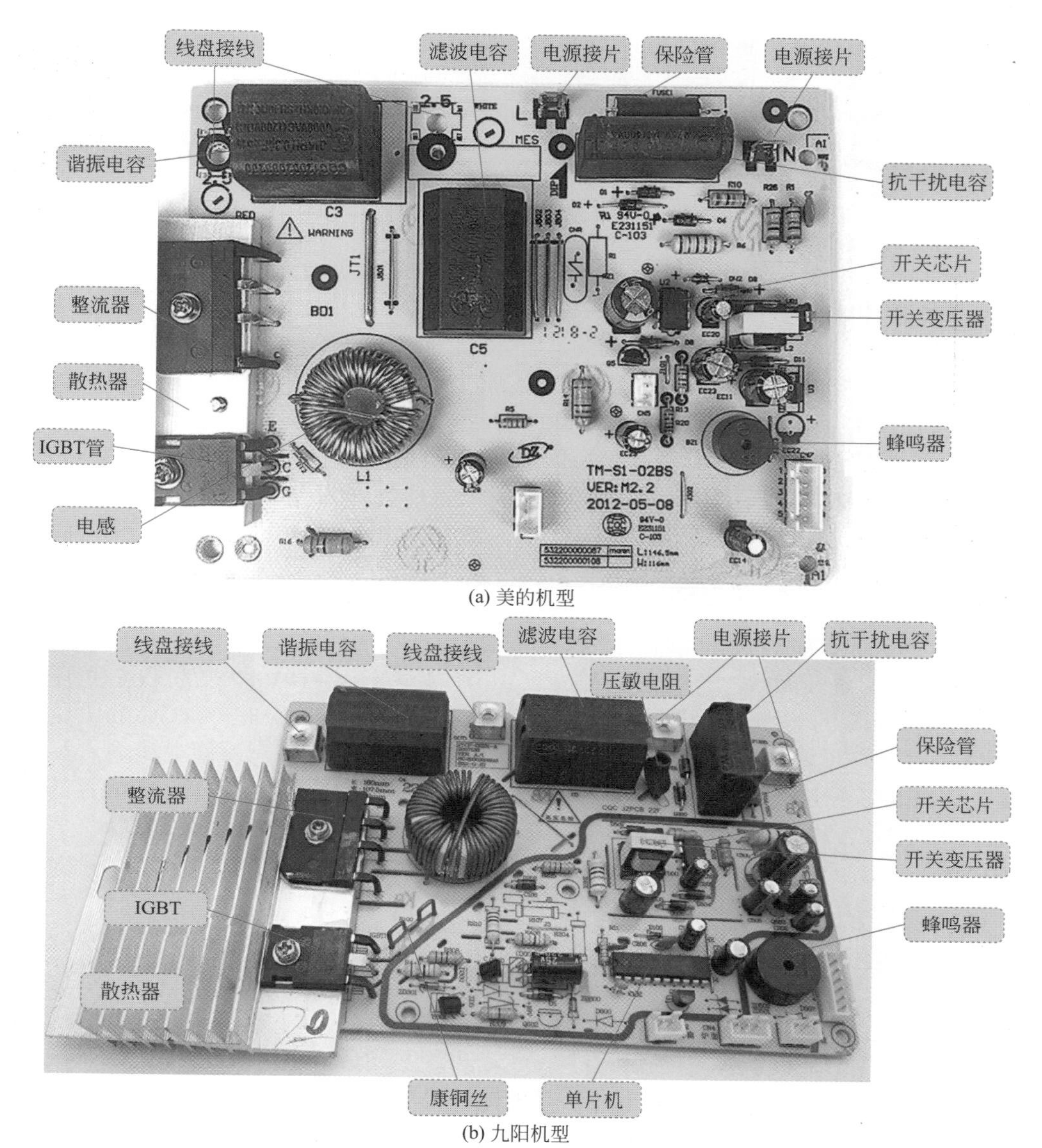

(a) 美的机型

(b) 九阳机型

图 11-3 主板主要元器件

显示板主要元器件如图 11-4 所示。

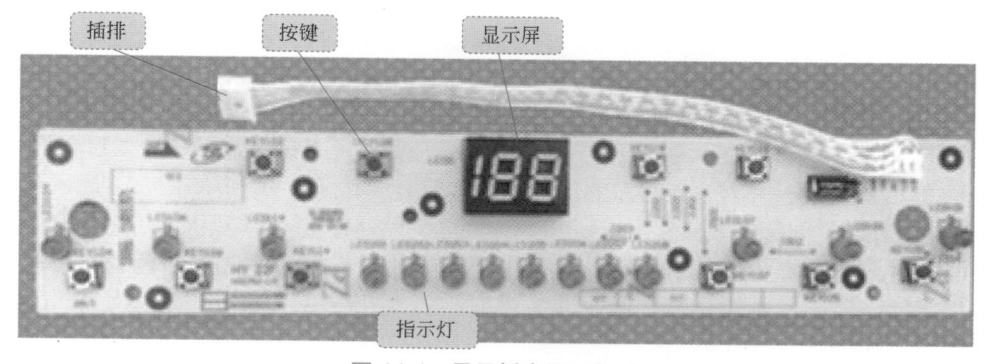

图 11-4 显示板主要元器件

11.2 美的 SH209 电磁炉工作原理

11.2.1 电源电路

美的 SH209 电磁炉工作原理图如图 11-5 所示。

高压电源电路主要由元件 FUSE1、C8、CNR1、DB1、L2、C11 等组成。

交流 220V/50Hz 经过保险丝 FUSE1、EMC 防护电路（CNR1、C8）、整流桥（DB1）和滤波电路（L2、C11），得到直流高电压（300V）提供给主电路。

EMC 防护电路的主要作用是提高品质因数、抑制骚扰电压和抗击雷电冲击。

低压电源采用的是开关电源方式，它将交流电电压转换为 VCC、18V 和 5V 直流电压。其中，VCC 供给风扇电路；18V 供给 IGBT 驱动及运放电路等；5V 供给单片机、显示板、信号采集提供基准电压等电路。

220V 市电经过 D2、D3 整流后，经 D8、R90 送至开关变压器的 1、2 绕组，加至 VIPER12 中的 5 ～ 8 脚，启动 VIPER12 芯片工作。当 VIPER12 芯片开始工作后，脉冲电压经过开关变压器次级线圈、二极管 D93 整流、EC91 滤波形成 +18V 左右的 VCC 电压，一路经 D94 给 VIPER12 的 4 脚芯片供电，另一路给风机、IGBT 供电，此外 VCC 电压经 Z90 稳压管送到 VIPER12 反馈端 3 脚。当电压高于 18V 时 Z90 导通，则有反馈电流输入 VIPER12 反馈端，VIPER12 经过内部处理判断是否到达关断电平，从而达到调整 PWM 的目的，这也使调整 VCC 电压处于 18V 左右，经过 C92 电容滤波稳定在 18V 电压。

VIPER12 在关断期间，开关变压器的 6 脚电压经过 D92 整流形成约 +9V 的直流电压，该电压送至三端稳压器 7805 后转换成为 +5V 电压。

11.2.2 同步振荡电路

❶ 谐振电路

主要组成元件：谐振电容 C12、IGBT 管和线圈盘 L。

LC 振荡电路是整个电路的核心部分，是电能转换成为电磁能的实现部分。

L 是加热线圈（励磁线圈），它与谐振电容 C12 并联组成 LC 谐振电路。

❷ 同步及振荡电路

同步及振荡电路元件：R10、R16、R30、C7、R11、R12、R15、C5、C6、单片机 U1（20、19 脚）等。

同步及振荡电路的主要作用是从 LC 振荡中取得同步信号，根据同步信号振荡产生锯齿波，为 IGBT 提供前级驱动波形。此电路的输入信号是线盘两端的谐振波形，单片机 U1 的 3 脚输出控制 IGBT 前级的 PWM 信号。

LC 振荡电路中电容 C12 两端得到的分压，一路经过 R10、R16、R30、和 C7 得到相位电压，送到单片机 20 脚；另一路经过 R11、R12、R15，得到相位电压，送到单片机 19 脚。单片机得到两者信号，并经过内部处理，从而得到可控制的同步 PWM，并从单片机 U1 的 3 脚输出。

检锅就是检测电磁炉上是否有锅，也就是把加热的锅具视为电磁炉的负载，视为电磁炉电路的一部分。检锅采用的是脉冲法，即通过内部信号处理可以检测是否有锅具。其检测过程：开机进入功能后 ，PWM（单片机 3 脚）输出微米级的高电平，使 IGBT 驱动电路启动 LC 振荡，通过同步反馈网络到单片机内部进行检测，来确定是否有锅。

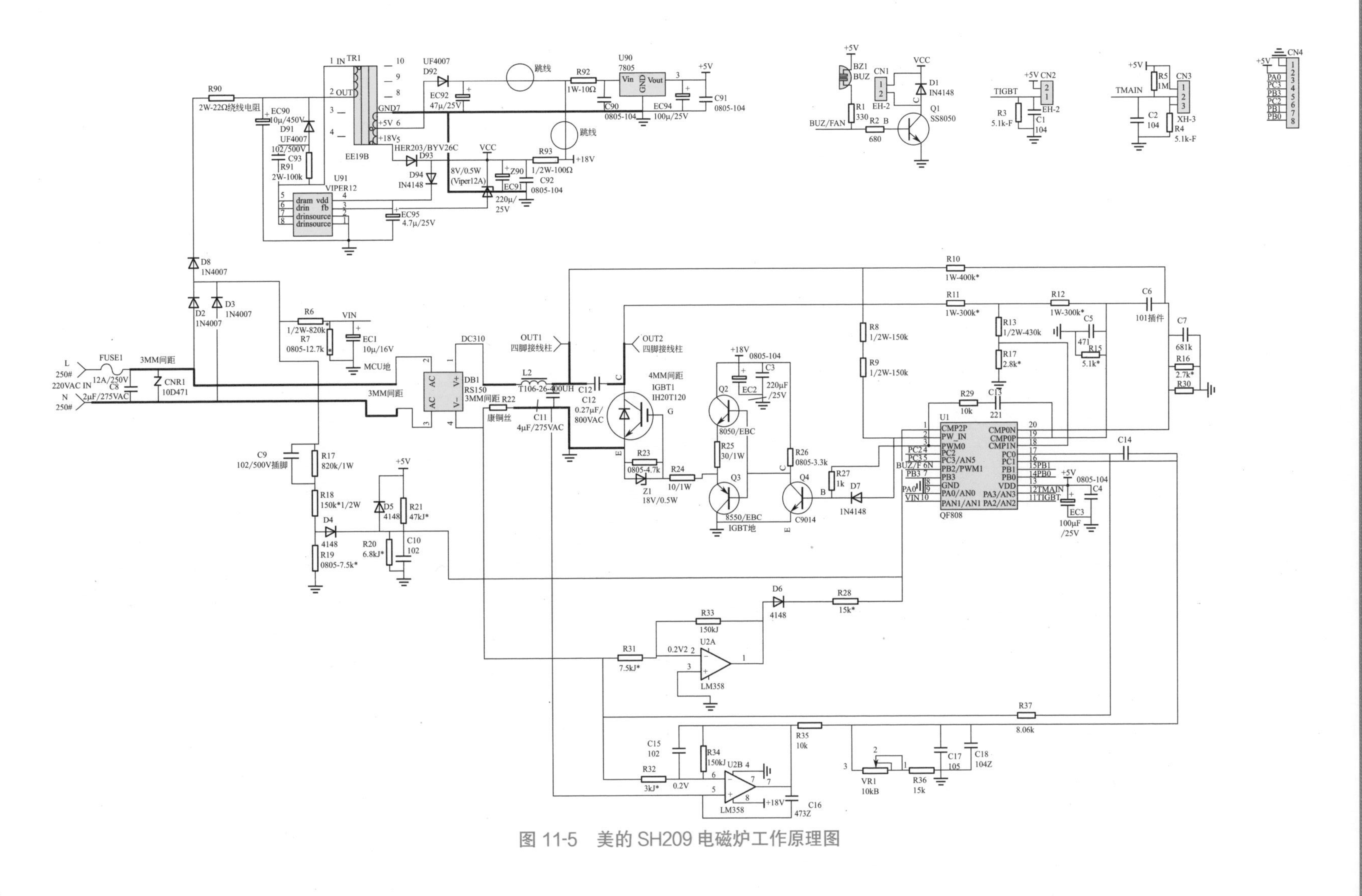

图 11-5 美的 SH209 电磁炉工作原理图

同步信号：同步信号就是 IGBTC 极电压最低时的检测信号，此时也是最佳的 IGBT 开通时机。

③ PWM 脉宽调控、IGBT 驱动电路

① PWM 脉宽调控电路。PWM 脉宽调控主要元件由单片机 U1（3 脚）、C13 等组成。

脉宽调控电路是由单片机内部根据不同挡位，由 3 脚配合同步信号自动输出 PWM 脉宽控制 IGBT 的占空比，从而影响功率的大小，PWM 的占空比越大，IGBT 驱动脉宽就越宽，电磁炉的输出功率就越大，反之越小。

单片机通过控制 PWM 脉冲的宽与窄，控制送至振荡电路的加热控制电压，控制 IGBT 导通时间的长短（脉冲宽度），可以控制加热功率的大小。其中 C13、C5、C6 用于调相。

② IGBT 驱动电路。IGBT 驱动电路主要由单片机 U1（3 脚）、Q2、Q3、Q4、R27、R26、R25、EC2、C3 等元件组成。

振荡电路产生的驱动信号电压较低，基本在 4 ～ 5V 之间，不能驱动 IGBT，因此需要将驱动信号电压放大到 18V 以更好地驱动 IGBT。

此电路分为两部分：第一部分由 Q2、Q3 组成推挽电路，驱动信号通过这个推挽电路，将输出电压提高到 18V。

第二部分由 Q4 组成 IGBT 使能控制电路（或称为激励电路）。当 Q4 基极为高电平时，Q2 导通，从而拉低 Q3 基极，Q3 导通则 IGBT 驱动电路不工作；当 Q4 基极为低电平时 IGBT 启动。

11.2.3 保护、检测电路

❶ IGBT 高压保护电路

IGBT 高压保护电路元件：R11、R13、R14、U1 的 18 脚。

这部分主要是检测 IGBT 的 C 极电压，保护 IGBT 在安全的电压下工作。

❷ 电压检测电路

电压检测电路主要元件：单片机的 10 脚、D2、D3、R6、R7、EC1 等。

电压信号取自电磁炉电源交流输入，交流信号由 D2、D3 整流的脉动电流、电压通过 R6 和 R7 分压，EC1 滤波后，得到的信号送至单片机的 VIN 端口，即单片机的 10 脚。单片机根据检测此电压信号的变化来检测电磁炉的输入电压，从而自动做出各种动作。

① 工作时，单片机时刻检测电压的变化，若电压过高或过低时（一般 250 ～ 150V 电压为正常），单片机将会发出保护指令，停止加热并显示代码；待电压恢复正常后，电磁炉自动恢复正常工作。

② 工作时，单片机时刻检测电压的保护，根据检测到的电压及电流信号，自动调整 PWM 做功率恒定处理。

❸ 浪涌保护电路

浪涌保护电路主要由单片机 U1（1 脚）、D4、D5、R17、R18、R19、C10、R20、R21 等组成。

电磁炉在使用过程中，如果电网电压不稳，高压脉冲（一般高于 400V）冲击电磁炉，则会造成电磁炉 IGBT 击穿。浪涌保护电路就是为了防止此浪涌高压对电磁炉的损坏而设计的。

浪涌保护电路的信号 SURGE 取样于电网电压整流后的信号，市电经过 D2、D3 整流后，经过 R17、R18、R19 分压后，经过 D4 得到单片机 U1 的 1 脚取样信号。当电源电压正常时，U1 的 1 脚为低电平，经过单片机 U1 内部处理后不影响后级 IGBT 使能控制电路的 Q4。当

电源突然有浪涌电压输入时，会使单片机 U1 的 1 脚电压升高为高电平，经过其内部检测处理使 3 脚输出高电平，这可以使后级 IGBT 使能控制电路的 Q4 截止，关断 IGBT，从而起到保护 IGBT 的作用。

❹ 电流检测电路

电流检测电路主要由单片机 U1（16、17 脚）、LM358、VR1 等元件组成。

流过康铜丝两端的电流，变换成电压，此电压经过 LM358 放大后，再经可变电阻 VR1 输入至单片机 U1 的 16 脚。CPU 根据检测此电压信号的变化来检测电磁炉的输入电流，从而自动做出各种动作：

① 检到锅后，单片机将会用 1s 的时间来检测电流的变化，通过电流变化的差值确定锅具的材质、大小尺寸。

② 工作时，单片机时刻检测电流的变化，根据检测到的电压及电流信号，自动调整 PWM 做功率恒定处理。

③ 工作时，单片机时刻检测电流的变化，当电流变化过大时，做无锅具的判断。VR1 是可调电阻，通过此调节电阻可以调整因为结构误差引起的功率偏差，通过调节此电阻来改变电流检测的基准，达到调节电磁炉输出功率大小的目的。

❺ 蜂鸣器报警、风扇驱动电路

① 蜂鸣器报警电路主要元件：BZ1、R1、单片机的 6 脚。

蜂鸣器为交流驱动，电路的驱动端口连接单片机的输出口 6 脚，当单片机驱动端口输出方波信号时，蜂鸣器鸣叫报警。

② 风扇驱动电路主要元件组成：Q1、R2、D1、风扇、单片机的 6 脚等。

当单片机 6 脚 FAN 端口输出为高电平时，Q1 导通，风扇开始工作；当单片机 6 脚 FAN 端口输出为低电平时，Q1 截止，风扇停止工作。由于风扇是感性负载，Q1 截止后，风扇仍有电流，该电流可通过 D1 泄放掉。

❻ 锅具温度检测电路

锅具温度检测电路主要元件：R5、R4、C2、热敏电阻 RT（图中未画出）、单片机的 12 脚。

加热锅具锅底的温度通过陶瓷板传到紧贴在其下面的热敏电阻，具有负温度特性的热敏电阻的变化间接反映了锅具温度的变化。锅具热敏电阻与 R1 并联后与 R2 分压输出信号 TEMP-MAIN，根据热敏电阻的负温度特性可知，温度越高，热敏电阻值就越小，分压所得的电压就越大。单片机通过检测 TEMP-MAIN 电压的变化间接检测锅具的温度的变化，从而做出相应的动作（过热保护代码 E3、干烧保护代码 EA、热敏异常保护等）。

❼ IGBT 温度检测电路

IGBT 温度检测电路主要元件：R3、C1、热敏电阻 RT1、单片机的 11 脚。

热敏电阻 RT1 紧贴在 IGBT 散热片上面，具有负温度特性的热敏电阻的阻值变化间接反映了 IGBT 温度的变化。IGBT 热敏电阻与 R3 分压输出信号 TEMP-IGBT，根据热敏电阻的负温度特性可知，温度越高，热敏电阻阻值就越小，分压所得的电压 TEMP-IGBT 就越大，单片机通过检测该电压的变化间接检测 IGBT 的温度变化，从而做出相应的动作。

① 高温保护：当检测到 IGBT 温度高于 90 ～ 100℃时，电磁炉将会停止加热，待温度下降到 60 ～ 70℃后再恢复加热；当 IGBT 温度高于 110℃时，电磁炉将会立即停止加热并保护，显示高温代码 E6，保护 IGBT。

② 热敏电阻异常保护：当热敏电阻短路、断路异常时，电磁炉将不能启动或保护（显示保护代码）。

11.3 维修电磁炉特有工具及维修方法

11.3.1 假负载配电盘

电磁炉的振荡系统是一个“大循环”电路，在这个大电路系统中，其中任何一个电路出现异常情况，都会导致振荡系统不能够正常工作，因此给电磁炉加电检测带来了极大的困难。但我们又必须要给电磁炉加电进行检测，所以，就有个“权宜”之法——假负载方法。

检测配电盘在维修电磁炉中，可防止 IGBT 管、电源电路等元件在试机时连续烧毁损坏。

当电磁炉发生故障时，或故障电磁炉维修更换元器件后，特别是在电源电路、IGBT 管损坏后，最好不要直接通电测试，以免再次发生爆机（IBGT 击穿）现象，应通过检测配电盘来初步判断电磁炉故障。

假负载配电盘一般可自己制作，其原理图如图 11-6 所示。

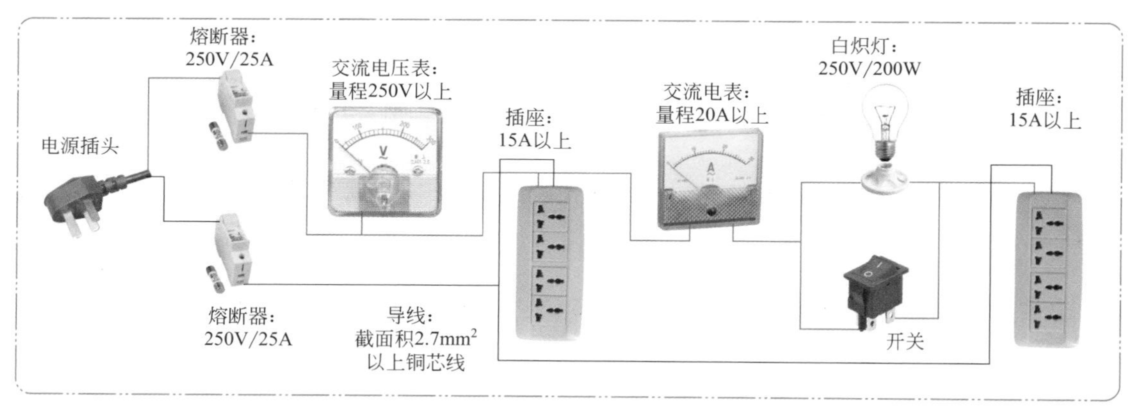

图 11-6 假负载配电盘原理图

假负载配电盘的使用方法如下。

① 电磁炉未插入插座 CZ3 或 CZ4 前，先将开关“S”置于断开的位置，再将电磁炉插入上述任一插座。

② 如果电流表指示为 0，200W 灯泡不发光，电磁炉无蜂鸣声，电风扇不转，表明电路处于断路状态。应检查保险管，若保险管正常，说明电源电路有断路，应进一步检查。

③ 如果电流表指示在 1A 左右，200W 灯泡正常发光，表明电磁炉内部有严重短路故障。常见的是机内电源电路部分短路，应检查压敏电阻、滤波电容、整流全桥、IGBT 等是否击穿短路。

④ 如果电流表指示小于 1A 而大于 0.5A，200W 灯泡较亮，表明电磁炉内局部有短路故障。常见的是整流电路、低压电源等电路元件有漏电等故障。

⑤ 如果电流表指示为 50mA 左右，200W 灯泡不发光，表明电磁炉空载正常，可合上开关“S”做其他性能的测试。

11.3.2 代码维修法

电磁炉中的指示灯除了指示工作状态外，另一重要作用就是能显示故障代码，给维修人员带来极大方便。电磁炉开机上电后，虽不能正常工作，但若能显示故障代码，维修时可优先采用代码法，但前提是必须要了解代码的含义。

美的 SH209 电磁炉故障代码的维修如下。

[故障现象 1]：显示 E1/E：01/ 火力 1 灯闪

[故障检修]：故障检修逻辑图如图 11-7 所示。

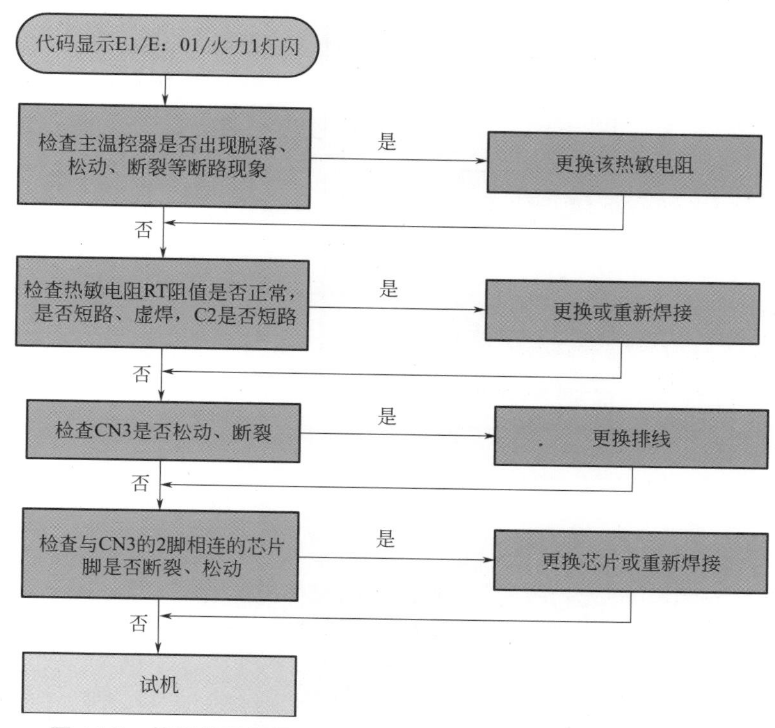

图 11-7 故障代码显示 E1/E：01/ 火力 1 灯闪的故障检修逻辑图

[故障现象 2]：显示 E2/E：02/ 火力 2 灯闪

[故障检修]：故障检修逻辑图如图 11-8 所示。

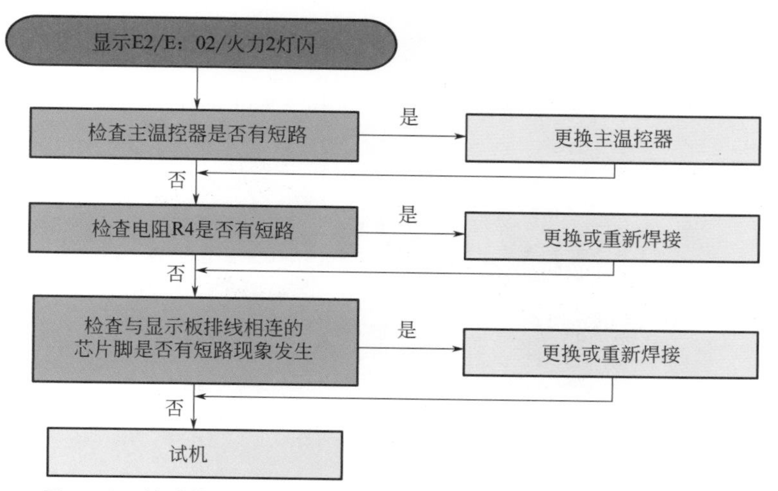

图 11-8 故障代码显示 E2/E：02/ 火力 2 灯闪的故障检修逻辑图

[故障现象 3]：显示 E3/E：03/ 火力 1、2 灯闪

[故障检修]：故障检修逻辑图如图 11-9 所示。

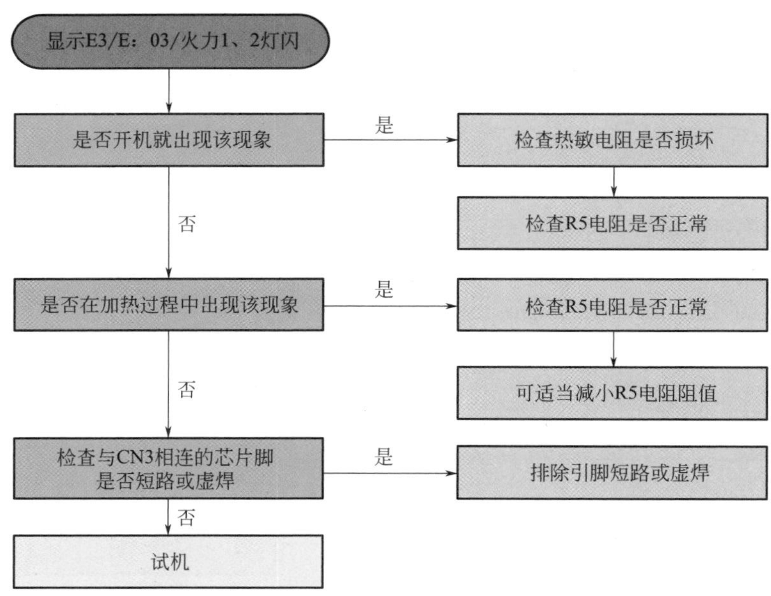

图 11-9　故障代码显示 E3/E：03/ 火力 1、2 灯闪的故障检修逻辑图

11.4 电磁炉常见故障的维修

11.4.1　更换电磁炉面板

[第一步]　拆卸原机面板。

用刀子在面壳与面板的切入口切开面板，如图 11-10 所示。

[第二步]　彻底清除原胶水。

原面板拆卸后，要用刀子彻底清除原胶水，如图 11-11 所示。

图 11-10　拆卸原机面板

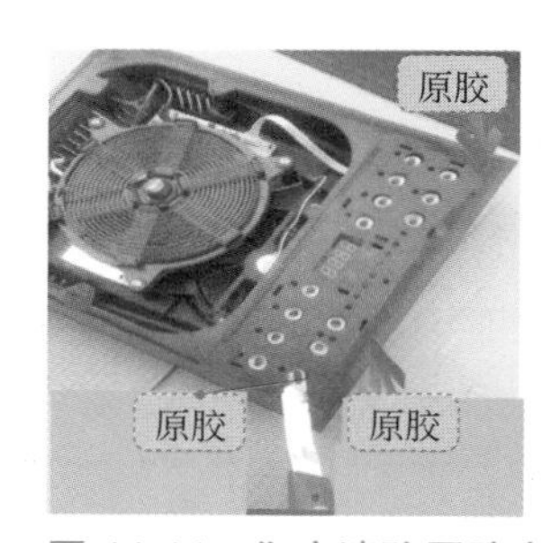

图 11-11　彻底清除原胶水

[第三步]　涂抹新胶水。

新胶水要涂抹均匀，特别是四个边角要多涂抹一些，如图 11-12 所示。

[第四步] 涂抹硅胶。

发热盘上的传感器要涂抹硅胶，如图 11-13 所示。

[第五步] 粘接新面板。

对好位置，粘接新面板，新面板上放置重物压着，静置 10h 以上，如图 11-14 所示。

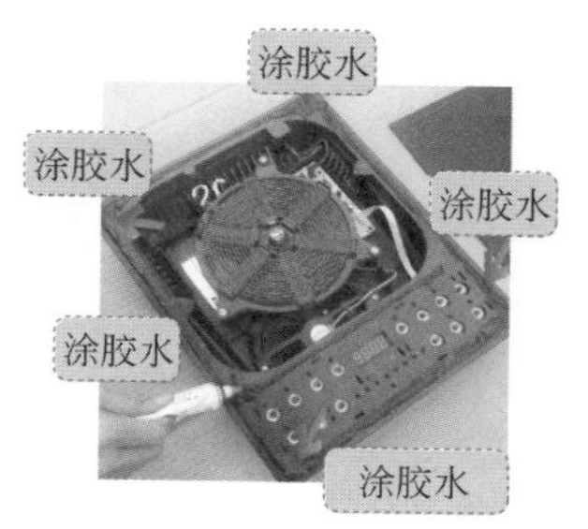

图 11-12　涂抹新胶水

图 11-13　涂抹硅胶

图 11-14　粘接新面板

11.4.2 全无故障的检查与检修

❶ 全无故障分析思路

全无故障是指电磁炉上电后，没有任何反应，即指示灯不亮，也无报警声。造成这种故障现象的主要原因一般为电源电路、谐振电路、驱动电路、单片机控制电路及按键显示电路出现异常，尤其是电源电路和谐振电路出现的故障率较高。

由于造成全无故障的范围较大，因此在维修时，首先要通过看和测来逐步缩小故障范围，直到找到故障点，通过维修或更换元器件，恢复电磁炉正常的工作性能。

❷ 全无故障检修步骤

全无故障检修流程图如图 11-15 所示。

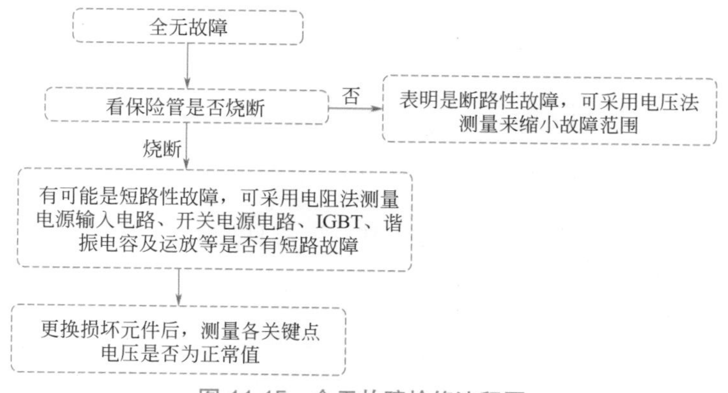

图 11-15　全无故障检修流程图

电源供电电路的正常与否，关系到整机的能源供给，电源电路除本身损坏外，往往是 IGBT 等短路性损坏而引起烧毁电源电路。电源电路的检修要点如下。

① 采用变压器降压的电源电路。变压器是将 AC220V 交流电转换为低电压交流电的设备，一般在电磁炉上有两组或三组电源（+5V、+18V、+12V），采用两组电源的一般是 +5V 供给单片机，显示按键及一些低压处理电路，+18V 供 IGBT 驱动或风扇电路；采用三组电源的一般是将 IGBT 驱动和风扇电源分开，风扇电源采用 +12V。变压器为以上电源提供前级低压交流电，所以变压器一般也有三组电压输出，传统的变压器降压稳压电路性能可靠，

相对于其他电源方式来说损坏率最低。电磁炉的弱电部分消耗功率一般都在 5 ～ 8W，如果是变压器损坏，首先要选择额定功率不低于 8W 的变压器，次级各绕组输出电压可以略高于原变压器，以保证后级稳压电路能够正常工作。很多采用三端稳压集成块 78L05 进行稳压供电的电路，由于 78L05 长时间工作后的稳定性变差而导致电磁炉不能正常工作的情况也很常见，维修时要把 78L05 改换成 7805，可从根本上解决问题。大多数电磁炉电风扇供电电压未经稳压，更换电源变压器以后，如果电压比原来高，会出现风扇噪声大的现象，长时间使用还会导致风扇电机烧毁，此时可以适当增大风扇驱动管的供电电阻阻值来调整风扇电压，使风扇工作在正常电压范围内。

② 采用 VIPER12A 芯片的电源电路。VIPER12A 芯片本来是为手机充电电路设计的，但由于其价格低廉、性能好，因此被国内工程师大量应用于电磁炉设计中。有的电磁炉设计不完善，在溢锅后水会通过电磁炉壳体缝隙进入机内，从而导致电源板被烧坏。检修以这些芯片为核心的开关电源时，单凭测量引脚电压判断集成块是否损坏并无实际意义，因为电源部分的元件非常少，对于轻微鼓包的电容，疑为性能不良的晶体管等不要吝惜，应直接更换，加快检修速度。如果电源还不工作，那剩下的元件就只有 VIPER12A 芯片本身和开关变压器了。VIPER12A 芯片损坏一般可以从外表上观察出来，通常会出现鼓包、裂纹、变色现象。如果集成块炸裂，要对尖峰吸收回路、+300V 整流滤波电路进行检查，对于被怀疑性能不良的元件要进行代换处理。如果电磁炉内部油污很多，或很潮湿，就要怀疑开关变压器是否损坏；如果电磁炉内部干燥洁净，则开关变压器一般不会损坏。开关变压器损坏后不易购买，一般采用拆开后重新绕制的方法进行维修，此开关变压器为立式圆柱形，将外面的热缩管取下后绕制非常方便。

③ 采用 FSD200 芯片的电源电路。FSD200 芯片和 VIPER12A 在部分电磁炉上同时留有安装位置，二者的开关变压器可以通用，仅外部元件稍有不同，很容易进行相互代换。由于设计时最大限度地压缩成本，使得开关电源保护电路大幅度精简甚至没有，因此该电源故障率很高，而且往往都是 SD200 芯片本身损坏，连带外围元件受损。判断 SD200 芯片是否损坏最简单的办法是测量芯片 3 和 4 脚的阻值。正常情况下，这两个脚的正向阻值在 600Ω 左右，反向阻值应该大于 10kΩ，如果正反向测得这两个引脚的阻值与正常值相差较大，则可判断 FSD200 芯片已经损坏。实修中，还可以用万用表 R×1k 挡直接在路测量 +300V 滤波电容两端的正反向阻值，在表针指向稳定以后，如果正向阻值严重低于 500Ω 或反向阻值明显小于 10kΩ，说明 FSD200 已经损坏。FSD200 芯片损坏时，其 8 脚外接的限流电阻（一般为 20 ～ 30Ω/2W）也连带损坏，需要一同更换。另外，有一部分电磁炉由于设计时防高压浪涌吸收保护电路不完善，因此造成开关电源芯片 FSD200 非常容易损坏，导致整机不能工作，维修时不能简单地更换了事，维修好后应在开关变压器初级和次级滤波电容两端分别并联一小容量电容（4.7 ～ 10nf），注意选择好电容耐压值，以免被击穿。

④ 采用 TH20A 芯片的电源电路。采用 TH20A 集成块设计的电磁炉电源与前面两种电源不同，该电源在集成块外面附加一个大功率三极管 MJE13003，维修中用 MJE13007 代换比较可靠。MJE13003 基极与 +300V 电源之间连接的电阻（2MΩ 以上）易损，电阻损坏则导致无电压输出，必须用两个 1W 以上电阻串联代换才能确保使用，串联电阻阻值要相同，总阻值不必太严格，在 1.8 ～ 2.6MΩ 之间都可以。与开关变压器初级绕组并联的反峰电压吸收二极管原机多用 1N4007，容易损坏，而且通常连带烧毁 MJE13003，把这个二极管改用 FR107 就可以避免这种情况。TH20A 本身损坏也常表现为鼓包或者炸裂，这很容易发现。开关变压器损坏可采用前面介绍的方法进行维修。

❸ 全无故障维修实例

[故障现象 4]：全无

［故障机型］：美的电磁炉

［故障维修］：① 拆机后发现保险丝完好，上电测量整流桥堆输出 +305V 电压正常。测量低压 +5V 和 +18V 工作电压，发现它们都是 0V，初步判断为开关电源部分故障。

② 用万用表电阻法测量开关变压器、开关电源厚膜芯片、限流电阻 R90，发现电阻 R90（22Ω/2W）的阻值变为无穷大，处于开路状态。更换电阻 R90 后，两路低压电源恢复正常。试机故障排除。

［故障现象 5］：全无

［故障机型］：美的电磁炉

［故障维修］：① 拆机后发现保险丝已经发黑，处于开路状态。在观察 C8（2μF/275V）、C11（4μF/275V）和 C12（0.27μF/800V）的外形无损伤、开裂或引脚虚焊、脱焊、断脚等情况下，更换保险丝。

② 用电阻法测量整流桥、IGBT、整流二极管 D2 和 D3，发现 IGBT-G 极对地短路，阻值为 0，已经击穿。更换 IGBT。

③ 上电检测。首先不接线盘，测 IGBT-G 极为 0.01V（正常值应为 0V），这表明 IGBT 驱动电路依然存在故障元件，特别是驱动三极管 Q2（8050）和 Q3（8550）。用万用表测量 Q3（8550）时，发现已击穿。将其更换，然后上电测量 IGBT-G 极的对地电压，恢复为正常值 0V。最后，接上线圈盘，通电试机故障排除。

［故障现象 6］：全无

［故障机型］：美的电磁炉

［故障维修］：① 拆机后发现保险丝已经发黑，处于开路状态。在观察 C5（0.3μF/1200）、C4（5μF/275V）和 C3（2μF/275V）的外形无损伤、开裂或引脚虚焊、脱焊、断脚等情况下，更换保险丝。

② 用电阻法测量整流桥、IGBT、整流二极管 D9 和 D10，发现 IGBT-G 极对地短路，阻值为 0，已经击穿。更换 IGBT 后，测量其阻值正常。

③ 首先不接线圈盘，上电后发现还是不通电。测量整流桥的高压输出 +305V 正常，而低压 +18V、+5V 电压都为 0V。继续检查发现电源部分限流电阻 R90 的外表已经烧黑，更换 R90 后，+18V 和 +5V 分别只有 0.2V 和 0.3V，依然不正常。初步判断为开关电源厚膜芯片性能不良，更换电源厚膜芯片。

④ 更换后上电，发现限流电阻 R90 忽然烧黑，仔细检查后发现电容 EC90 漏电。更换电容 EC90 、电阻 R90 后，上电试机，故障排除。

11.4.3 屡烧保险管、IGBT 的检查与检修

❶ 屡烧保险管、IGBT 故障分析思路

电流容量为 10 ～ 15A 的保险管，一般自然烧断的概率极低，通常是通过了较大的电流才烧毁的，所以发现保险管烧毁故障，必须在换入新的保险管前对电源负载做全面详细的检查。通常大电流的零件损坏会使保险管保护性熔断，而大电流零件损坏除了零件老化原因外，大部分是由控制电路不良引起，特别是 IGBT 管，所以换入新的大电流零件后需对其他可能导致损坏该零件的保护电路做彻底检查。IGBT 管损坏主要有过流击穿和过压击穿，而同步电路、振荡电路、激励电路、电流检测电路、电压检测电路、主回路不良和单片机死机等都可能造成烧机。

屡烧保险管故障现象大多是因 IGBT 烧毁而引起的，IGBT 损坏的原因如下。

[原因 1]：谐振电容和高压滤波电容失效、容量变小、虚焊或漏电，导致电磁炉 LC 振荡电路频率偏高从而引起 IGBT“过压”损坏。

[原因 2]：IGBT 管激励电路出现异常，使振荡电路输出的脉冲信号不能直接控制 IGBT 导通、饱和及截止，导致 IGBT“过压”瞬间击穿损坏，最常见的有驱动管 S8050、S8550 或驱动 IC 等损坏。

[原因 3]：同步电路出现异常。同步电路的主要作用是保证加到 IGBT 管 G 级上的开关脉冲前沿与 IGBT 管上 VCE 脉冲后沿同步，当同步电路工作出现异常，将导致 IGBT 管瞬间击穿。

[原因 4]：低压 +18V 供电电压异常。+18V 电压出现异常时，会使 IGBT 管激励电路、风扇散热系统及 LM339 工作失常，导致 IGBT 上电瞬间损坏。

[原因 5]：散热系统异常。电磁炉工作在大电流、高电压状态下，其发热量也大，如果散热系统出现异常，会导致 IGBT 过热损坏。

电磁炉底部积累大量油污粉尘造成排风口受阻。由于油污粉尘顺排风扇带入机内，同时会造成主电路板电路漏电、加热线盘绕组绝缘下降，或绕组存在匝间短路，加热线盘底部磁片炭化。

一般的电磁炉 IGBT 和散热铝板安装后都是卧倒的（限于内部空间高度），IGBT 引脚基本呈 90° 弯脚，因此请务必确认 G、S 极与散热铝板的间隔距离。G、S 极尽量远离散热板，防止 IGBT 各电极与散热板间因放电打火而击穿 IGBT，最好将三脚套上高压硅胶管。

[原因 6]：单片机出现异常。单片机因内部出现故障，导致输出工作频率异常而烧毁 IGBT。

[原因 7]：VCE 检测电路出现异常。当 VCE 检测电路出现故障时，VCE 脉冲幅度超过 IGBT 管的极限值，从而导致 IGBT 损坏。

[原因 8]：用户锅具变形，或锅底凸起不平。在锅底产生的涡流，不能均匀的使变形的锅具加热，从而使锅温传感器检温失常，单片机因检测不到异常温度信号，继续加热导致 IGBT 损坏。

[原因 9]：元件氧化虚焊。由于电磁炉使用环境有重湿气、油污，造成元件氧化虚焊，虚焊引起的故障时有时无。对于虚焊引起的故障，可采用对所怀疑的对象加焊、重焊，或将检修好后的电路板做浸绝缘漆处理。

[原因 10]：发热线盘下部的磁条漏电或短路。发热线盘下部的磁条和线圈之间的胶漏电就更隐蔽而更难察觉。其故障原因可能是胶老化，从而腐蚀线圈造成线圈匝间短路。检测方法：用万用表 R×10k 挡，将表棒的一端接发热线盘的任一端，表棒的另一端分别去接触六根磁条，好的发热盘阻值都应在无限大，不好的阻值在 10 ～ 500kΩ，短路严重的在 2 ～ 5kΩ 不等。

❷ 屡烧保险管、IGBT 的故障检修步骤

① 当发现电源保险管烧毁时，首先测 IGBT 和整流桥的在路电阻是否正常，查驱动电路是否正常，上述各在路正反电阻为 0（或较小），说明该元件有损坏的可能，拆卸下元件进一步确定。

② 排除上述易损元器件后，在路测量高、低压电源输出端的正反电阻。因各电磁炉的电路不同，其正反电阻差异性很大，如发现某路正反电阻异常变小甚至为 0Ω，说明该路可能有短路性故障存在，应继续查明。

③ 在不装加热线盘的情况下，用静态电压法测量高压电源、低压电源的输出电压是否正常。若不正常，继续查明原因；若基本正常，再测量小信号处理电路、单片机等静态电

压。同时，通过操作面板上的各按键观察指示灯（或显示屏）反映的情况，可判断整机的工作状态或故障的大致部位。继续排除隐患性故障。

④ 用假负载法（灯泡）代替加热线盘，观察整机情况是否良好。

⑤ 将加热线盘连接好，上电检测整机工作电流。整机电流在估算范围内，表明故障已排除。

⑥ 静态工作电压若正常，但还屡烧 IGBT 和整流桥时，应注意检查高压滤波电容，谐振电容及加热线盘，特别是谐振电容应引起重视。

❸ 屡烧保险管、IGBT 故障的维修实例

[故障现象 7]：烧保险管

[故障机型]：美的 PSY18B

[故障维修]：如果出现熔断器烧断时，在更换新的熔断器之后不能马上开机。首先用万用表查找整流桥堆和 IGBT 是否有短路、ZRN300、C300、C14 等是否有问题，通常在熔断保险丝时整流桥堆和 IGBT 两个元件也都击穿。本例最后查明是 ZRN300 击穿短路，更换后故障排除。

[故障现象 8]：屡烧保险管

[故障机型]：美的 MC-PF18

[故障维修]：① 拆机后查看发现保险管 FUSE1 烧断。

② 用万用表测量 +310V 对地电阻，发现 +310V 对地已短路，因此估计整流桥、IGBT 两个之中至少已有一个损坏。经检测发现 IGBT 的 C、E 极已短路。

③ 初步检查其他电路没有发现异常，更换保险管、IGBT 管，上电试机保险管再次烧毁，并且整流桥及 IGBT 同时也烧毁了。

④ 经肉眼仔细检查排除了散热不良、引脚连锡等原因。再次换上保险管、整流桥，取下 IGBT 但不更换。上电测量电源 +5V、+18V 未发现异常，在没有接线盘的情况下测量 IGBT-G 极电压，发现其恒为 +18V，此时 IGBT-G 极电压应该为接近 0V。以上测量结果表明故障可能发生在 IGBT 驱动波形产生电路或 IGBT 驱动电路上。

⑤ 断开 IGBT 驱动波形产生电路与 IGBT 驱动电路连接，测量 IGBT-G 极电压，发现其仍恒为 +18V，至此故障范围已锁定在 IGBT 驱动电路上。最后通过对驱动电路仔细检查，发现 R33 两端短路。更换电阻 R33，上电测量 IGBT-G 极电压为 0V，恢复正常。

⑥ 更换 IGBT 管后，接灯泡假负载试机正常。接上线盘试机，故障排除。

[故障现象 9]：屡烧保险管

[故障机型]：美的 MC-EF197

[故障维修]：① 拆机后，发现保险管烧毁严重。在机测量 IGBT 的 CE 间正反电阻阻值为 0Ω，说明已击穿短路。用同型号 H20T120 代替之。

② 在机测量高压滤波电容 C1 两端的正反电阻，阻值仍为 0Ω。说明还有短路性元件存在，可能为整流桥 B1、电容 C1 短路。

③ 拆下整流桥测量，“+”、“−”极间已短路。用新元件代替后，再测 C1 两端的电阻，正反电阻值相关很大，且有充放电现象。

④ 查其他电路，没有发现异常元件。

⑤ 拆下发热线盘，接入 220V/100W 灯泡，用假负载代替发热线盘，换上新保险管，通电后，灯泡不发光。

⑥ 装好线盘，检测整机工作电流可达到 8A 以上。至此检修完毕，装机后试烧水，工作正常。

本机检修过后没多久，用户又拿来，和上次故障现象一样。重复上述检修步骤后，这次没有冒然加电。接上假负载灯泡，测量几个关键电压，也基本正常。维修工作陷入困境。

在多次测量电压的过程中，发现高压 +310V 处的电压稍微有点摆动。关机后，停留 10min 左右，再次开机直接测高压，发现该电压从 +180V 慢慢上升至 +305V，说明滤波电容 C1 不良，C1 不良才是屡烧元件的真正原因。拆下该电容，用数字表测容量，测得其失容很多。换上新品后，故障排除。

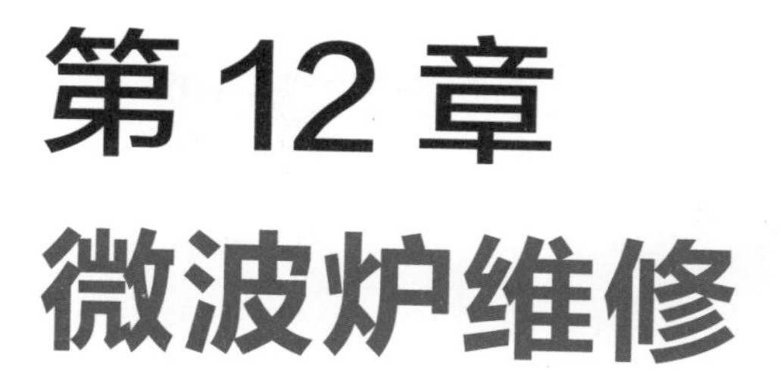

第 12 章 微波炉维修

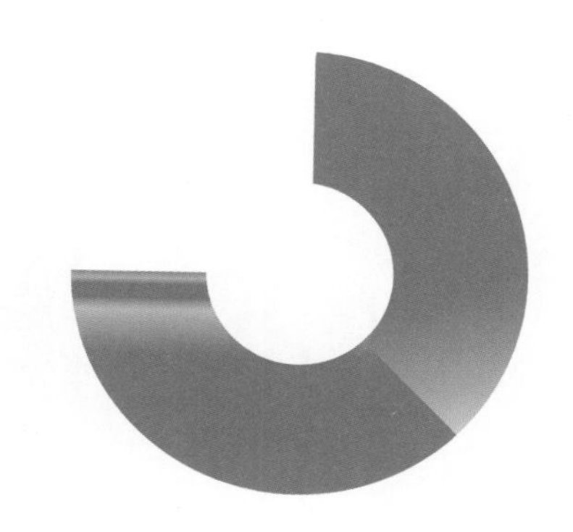

12.1 微波炉的分类、结构与工作原理

扫一扫 看视频

12.1.1 微波炉的分类与命名方法

微波炉按操作方式可分为机械式和电子式；按用途可分为家用型和商用型；按加热方式可分为普通型、烧烤型、光波型、变频型和智能型；按使用功能可分为单一微波加热型和多功能组合型；按炉腔容量可分为 17L、18L、20L、24L、26L、28L 等；按输出功率可分为 600W、700W、750W、800W、900W、1000W 等。

一般微波炉的命名方法如图 12-1 所示。

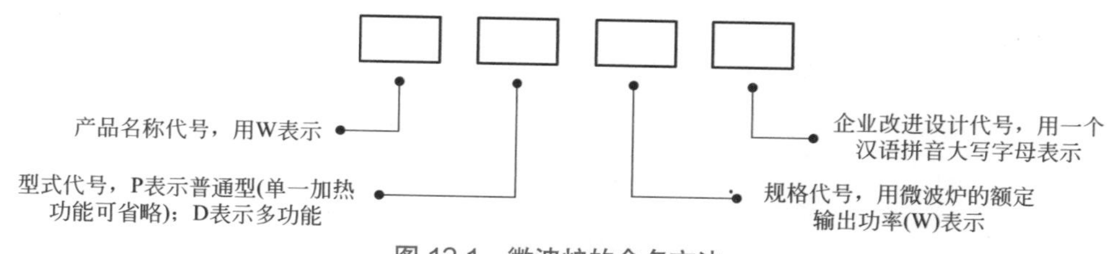

图 12-1 微波炉的命名方法

12.1.2 普及型微波炉的结构

家用普及型微波炉主要由磁控管、波导管、搅拌器、炉腔体、旋转工作台、炉门及控制系统等组成。

普及型微波炉的外形结构如图 12-2 所示。

❶ 磁控管

磁控管又称为微波发生器，它是微波炉的心脏部件。磁控管外形结构如图 12-3 所示。

❷ 波导管、搅拌机

波导管的作用是传输微波，采用导电性能良好的金属做成矩形空心管。它一端接磁控管的微波输出口，另一端接入炉腔。波导管外形及安装位置如图 12-4（a）所示。

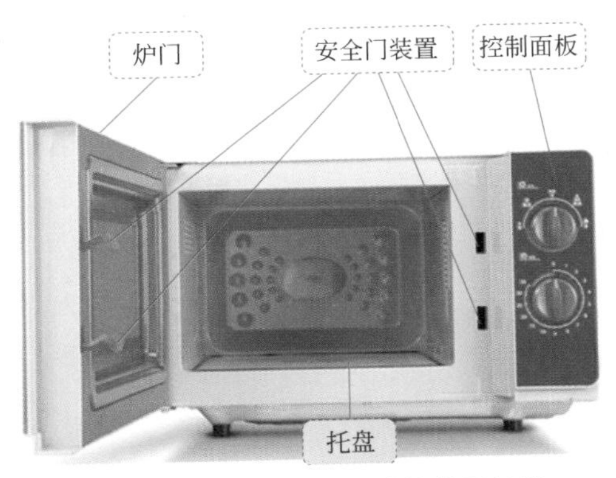

图 12-2 普及型微波炉的外形结构

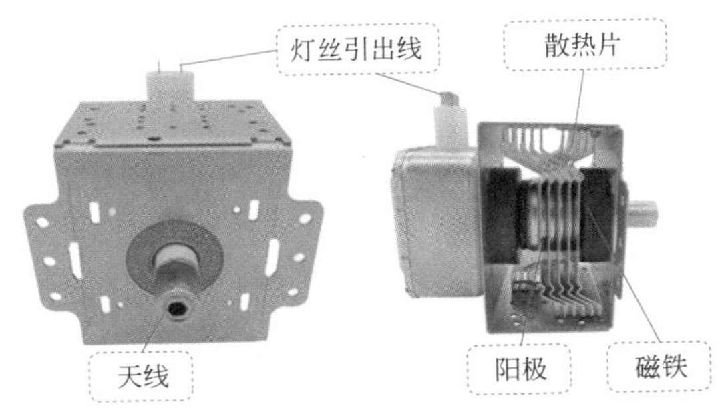

图 12-3 磁控管外形结构

搅拌机的作用是使炉腔内的微波场均匀分布。它一般安装在炉腔顶部的波导管输出口处，由小电动带动风叶以低速旋转。搅拌机安装位置如图 12-4（a）所示，外形结构如图 12-4（b）、图 12-4（c）所示。

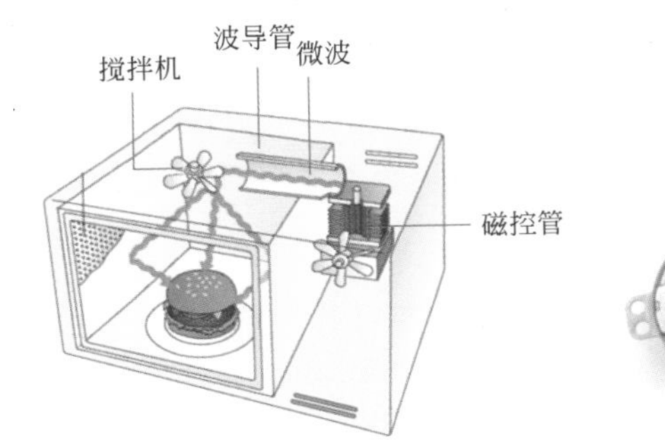

(a) 波导管、搅拌机安装位置

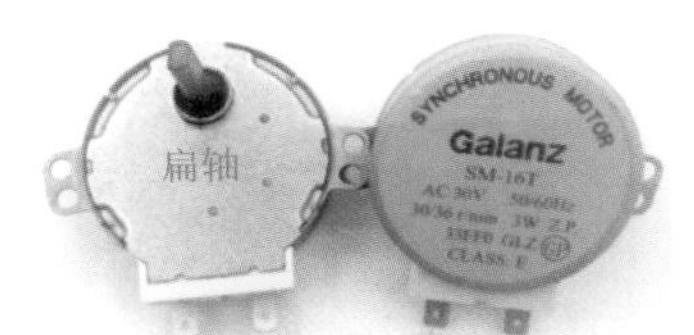

(b) 搅拌电机

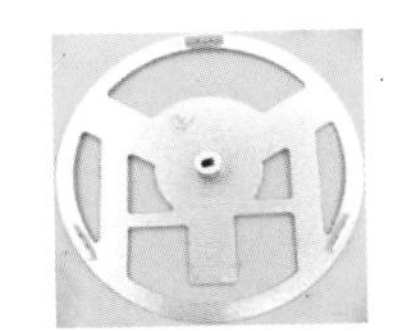

(c) 搅拌片

图 12-4 波导管、搅拌机

❸ 旋转电机

旋转工作台即转盘，它安装在炉腔底部，由一只微电机驱动，以 5 ～ 8r/min 的转速旋转，使放在转盘上的食物各部位均匀的吸热。旋转电机外形结构如图 12-5 所示。

❹ 电源变压器

微波炉中的电源变压器一般有三个绕组，初级绕组 220V，灯丝 3.3V，高压绕组在 2kV 以上。电源变压器外形结构如图 12-6 所示。

图 12-5 旋转电机外形结构

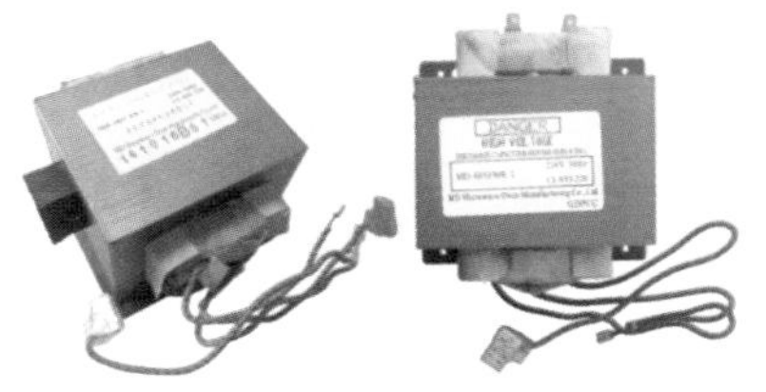

图 12-6 电源变压器外形结构

❺ 定时功率分配器

机械式微波炉的控制系统是由定时器和功率分配器组成的，一般都采用定时器和功率分配器由同一电动机驱动的组合形式，简称时间功率控制器或一体化定时功率分配器。定时功率分配器外形结构如图 12-7 所示。

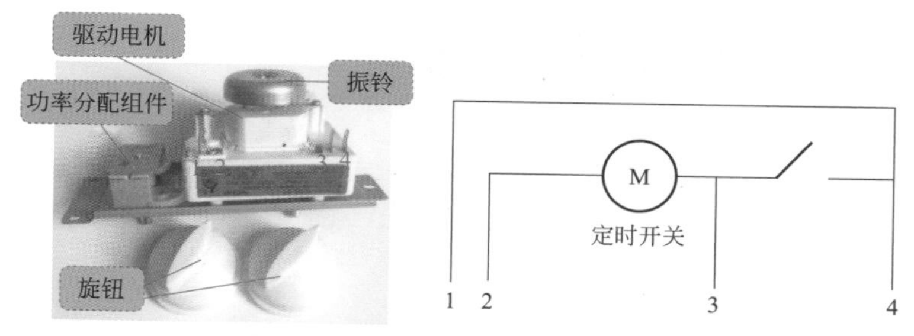

图 12-7　定时功率分配器外形结构

经使用者设定时间后，定时器触点闭合，但只有当联锁开合闭合（即炉门关闭）后，计时才开始。定时时间一到，定时器自动切断供电电源，并报警（振铃）提示。

❻ 高压整流管

变压器的高压经过整流管整流，供给磁控管工作，高压整流管外形结构如图 12-8 所示。

❼ 高压电容

高压整流后的电流经过高压电容平滑来达到滤波，高压电容外形结构如图 12-9 所示。高压电容的额定工作电压一般为 1800 ～ 2200V，容量一般为 0.8 ～ 1.2μF，并且电容的内部都并联着 9 ～ 12MΩ 的电阻，其作用是在关机后自动泄放电容上的电荷。

❽ 风扇电机

风扇电机是给磁控管等降温的，一般采用的是单相罩极式电机，功率在 20 ～ 30W，转速为 2500r/min，风扇电机外形结构如图 12-10 所示。

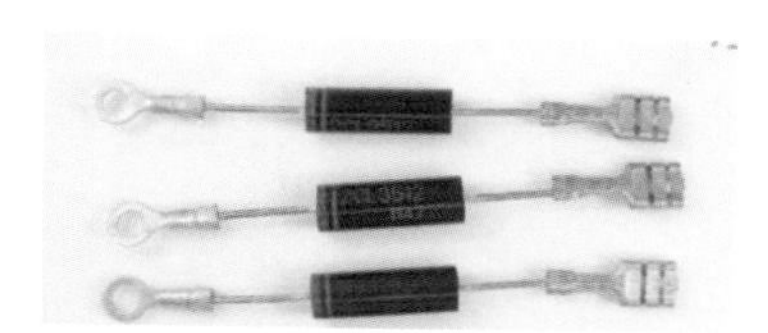

图 12-8　高压整流管外形结构

图 12-9　高压电容外形结构

图 12-10　风扇电机外形结构

❾ 安全联锁开关组件

安全联锁开关组件主要由联锁支架、杠杆、微动开关等组成，其外形结构如图 12-11 所示。

图 12-11　安全联锁开关组件外形结构

12.1.3　普及型微波炉工作原理

普通机械式微波炉控制电路的方框图如图 12-12 所示。

从方框图中我们可以看出，电路由三部分组成，即安全保护和功能控制电路、辅助电路、微波系统。

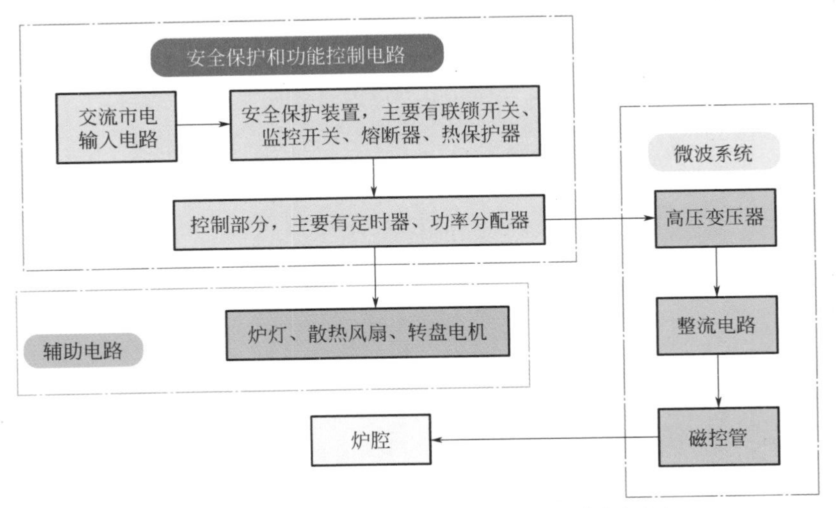

图 12-12 普通机械式微波炉控制电路的方框图

格兰仕 WP700 ～ 800 普通机械式微波炉电路原理如图 12-13 所示。

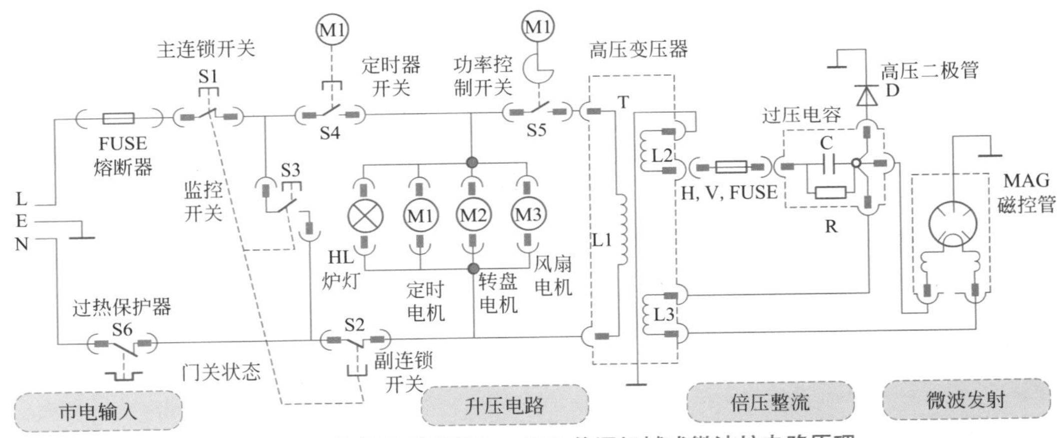

图 12-13 格兰仕 WP700 ～ 800 普通机械式微波炉电路原理

① 市电输入电路：由电源插头、保险管 FUSE、过热保护器、多个开关和导线等组成。

② 升压电路：主要由升压变压器 T 组成。

③ 整流电路：由高压保险丝 H.V.FUSE、高压二极管 D，高压电容器 C 等组成。

④ 微波发射：主要由磁控管 MAG 和波导装置等（没有画出）组成。

工作原理：当使用微波炉时，一般是先调节好功率 S5（火力），然后打开炉门，放好食物关上炉门。在炉门打开时，微波炉处于图中的停止状态；在合上炉门时，与炉门联动的监控开关 S3 由闭合转为断开，随即主、副联锁开关 S1、S2 由断开转为闭合。此时给定时器设定工作时间，其开关 S4 就被接通，辅助电器（定时器电机 M1、转盘电机 M2、风扇电机 M3 等）及炉灯得电工作。与此同时功率控制开关 S5 也处于间隙导通状态，其通断时间比例由设置的功率值大小而定，全功率输出时为全通态，市电电源加至高压变压器上，磁控管工作。

磁控管电路是微波炉的主要电路。控制电路将 220V 交流电压加至高压变压器的一次绕组L1上，在二次低压绕组L3感应出3～3.5V的交流电压，作为磁控管的灯丝（阴极）电压，使磁控管的元件被加热并发射电子。高压绕组L2输出2000V左右的交流电压，经由高压二极管和高压电容组成的半波倍压整流电路，输出约4000V的直流高压，加至磁控管的两端，使磁控管开始工作，将频率为2450MHz左右的微波发射到炉腔加热食物。

微波炉的重要安全保护装置由主联锁开关S1、副联锁开关S2和监控开关S3等组成，其作用是为了在炉门被打开时，切断微波炉电源，防止发生微波泄漏。功能控制电路则由定时器、功率分配器组成，其作用是设定加热时间和控制功率（火力）大小。

微波炉磁控管的工作温升较高，为防止其过热损坏，除用风扇对其进行吹风散热外，还在微波炉中设置了过热保护器。过热保护器的动作温度范围为120～145℃。

12.2 普及型微波炉的维修

扫一扫 看视频

12.2.1 微波炉维修中应注意的事项

微波炉工作时机内不仅存在高电压、大电流，而且还有微波辐射，如果维修方法不当，不但会多走弯路，更重要的是维修人员可能遭到高压电击和微波辐射，危及人身安全，甚至还可能给用户身体带来长期的过量微波照射而造成不可弥补的损害。因此，维修微波炉的前提条件是：必须充分了解其基本原理，掌握防微波过量泄漏和高压电击的相关知识。维修中应注意以下事项：

① 防止微波过量泄漏。在拆机维修前，必须先对与安全相关的部位和零部件进行检查，主要是看炉门能否紧闭、门隙是否过大、联锁开关是否能正常起作用、炉门能否正常关闭、炉门支架及铰链有无损坏或松动、炉门有无变形或翘曲、观察窗是否破裂、炉腔及外壳上的焊点有无脱焊、炉门密封垫是否缺损及凹凸不平等。必须在所有的安全装置全部完好并能正常工作的情况下才能通电启动磁控管，以确保无微波过量泄漏。

微波炉工作时，或在检修过程中开机时，不得将螺丝刀、螺钉、导线等金属物品插入炉门缝隙及任何孔洞或遗留在机内。它们可能会构成一个有效辐射天线，从而产生过量的微波泄漏，或可能碰到机内带电部分而遭到电击等。

② 防止电击。如果需要检查机内电路，通常应在断电后再拆卸微波炉。拆机后，应先将高压电容两端短路放电，以免维修时不慎遭受电击。

③ 高压的检测。高压部分是高电压、大电流，如果确实需要通电检查，必须先断开高压电路（拔掉高压变压器通往高压电容的插头），不让磁控管工作，然后再开机检查，以确保人身安全。

④ 拆卸安装、更换元件。维修中需要对零部件进行拆卸检查或更换时，拆件时要逐个记住所拆卸零部件的原位置，特别是安全机构和高压电路的零部件更要重视，并且拆卸后要放置好，以防止丢失造成不必要的麻烦。重装时应逐个准确复位装好，并拧紧每个紧固螺钉和其他紧固件，不要装错，或遗漏安装垫圈等易忽视的小零件。若需更换零部件，注意尽量选用原型号配件。

⑤ 自身的防护。在检修时，维修人员应特别注意不要将自己暴露在由微波发生器或其他传导微波能部件所发出的辐射中，一定要规范、正确操作。

⑥ 最后检查。维修完毕，全部安装好所有零部件后，应再一次检查炉门是否能灵活开

关，同时注意查看门隙、门垫及观察窗等是否有异常状况，还有各调节钮和开关等零部件是否正常，直到确认没有问题了才可以开始使用。

微波炉电路基本上可分为初级电路（变压器初级之前电路）和次级电路（高压电路）两大部分。无论是任一部分中的元器件发生故障，都会使整机工作不正常。从维修的角度出发，这样划分能迅速判断故障的部位，因此应首先判断是初级电路还是次级电路有故障，然后再逐步缩小故障范围，确定故障的具体元器件。

12.2.2 烧保险的检查与检修

[故障现象1]：转动定时器，保险FU立即烧毁

[故障分析]：转动定时器，保险FU立即烧毁，说明电路存在短路性故障。以高压变压器T为界，分别判断、检查是初级还是次级电路有短路。

[故障维修]：在断电的情况，拆卸微波炉机壳，先将高压电容短路放电，然后拔出高压变压器的初级插件，暂时换上普通保险试机。若保险再次烧毁，表明初级电路存在短路，可能是电动机M1、M2、M3及监控SW3短路损坏等。若新换上的保险不烧毁，就要检查判断变压器是否损坏。这时也可恢复初级插件，拔出次级所有插件，通电后烧保险，即变压器有短路性损坏；不烧保险，则故障范围在次级电路中。

次级电路中易损元器件有：高压二极管击穿短路、高压电容击穿短路、变压器次级绕组短路以及磁控管内部各电极有短路现象等。

各主要元器件的正常数据如下，可做测量判断参考。

① 变压器：初级绕组电压220V，电阻值1.5～3Ω；次级绕组灯丝电压3.3V左右，电阻很小在1Ω以下；次级绕组高压电压2100V左右，线圈电阻值100～200Ω左右。

② 高压电容：耐压一般在400V以上，容量一般取0.8～1.2μF（代换时，一定要按原规格替换）。

③ 高压二极管：耐压在万伏以上，额定电流在1A以上。用万用表R×10k挡测量，正向电阻在150kΩ左右，反向阻值为无穷大。

④ 风扇电机，单相罩极微型电机，正常阻值一般为200～370Ω。

⑤ 定时电机，正常阻值一般为25kΩ左右。

⑥ 转盘电机，正常阻值一般为6～8kΩ。

12.2.3 通电后无反应的检查与检修

[故障现象2]：通电后不工作

[故障分析]：通电后不工作，引起该故障的原因较多，可根据炉灯是否点亮，或保险管是否烧毁来判断缩小故障范围。

[故障维修]：①若炉灯亮，主要检查后级电路，如功率分配器开关、变压器、高压二极管、高压电容等是否有断路性故障，磁控器是否损坏及后级电路的插接件是否接触不良或断线等。

② 若炉灯不亮，先查看保险是否烧毁。若保险烧毁，按短路性故障检修。若保险完好，则多为断路性故障，主要检查前级电路，如门第一、第二联锁开关是否常开，定时器开关、热断路器保护开关等是否常开，以及前级的插接件、连接线等是否接触不良或断线等。

对于炉灯不亮故障，可以插上电源插头，关闭炉门，将功率分配器置于高火挡位，设定定时器，然后将万用表置于R×1Ω挡，两只表笔接触电源的两插头L和N端，正常时阻值

应为 1.5 ～ 3Ω，即接近于高压变压器的一次绕组的阻值，否则有断路故障现象；如果为无穷大，则表明电路之间有短路性故障发生。

12.2.4 转盘不转的检查与检修

[故障现象 3]：炉灯亮，但转盘不转

[故障分析]：炉灯亮，表明前级基本正常，转盘不转可能原因有：电机本身断路性损坏、电机的连线及插接件断或接触不良等。

[故障维修]：用电阻法或电压法检测排除。

12.2.5 加热缓慢的检查与检修

[故障现象 4]：火力不足，加热慢

[故障分析]：微波炉加热缓慢，主要原因有磁控管衰老导致发射的微波功率下降、高压电容失容或漏电、高压整流二极管正向电阻增大或反向电阻减小、市电电压过低、火力选择开关触点或插头不良、磁控管灯丝或阳极供电电压过低等。

[故障维修]：① 对于磁控管是否衰老的判别，传统的方法是测量灯丝电阻，正常情况下应小于 1Ω，且越小越好，但在实际测量时会有一定的困难，一般维修者没有毫欧表或电桥，对于毫欧级的电阻变化难以区分。实际维修时可采用如下方法：在微波炉通电情况下，用万用表 2500V 直流电压挡测量磁控管灯丝引脚（无论哪根引脚均可）对地电压（目前绝大多数磁控管阴极均为直热式），正常一般为 -2000V 左右。若电压明显偏低，则说明高压电容或高压整流二极管有问题。若测得灯丝对地电压正常，则基本上可确定是磁控管衰老。

② 如果市电电压正常，还要检查一下火力选择开关设置的挡位是否正确，其开关触点及插头接触是否良好，最简单的方法就是将高压变压器一次绕组脱离原电路，用短路线直接接 220V 交流电源或把火力选择开关 S5 暂时短接，看看加热是否变快，若加热正常了，故障就在功能选择开关。

12.2.6 间歇工作的检查与检修

[故障现象 5]：间歇性工作

[故障分析]：造成这种故障的主要原因是磁控管过热保护器不良或冷却方式停止转动。

[故障维修]：① 先观测冷却方式是否正常旋转，如果不旋转或转速慢，则应检查运转是否受阻，扇叶与电机轴之间是否松动，电机接插线是否松动，电机是否卡轴或线包开路。

② 如运转正常，可采取代换法代换过热保护器。如果是过热保护器有问题，可更换之；如果代换后故障仍没有排除，则可能是磁控管不良，可代换磁控管。

12.2.7 微波泄漏的检测与检修

微波炉工作时如果发生微波泄漏，会对人体造成一定损害。先进的检漏工具是检漏仪，这里只介绍两个简单的小方法。

① 收音机检漏：在微波炉工作时，将调频收音机打开，在微波炉门及炉身周围来回挪动，如果调频收音机发出轻微“嗞嗞”声，则证明有微波泄漏。

② 日光灯检漏：取一支 8W 日光灯管（不需要连接电路），关闭室内灯光，在工作的微波炉门及炉身四周来回挪动，如果日光灯发出微亮，则证明有微波泄漏。

12.3 松下 NN-K583 电脑式微波炉工作原理与维修

12.3.1 松下 NN-K583 电脑式微波炉整机结构

松下 NN-K583 电脑式微波炉整机结构如图 12-14 所示。

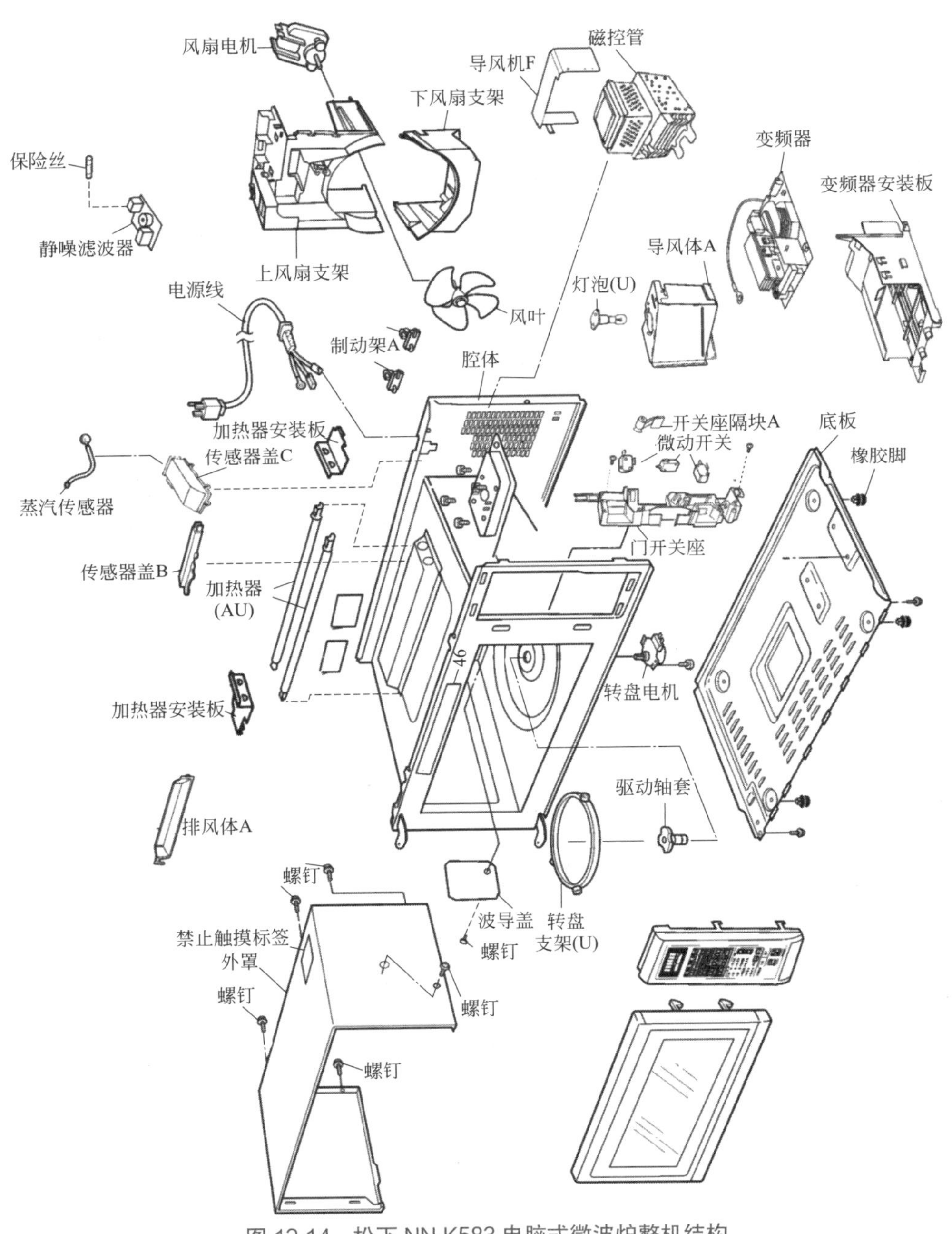

图 12-14　松下 NN-K583 电脑式微波炉整机结构

12.3.2 松下 NN-K583 电脑式微波炉的工作原理

松下 NN-K583 电脑式微波炉原理图如图 12-15 所示。

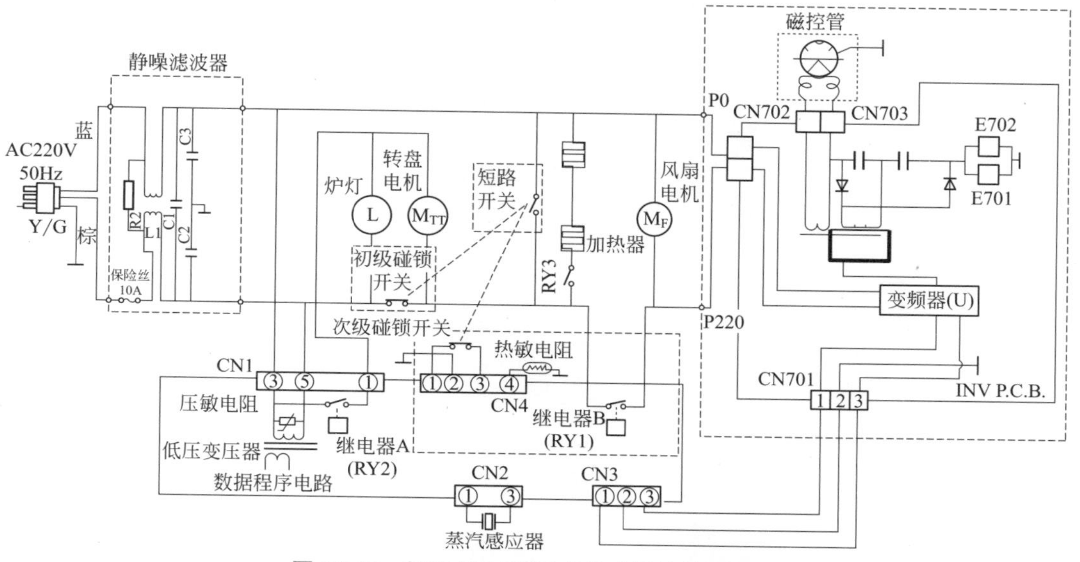

图 12-15 松下 NN-K583 电脑式微波炉原理图

数据电路原理图如图 12-16 所示。

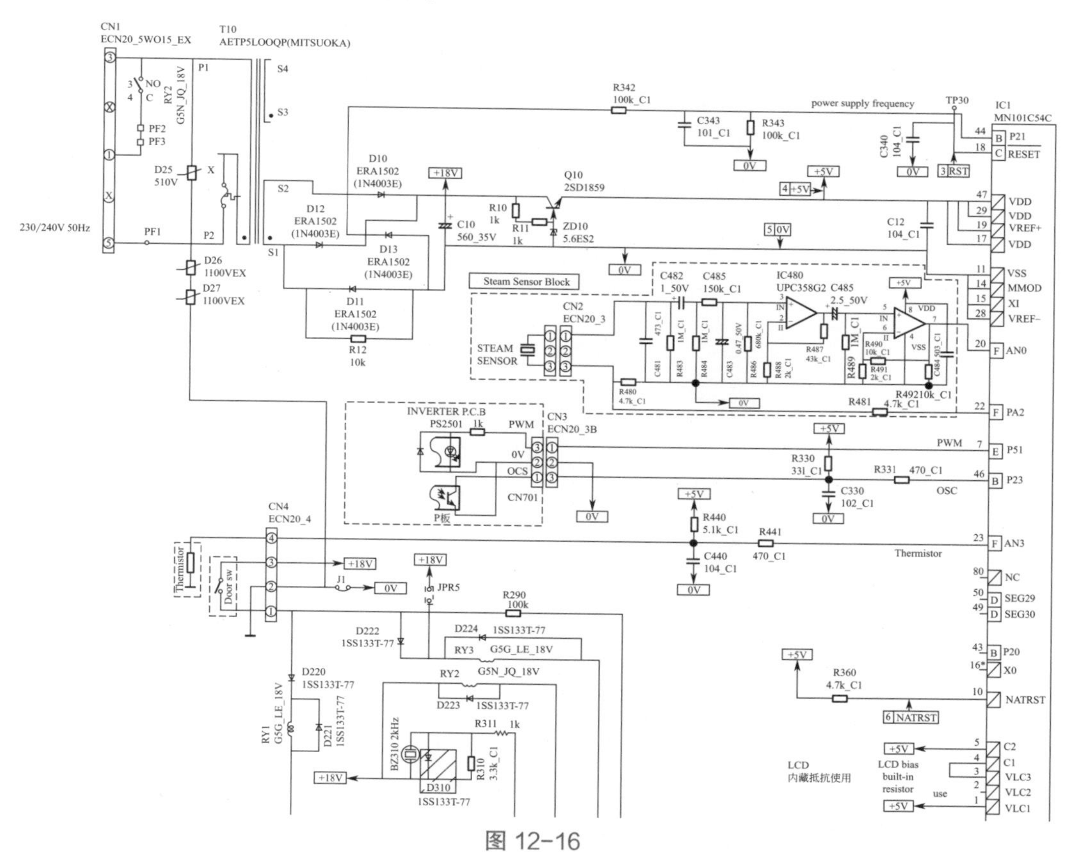

图 12-16

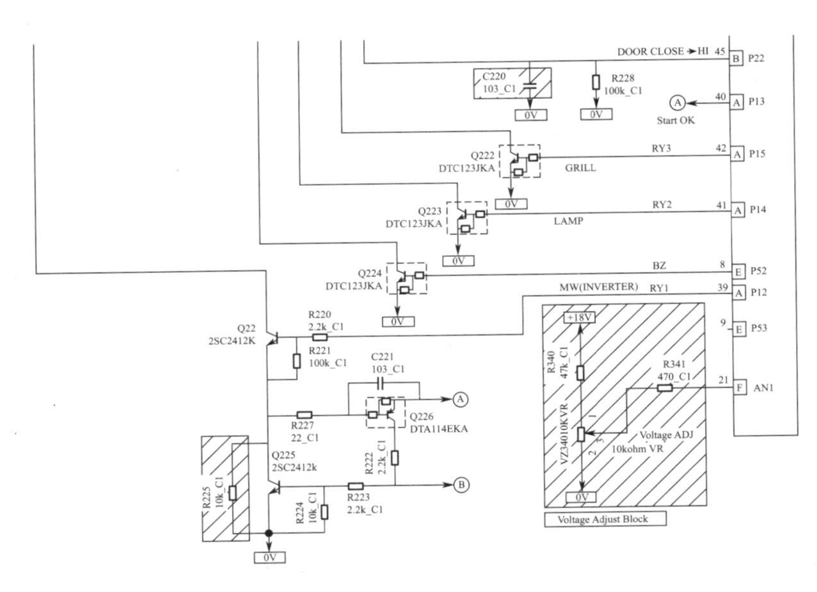

DOOR CLOSE → HI 45
B P22
C220
103_C1
R228
100k_C1
0V
A
Start OK
40
A P13
Q222
DTC123JKA
GRILL
RY3
42
A P15
Q223
DTC123JKA
LAMP
RY2
41
A P14
Q224
DTC123JKA
BZ
8
E P52
MW(INVERTER)
RY1
39
A P12
Q22
2SC2412K
R220
2.2k_C1
R221
100k_C1
C221
103_C1
+18V
R340
47k_C1
9
E P53
R341
470_C1
21
F AN1
Q226
DTA114EKA
R227
22_C1
VZ34010KVR
Voltage ADJ
10kohm VR
Q225
2SC2412k
R222
2.2k_C1
R225
10k_C1
R224
10k_C1
R223
2.2k_C1
B
Voltage Adjust Block

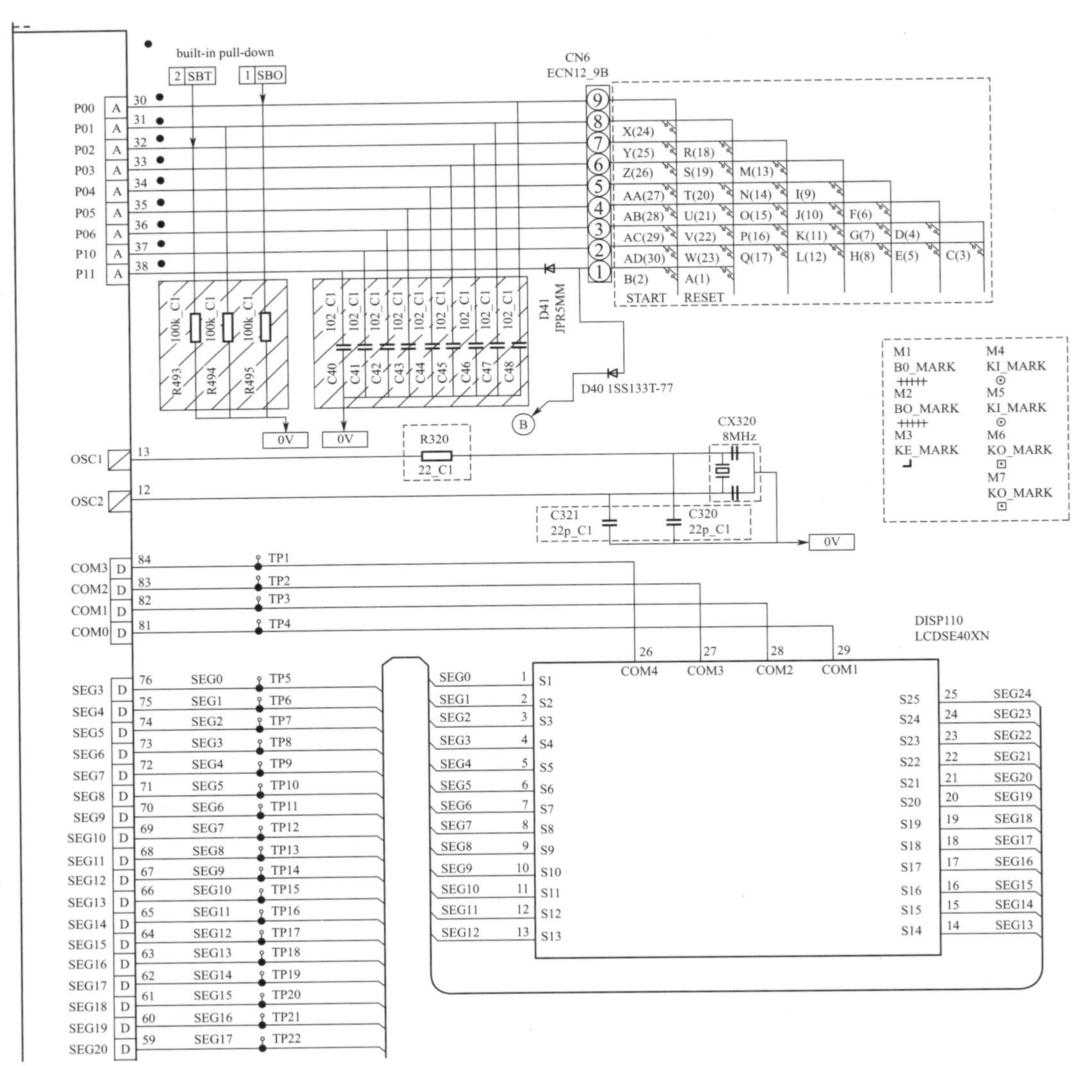

built-in pull-down
2 SBT
1 SBO
CN6
ECN12_9B
P00 A 30
P01 A 31
P02 A 32
P03 A 33
P04 A 34
P05 A 35
P06 A 36
P10 A 37
P11 A 38
X(24)
Y(25) R(18)
Z(26) S(19) M(13)
AA(27) T(20) N(14) I(9)
AB(28) U(21) O(15) J(10) F(6)
AC(29) V(22) P(16) K(11) G(7) D(4)
AD(30) W(23) Q(17) L(12) H(8) E(5) C(3)
B(2) A(1)
START RESET
100k_C1
R493 R494 R495
102_C1
C40 C41 C42 C43 C44 C45 C46 C47 C48
D41
JPR5MM
D40 1SS133T-77
M1
B0_MARK
M2
BO_MARK
M3
KE_MARK
M4
KI_MARK
M5
KI_MARK
M6
KO_MARK
M7
KO_MARK
0V
R320
22_C1
CX320
8MHz
OSC1 13
OSC2 12
C321
22p_C1
C320
22p_C1
COM3 D 84 TP1
COM2 D 83 TP2
COM1 D 82 TP3
COM0 D 81 TP4
DISP110
LCDSE40XN
26 COM4
27 COM3
28 COM2
29 COM1
SEG3 D 76 SEG0 TP5
SEG4 D 75 SEG1 TP6
SEG5 D 74 SEG2 TP7
SEG6 D 73 SEG3 TP8
SEG7 D 72 SEG4 TP9
SEG8 D 71 SEG5 TP10
SEG9 D 70 SEG6 TP11
SEG10 D 69 SEG7 TP12
SEG11 D 68 SEG8 TP13
SEG12 D 67 SEG9 TP14
SEG13 D 66 SEG10 TP15
SEG14 D 65 SEG11 TP16
SEG15 D 64 SEG12 TP17
SEG16 D 63 SEG13 TP18
SEG17 D 62 SEG14 TP19
SEG18 D 61 SEG15 TP20
SEG19 D 60 SEG16 TP21
SEG20 D 59 SEG17 TP22
SEG0 1 S1
SEG1 2 S2
SEG2 3 S3
SEG3 4 S4
SEG4 5 S5
SEG5 6 S6
SEG6 7 S7
SEG7 8 S8
SEG8 9 S9
SEG9 10 S10
SEG10 11 S11
SEG11 12 S12
SEG12 13 S13
S25 25 SEG24
S24 24 SEG23
S23 23 SEG22
S22 22 SEG21
S21 21 SEG20
S20 20 SEG19
S19 19 SEG18
S18 18 SEG17
S17 17 SEG16
S16 16 SEG15
S15 15 SEG14
S14 14 SEG13

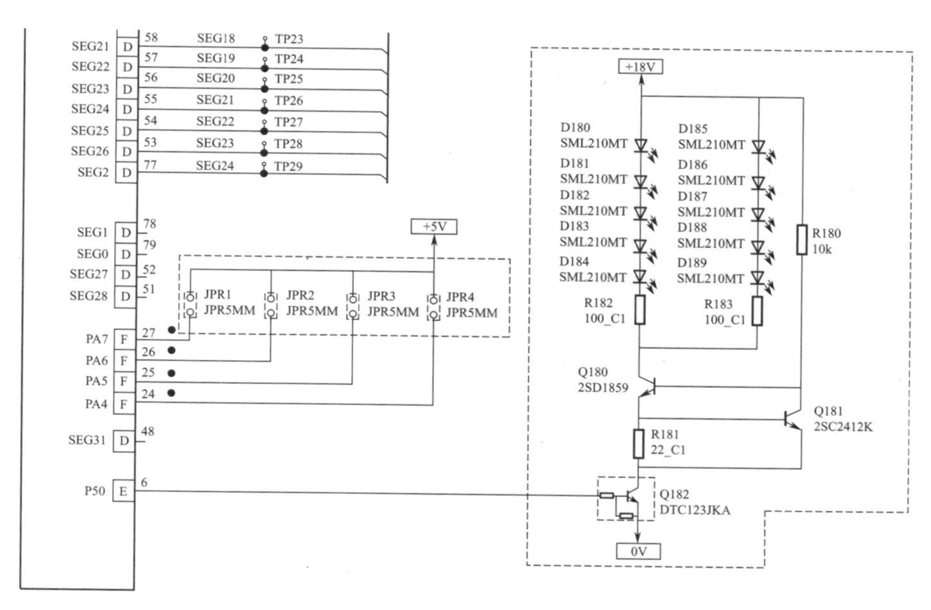

图 12-16 数据电路原理图

12.3.3 工作时停机的检查与检修

工作时停机的排除方法如表 12-1。

表 12-1 工作时停机的排除方法

序号	故障现象	故障原因	排除方法
1	启动后 3s 停机	220V 交流电供给变频器的 CN702 端子	调整磁锁开关、功率继电器 1；紧固插接件 CN701、CN702
	启动后 23s 停机	控制信号从数据程序电路传输给变频器，但是磁控管不起振	调整磁控管；紧固插接件 CN703
	启动后 10s 停机	蒸汽感应器线路没有起作用	调整蒸汽感应器；数据程序电路；紧固插接件 CN2
2	启动后随时停止工作	可能是插接件松动或门的机械碰锁装置调整不当	调整门和碰锁开关；紧固插接件

12.3.4 其他故障现象的检查与检修

其他故障现象及排除方法如表 12-2 所示。

表 12-2 其他故障现象及排除方法

序号	故障现象	故障原因	排除方法
1	保险管完好，但微波炉不工作，也没有显示	导线断开或松动、数据程序电路损坏	应检测风扇电机

续表

序号	故障现象	故障原因	排除方法
2	保险管烧坏，不工作也不显示	导线短路；初级碰锁开关损坏；短路开关损坏；变频器损坏	检测调整初级碰锁开关及短路开关；检测调整炉门；更换变频器；检测继电器B终端（1-2）的连续性，如果继电器短路，更换继电器
3	不接受指令输入（程序）	指令输入程序有误；薄膜键盘键与数据程序电路的连接（扁平连线）断开或松动；薄膜键盘短路或松动	按规定正常操作；维修或更换数据程序电路
4	炉门关闭时，炉灯和风扇工作	次级碰锁开关性能不佳或松动；次级碰锁开关损坏	调整炉门和碰锁开关
5	计时器倒数，但没有微波振荡产生（当炉灯及风扇工作时不加热）	碰锁开关接触不良；高压电路，尤其是磁控管灯丝电路开路或松动；变频器或磁控管损坏；继电器B（RY1）线圈开路或松动；初级碰锁开关损坏；数据程序电路损坏	调整炉门和碰锁开关；检查或更换磁控管、变频器；维修或更换数据程序电路
6	可输入程序，但计时器不倒数	次级碰锁开关断路、松动、接触不良、损坏	调整炉门或碰锁开关
7	微波输出过低，烹调所需时间过长	电源电压低；磁控管有断路或松动现象（间隙振荡）；磁控管老化	联系电力部门；检测或更换磁控管
8	炉门打开时，转盘电机仍然工作	初级碰锁开关短路	调整或更换碰锁开关
9	“蜂音”过大	风扇和风扇电机松动	调整风扇、固定电机
10	转盘电机不转动	转盘电机接线松动；转盘电机失灵	重新接线或更换电机
11	加热器不工作	加热器损坏；继电器（RY3）损坏；数据程序电路板损坏	更换加热器、继电器；维修或更换程序电路板
12	当微波炉在自动感应烹调状态下10s后，自动恢复至接上电源状态	温度感应器损坏；蒸汽感应器开路；数据程序电路板失灵	检测或更换温度感应器、蒸汽感应器、数据程序电路板

12.3.5 与数据电路有关的故障检查与检修

与数据电路有关的故障检测与检修如表12-3所示。

表12-3　与数据电路有关的故障检测与检修

故障现象	步骤	检测	结果	故障部位或排除方法
接通电源后无显示	1	D．P．C 保险丝电阻	正常	→步骤2
			开路	保险丝电阻或D．P．C

续表

故障现象	步骤	检测	结果	故障部位或排除方法
接通电源后无显示	2	电压变压器次级	异常（0V）	低压变压器
			正常	→步骤3
	3	IC-1的19脚电压（Q10发射极）	异常	ZD10、Q10
			正常（5V）	IC-1、CX320、显示器
键盘无法输入信号		薄膜键盘连续性	异常	薄膜键盘
			正常	IC-1
无“蜂音”		IC-1的8脚	异常	IC-1
			正常	BZ310、Q224
程序设置完按“开始”后，继电器A（RY2）不工作	1	工作状态下，IC-1的41脚	异常	IC-1
			正常	→步骤2
	2	将Q223基极和集电极短路	仍不工作	RY2
			RY2工作	Q223
设置在各功率挡，均无微波振荡发生	1	工作在高功率状态下，IC-1的39脚	异常	IC-1
			正常（5V）	→步骤2
	2	Q220	异常	Q220
			正常	RY1
显示过暗或不清		更换显示屏并检查显示情况	正常	显示器
			异常	IC-1
缺笔画或笔画淡		更换IC-1并检查显示情况	正常	IC-1
			异常	显示器
显示H97/H98，微波炉停止工作	1	拔出接插件CN702，并测量接插件端子2的电压	异常（0V）	微动开关、D.P.C./继电器
			正常	→步骤2
	2	拔出接插件CN701，并测量接插件端子3的电压	异常	D.P.C.
			正常	磁控管

第 13 章 电风扇、暖风扇维修

13.1 普通电风扇的结构、原理

扫一扫 看视频

13.1.1 电风扇的类型

电风扇按使用的电机类型可分为单相电容运转式、单相交流罩极式、交直流串励式；按控制功能可分为定时型、摇头型、模拟自然型、灯扇型、微电脑控制型等；按结构形式可分为台扇、落地扇、趴地扇、壁扇、吊扇等。

13.1.2 电风扇的结构及主要部件详解

电风扇主要由电动机、摇头机构、扇叶和网罩、支撑机构、调速机构和定时机构等几部分组成。电风扇的结构外形如图 13-1 所示。

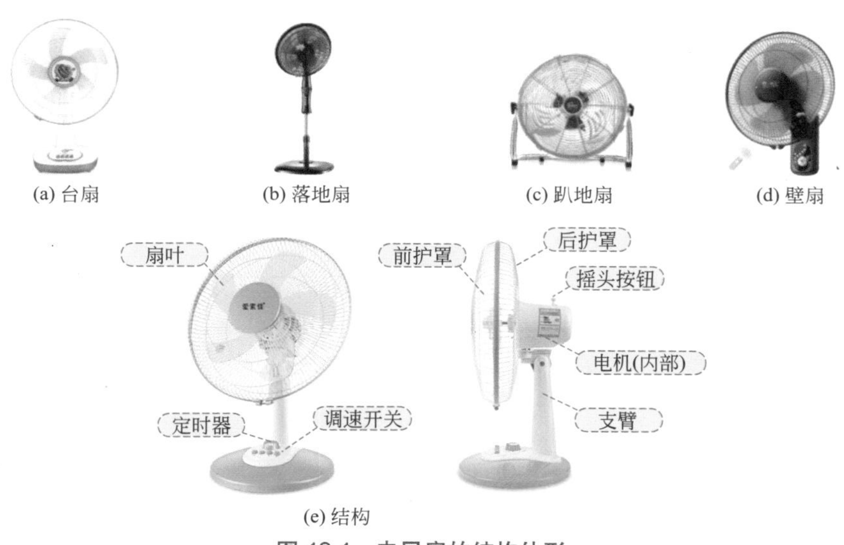

图 13-1 电风扇的结构外形

家用电风扇一般用的是单相交流异步式电动机，电动机外形结构如图 13-2 所示。

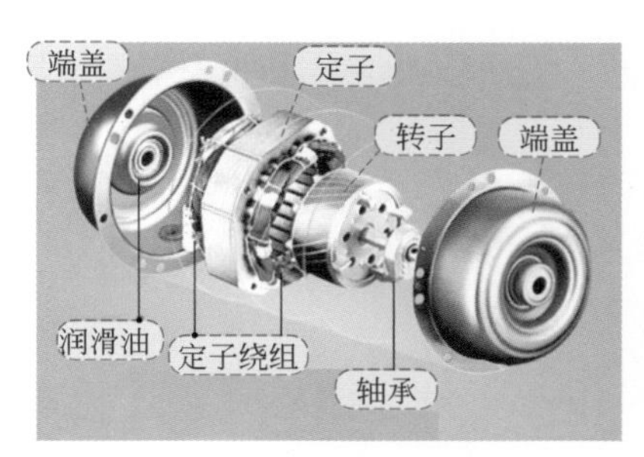

(a) 结构图

(b) 外形图

图 13-2 电动机外形结构

单相电容运转式电动机上配用的电容，一般选用金属膜电容器，容量在 1 ～ 1.5μF。电容外形结构如图 13-3 所示。

扇叶由叶片、叶架等组成。叶片用铝板冲压成型或采用工程塑料注塑成型，它是电风扇运转时推动空气流动的重要部件，是电动机的负载。叶架用来支撑扇叶并安装在电动机轴的前端。扇叶外形结构如图 13-4 所示。

图 13-3 电容外形结构

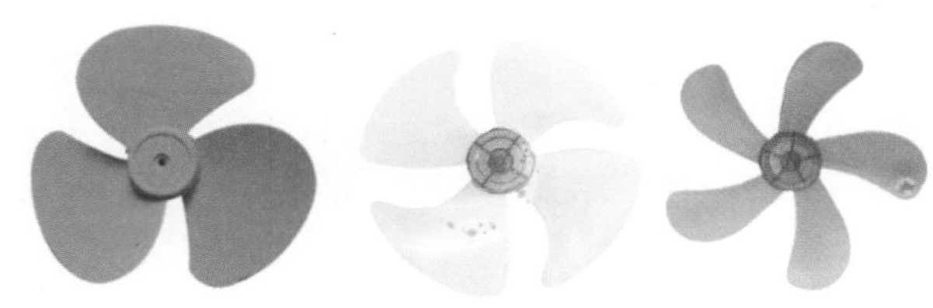

图 13-4 扇叶外形结构

揿拔式摇头机构如图 13-5 所示。

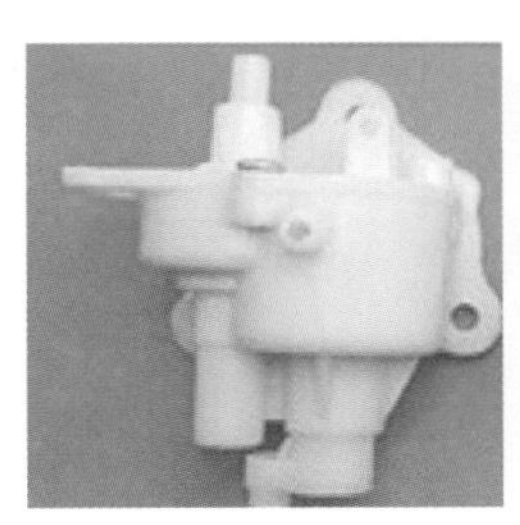

(a) 实物图

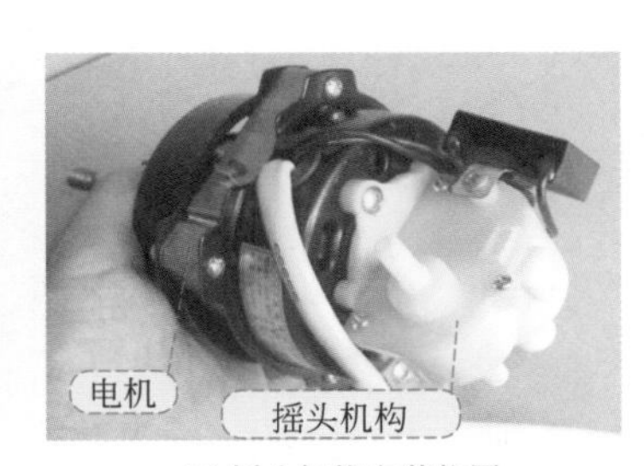

(b) 摇头机构安装位置

图 13-5 揿拔式摇头机构

电动式摇头机构如图 13-6 所示。电动式摇头机构利用一个小型交流电动机来专门驱动摇头机构。

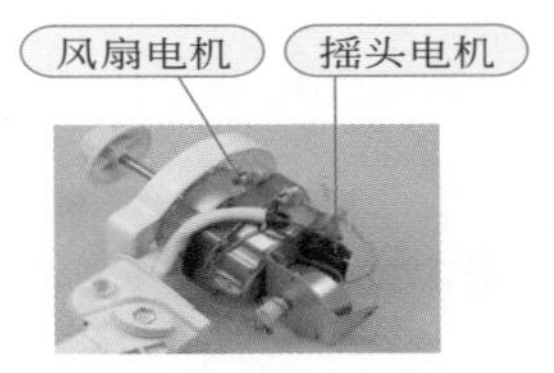

图 13-6 电动式摇头机构

13.1.3 普通电风扇电路原理

各电扇的电路差异在于调速形式的不同，下面分别介绍几种调速形式及其电气控制原理。

❶ 电抗器调速电路原理

电抗器调速法是将一个带多抽头的电抗器串联于电动机线路中，来改变电动机的端电压，从而达到改变转速的。常见的电容式电动机电抗器调速电路如图 13-7 所示。

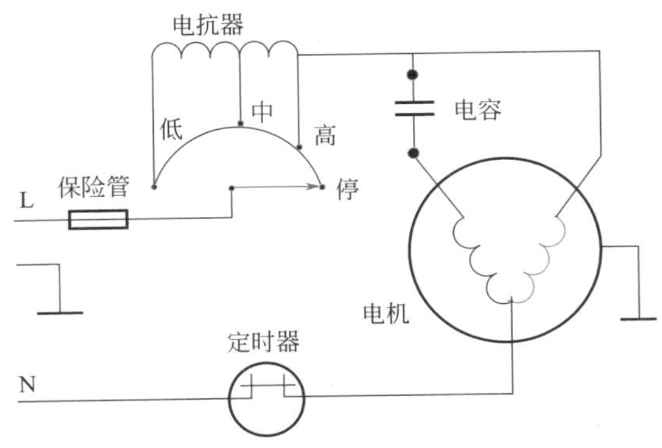

图 13-7 电容式电动机电抗器调速电路

❷ 抽头法调速电路原理

在抽头法调速中，电动机定子有三个绕组：主绕组、调速绕组（中间绕组）和副绕组。常见的抽头法调速电路如图 13-8 所示。

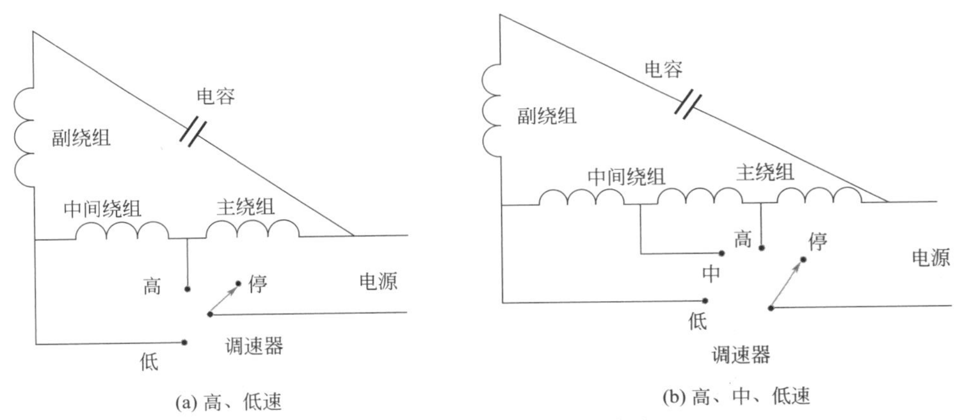

图 13-8 常见的抽头法调速电路

13.2 普通电风扇维修

扫一扫 看视频

13.2.1 通电后风叶不转的检查与检修

[故障现象 1]：通电后风叶不转

[故障分析]：通电后风叶不转，主要是机械或电路部分有故障，但同一种故障现象也可能是不同的原因、不同的元器件引起的，检修时应逐步缩小故障范围，维修或更换损坏的元器件。

[故障维修]：① 在未通电的情况下，用手拨动扇叶，看扇叶转动是否灵活，目的是区分故障在机械还是电路部分。若无法转动或转动不灵活，一般是机械故障。机械性故障一般有：轴承缺油、机械磨损严重残缺、杂物堵塞卡死等，仔细检查后，进行维修、调整或更换，直至扇叶转动灵活为止。

② 在未通电的情况下，用手拨动扇叶转动灵活，则是电路部分有故障。通电听电动机是否有“嗡嗡”声，若无“嗡嗡”声，则表明电路有断路故障存在，应对电源线、插排、琴键开关、定时器、电抗器、定子绕组等逐一进行检查。可采用电压法或电阻法。

③ 通电后，若有“嗡嗡”声而不转动，则故障一般在电动机定子绕组或副绕组外部电路上。可用万用表检测电动机定子绕组、电容器的好坏或用替换法确定。

13.2.2 低速挡不启动的检查与检修

[故障现象2]：低速挡不启动

[故障分析]：低速挡不启动，高速挡勉强可以启动的主要原因为：电容器容量变小或漏电、电动机主副绕组匝间短路、电抗器绕组断路、轴承错位或损坏等。

[故障维修]：① 首先用手拨动扇叶看其转动是否灵活，若不灵活，说明是机械受阻。对于电动机机械故障，一般采用更换电机进行处理。

② 用万用表测量判断电抗器、电容器质量的好坏。也可用替换法替代。

13.2.3 风扇转速慢的检查与检修

[故障现象3]：风扇转速慢

[故障分析]：造成风扇转速慢的故障原因为：电源供电电压偏低、机械部分阻力过大、电容器容量变小或漏电、电动机主副绕组匝间短路、电动机绕组接线错误等。

[故障维修]：① 首先应检查电源供电电压是否偏低。

② 检查机械部分阻力是否过大，如是可更换电机。

③ 用万用表测量判断电容器的好坏。

13.2.4 不能摇头或摇头失灵的检查与检修

[故障现象4]：不能摇头或摇头失灵

[故障分析]：产生不能摇头或摇头失灵的主要原因是摇头机构阻、卡、断齿、扫齿打滑、变形、严重磨损或损坏等，造成不能操作。

[故障维修]：摇头机构的结构较复杂，查到故障原因后，可做相应的维修、装配或代换。

13.2.5 电动机温升过高的检查与检修

[故障现象5]：电动机温升过高

[故障分析]：绕组短路；扇叶变形，增加了电机负荷；定子与转子间隙内有杂物卡阻；轴与轴之间或轴承润滑不好；绕组极性接错。

[故障维修]：更换电动机；校正维修或更换新的扇叶；检查并清除杂物；加注适当润滑

油；检查并纠正接错的绕组。另外，长时间地通电不停机，也是形成温升过高的原因。

13.2.6 运转时抖动、噪声大或异常的检查与检修

[故障现象6]：运转时抖动、噪声大或异常

[故障分析]：运转时抖动、噪声大或异常主要原因是风叶变形或不平衡、电机轴头微有弯曲、轴承缺油或磨损严重等。

[故障维修]：可校正、更换风叶；更换电动机；检查维修机械性松动部件等。

13.2.7 外壳漏电的检查与检修

[故障现象7]：外壳漏电

[故障分析]：产生漏电的主要原因是电动机绕组、电源线或连接线绝缘破损；绕组绝缘老化；机内进水或潮湿严重；电容器漏电等。

[故障维修]：维修可采用对应的措施：更换电动机；更换连线或引出线；更换电容器；检查外露焊点是否与外壳相碰等。

13.2.8 指示灯不亮的检查与检修

[故障现象8]：指示灯不亮

[故障分析]：指示灯不亮的主要原因有灯泡本身损坏、线路断路、灯开关损坏、灯泡绕组损坏等。

[故障维修]：维修可采用对应的措施，更换灯泡、灯开关或更换灯泡绕组，检查连接线等。

13.2.9 不能定时或定时不准的检查与检修

[故障现象9]：不能定时或定时不准

[故障分析]：不能定时或定时不准主要原因在定时器本身，一般维修率很低。

[故障维修]：更换定时器。

13.3 暖风扇的结构、原理及维修

扫一扫 看视频

13.3.1 暖风扇的分类

暖风扇按采用的发热元件可分为PTC半导体型、电热丝型、石英管型、卤素管型、电热膜型、碳纤维发热体型等；按外形结构可分为台式、立式、壁挂式和移动式等。

暖风机有些机型具有防止过热、过电流的保护装置，具备倾倒断电功能，尤其是浴室型暖风机，必须具有防水的特点。

13.3.2 暖风扇的结构和主要元器件

常见暖风扇的外形如图13-9所示。

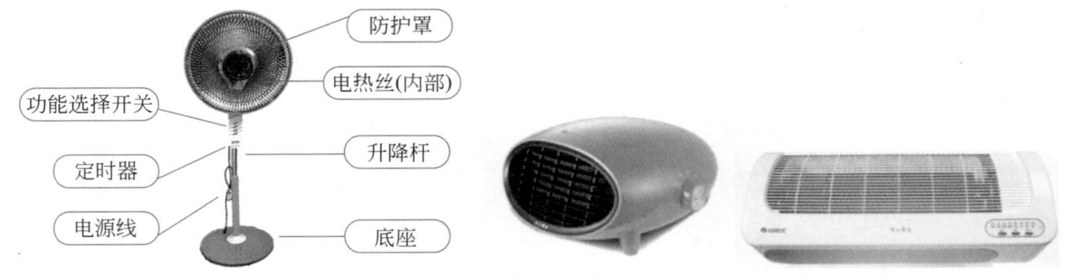

图 13-9　常见暖风扇的外形

暖风扇中常见电热丝的外形结构如图 13-10 所示。

图 13-10　暖风扇中常见电热丝的外形结构

摇头电机外形结构如图 13-11 所示。
功能选择开关外形结构如图 13-12 所示。

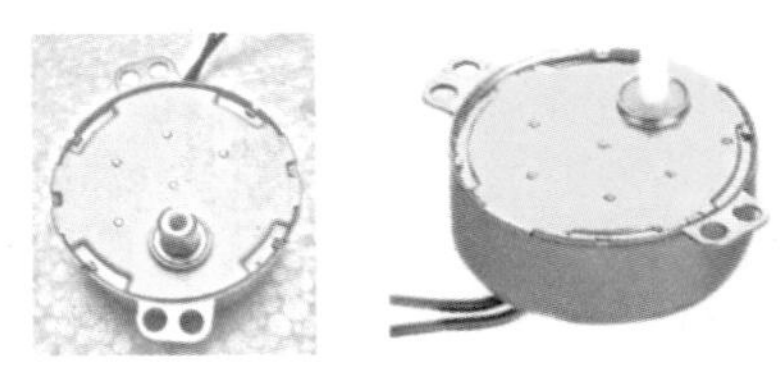
图 13-11　摇头电机外形结构

图 13-12　功能选择开关外形结构

13.3.3　电热丝型暖风扇工作原理

电热丝型暖风扇的工作原理图如图 13-13 所示。接通电源，将加热开关 S1 设定在“ON”的位置，S1 接通电路。220V 交流电源经超温熔断器 FU、加热开关 S1 与发热器 EH1、EH2 构成回路，暖风指示灯 LED 点亮，两个发热器同时发热，热量通过反射板向外辐射，定向性送出暖风。断开暖风开关 S1，暖风扇关机。

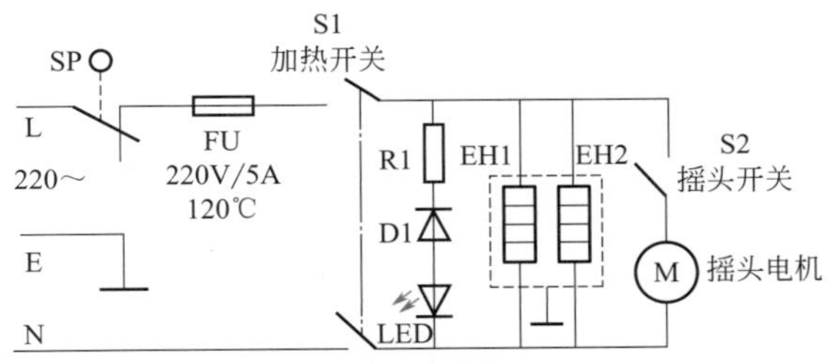

图 13-13　电热丝型暖风扇工作原理图

暖风扇在工作状态下，当需要摇摆送风时，按下摇头开关 S2，摇头电机 M 得电，驱动摇摆机构动作，开始摇摆送出暖风。

暖风扇平稳放置在地面上时，防倾倒开关 SP 受压，触点闭合，一旦暖风扇倾倒，该触点就断开并切断电源，从而起到了防倾倒保护的作用。

13.3.4 通电后整机不工作的检查与检修

[故障现象 10]：通电后整机不工作

[故障分析]：根据故障现象分析，通电后整机不工作，故障多数在电源引入电路。

[故障维修]：主要应检查插座、插头、电源线、倾倒开关 SP、超温熔断器 FU、加热开关 S1 及它们之间的连接线等是否断路。用电阻法、电压法、替换法进行排查、检修。

13.3.5 送凉风不送暖风的检查与检修

[故障现象 11]：送凉风不送暖风

[故障分析]：该故障出在暖风电路部分。能送凉风，说明倾倒开关 SP、超温熔断器 FU 等元件基本正常。不送暖风是发热器有故障，可能原因有发热器断路损坏（正常阻值为 60Ω 左右），发热器外接连线脱落、接触不良，插接件损坏等。

[故障维修]：检查、维修或更换故障部分元器件，故障即可排除。

13.3.6 不能摇头送风的检查与检修

[故障现象 12]：不能摇头送风

[故障分析]：发热正常能送出热风但不能摇头送风，主要原因是摇头电路出现故障。该电路的主要元器件为摇头开关 S2、摇头电机及它们之间的连接线，引起该故障的可能原因有它们之间的连接线接头松动或脱落；摇头开关接触不良或损坏；摇头电机本身损坏等。

[故障维修]：首先用观察法检查连接线是否有异常，若有异常，可先排除；然后用电阻法或电压法检查摇头开关，若开关损坏，予以更换；最后检查摇头电机，摇头电机绕组的正常电阻值为 9kΩ 左右，若摇头电机损坏，更换后故障即可排除。

13.3.7 指示灯不能点亮的检查与检修

[故障现象 13]：工作正常但指示灯不能点亮

[故障分析]：该故障范围在指示灯电路，可能的原因有整流二极管 D1、发光二极管 LED、限流电阻 R1 损坏及这部分电路连接线异常等。

[故障维修]：用万用表检查上述元器件及电路，并做相应处理，故障即可排除。

第 14 章 豆浆机维修

14.1 豆浆机的结构组成

❶ 豆浆机的整体结构

豆浆机的整体结构如图 14-1 所示。

图 14-1 豆浆机的整体结构

❷ 豆浆机的主要部件

① 机头。机头外形结构如图 14-2 所示。机头是豆浆机的总成，除杯体外，其余各部件都固定在机头上。机头外壳分上盖和下盖。上盖有提手、工作指示灯等。下盖用于安装各主要部件，在下盖上部（也即机头内部）安装有电脑板、变压器和打浆电机。伸出下盖的下部安装有电热器、刀片、网罩、防溢电极、温度传感器以及防干烧电极。

② 防水耦合器。防水耦合器外形结构如图 14-3 所示。

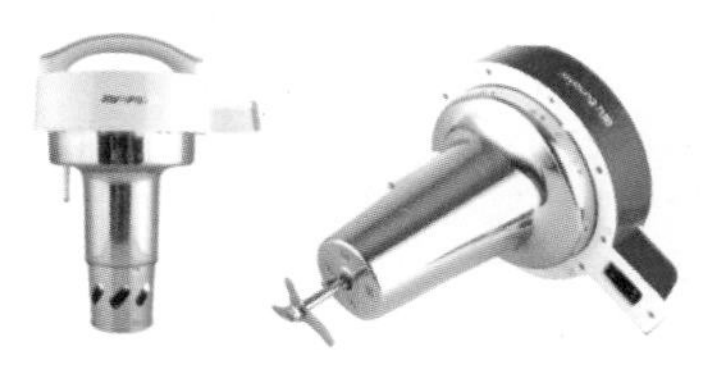

图 14-2 机头外形结构

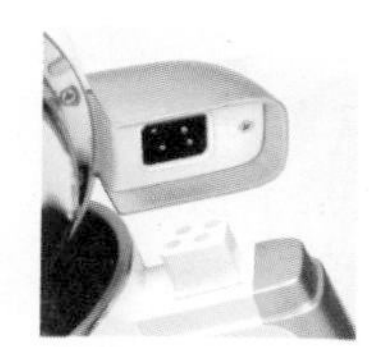

图 14-3 防水耦合器外形结构

14.2 九阳豆浆机工作原理

九阳豆浆机工作原理图如图 14-4 所示。

❶ SH69P42 单片机各引脚功能

SH69P42 单片机各引脚功能如表 14-1 所示。

表 14-1　SH69P42 单片机各引脚功能

脚号	引脚定义	功能	脚号	引脚定义	功能
1	PE2	电源指示灯控制信号	11	PB2	防溢
2	PE3	操作信号输入 / 指示灯控制信号输出	12	PB3	防干烧
3	PD2	操作信号输入 / 指示灯控制信号输出	13	VDD	电源 +5V
4	PD3	操作信号输入 / 指示灯控制信号输出	14	OSCI	RC 振荡
5	PC2	操作信号输入 / 指示灯控制信号输出	15	PC0	—
6	PC3	—	16	PC1	蜂鸣器
7	RST	复位	17	PD0	半功率继电器输出
8	GND	地	18	PD1	打浆继电器输出
9	PA0	温度检测 AD 输入	19	PE0	加热继电器输出
10	PA1	—	20	PE1	相位检测输入

❷ 电源电路

电源电路由降压、整流、滤波、稳压等几部分组成。220V 市电经过微动开关 XK、熔断器 FUSE 分成两路，一路送至变压器 DB 的初级；另一路送至加热器、电机。

变压器初级的电压经次级降压，一路送至整流器整流，另一路送至相位检测 PHAM 电路。交流低压经整流器 D1 ～ D4 整流、C1 滤波得到 +15V 直流电压，该电压直接送至继电器供电；同时该电压经 π 形滤波器 C2、R23、C17 滤波后，送至三端稳压器 Z1，C3 是输出滤波电容，Z1 输出 +5 V，供给整机小信号电源。

❸ 单片机的工作条件

13 电源正极、8 脚电源负极；7 脚复位端（4V 以上电压即可满足正常复位）；14 脚为振荡端。

❹ 工作方式选择

工作方式选择有 4 种：全豆、五谷、果蔬豆浆及玉米汁。

该电路主要由按键 P、M、D、N，电阻 R15、R19 ～ R26，指示灯电路 R29 ～ R32、LED 等组成。按下某个按键后，对应单片机 U1 的某个引脚就接收到一个低电平信号，功能指示灯 LED 点亮，蜂鸣器报警，说明已选择了该工作方式，单片机执行该工作方式工作，直到该工作结束。

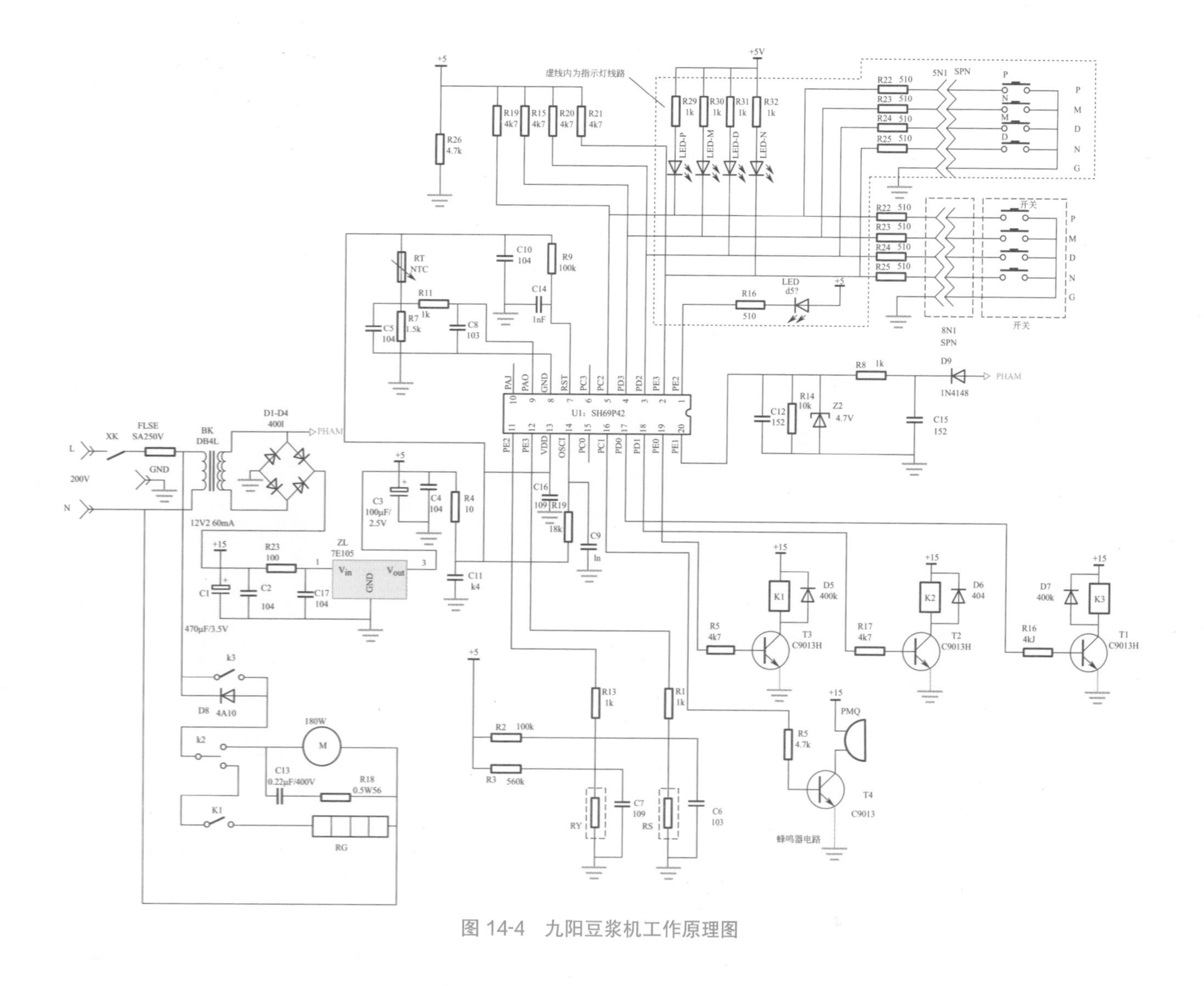

图 14-4 九阳豆浆机工作原理图

❺ 加热、打浆工作控制

单片机的17、18、19脚输出的4V以上电压用于控制加热、电机（打浆）、半功率继电器，即单片机控制脚输出4V以上的高电平，经过4.7kΩ的限流电阻（R5、R17、R16），将高电平送至驱动三极管的基极，三极管驱动继电器直流线圈产生一个磁场，使开关吸合。

加热、打浆工作控制由单片机的19脚、驱动三极管T3、继电器K1、电热器RG等组成。当单片机19脚为高电平（4.8V）时，T3导通，K1的触点吸合，接通RG供电；反之，单片机19脚为低电平（0V），触点就断开，切断RG供电。

K3的作用是在全波和半波之间进行转换，K2的作用是在电机和加热器之间转换，K1的作用是控制电热器断电与通电。

K1、K2、K3动作与否受控于单片机的17、18、19脚的电压变化，17、18、19脚的电压高低则由单片机的工作方式决定，K1、K2、K3工作时间的长短由单片机内部程序决定。

❻ 相位检测

变压器次级采样220V市电相位，经二极管D9整流、电阻R8限流、Z2稳压、电容C12滤波后输入到单片机的20脚。采用相位检测的好处是根据检测到的交流电的相位，控制继电器在相位过零点处导通或关断，这样可以大大避免继电器在高电压下动作，容易形成拉弧现象，使继电器的使用寿命大大提高，降低了继电器的高损坏率。

❼ 水位与防溢检测

水位信号的检测通过温度传感器外壳的金属导体来完成，当有水的时候，高电平通过水电阻对地（1.5V以下），无水时悬空呈高电平（3V以上）。

防溢信号的检测通过防溢电极的检测来完成，当浆沫碰到防溢电极时，高电平就通过浆沫对地（1.5V以下），没有浆沫碰到时悬空呈高电平（3V以上）。

单片机的11、12脚通过对高低电平的采集来判断豆浆机的状态，然后决定下一步的动作。

❽ 温度传感器

RT是负温度系数热敏电阻。当水温达到88℃时，其变化的分压值通过7脚送至单片机，单片机得到此反馈电压后执行打浆程序。

14.3 九阳豆浆机的维修

扫一扫 看视频

14.3.1 上电后不工作的检查与维修

[故障现象1]：上电后不工作

[故障分析]：这个故障比较常见，尤其是进水机（即机器进水）出现这种现象最多，维修最为麻烦，易损元件为小电容（贴片或者瓷片电容）。主要原因有供电线路异常、电源电路有问题、单片机电路等有问题。

[故障维修]：① 检查插排、电源线是否存在开路，检查（防水耦合器）微动开关是否

损坏。若不正常，检修或更换。

② 检查保险是否烧坏。若烧保险，主要应检查变压器、整流桥、电机、加热管、单片机、三端稳压器、滤波电容是否存在短路问题。在确认后级无短路的情况下才能更换保险管。

③ 检查排线是否插好。

④ 检查 +15V 电压是否正常。 如果不正常，检测变压器、整流二极管 D1 ～ D4、滤波电容 C1、C2、C17 等是否损坏。

⑤ 检查 +5V 电压是否正常，如果不正常，应检查 78L05、C3、C4 等是否有问题。

⑥ 拿到机器先看一下是否进水或者受潮。进水机或者受潮机，首先检查继电器是否正常。短接驱动三极管（T3）看是否加热，如果可以加热说明继电器、加热管、+15V 正常。如果不加热，可能是小电容（贴片）、驱动管或者单片机控制回路的问题。注意相关电容 C6、C7、C8、C10、C11 等。

⑦ 更换单片机或换电路板。

14.3.2 按键无反应的检查与维修

[故障现象 2]：按键无反应

[故障分析]：主要原因有按键本身损坏、排线接触不良、供电异常等。

[故障维修]：① 检查薄膜按键或轻触按键是否损坏。

② 检查排线、排线插座是否有开路、生锈和接触不良现象等。

③ 检查是否存在 +5V 供电不稳情况，检修：78L05，电容 C3、C4、C17。

④ 更换单片机或更换灯电路板。

14.3.3 通电长鸣报警的检查与维修

[故障现象 3]：通电长鸣报警

[故障分析]：主要原因有水位检测回路、温度传感器或单片机有问题。

[故障维修]：① 检查加水是否到达上下水位线之间。

② 检查水位信号线是否断开或生锈。

③ 检查水位检测回路：C6、R1、R2 等是否有问题。

④ 检查温度传感器是否开路，更换温控杆。

⑤ 检查或更换单片机。

14.3.4 通电不加热的检查与维修

[故障现象 4]：通电不加热

[故障分析]：主要原因有加热器断路、加热控制电路异常、单片机异常等。

[故障维修]：① 进水造成通电不加热维修方法：短接三极管 T3 看是否可以加热。如果可以加热说明此继电器、加热管、+15V 正常，需要检修 R5、T3。如果不可以加热，则检修加热管、继电器 K1、D5 等。

② 未进水就出现通电不加热维修方法：

a. 检查防溢电极是否为高电平，如为低电平则检查防溢电极是否脏污，其检测信号线是否对地短路及 C7、R3、R13 是否有问题。

b. 防溢电极为高电平，先检查单片机相位检测脚（第 20 引脚）有无输入。若检查无输入，应检查 D1 ～ D4、C12、R8 是否有问题。

c. 相位检测脚若有输入，再检查单片机加热信号输出端（单片机第 19 引脚）是否输出高电平信号，无信号可能单片机损坏；若有加热信号输出，则检查加热继电器 K1、三极管 T3 是否损坏。

d. 检查电机控制继电器 K2 的常闭触点是否正常导通，如未导通则更换。

e. 检查加热管是否损坏。

14.3.5 通电加热但不打浆的检查与维修

[故障现象5]：通电加热但不打浆

[故障分析]：主要原因为打浆电机损坏或打浆电机控制电路异常。

[故障维修]：① 先检查电机是否正常。

② 再检查电机继电器 K2、三极管 T2 是否损坏。

③ 检查温度检测回路：温控杆、C5、C8、R7、R11 是否有问题，或铜箔有无生锈断开。

14.3.6 打浆不停的检查与维修

[故障现象6]：打浆不停

[故障分析]：主要原因为温度控制电路、电机控制电路及单片机有异常。

[故障维修]：① 检测电机控制电路（继电器 K2、继电器驱动三极管 T2）。

② 检测温度控制电路（温控杆、C5、C8、R7、R11）。

③ 检测单片机是否正常。更换单片机或灯电路板。

14.3.7 加热不停的检查与维修

[故障现象7]：加热不停

[故障分析]：主要原因为温度控制电路、电机控制电路及单片机有异常。

[故障维修]：① 检测温度控制电路：温控杆、C5、C8、R7、R11。

② 检查加热控制电路：继电器 K3、继电器驱动三极管 T3。

③ 检测单片机是否正常。更换单片机或灯电路板。

14.3.8 打浆完不熬煮的检查与维修

[故障现象8]：打浆完不熬煮

[故障分析]：主要原因有加热控制电路、防溢检测电路异常。

[故障维修]：① 检查加热控制电路：继电器 K1、继电器驱动电路 T3、R5。

② 检查防溢检测电路：C7、R3、R13，检查有无防溢电极套脱落导致挂糊。

14.3.9 加热一会儿不工作的检查与维修

[故障现象9]：加热一会儿不工作

[故障分析]：主要应检查电路的接触不良性问题。

[故障维修]：① 检查电源线、微动开关。

② 检查加热、电机控制回路：继电器 K1、K2，继电器驱动 T3、T2。

③ 检查电机、加热管。

④ 检查 +5V 供电是否正常：主要应检测变压器、78L05、C3、C4、C17 等。

⑤ 更换单片机或线路板。

14.3.10 溢锅、糊底的检查与维修

[故障现象 10]：溢锅

[故障分析]：与水量、豆量、防溢电路等有关。

[故障维修]：① 首先排除未放网罩、水量、豆量、电网电压等异常情况。

② 检查半功率二极管 D7 是否短路，半功率继电器 K3 是否粘连，半功率三极管 T1 是否短路。

③ 防溢电极是否断线，防溢电极端子是否锈蚀。

④ 加热三极管 T3 是否短路，加热继电器 K1 是否粘连。

⑤ 若大豆泡的时间过长，也可能会出现溢锅的现象，而且浆渣分层。

⑥ 检查加热管功率是否过大。

⑦ 单片机出故障也可能会出现溢锅的现象，更换单片机或灯电路板。

第 15 章 电压力锅维修

15.1 电压力锅内部结构及工作原理

扫一扫 看视频

15.1.1 电压力锅结构及特有元器件

电压力锅又称为压力锅、高压锅，它可以将被蒸煮的食物加热到 100℃以上，它具有独特的高温、高压功能，大大缩短了做饭的时间。电压力锅和电饭锅就像“两亲兄弟”，它们之间既有共性也有差异。

压力式电饭锅主要由锅身、锅内胆、锅盖、限压阀、安全阀、电热装置、定时器（或单片机）、密封胶圈、手柄、指示灯等元器件或部件组成，其外形与结构如图 15-1 所示。

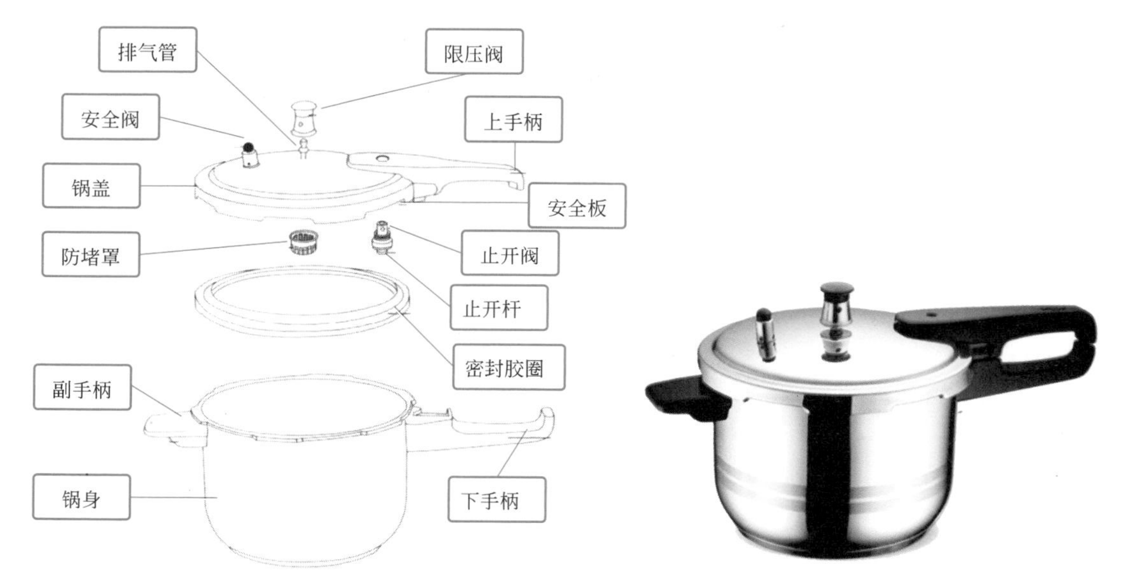

图 15-1 压力式电饭锅外形与结构图

高压锅特有元器件解说如表 15-1 所示。

表 15-1 高压锅特有元器件解说

序号	名称	图例	主要作用
1	锅身		用于盛装烹饪的食物
2	副手柄		移动锅具时使用
3	下手柄	开合	移动锅具时使用，上有开合标记“▲”
4	密封胶圈		起安全密封的作用
5	止开阀		实现开合机构的主要部件，与安全板连动，当锅内有气压时阻止推板前进，锅盖不能打开。当锅盖没有完全合到位时，此阀不动作，无法上压
6	止开杆		当锅内有压力时，此杆上升；没有压力时，此杆下降
7	安全板		开合机构的主要部件。关合锅盖后，安全板自动退回，压力锅即可使用；当锅内有压力时，安全板锁住，无法打开锅盖
8	上手柄		打开和关合锅盖的作用，其内部装有开盖和合盖的安全机构
9	限压阀		工作压力的调节装置。限压阀又叫排气阀，是手动排气装置，可以快速开盖。食物煮好再需要焖一段时间后，食物才淋、滑、软也是压力锅的特点，一般不建议这样使用。进入保温状态后锅内温度逐渐降低，浮子阀会自动落下，表明盖子可以打开，这属于正常现象，也是正确的使用方法
10	排气管		压力锅蒸汽出口装置
11	安全阀	浮子垫	安全阀安装在锅盖上。安全阀主要由阀体、阀针、压簧和密封圈等部件组成。正常工作时，阀针不动作，不会排气。当锅内蒸汽压力过高时，高压蒸汽克服弹簧压力而迫使阀针上移，锅内气体排出，使压力降低，起安全保护作用
12	防堵罩	防堵罩 防止排气罩堵塞	使排气罩不易堵塞，排气通畅

续表

序号	名称	图例	主要作用
13	热熔断器		电路保护作用
14	智能定时器（又称为马达定时器或电机式定时器）		只要有电源，定时器就可以工作。规格一般为 220V/50Hz，有效角度一般为 0 ～ 300°

15.1.2 机械式电压力锅工作原理

飞鹿机械式电压力锅的工作原理如图 15-2 所示。

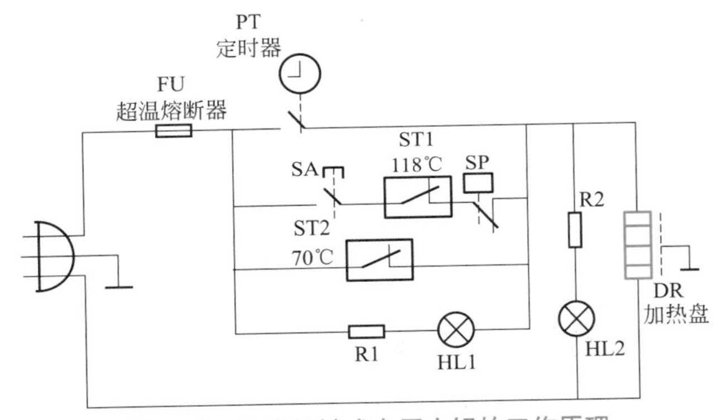

图 15-2 飞鹿机械式电压力锅的工作原理

接通电源前，首先要把所煮的食物放入锅内，然后加入适量的水，再确认限压阀排出孔通畅，盖好锅盖，套上限压阀。

放入内锅使加热盘中间的微动开关 SA 的触点接通，给定时器 PT 设定保压时间，使其触点接通，此时由于锅内温度较低，温控器 ST1、ST2 触点是接通的。接通电源后，市电电压经过超温熔断器 FU、ST1、ST2 为加热盘 DR 供电，加热指示灯 HL2 点亮指示，加热盘加热升温，同时，ST1 的触点将 PT 电机 M 短路，电机 M 不工作。当温度上升到 70℃时，ST2 的触点断开，此时市电电压通过 ST1、SP 的触点继续为加热盘供电。

当锅温升高到居里温度和达到规定的压力时，磁性温控器的感温磁铁失去有效性，在自身重力和弹力的作用下自动落下，并且通过杠杆带动动、静触点分离，加热指示灯 HL2 熄灭，其主电源被切断，同时解除了定时器 PT 电机的短路控制。此时定时器开始运行，市电电压通过 PT 的触点为加热盘供电，同时保压指示灯也点亮，使它继续加热而进入保压状态。当定时器走时完毕后，定时器内部的开关自动断开，保压电源切断，保压指示灯 HL2 也熄灭，烹饪工作结束。

当温度低于 65℃时，温控器 ST2 的触点吸合，加热盘开始加热；当温度达到 75℃时，

ST2 的触点断开，加热盘停止加热。此后，锅内温度保持在 75℃左右，同时 HL1 一直点亮，表明压力锅进入保温状态。

15.2 电压力锅的维修

扫一扫 看视频

15.2.1 合盖、开盖困难的检查与维修

[故障现象 1]：合盖困难

[故障分析]：该故障主要原因有密封圈放置不正确、压力阀卡住推杆等。

[故障维修]：重放密封圈（注意：上下牙位对好）；清洁压力阀，用手轻推推杆。

[故障现象 2]：开盖困难

[故障分析]：该故障主要原因是放气后浮子阀未落下等。

[故障维修]：用筷子轻压浮子阀即可。

15.2.2 锅盖漏气的检查与维修

[故障现象 3]：锅盖漏气

[故障分析]：该故障主要原因有未放上密封圈、密封圈上有异物、密封圈老化、未合好盖及安全塞内金属易熔片氧化或材质变化引起穿孔，使蒸汽从孔中排出等。

[故障维修]：放上密封圈、清理密封圈上的异物、更换密封圈、按规定合好盖及更换安全塞。

15.2.3 整机上电无反应的检查与维修

[故障现象 4]：整机上电无反应

[故障分析]：该故障主要原因有电源供电异常、超温熔断器烧坏、内部线路等有断路现象等。

[故障维修]：① 检查电源线、电源插座电压是否正常，若不正常，检查供电电压缺失的原因并排除。

常见故障有：电源线的插头与插座之间接触不良或不接触；电源线折断或接头松动，导致电源不通；按键开关触头氧化，造成接触不良或不闭合，导致电源不通等。

② 若熔断器烧坏，除了需要检查温控器、定时器的触点是否粘连，还应检查加热盘是否正常。若温控器或定时器的触点异常，可更换或维修；若加热盘损坏，则需更换加热盘。如果以上检查都正常，更换熔断器即可。

③ 重新连接线路。

15.2.4 煮不熟饭的检查与维修

[故障现象 5]：煮不熟饭

[故障分析及维修]：① 密封圈老化导致漏气。更换新的密封圈。

② 磁性温控器的磁钢严重退磁，导致磁力小于弹簧力，使之失控。更换同规格的磁性

温控器。

③ 内锅底与发热盘之间有异物。清理异物。

④ 某些触点接触不良。更换损坏的开关。

⑤ 放置食物量过多。按规定食物量来操作。

⑥ 水量过少。增加水量。

⑦ 压力开关异常。调试或更换压力开关。

⑧ 内锅变形。更换内锅。

⑨ 保压时间设置过少。增加保压时间。

15.2.5　不能保压的检查与维修

[故障现象 6]：定时器或其连接线有异常

[故障分析]：定时器故障或定时器连接线故障。

[故障维修]：维修或更换定时器；更换、检修定时器的连接线。

15.2.6　煮焦饭的检查与维修

[故障现象 7]：煮焦饭

[故障分析]：该故障主要原因有磁性温控器内外套之间有杂物阻塞，外弹簧升降不灵或被卡死，导致磁性温控器功能变差而把饭煮焦；按键开关触点烧焦粘连，失去开关的控制作用等。

[故障维修]：更换温控器或清理杂物，更换按键开关。

15.2.7　加热温度低的检查与维修

[故障现象 8]：加热温度低

[故障分析]：该故障主要原因有供电电源电压低；温度开关、压力开关、开关的触点不能正常接通等。

[故障维修]：与供电部门联系，提高供电电压；更换或维修温控器、压力开关及开关。

15.2.8　水还未开就跳保温的检查与维修

[故障现象 9]：开机加热一会，水还未开就跳保温

[故障分析]：该故障主要原因为定时器接触不良，虽然已将旋钮扭到煮食部分但定时器并未接通，使得电路只能由保温开关控制在 60℃。压力开关失灵、不通，这样即使定时器接触良好，但在压力未到的情况下，压力开关已误动作（跳开），而使电路处于保温状态，水煮不开。

[故障维修]：更换定时器；更换压力开关。

第16章 音响功放维修

16.1 功放的分类及电路组成

16.1.1 功放的分类

常见功放的分类如表16-1所示。

表16-1 常见功放的分类

按使用元器件的不同	胆机（电子管）、石机（晶体管）、IC（集成电路）、混合式
按使用场合	主要有专业、民用、特殊
	专业功率放大器：一般用于会议、演出等的扩音。它的主要特点是功率大，保护电路完善，散热良好等
	民用功率放大器又可分为Hi-Fi功放、AV功放、KALAOK功放，以及把各种常用功能集于一体的综合功率放大器
	特殊功率放大器是使用在特殊场合的功放，如车用低压功放等
按处理信号的方式	模拟式、数字式
按输出的声道不同	单声道、双声道（立体声）、多声道
按输出电路的不同	推挽式、OTL、OCL、BTL

16.1.2 功放电路的组成架构

功放电路组成方框图如图16-1所示。

电源电路是整机的能源供给。一般有单电源和双电源两类。

前置放大器一般作为电压放大。前置放大电路根据机器对音频输出功率要求的不同，一般由一级或多级电路组成。前置放大电路主要用来对输入信号进行电压放大，以便使加到激励放大电路的信号电压达到一定的程度。

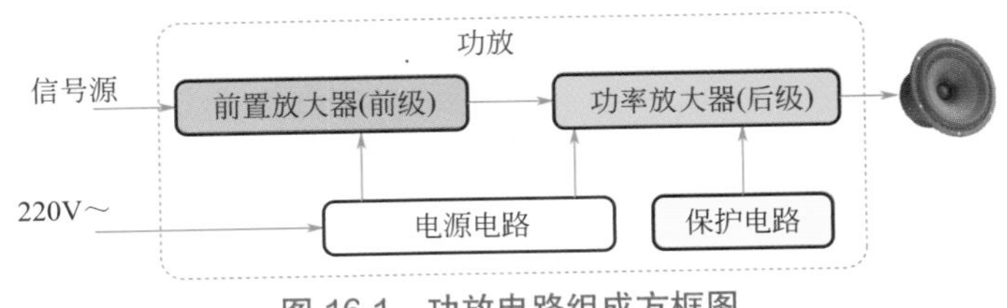

图 16-1　功放电路组成方框图

功率放大器主要包括两部分电路：激励放大电路和功率放大电路。

激励放大电路是用来推动功率放大器的，它需要对信号电压和电流进行同步放大，它工作在大信号放大状态下，所以该级放大器放大管的静态电流比较大。

功率放大电路是整个功率放大器的最后一级，用来对信号进行电流放大。电压放大电路和激励放大电路对信号电压已进行了足够的放大，而功率放大电路需要对信号进行电流放大，以达到对信号功率放大的目的，这是因为输出信号功率等于输出信号的电流与电压之积。

保护电路用来保护输出级功率管及扬声器，以防过载损坏。

16.2 分离元件功放后级及拓扑电路

扫一扫 看视频

16.2.1 差分电路

为了抑制零点漂移现象，功放的前置级一般常用差分放大电路。差分放大电路是由对称的两个基本放大电路，通过射极公共电阻耦合构成的，如图 16-2 所示。对称的含义是两个三极管的特性一致（极性相反），电路参数对应相等。V_{i1}、V_{i2} 是输入电压，分别加到两管的基极，经过放大后获得输出电压 V_{o1}、V_{o2}。该电路具有以下特点：两个输入端、两个输出端；元件参数对称；双电源供电。差分放大器输入端及输出端可采用双端输入和单端输入两种方式。

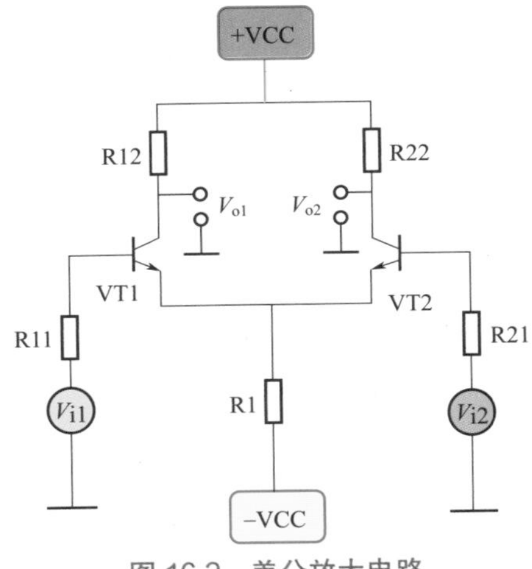

图 16-2　差分放大电路

16.2.2 差分放大的拓展电路 – 恒流源

图 16-2 中的 R1 对提高温度稳定性有一定的作用。例如当环境温度变化而引起 VT1、VT2 的电流一同变化时，R1 便起了负反馈作用。R1 阻值越大，直流负反馈就越深，VT1 和 VT2 的工作点就越稳定。但 R1 的阻值也不能太大，因为这会使差分管的工作电流过小，失去放大作用。为了解决 R1 的阻值与差分管工作电流这一矛盾，可把 R1 改为恒流源电路。

常见恒流源电路如图 16-3 所示。图 16-3（a）中的稳压二极管，它两端的电压是恒定的，输入三极管的基极电流就可以确定。图 16-3（b）中用两个硅型二极管来代替图 16-3（a）中的稳压二极管。图 16-3（c）中 VT1 是恒流三极管，VT2 是其偏压三极管。

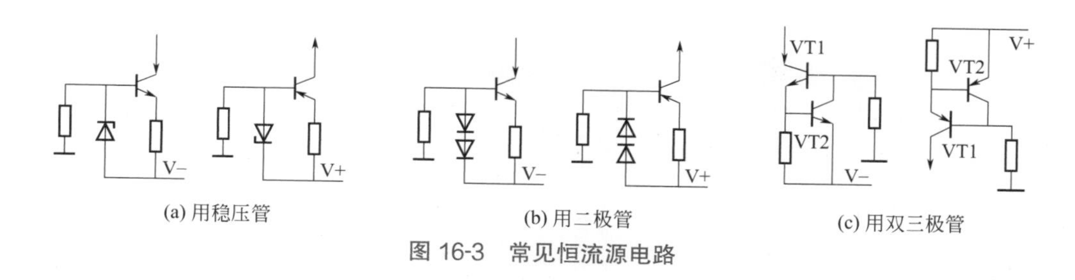

图 16-3　常见恒流源电路

16.2.3 差分放大的拓展电路 – 镜流源

在差分电路的集电极增加镜流源，如图 16-4 所示，保证了差分两管静态电流的一致性。镜流源中的两个三极管基极相连接，发射极电阻相同，流过两管的电流一样，像照镜子一样，镜流源电路确保差分两管静态电流的一致性。

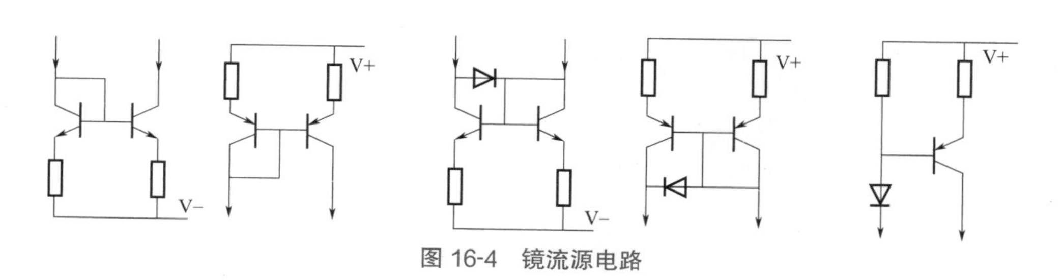

图 16-4　镜流源电路

16.2.4 激励级放大电路

由差分放大电路送来的信号经单管激励放大后从集电极输出，再经电阻或二极管分压，送至功率放大级。常见激励级放大电路形式如图 16-5 所示。

图 16-5（b）中 R4 为 VT1 的偏置电阻，同时又给功率放大器提供偏置。在实际电路中，常用热敏电阻、二极管、三极管或这些补偿元件的组合来代替 R4，使偏置电路具有温度补偿的作用。R0、C2 组成自举升压电路，C2 电容两端能够保持（$V_{CC}/2-U_{R0}$）的直流电压，并且在放大器删除正信号时，仍保持这个特点，使 A 点的电位能随着输出电压的升高而升高（即自举），从而保证了在输出最大信号时，有足够的电流流入功率放大管的基极，使其充分导通，提高了正向输出的幅度。该电路多用于 OTL 电路。

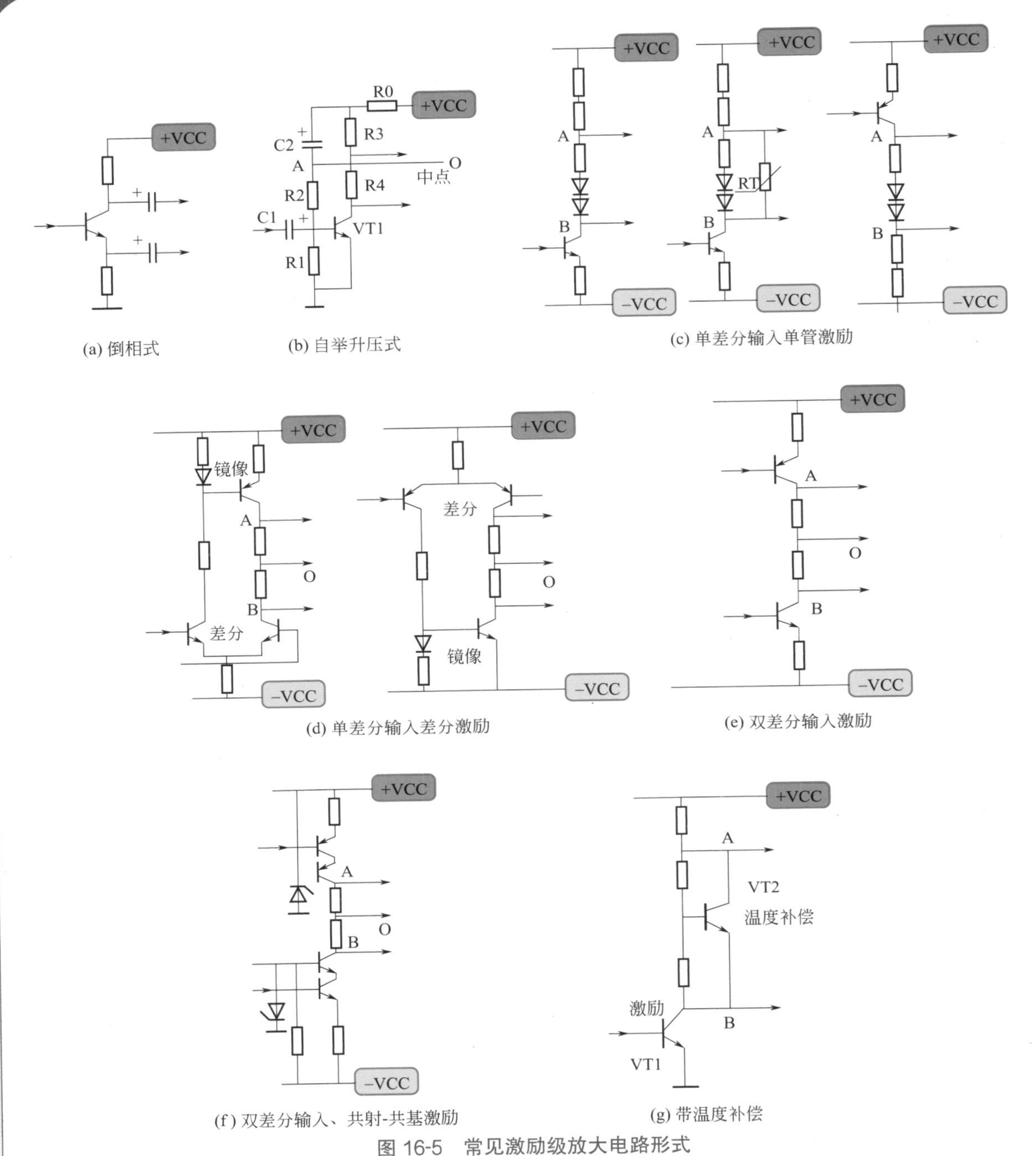

图 16-5 常见激励级放大电路形式

16.2.5 复合管

大功率的互补输出功放电路，多采用复合晶体管来做功率输出管。复合管是由两个或两个以上的晶体管按一定方式组合而成的，它与一个高电流放大系数的晶体管相当。

组成复合管的各晶体管，可以是同极性的，也可以是异极性的。复合管的电流放大倍数近似等于组成复合管的各晶体管电流放大倍数的乘积。常见复合管的形式如图 16-6 所示。

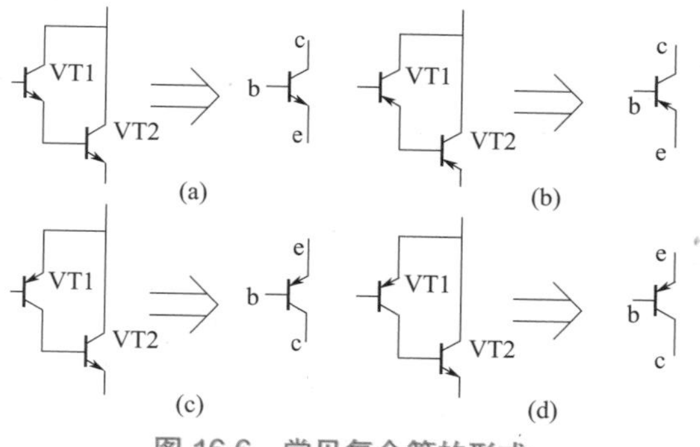

图 16-6　常见复合管的形式

16.2.6　OCL 功率放大电路

双电源互补对称功放电路属于无输出电容功率放大器，由一对 NPN、PNP 特性相同的互补三极管组成，采用正、负双电源供电，这种电路也称为 OCL（Output CapacitorLess）互补功率放大电路。OCL 激励级与功率级拓展基本电路如图 16-7 所示。

16.2.7　OTL 功率放大电路

采用单电源供电的互补对称功率放大电路称为 OTL（Output TransformerLess，无输出变压器）电路。OTL 乙类互补对称电路的工作原理同 OCL 基本相同。OTL 功率放大电路简图如图 16-8 所示。

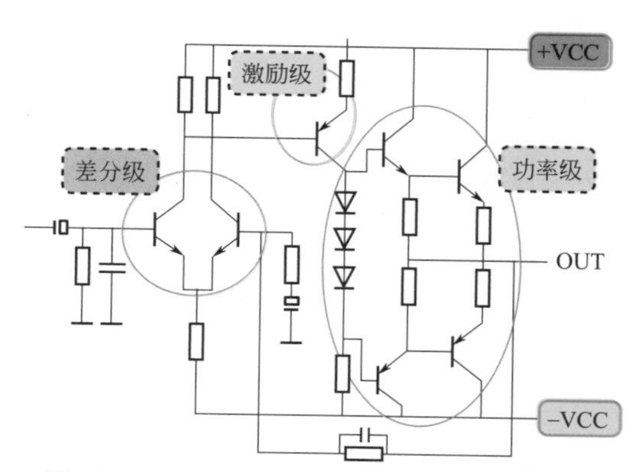

图 16-7　OCL 激励级与功率级拓展基本电路

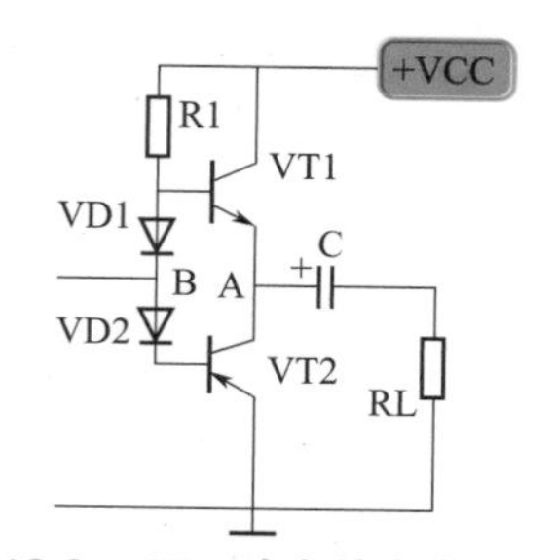

图 16-8　OTL 功率放大电路简图

16.3 功放前置级电路

扫一扫　看视频

16.3.1　集成电路前置级

集成电路前置多级放大器的原理图如图 16-9 所示。该电路主要由三部分组成：输入电路、前置放大电路和音调控制电路，现以左声道为例进行电路工作原理分析。

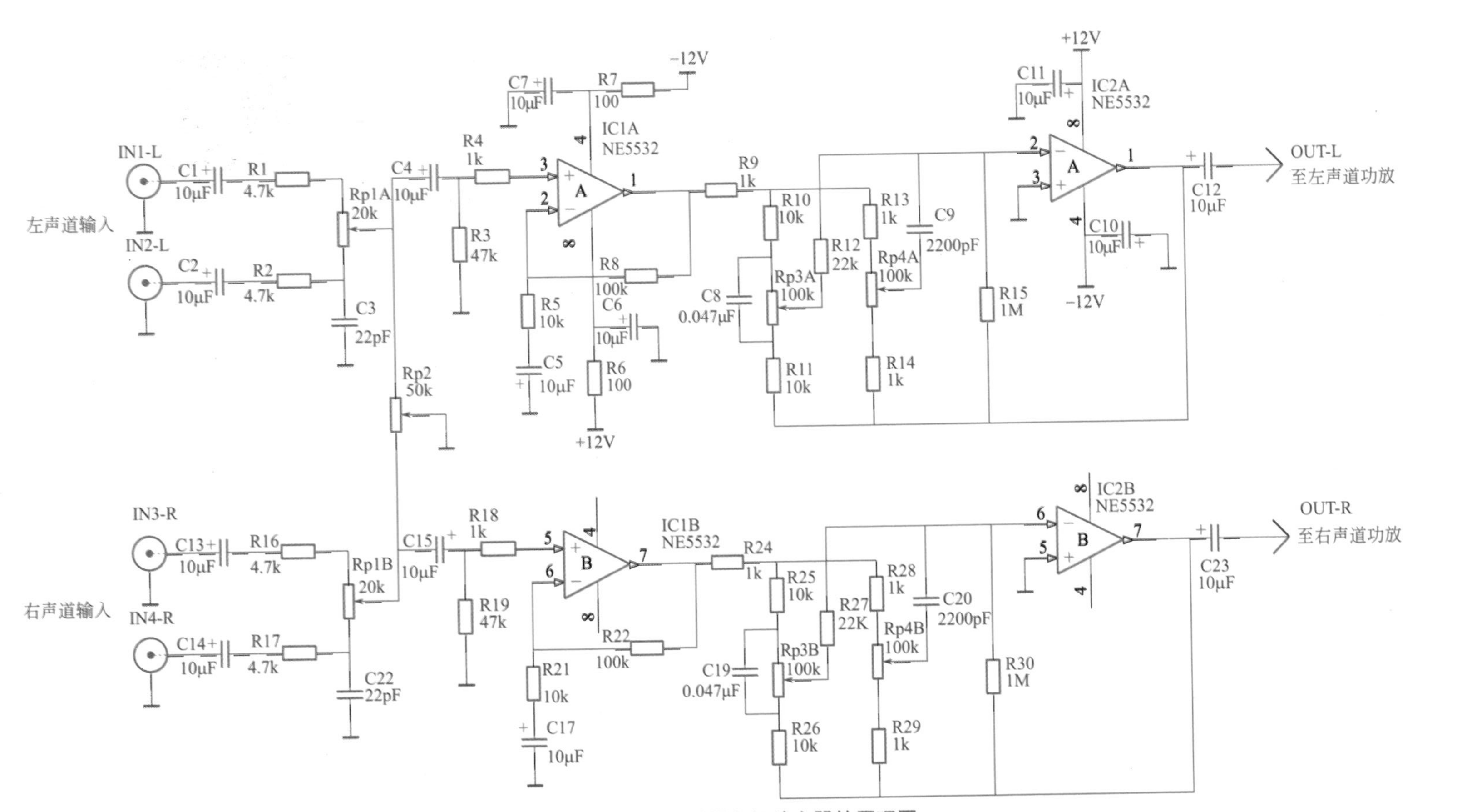

图 16-9 集成电路前置多级放大器的原理图

❶ 输入电路

电路由 IN1、IN2 输入插口及 C1、C2、C3、R1、R2 及 Rp1A、Rp2 等组成。其中 IN1、IN2 分别为两路不同信号源的输入端；C1、C2 为信号耦合电容；C3、R1、R2 组成低通滤波网络。滤除输入信号中的高频杂波干扰；Rp1A 是音量控制电位器，控制输入信号的大小；RP2 是左、右声道的平衡控制电位器，可以调节左、右声道的输入信号，使其大小基本一致。

❷ 前置放大电路

前置电路由 IC1A、C4 ~ C7、R3 ~ R8 等元件构成，构成一个增益为 20dB 的线性放大器。其中 R8 是该放大电路的交流负反馈电阻，稳定电路的增益，改变 R5 的大小可改变放大器的增益。此外，R4 是电路隔离电阻和输入电阻，C6、R6、C7、R7 为 IC1A 的电压退耦电路。

❸ 音调控制电路

IC2A、R9 ~ R15、C8 ~ C11、RP3A、RP4A 等元件组成衰减负反馈式音调控制电路。其中，RP3A、C8、R10、R11 组成低音控制网络，RP3A 是低音控制电位器；RP4A、C9、R13、R14 组成高音控制网络，RP4A 是高音控制电位器。R12 是高、低音控制网络的隔离电阻，电路中当 RP3A、RP4A 的动滑臂向上移动时，低音、高音处于提升状态；反之当滑臂向下移动时，低音、高音处于衰减状态。

16.3.2 分立式前置级

分立式前置多级放大器的原理图如图 16-10 所示，该前置放大电路由 4 级放大组成，工作原理如下。

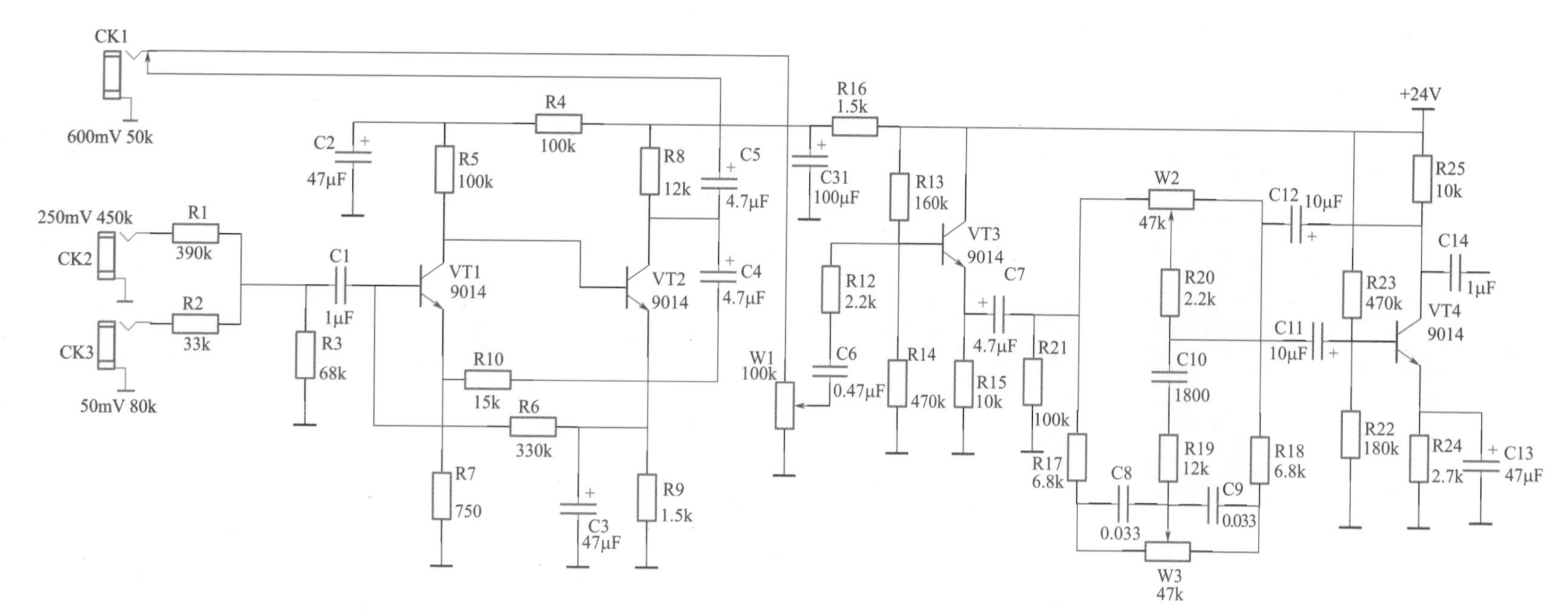

图 16-10 分立式前置多级放大器原理图

VT1、VT2 是直接耦合共发射极放大单元，R5 是 VT1 的集电极负载电阻，同时也是 VT2 的基极偏置电阻。R7、R9 分别是 VT1、VT2 的发射极稳定电阻。值得注意的是 VT1 的基极偏置电源不是取自集电极电源电压 VCC，而是通过 R6 取自 VT2 的发射极电压，从而构成两级直流负反馈，使电路工作点稳定。

VT3 为射极输出器，作为阻抗转换用，以增加电路的负载能力，减小大信号输出时的失真。VT4 与 W2、W3 及其他有关元件组成衰减负反馈式音调控制电路，W2 是高音控制器，W3 是低音控制器，高、低音可独立调节。

16.4 电源电路

扫一扫 看视频

16.4.1 最简单的电源电路

最简单的电源电路如图 16-11 所示。电源电路主要由变压器、整流器和指示灯等组成。接通电源，按下电源双刀开关 S，市电经保险 FU 加至降压变压器 T 的初级，次级的交流双 12V 电压经全波整流二极管 VD1、VD2 整流，电容 C1 滤波，得到 +12V 左右的直流电压，送至 IC 的 16 脚，并作为整机的能源供给，同时指示灯 LED 点亮（R1 为限流电阻）。

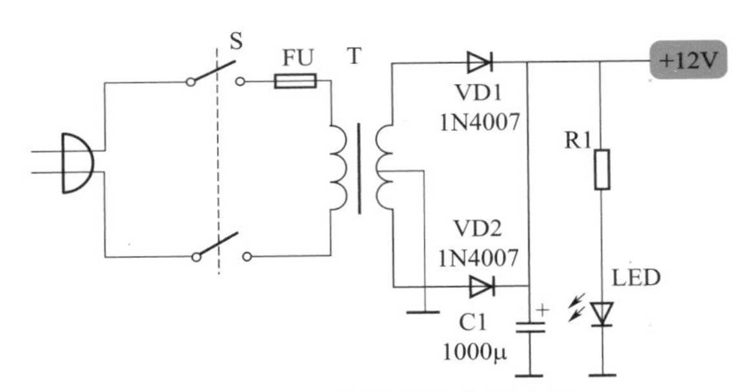

图 16-11 最简单的电源电路

16.4.2 分立元件双电源电路

分立元件双电源电路如图 16-12 所示。

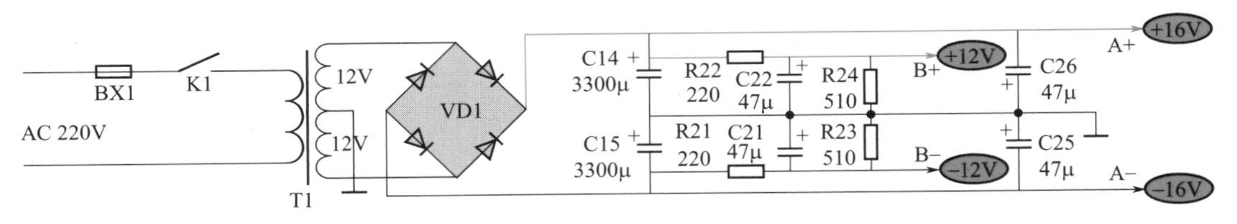

图 16-12 分立元件双电源电路

220V50Hz →保险管 BX1、开关 K1 →变压器 T1 初级→变压器 T1 次级→整流桥 VD1 整流→电容 C14、C15 滤波→ ±16V（A+、A-）→ 功率放大级。

C14、C15 滤波（另一路）→ R21、R22 降压 → C22、C21 滤波→ ±12V（B+、B-）→ 小信

号电路。

16.4.3 三端稳压器多电源电路

柴尔 ZELL831 功放三端稳压器多电源电路如图 16-13 所示。

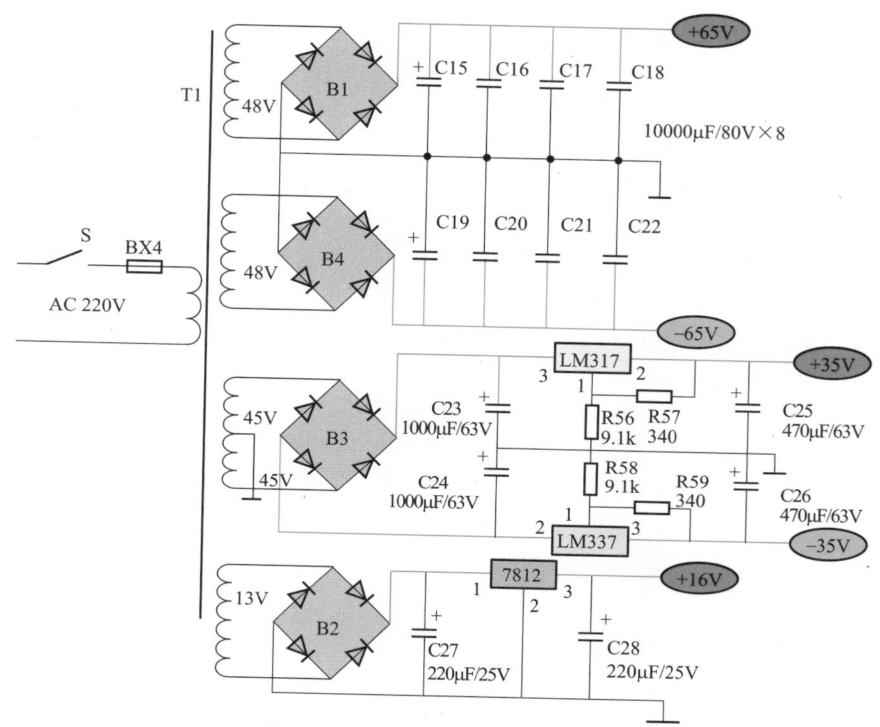

图 16-13　三端稳压器多电源电路

该电路主要由三端可调稳压器 LM317/LM337 等组成。其中，LM317 组成正电压稳压输出，LM337 组成负电压稳压输出。

220V 交流市电电压经过变压器 T1 降压，两个 48V 绕组输出的电压经过 B1 和 B4 整流，后级电路滤波后直接为功放输出级电路提供大电流、高电压电源。13V 绕组输出的电压经过 B2 整流、C27 滤波，经过三端稳压器 7812 稳压后，输出稳定的 +12V 电压为控制电路提供电源。45V×2 绕组输出的电压经过 B3 整流后，送至由 LM317/LM337 组成的正、负稳压电路进行稳压，输出 ±35V 电压，该电压为功放输出激励级提供电源。

16.5 功放保护电路

扫一扫　看视频

16.5.1 继电器触点常闭式功放保护电路

继电器触点常闭式功放保护电路如图 16-14 所示。

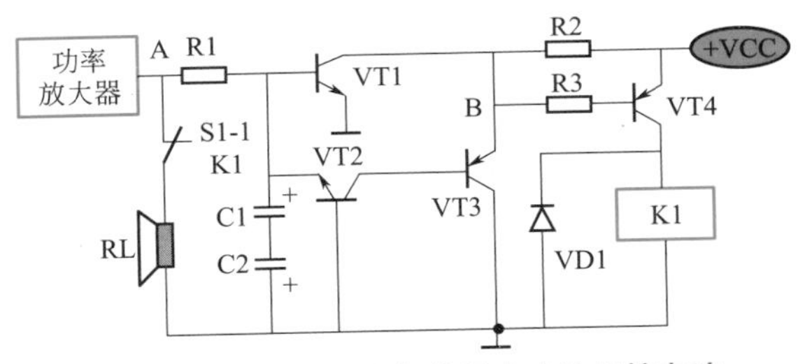

图 16-14 继电器触点常闭式功放保护电路

功放电路正常时，其信号输出引脚 A 点只有交流信号电压，没有直流电压，因此 VT1 或 VT2 等各管均处于截止状态，保护电路不动作，S1-1 处于接通状态，此时喇叭 RL 正常接入电路中。

当 A 点出现负极性直流电压时：负极性直流电压经 R1 一路加到 VT1 的基极，使 VT1 截止；另一路加到 VT2 的发射极，使 VT2、VT3 导通，VT3 发射极为低电位，即 B 点为低电位，VT4 导通。VT4 导通后，其集电极电流通过继电器的线圈 K，使 K1 触点动作，触点 S1-1 断开，使喇叭与功放之间断开，达到了保护喇叭的目的。

当 A 点出现正极性直流电压时：正极性直流电压经 R1 加到 VT1 的基极，使 VT1 导通，其集电极为低电位，B 点也为低电位，VT4 导通。VT4 导通后，其集电极电流通过继电器的线圈 K，使 K1 触点动作，触点 S1-1 断开，使喇叭与功放之间断开，达到了保护喇叭的目的。

16.5.2 桥式功放保护电路

桥式功放保护电路如图 16-15 所示。

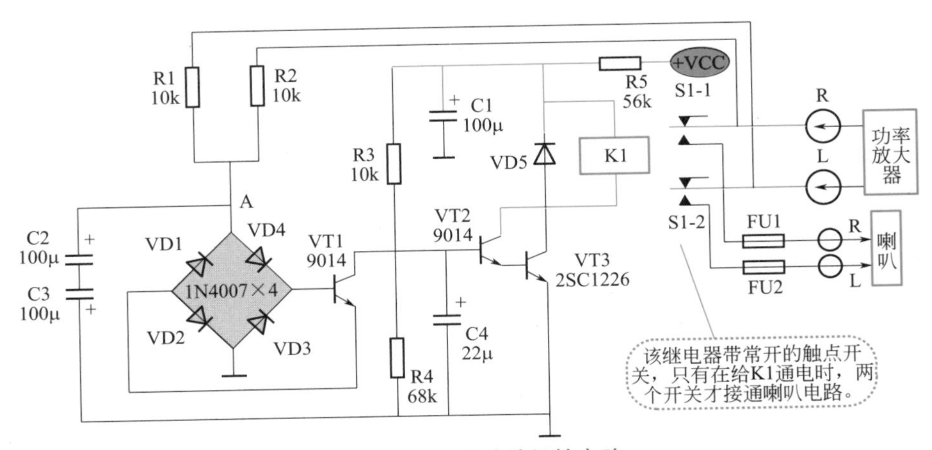

图 16-15 桥式功放保护电路

当出现正极性的直流电压时，电路中的 A 点直流电压为正，该电压经 VD4 → VT1 的基极→ VT1 发射极→ VD2 →地，形成回路。此时，VT1 导通，其集电极由高电位变为低电位，使 VT2 和 VT3 截止，K1 中无电流流过，S1-1、S1-2 转换到断开状态，将左、右声道的喇叭回路切断，大电流不能流过喇叭，达到保护喇叭的目的。

当出现负极性的直流电压时，电路中的 A 点直流电压为负，地端流出电流经 VD3 → VT1 的基极→ VT1 发射极→ VD1 → A 点形成回路。此时，VT1 导通，使 VT2 和 VT3 截止，以下工作原理同“A 点直流电压为正”。

16.5.3 专用集成电路功放保护电路

如图 16-16 所示是天逸 AD-5100A 中的功放保护电路。μPC1237 具有开 / 关机延时保护、中点偏移电压检测及功放管过流检测等功能。

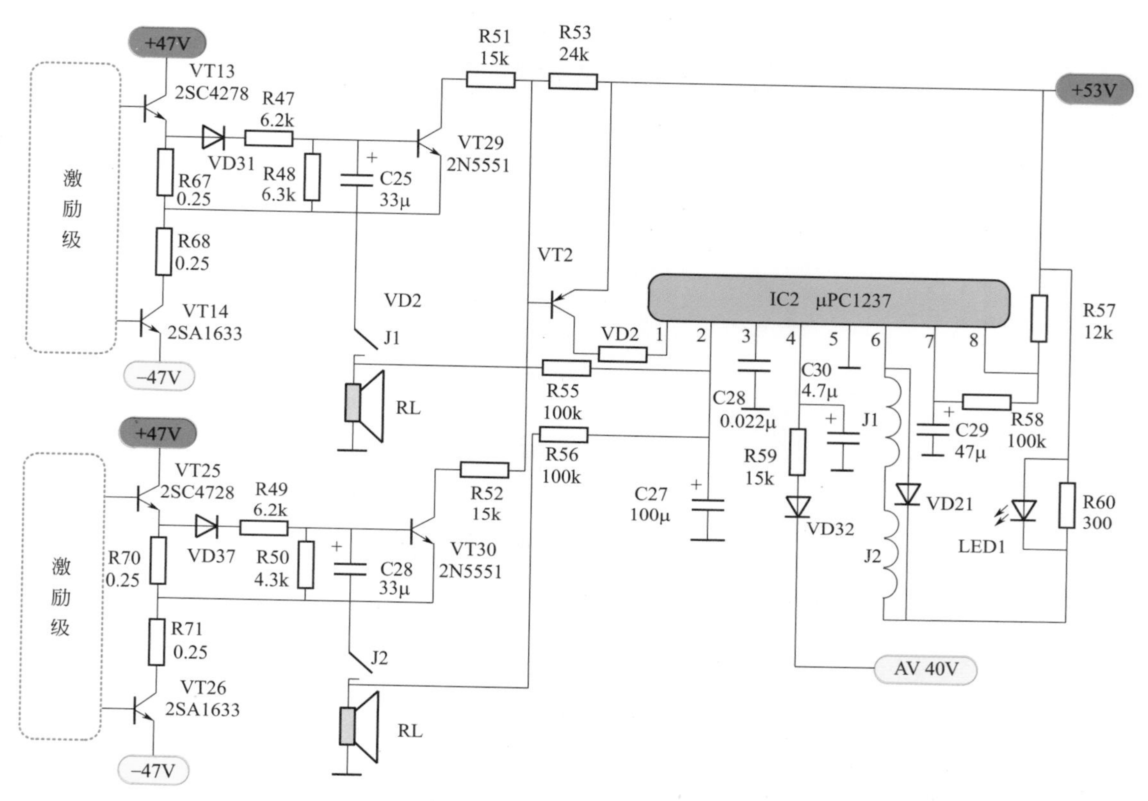

图 16-16 天逸 AD-5100A 中的功放保护电路

接通电源后，+56V 电源电压通过 R57、R58 对电容 C29 充电，几秒后，μPC1237 的 7 脚（开机延时时间控制端）电位上升到 1.2V 以上，其 6 脚输出低电平，继电器 J1、J2 吸合，将喇叭接入电路中，实现开机延时保护功能。当功放输出端因某种原因导致输出电位偏离零点时，该电压就会通过电阻 R55、R56 送至 μPC1237 的 2 脚。μPC1237 内部检测到这一异常的电压后，就会关断 6 脚的输出，继电器 J1、J2 失电而断开，切断喇叭与电路的连接。

VT29、VT30、VT2 及外围元件等组成功放输出管过载检测保护电路。当输出管过载（电流超过 8A）时，R67/R70 两端压降将超过 2V，此时 VT29/VT30 正偏导通，从而使 VT2 导通、μPC1237 的 1 脚电位变为高电平，于是关断其 6 脚的输出，继电器失电，达到过载保护的目的。

μPC1237 的 4 脚直接接在电源变压器的交流 40V 绕组上，通过检测该脚电位的变化，来实现关机静噪的功能。当关闭功放电源开关时，电源变压器次级绕组电压立即下降，μPC1237 的 4 脚电位也随即下降。该变化的电压信号被其 4 脚的内部交流检测电路检测到后，其 6 脚就会关闭其输出信号，达到关机静噪的目的，可以有效地消除在关机瞬间由于发光管工作点不稳定而形成的喇叭冲击电流。

16.6 集成电路 TPA6120 耳机放大器原理及维修

扫一扫 看视频

16.6.1 集成电路 TPA6120 耳机放大器原理

TPA6120 耳机放大器原理如图 16-17 所示。

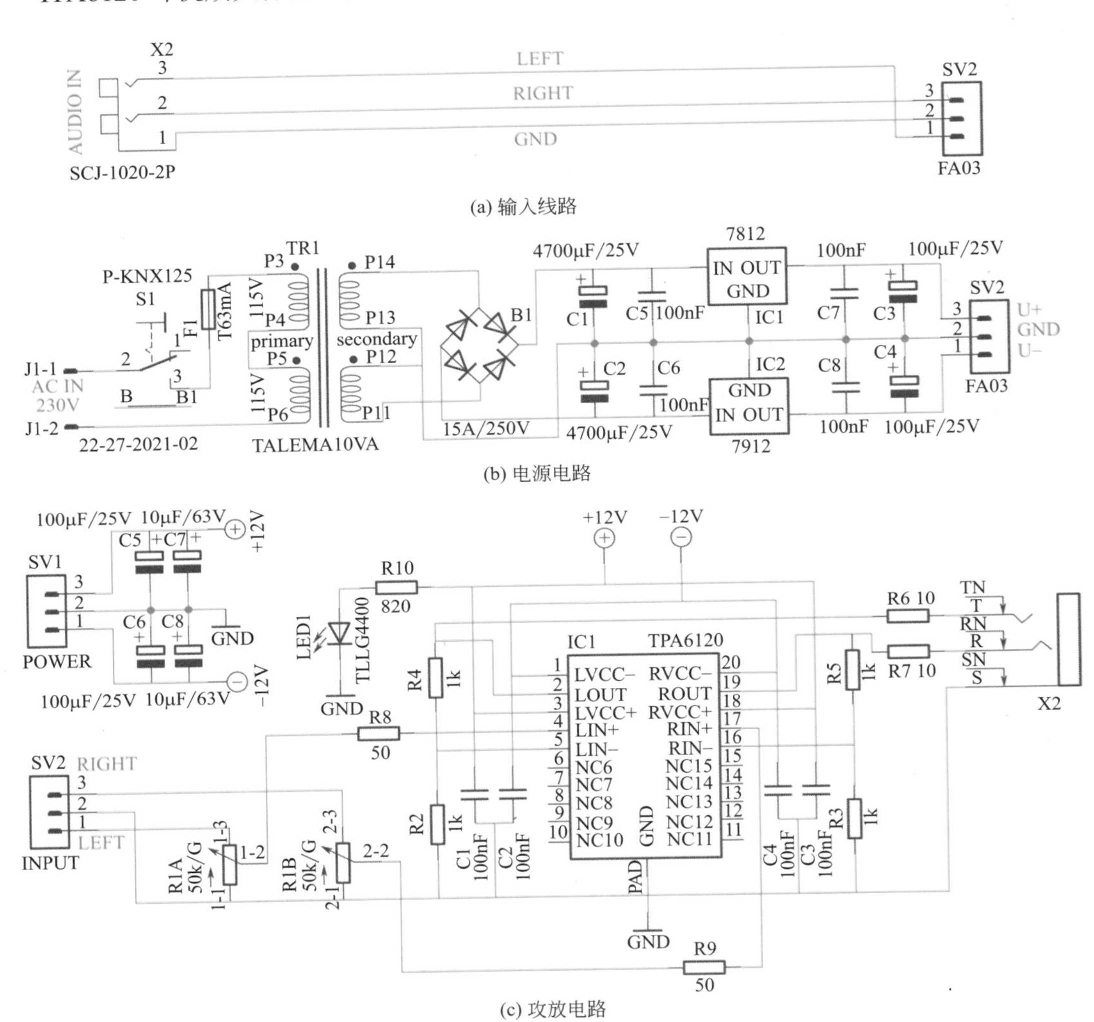

(a) 输入线路

(b) 电源电路

(c) 功放电路

图 16-17 TPA6120 耳机放大器原理

当电源开关 S1 按下后，市电经过保险管 F1 送至电源变压器 TR1 的初级，从其次级输出两路降压后低压，再经整流器 B1 整流、C1 和 C2 滤波，分别加至 7812 和 7912，最后经 C3、C4 滤波，得到正负两路供电电压，经过 SV1 插排供给功放电路。

SV1 插排的电压再经过 C5 ～ C8 滤波，分别加至 TPA6120 的 3 和 18 脚（正极）、1 和 20 脚（负极）、地（外壳）。指示灯 LED1 经过限流电阻 R10 同时点亮。

输入信号经插座 X2、SV2 分别送至 R1A、R1B 音量调节电位器，经调节后分别经电阻

R8、R9 加至 IC1 的 4 和 17 脚，经其放大后从 2 和 19 脚输出，再经过 R6、R7 送至输出插座。

16.6.2 上电开机就烧毁保险管的检查与维修

[故障现象 1]：上电开机就烧毁保险管

[故障分析]：机内有严重短路现象。

[故障维修]：主要应检修变压器、整流器、滤波电容（C1、C2、C3、C4、C5 ～ C8）、三端稳压器 7812 和 7912、功放 IC1 等元件。

16.6.3 开机后没有声音的检查与维修

[故障现象 2]：开机后没有声音

[故障分析]：造成没有声音的主要原因有：供电电压缺失或超过规定的极限值；负载有短路、过载或断路；集成电路本身损坏；某些元件老化、变质，插排损坏或接触不良等。

[故障维修]：① 首先判断耳机是否良好。用万用表直接检测或用代换法测试。

② 通过观察指示灯是否点亮来初步判断电源是否正常。

指示灯点亮，说明 +12V 电源电压是正常的，同时也说明电源没有短路现象。用万用表逐步检测各关键点的供电电压。

③ 检查输入信号、输出信号引线、插座等。

④ 检测 IC1 的有关引脚电压。必要时可采用替换法测试。

16.6.4 低频“哼声”的检查与维修

[故障现象 3]：耳机发出低频“哼声”

[故障分析]：功放可以发声，但有低频“哼声”，说明有低频自励现象存在，主要应查找反馈电路及其有关电容等。

[故障维修]：① 试机，由于“哼声”不随音量电位器调节变化，所以是功放自励。

② 主要应检查电容 C1 ～ C4。

16.7 分立电路功放原理

扫一扫 看视频

16.7.1 YAMAHA 雅马哈 RX-V480 功放原理

YAMAHA 雅马哈 RX-V480 功放原理图如图 16-18 所示。

❶ 差分输入电路

左右声道是相同的，以左声道为例。

输入信号经 C101、R103 送至差分电路 Q101 的基极，中点反馈信号经 C111、R117 送至差分电路 Q103 的基极。来自静音控制的信号使 Q131 的基极呈高电平时就导通，并使信号旁路到地；在正常放大时，Q131 的基极为低电平。

❷ 激励级

激励级由 Q105 及外围元件组成。差分放大电路单端信号（Q101 集电极）输入至 Q105 基极，经其放大后从集电极输出两路信号送至功率放大级电路。

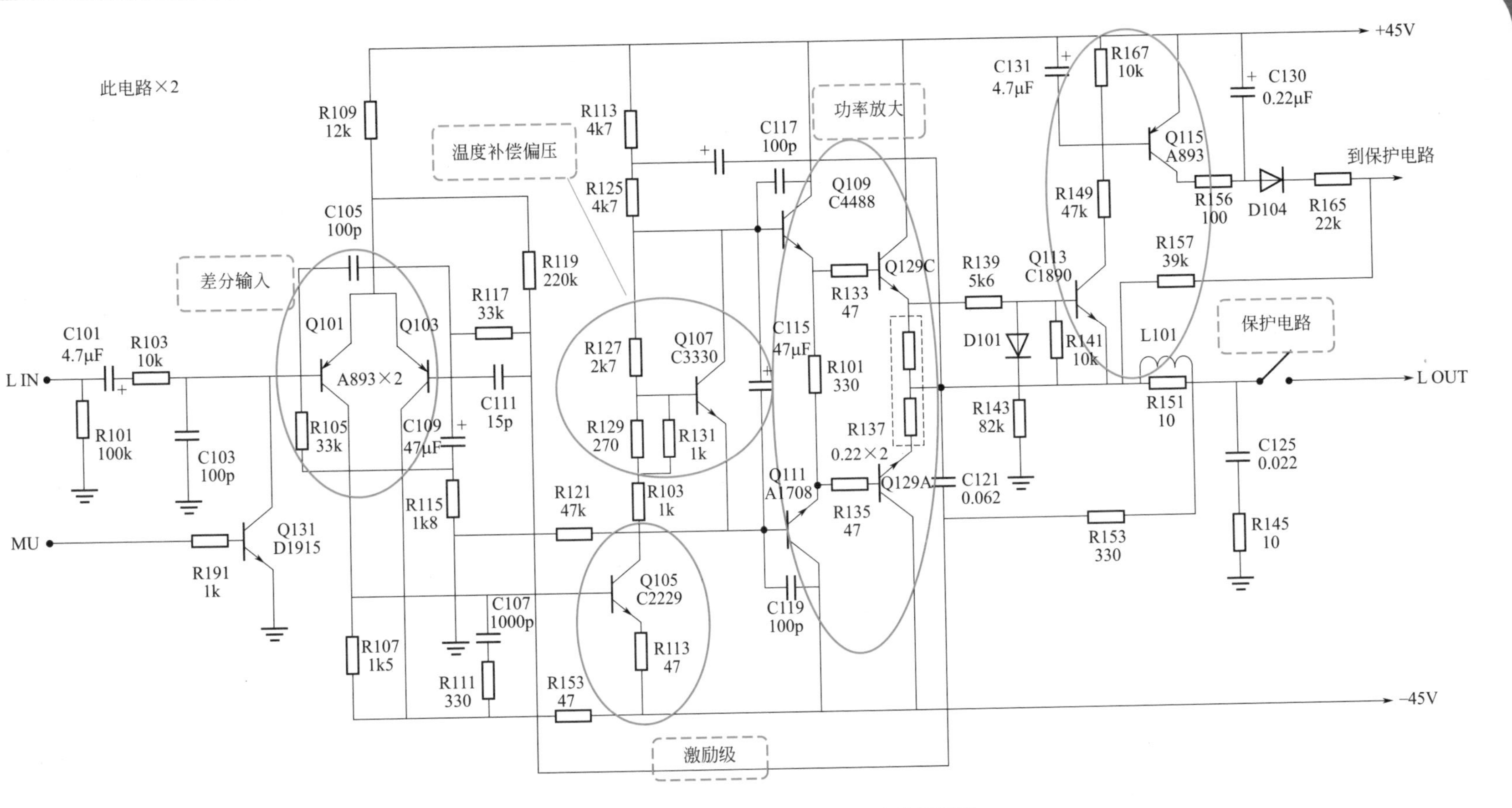

图 16-18　YAMAHA 雅马哈 RX-V480 功放原理图

Q107、C115 及 R127、R129、R131 等组成温度补偿偏压电路。

❸ 功率放大级

功率放大级由复合管 Q129C、Q129A 和 Q111 等组成。C117、C119 为中和电容，可以防止电路出现自励现象。

❹ 保护电路

过载保护电路由 Q113、Q115 组成。当输出过流时，R139 上压降增大，使 Q113 正偏压增大而导通，其集电极电位降低，导致 Q115

导通，Q115 导通的信号送至继电器保护电路，使放大器停止输出信号。

16.7.2 MARANTZ 马兰士 SR7000 功放原理

MARANTZ 马兰士 SR7000 功放原理图如图 16-19 所示。

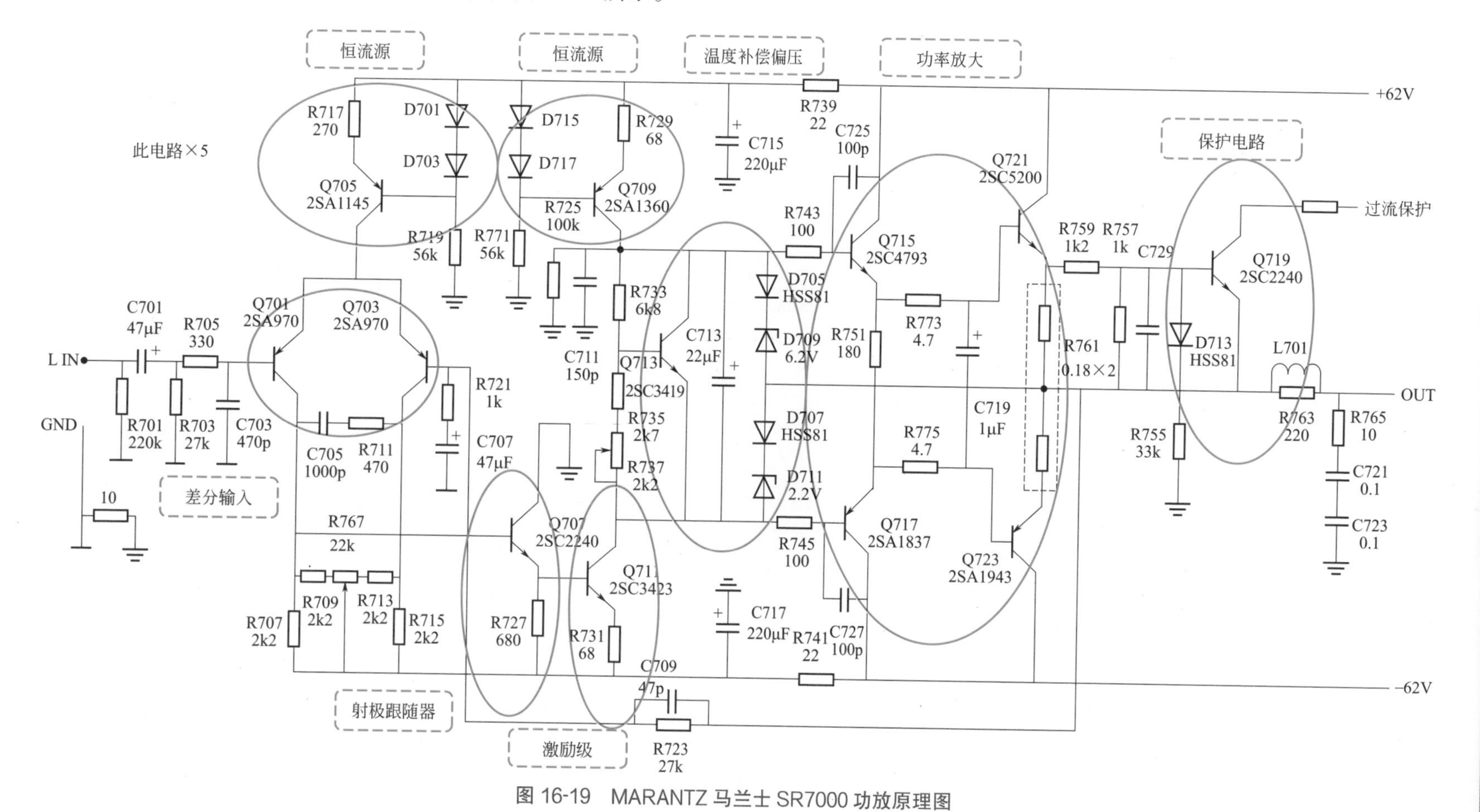

图 16-19 MARANTZ 马兰士 SR7000 功放原理图

❶ 差分输入电路

该功放 5 个声道是相同的，以左声道为例。

输入信号经 C701、R505 送至差分电路 Q701 的基极，中点反馈信号经 C709、R723 送至差分电路 Q703 的基极。

Q705、D701、D703、R717、R719 等组成差分电路的恒流源，以稳定差分管发射极的电流。

❷ 激励级

激励级由 Q707、Q711 及外围元件组成。差分放大电路单端信号（Q701 集电极）输入至 Q707（射极跟随器）基极，经其放大后从射极输出至激励级 Q711 的基极，经 Q711 放大后，从其集电极输出两路信号送至功率放大级。

Q713、C713 及 R733、R735、R737 等组成温度补偿偏压电路。Q709、D715、D717、R771、R729 等组成差分电路的恒流源。

❸ 功率放大级

功率放大级由复合管 Q715、Q721 和 Q717、Q723 组成。C725、C727 为中和电容，可以防止电路出现自励现象。

❹ 保护电路

过载保护电路由 Q719 等组成。当输出过流时，R759 上压降增大，使 Q719 正偏压增大而导通，Q719 导通的信号送至继电器保护电路，使放大器停止输出信号。

16.8 分立电路功放的维修

扫一扫 看视频

16.8.1 要学会“拼图”

在实际维修功放过程中一般是没有图纸的，维修人员可以在脑海中“拼图”，这样就方便了维修。可参考的“拼图”方框图如图 16-20 所示。

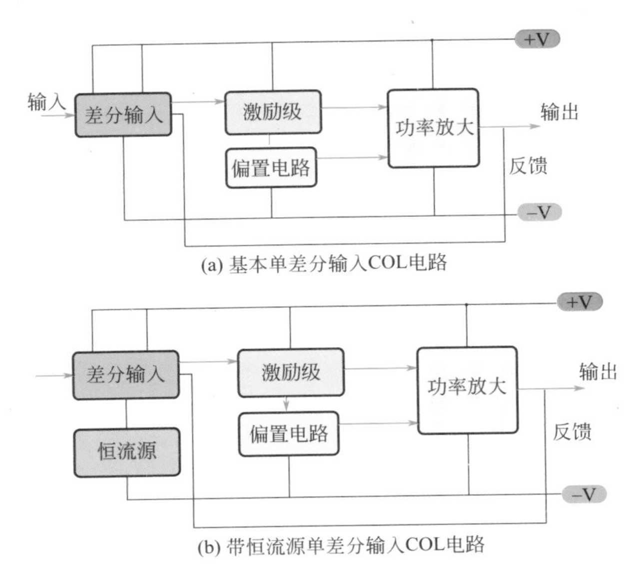

(a) 基本单差分输入COL电路

(b) 带恒流源单差分输入COL电路

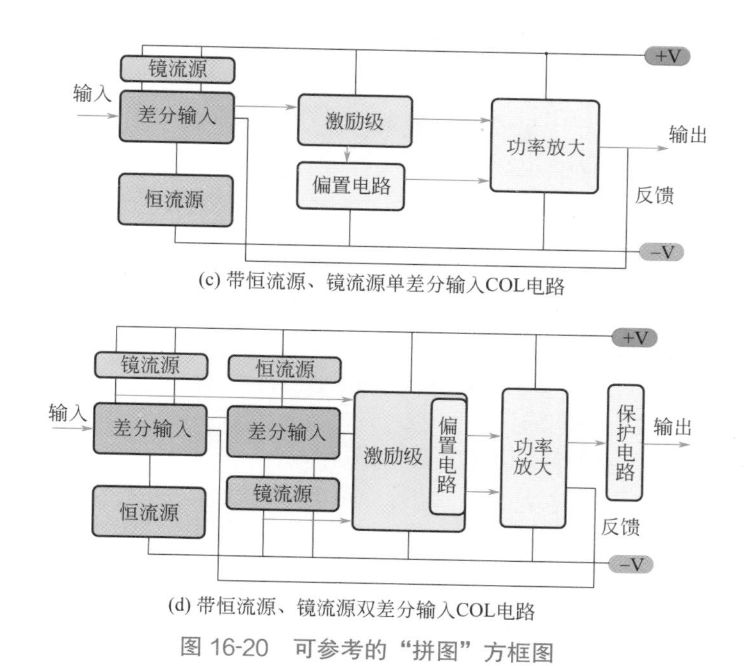

(c) 带恒流源、镜流源单差分输入COL电路

(d) 带恒流源、镜流源双差分输入COL电路

图 16-20 可参考的“拼图”方框图

16.8.2 分立电路功放的维修技巧

❶ 拆了机壳别通电，关键元件要查看

拆掉机壳先不要急于通电试机，首先要用观察法进行检查。观察机内整体的布局，关键元器件的位置，保险管是否炸裂，滤波电容是否有鼓包或爆裂的，电阻是否有烧焦，印制板是否有烧断等明显异常现象。

❷ 末端击穿最常见，管子电阻烧一片

保险管烧毁的主要原因是机内有元件击穿短路而引起电流过大，最常见的是末端的功率管（复合管）CE 击穿。可以通过在路测量每个功率管引脚的正反电阻值来进行初步判断，一旦正反电阻值有异常，可脱焊下引脚再精确测量判断是否损坏。功率管击穿损坏时，通常附带着周围的电阻也烧坏，要一并检查。

测量时，先检测晶体管元件，后检测电阻，再检测电容。 测量晶体管元件时，万用表最好置 R×1 挡，被测元件正反向电阻都很小时，就将其列为击穿“嫌疑对象”，而将在 R×1 挡上正反向电阻都很大的元件列为断路“嫌疑对象”，再进一步脱机测量。在路测量电阻值时，只要测量值大于标称值，就应将其列入损坏“嫌疑对象”，再脱机查证。

❸ 脱射极电阻一端，逐个检查坏的换

如果功率管有击穿现象，而且所有管子测量结果都一样。此时不要一个个都拆，由于一侧的功率管全是并联关系，只要有一个击穿就会出现这样的测量结果。在实际维修中，一般都是个别管子击穿。将所有功率管发射极的水泥电阻脱开一端，再测量集电极与发射极正反电阻值，击穿的管子就会暴露出来。

❹ 换管之前查周边，彻底排查免牵连

由于功放后级电路一般都是直接耦合，一旦功率管击穿，多数情况下其发射极电阻也会被一起烧毁，如果该电阻没被烧断，就一定有别的地方出现开路现象，如保险管烧断或印制板的铜箔熔断等。同时，也会牵连到激励级及偏压电路的元件，特别是激励管等。

❺ 射极电阻暂不焊，假载连接测量验

若功率管击穿，暂时不安装功率管，或安装上功率管但发射极电阻暂时不焊接（已脱焊的），接上假负载，可将两只100W白炽灯灯泡分别串接在功放主板的正、负供电电路上。正常功放主板的静态电流仅几十毫安，灯泡不会亮。如果电路中仍有严重短路故障，则灯泡会发光。这样做的目的是为防止电路再次烧毁管子。

❻ 电源电压关键点，正负电压不可偏

各路供电电压正负值一定要对称，前置级正负电压也要对称，即正负电压不可有偏差。尤其是价廉的功放，有的前置供电电压是从功放供电，然后经电阻降压后提供给前级，使用时间长了限流电阻阻值就会变大，一般正电压限流电阻要比负电压限流电阻坏得快（一台功放里，正电压工作电路要比负电压工作电路多，也就是说正电压的负载要比负电压的负载大）。前置正负电压的不对称，会直接影响后级输出电压的不对称。

❼ 两个电压是关键，末级偏压和中点

一般甲乙类功率放大器，其功率管偏置电压在0.3～0.5V。

不安装功率管通电测试发射极电阻，是为了防止偏置过高，集电极电流过大而影响测量。

① 对于OCL电路，如果原电路两只推动管发射极只使用一只电阻，不与输出中点连接，则当所有功率管发射极电阻脱开后，输出中点等于悬空，输入端失去直流负反馈，不能对输出中点电压进行伺服控制，因此，需要在两只推动管的发射极与输出中点之间各接一只30Ω的电阻或正向各接一只二极管。如果原电路中两只推动管的发射极各有一只电阻与中点连接，则可不再加电阻或二极管。这时，测量输出中点对地的电压应该是0V。

OCL功放电路无输出电容，双电源供电正负对称，输出端中点电压正常时应为0V（实际有偏差但极小）。

② 对于OTL电路，测量方法同上，只不过中点电压是电源电压的一半。

❽ 要想无损功放管，试听音乐来休闲

在上述过程中，只要偏压和中点电压正常，在没有安装功率管的情况下可以试机。这时输入信号即可播放声音，由于没有大功率管，声音较小，就像一般的收音机那样，试听10～20min，声音始终不失真、元件没有异常发热时，关闭输入信号复测中点电压，电压没有漂移，即可安装大功率管。

这两个关键点电压正常后，方可把功率管发射极电阻脱开的一端按原位焊好，并拆除外加的电阻或二极管。

❾ 最后安装功放管，动静电压测一遍

最后安装功放管，安装好整个电路后，仍然使用正负供电串联灯泡的方法给主功放板供电，进行全恢复后的测试检查，检查重点仍是功率管偏置和中点电压。

在静态电压正常的情况下，可拆除串联的灯泡，进行动态试机。由小到大缓慢调整音量，大音量试机后，触摸功率管表面略有温升，说明维修成功。

❿ 没有图纸怎么办？左右声道对比看

对于双声道的功放，很少有两个声道同时坏的，因而另一个声道保持良好状态，这为维修提供了参考依据。两声道的电路结构完全一样，彼此独立，对应元件在电路板上所呈现出的电阻及工作电压也几乎一致，当一个声道正常而另一个声道出现故障时，就可以通过测量故障声道的元件阻值或电压值，再与正常声道的对应元件相对比来查出故障。利用此法时，要求了解电路的整体布局，分清元件所属的声道，并能找到两声道之间的对应元件。

16.8.3 400W扩音机电路原理及维修

❶ 400W扩音机电路工作原理

400W扩音机电路工作原理如图16-21所示。

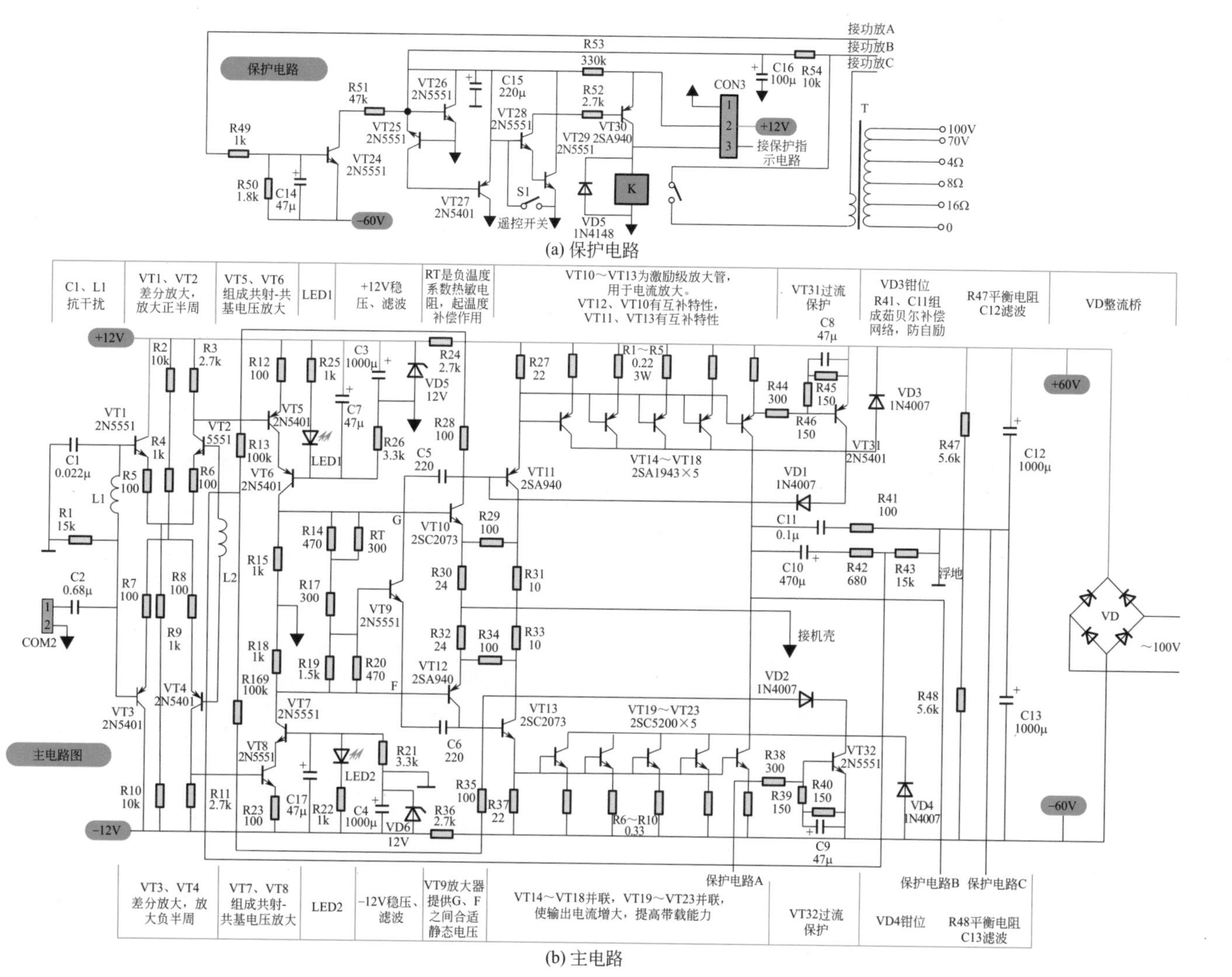

图 16-21　400W 扩音机电路工作原理

❷ 各三极管静态电压

各三极管静态电压见表 16-2。

表 16-2 各三极管静态电压 单位：V

引脚	VT1	VT2	VT3	VT4	VT5	VT6	VT7	VT8	VT9	VT10	VT11	VT12	VT13
e	−0.583	−0.580	0.623	0.615	11.45	8.75	−8.75	−11.45	−0.765	0.21	60	−0.24	−60
b	0	0	0	0	10.85	8.14	−8.14	−10.83	−0.22	0.765	59.45	−0.765	−59.4
c	12	10.85	−12	−10.83	8.75	0.765	−0.765	−8.75	0.765	59.45	0	−59.44	0

❸ 400W 扩音机电路的维修

[故障现象 4]：烧保险

[故障分析]：烧保险说明机内有严重的短路故障现象。只有在排除了短路故障后，才能再次更换保险管。

[检修方法]：① 用电阻法初步在机判断降压变压器，整流桥 VD，滤波电容 C12、C13，三极管 VT11、VT13、VT14 ～ VT18、VT19 ～ VT23 等是否有短路现象。

② 当在机判断某元件有短路现象时，为了防止误判，就要把怀疑的元件脱焊下来，进一步测量判断其质量的好坏。

③ 更换损坏的元件、更换保险管。

[故障现象 5]：功放不工作

[故障分析]：该故障多数是功放末级功率管损坏所致，为避免连烧功放管，可按如下分步流程维修。

[检修方法]：① 只装 VT18、VT23（其他上下对称的一组也可以），确认其两个质量完好。其余功放管若无损坏，就不要拆卸下来了，只需脱焊下其发射极上的电阻即可。

② 把 VT24 脱焊下来，把输出变压器的“浮地”脱焊。在输出变压器的 8Ω 端子上（也可以用其他对应阻抗的端子）接一个喇叭。

③ 短路信号源，音量置于最小，开机测量“浮地”电位应小于 0.5V，若偏差大，就主要检查前级电路。

④ 测量 VT18、VT23 发射结正偏压，正常时应为 0.2 ～ 0.4V，且基本对称。如不正常，可适当调整 R19 的阻值（用电位器串联一个固定电阻来替代 R19，调整好后改为固定电阻）。此后，测量发射极电压值，并记住。

⑤ 接上信号源，把音量电位器从小迅速调到最大，再从大调到小，同时用万用表监测“浮地”电位应迅速降至 0.5V 以内，若恢复较慢，就要检查相关的电容。

⑥ 把 VT14 ～ VT17、VT19 ～ VT23 一次接入一对，再检测发射结正偏压，正常时应为 0.2 ～ 0.4V，且基本对称。与 VT18、VT23 发射极电压值比较基本一致。

第 17 章 饮水机维修

17.1 温热型饮水机工作原理与维修

扫一扫 看视频

17.1.1 饮水机的分类及结构

电热饮水机一般有如下几种分类：按外形结构分为台式和立式。按出水温度分为冷热型、温热型和冷热温三温型三大类，其中冷热型和冷热温三温型都有制冷功能。按供水水源方式分为瓶装供水式和自来水自动供水式等。

常见温热型饮水机的结构如图 17-1 所示。

温热型饮水机主要由箱体、温水水龙头、热水水龙头、接水盒、加热装置、聪明座等组成。

加热装置的结构主要由热罐、电热管、温控器及保温壳等组成。热罐用不锈钢制成，内装功率为 500 ～ 800W 的不锈钢电热管。在热罐的外壁装有自动复位和手动复位温控器。热罐结构及外形如图 17-2 所示。

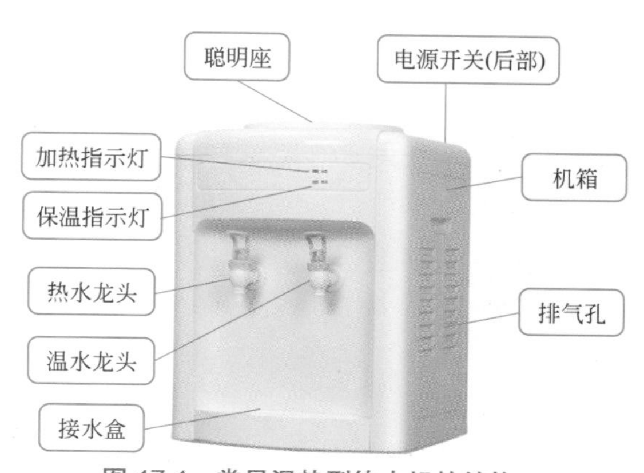

图 17-1 常见温热型饮水机的结构

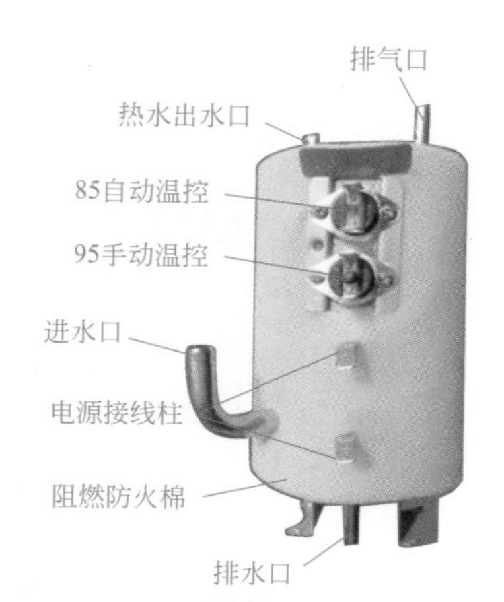

图 17-2 热罐结构及外形

17.1.2 温热型饮水机工作原理

温热型饮水机电路原理如图 17-3 所示。

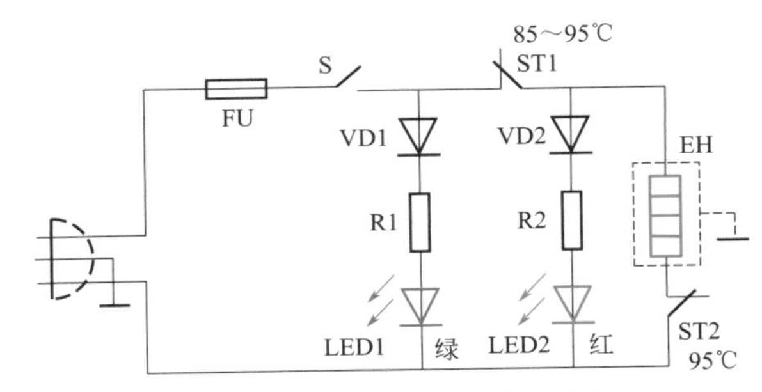

图 17-3　温热型饮水机电路原理

该电路由加热和指示灯电路组成，各元件作用如下：S 是电源开关，EH 是加热器，FU 是熔断器，ST1、ST2 是温控器，LED1 是保温指示灯，LED2 是加热指示灯，R1、R2 是限流电阻，VD1、VD2 是保护二极管，防止发光二极管受交流电反向电压而击穿损坏。

插入水瓶，接通电源，闭合电源开关 S，保温指示灯 LED1 和加热指示灯 LED2 同时点亮，加热器 EH 通电加热。当热罐内的水温达到设定温度时，温控器 ST1 的触点断开，切断加热器电源，停止加热。与此同时，保温指示灯仍点亮，而加热指示灯熄灭。当水温降到某一值时，温控器 ST1 的触点重新闭合，EH 又通电加热。自动温控器如此周而复始，使水温保持在 85 ～ 95℃范围内。

ST2 是超温保护温控器，动作温度为 95℃。它可防止热罐内的水达到沸点。

17.1.3 通电后整机无反应的检查与维修

[故障现象 1]：通电后整机无反应

[故障分析]：两个指示灯同时损坏的可能性小，且不能加热，故障最大可能在电源、保险管及开关 S。

[故障维修]：① 首先检查电源插座是否有正常的供电电压，若供电电压正常，说明故障不在这里。

② 检查保险管是否烧毁，在后级没有短路的情况下更换保险管。

③ 检查开关是否损坏，若损坏，更换之。

④ 检查开关之前电路的连接线是否有问题。

17.1.4 水温过高的检查与维修

[故障现象 2]：水温过高

[故障分析]：在电网电压正常的情况下，水温过高不能进入保温状态，可能是温控器 ST1 触点烧蚀粘死，当水温达到预定温度 96℃时触点不能动作，继续通电而导致水温过高。

[故障维修]：更换温控器。

17.1.5 水温过低的检查与维修

[故障现象 3]：水温过低

[故障分析]：造成水温过低可能有如下几种原因：温控器性能变差，加热器老化严重或电源电压过低等。

[故障维修]：更换温控器、加热器。

17.1.6 聪明座溢水的检查与维修

[故障现象 4]：聪明座溢水

[故障分析]：聪明座溢水的主要原因是水箱口变形或聪明座变形。

[故障维修]：更换聪明座或水箱。

17.1.7 水龙头出水不正常的检查与维修

[故障现象 5]：水龙头出水不正常

[故障分析]：水龙头出水不正常的主要原因有：导水柱进入水箱的水路不正常；水箱至热罐的进水水路或热罐至水箱的排气气路等不正常；水龙头本身损坏等。

[故障维修]：修复水路或用新配件更换；更换水龙头。

17.1.8 加热指示灯点亮但不能够加热的检查与维修

[故障现象 6]：加热指示灯点亮但不能够加热

[故障分析]：最大可能是热罐电热丝断路。

[故障维修]：① 用万用表测加热器的电阻值，正常值为 95Ω 左右。若加热器烧坏，需用同规格等功率加热器代换。

② 检查超温保护温控器是否损坏，若损坏，更换之。

17.1.9 温热型饮水机聪明座的拆卸方法

温热型饮水机聪明座的两种拆卸方法如图 17-4 所示。

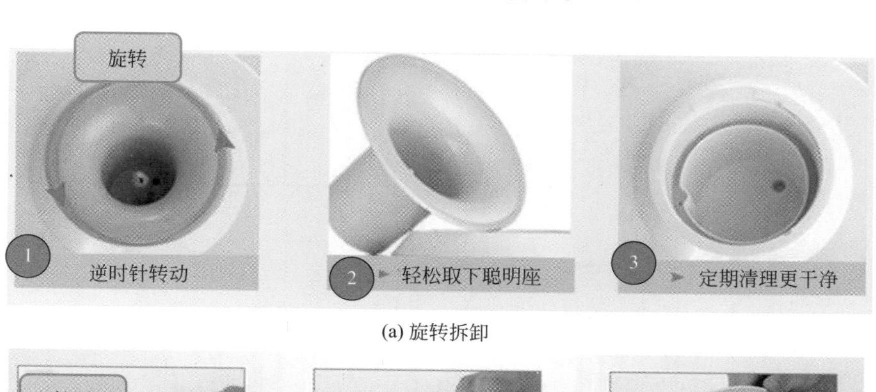

(a) 旋转拆卸

(b) 按压拆卸

图 17-4 温热型饮水机聪明座的两种拆卸方法

17.2 家乐仕电脑控制饮水机工作原理与维修

17.2.1 家乐仕电脑控制饮水机工作原理

单片机 CF745-04/P 引脚功能如表 17-1 所示。

表 17-1 单片机 CF745-04/P 引脚功能

脚号	主要功能	脚号	主要功能
1	遥控信号输入	10	加热指示灯控制信号输出
2	加热控制信号输出	11	定时控制信号输入
3	地	12	开关机控制信号输入
4	+5V 供电电源	13	蜂鸣器驱动信号输出
5	地	14	+5V 供电电源
6	再沸腾控制信号输入	15	外接振荡器
7	2h 定时指示灯控制信号输出	16	外接振荡器
8	保温指示灯控制信号输出	17	4h 定时指示灯控制信号输出
9	再沸腾指示灯控制信号输出	18	外接上拉电阻

家乐仕电脑控制饮水机工作原理如图 17-5 所示。

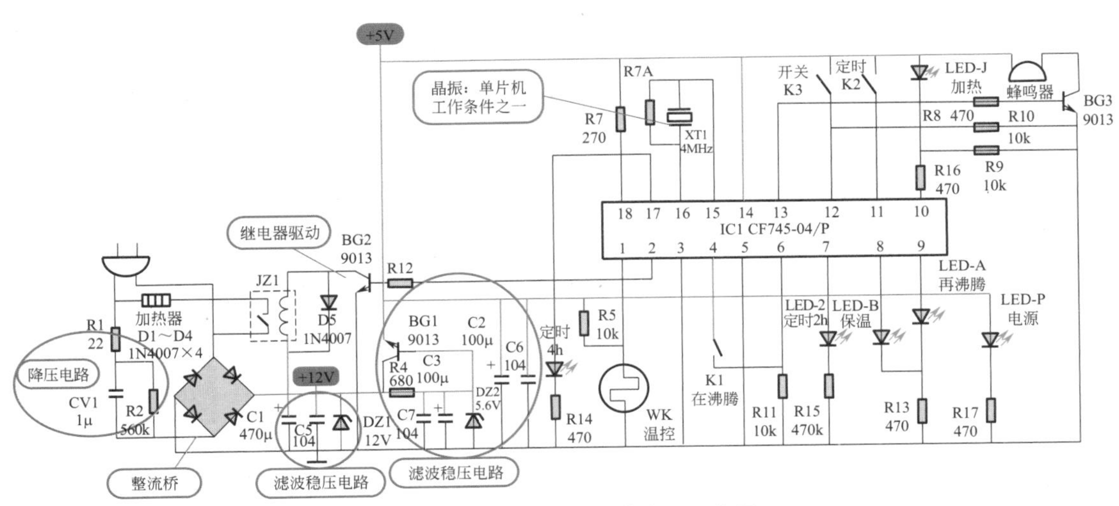

图 17-5 家乐仕电脑控制饮水机工作原理

❶ 电源电路

220V 市电经 R1 限流、CV1 降压、D1 ～ D4 整流、C1 和 C2 滤波、DZ1 稳压，得到 +12V 电压。供给继电器 JZ1 线圈供电。

+12V 电压再经过 DZ2 稳压、C7 滤波、BG1 调整放大后，得到 +5V 的直流电压，作为小信号电路的供电，同时该电压通过 R17 限流使电源指示灯 LED-P 点亮，表明电源电路有正常的输出电压。

❷ 单片机工作条件

14 脚电源正极，3、5 脚电源负极；15、16 脚为时钟振荡信号输入端，外接元件 R7A 和晶振 XT1；复位电路有其内部电路提供。

❸ 加热电路

当饮水机有水通电后，按下开关键 K3 时，单片机从 10 脚输出低电平信号，经过 R16 使加热指示灯 LED-J 发光，表明机子工作在加热状态；同时，从 2 脚输出高电平信号，通过 R12 限流使 BG2 导通，继电器 JZ1 线圈得电，触点闭合，加热器开始加热。

当水烧开后，温控器 WK 的触点断开，单片机的 1 脚输入高电平，其 10 脚输出高电平，LED-J 熄灭；8 脚输出高电平，通过 R13 限流使保温指示灯 LED-B 点亮，表明进入保温状态；2 脚输出低电平，使 BG2 截止，加热器停止加热。

随着保温时间的延长，当温度下降到一定值后，WK 的触点再次闭合，单片机的 1 脚电位再次变为低电平，使加热器再次加热。

❹ 再沸腾电路

保温期间，若按下再沸腾键 K1 后，其 9 脚输出高电平，通过 R13 限流使再沸腾指示灯 LED-A 点亮；2 脚输出高电平控制信号，使加热器开始加热。再沸腾的时间一般为 1min。

❺ 报警提示电路

每次进行操作时，单片机的 13 脚输出蜂鸣器驱动信号，该信号经 R8 限流、BG3 放大，驱动蜂鸣器报警，提醒用户饮水机已收到操作信号。

17.2.2 上电后整机无任何反应的检查与维修

[故障现象 7]：电源指示灯不点亮，不能加热

[故障分析]：该故障的最大可能发生在供电线路和电源电路

[故障维修]：① 测量 C1 两端有无 +12V 的电压，若无电压，则故障在此之前的电路；若有正常的电压，则故障应在此之后的电路。

② 测量 C7 两端有无 +5V 电压，若无电压，则故障在 +12V 输出到这部分之间的电路，即 +5V 稳压、滤波电路；若有正常的电压，则故障应在单片机电路。

③ 检测单片机的 4 脚、14 脚电压 +5V 是否正常，不正常时，检查 +5V 供电线路。

④ 检测或更换单片机的 15 脚、16 脚外接的晶振。

⑤ 检查单片机的输入电路。

⑥ 单片机本身损坏，更换单片机。

17.2.3 电源指示灯点亮但不加热的检查与维修

[故障现象 8]：电源指示灯点亮，但不能加热

[故障分析]：电源指示灯点亮，说明电源供电电压是正常的，不能加热故障在加热电路上。故障主要原因有加热器、继电器 JZ1、放大管 BG2、温控器、单片机等有异常。

[故障维修]：在开机上电的情况下，先检测加热器有无 220V 市电电压，若有，检查加热器是否断路；若没有。说明供电电路有问题。

测量 BG2 的基极有无 0.7V 的高电平，若有，检查驱动三极管 BG2 和继电器 JZ1；若没有，检查 K3 是否正常，如不正常，更换即可；如正常，检查温控器 WK 是否正常，若不正

常，更换即可；若正常，检查晶振和单片机。

17.2.4 指示报警器不工作的检查与维修

［故障现象 9］：指示报警器不工作

［故障分析］：故障主要在蜂鸣器本身、驱动三极管 BG3 及 R8、单片机等元件。

［故障维修］：① 用万用表检查蜂鸣器是否正常，若不正常，更换蜂鸣器。

② 上电开机，操作按键，同时用万用表检测单片机的 12 脚电压，看是否有高电平输入，若有，故障在此之后，否则为单片机损坏。

③ 检查更换三极管 BG3 和 R8。

17.2.5 一插上电源插头就跳闸的检查与维修

［故障现象 10］：一插上电源插头就跳闸

［故障分析］：故障主要原因是电源电路有短路现象存在。

［故障维修］：检测整流二极管 D1 ～ D4，电容 C1、C5、C7、C3，稳压二极管 DZ1 等是否击穿。更换损坏的元件。

参考文献

[1] 张庆双，等．新型通用微波炉维修图集．北京：机械工业出版社，2010.
[2] 赵广林．AV 功放机实用单元电路原理与维修图说．第 2 版．北京：电子工业出版社， 2010.
[3] 郭立祥，孙立群．图解小家电维修快速精通．北京：化学工业出版社， 2011.
[4] 《无线电》编辑部．经典音频功率放大器制作 40 例．北京：人民邮电出版社， 2014.
[5] 阳鸿钧，等．小家电维修看图动手全能修．北京：机械工业出版社，2015.
[6] 胡国喜，徐连春，张宝．图解微波炉原理、结构与维修技巧．北京：机械工业出版社， 2010.
[7] 葛中海．音频功率放大器设计．北京：电子工业出版社， 2017.
[8] TCL 多媒体科技控股有限公司．TCL 王牌液晶彩色电视机电源电路维修大全．北京：人民邮电出版社，2011.